普通高等教育机电类规划教材

模具制造工艺

主编　黄毅宏　李明辉
参编　刘伟强
主审　郑良桂

机 械 工 业 出 版 社

本书较全面、系统地阐述了各种模具制造方法的基本原理、特点和加工工艺。全书共四章，主要内容包括：模具的一般机械加工、仿形加工、成形磨削、数控机床加工和CAD/CAM、电火花成形加工、电火花线切割加工、电化学加工、超声波加工与激光加工等。同时，还介绍了典型模具（冷冲模和塑料模）的制造工艺及模具测量方法等。

本书是高等工业学校锻压（模具）专业教材，也可供机械类其他专业作为选修课教材，或供从事模具设计、制造的技术人员参考。

图书在版编目（CIP）数据

模具制造工艺/黄毅宏、李明辉主编. -北京：机械工业出版社，1999.6（2025.2重印）
普通高等教育机电类规划教材
ISBN 978-7-111-05088-9

Ⅰ.模… Ⅱ.①黄…②李… Ⅲ.模具-制造-工艺-高等教育-教材 Ⅳ.T760.6

中国版本图书馆CIP数据核字（1999）第24059号

机械工业出版社（北京市百万庄大街22号 邮政编码100037）
责任编辑：杨 燕 倪少秋 版式设计：冉晓华 责任校对：刘志文
封面设计：郭景云 责任印制：郜 敏
北京富资园科技发展有限公司印刷
2025年2月第1版第31次印刷
184mm×260mm·18印张·437千字
标准书号：ISBN 978-7-111-05088-9
定价：49.80元

电话服务	网络服务
客服电话：010-88361066	机 工 官 网：www.cmpbook.com
010-88379833	机 工 官 博：weibo.com/cmp1952
010-68326294	金 书 网：www.golden-book.com
封底无防伪标均为盗版	机工教育服务网：www.cmpedu.com

前　言

本书是根据全国锻压专业教学指导委员会1992年第五次和1993年第六次全体委员会议的纪要，以及会后所审定的《模具制造工艺》教材编写大纲编写的。

教学指导委员会第五次全体委员会议认真审阅了1988年机械工业出版社出版的《模具制造工艺》（第2版教材），并提出了一些建议。据此，编者在重新拟定编写大纲时充分考虑了这些建议：本书着重阐述冷冲模和锻模，同时亦介绍塑料模和压铸模等模具的制造技术，这样，既适合于锻压专业，又兼顾了模具专业的需要；叙述模具制造工艺时以模具工作表面的加工为主，在取材方面力求反映90年代的先进加工工艺。此外，由于近一二十年来电子技术和计算机科学的迅猛发展，促使模具制造业发生着深刻的变化，数控机床已成为模具加工的主要设备，继而，CAD/CAM技术在模具领域也得到应用。为了适应模具技术发展的需要，本书增加了数控机床加工和模具CAD/CAM的内容。

本书是高等工业学校锻压（或模具）专业教材，也可供机械类其他专业作为选修课教材，或供从事模具设计、制造的技术人员参考。

本书第一、三章由上海交通大学李明辉编写，第二、四章由华南理工大学黄毅宏编写，附录由山东工业大学刘伟强编写。全书由黄毅宏、李明辉主编，黄毅宏统稿，浙江大学郑良桂主审。参加审稿的单位有：浙江大学、上海交通大学、山东工业大学、华南理工大学、上海大学和上海工程技术大学等。本书在编审过程中得到许多单位的大力支持，谨此致谢。

由于编者水平，书中难免有错漏之处，恳请广大读者批评指正。

编　者

目 录

第一章 概 论

第一节 模具技术的发展

一、模具工业在国民经济中的重要地位

模具在现代生产中，是生产各种工业产品的重要工艺装备，它以其特定的形状通过一定的方式使原材料成形。例如，冲压件和锻件是通过冲压或锻造方式使金属材料在模具内发生塑性变形而获得的；金属压铸件、粉末冶金零件以及塑料、陶瓷、橡胶、玻璃等非金属制品，绝大多数也是用模具成形的。由于模具成形具有优质、高产、省料和低成本等特点，现已在国民经济各个部门，特别是汽车、拖拉机、航空航天、仪器仪表、机械制造、家用电器、石油化工、轻工日用品等工业部门得到极其广泛的应用。据统计，利用模具制造的零件，在飞机、汽车、拖拉机、电机电器、仪器仪表等机电产品中占60%～70%；在电视机、录音机、计算机等电子产品中占80%以上；在自行车、手表、洗 衣机、电冰箱、电风扇等轻工产品中占85%以上。据国际生产技术协会预测，到2000年，机械零件粗加工的75%和精加工的50%都将由模具成形来完成。

随着社会经济的发展，人们对工业产品的品种、数量、质量及款式都有越来越高的要求。为了满足人类的需要，世界上各工业发达国家都十分重视模具技术的开发，大力发展模具工业，积极采用先进技术和设备，提高模具制造水平，并取得了显著的经济效益。美国是世界上超级经济大国，也是世界模具工业的领先国家。据1989年统计，美国模具行业有12554个企业，从业人员17.28万人，模具总产值达64.47亿美元。日本模具工业是从1957年开始发展起来的，当年模具总产值仅有106亿日元，到1991年总产值已超过17900亿日元，在34年中增长了169倍，这也是日本经济能飞速发展，并在国际市场上占有一定优势的重要原因之一。现在，日本的模具工业已实现了高度的专业化、标准化和商品化。据1991年统计，日本全国有13115家模具工业企业，其中生产冲模的占40%，生产塑料模的占40%，生产压铸模的占5%，生产橡胶模的占4%，生产锻模的占3%，生产铸造模的占3%，生产玻璃模的占3%，生产粉末冶金模的占2%。

现在，大家都认识到，研究和发展模具技术，对于促进国民经济的发展具有特别重要的意义。模具技术已成为衡量一个国家产品制造水平的重要标志之一。模具工业能促进工业产品生产的发展和质量提高，并能获得极大的经济效益，因而引起了各个国家的高度重视和赞赏。在日本，模具被誉为“进入富裕社会的原动力”，在德国则冠之以“金属加工业中的帝王”，在罗马尼亚视为“模具就是黄金”。因此可以断言，随着工业生产的迅速发展，模具工业在国民经济中的地位将日益提高，模具技术也会不断发展，并在国民经济发展过程中发挥越来越重要的作用。

二、我国模具技术的现状及发展趋势

我国对模具工业的发展也十分重视。国务院于1989年3月颁布的《关于当前国家产业政

策要点的决定》中，就把模具技术的发展作为机械行业的首要任务。现在，我国的模具工业已初具规模，全国已有200多个模具专业厂，6000多个生产点（附属在工厂内的模具车间或模具加工班组)，年产模架30多万套。此外，还有数以万计的模具私营企业和个体劳动者，在满足模具需求方面，起着不可忽视的作用。可以说，中国在模具技术方面，已有一支较强的队伍。

近年来，我国模具技术的进步主要表现在：

1）研究开发了几十种模具新钢种及硬质合金、钢结硬质合金等新材料，并采用了一些热处理新工艺，使模具使用寿命得到延长。

2）发展了一些多工位级进模和硬质合金模等新产品，并根据国内生产需要研制了一批精密塑料注射模。

3）研究开发了一些新技术和新工艺，如三维曲面数控仿形加工、模具表面抛光、表面皮纹加工以及皮纹辊制造技术、模具钢的超塑性成形技术和各种快速制模技术等。

4）模具加工设备已得到较大的发展，国内已能批量生产精密坐标磨床、计算机控制（CNC）仿形铣床，CNC电火花线切割机床以及高精度的电火花成形机床等。

5）模具计算机辅助设计和辅助制造（模具CAD/CAM）已在国内数十个单位得到开发应用。

虽然我国模具技术已得到较大的发展，但仍然不能满足国民经济高速发展的需要，还需花费大量资金向国外进口一些模具，其原因是：

1）专业化和标准化程度低。目前专业化程度不到10%，而标准化程度也只有20%。

2）模具品种少，效率低，经济效益也差。

3）制造周期长，模具精度不高，制造技术较落后。

4）模具寿命短，新材料使用量不到10%。

5）力量分散，管理落后。

根据我国模具技术的发展现状及存在的问题，今后应朝着如下几个方面发展：

1）开发、发展精密、复杂、大型、长寿命模具，以满足国内市场的需要。国家已规划分别在山东、广东、北京、上海、广州等地的有关单位重点扶植发展热锻模、热铸模、塑料模、冷冲模、顶杆等，以便集中力量发展这些有影响的高水平模具及标准件。

2）加速模具标准化和商品化，以提高模具质量，缩短模具制造周期。

3）大力开发和推广应用模具CAD/CAM技术，提高模具制造过程的自动化程度。

4）积极开发模具新品种、新工艺、新技术和新材料。

5）发展模具加工成套设备，以满足高速发展的模具工业需要。

第二节　模具制造的基本要求与特点

一、模具制造的基本要求

在工业产品的生产中，应用模具的目的在于保证产品质量，提高生产率和降低成本等。为此，除了正确进行模具设计，采用合理的模具结构之外，还必须以先进的模具制造技术作为保证。制造模具时，不论采用哪一种方法都应满足如下几个基本要求：

（1）制造精度高　为了生产合格的产品和发挥模具的效能，所设计、制造的模具必须具有较高的精度。应该知道，模具精度主要是由制品精度和模具结构的要求来决定的。为了保证制品精度，模具的工作部分精度通常要比制品精度高 2～4 级；模具结构对上、下模之间配合有较高的要求，为此组成模具的零部件都必须有足够高的制造精度，否则将不可能生产出合格的制品，甚至会使模具损坏。

(2) 使用寿命长　模具是比较昂贵的工艺装备，目前模具制造费约占产品成本的10%～30%，其使用寿命长短将直接影响产品的成本高低。因此，除了小批量生产和新产品试制等特殊情况外，一般都要求模具有较长的使用寿命，在大批量生产的情况下，模具的使用寿命更加重要。

(3) 制造周期短　模具制造周期的长短主要决定于制模技术和生产管理水平的高低。为了满足生产的需要，提高产品的竞争能力，必须在保证质量的前提下尽量缩短模具制造周期。

(4) 模具成本低　模具成本与模具结构的复杂程度、模具材料、制造精度要求及加工方法等有关。模具技术人员必须根据制品要求合理设计和制订其加工工艺。

必须指出，上述四个指标是相互关联、相互影响的。片面追求模具精度和使用寿命必然会导致制造成本的增加。当然，只顾降低成本和缩短制造周期而忽视模具精度和使用寿命的做法也是不可取的。在设计与制造模具时，应根据实际情况作全面的考虑，即应在保证制品质量的前提下，选择与制品生产量相适应的模具结构和制造方法，使模具成本降低到最低限度。

二、模具制造的特点

严格来说，模具制造也属机械制造的研究范畴，但一个机械制造能力较强的企业，未必都能承担模具制造任务，更难保证制造出高质量的模具。因为模具制造难度较大，与一般机械制造相比，有许多特殊性。

(1) 制造质量要求高　模具制造不仅要求加工精度高，而且还要求加工表面质量要好。一般来说，模具工作部分的制造公差都应控制在±0.01mm 以内，有的甚至要求在微米级范围内；模具加工后的表面不仅不允许有任何缺陷，而且工作部分的表面粗糙度 R_a 都要求小于 0.8μm。

(2) 形状复杂　模具的工作部分一般都是二维或三维的复杂曲面，而不是一般机械加工的简单几何体。

(3) 材料硬度高　模具实际上相当于一种机械加工工具，其硬度要求较高，一般都是用淬火工具钢或硬质合金等材料制成，若用传统的机械加工方法制造，往往感到十分困难。

(4) 单件生产　通常，生产某一个制品，一般都只需要一、二副模具，所以模具制造一般都是单件生产。每制造一副模具，都必须从设计开始，大约需要一个多月甚至几个月的时间才能完成，设计、制造周期都比较长。

第三节　模具制造的工艺路线

模具制造的基本工艺路线如图 1-1 所示。首先，根据制品零件图样或实物进行估算，然后进行模具设计、零件加工、装配调整、试模，直到生产出符合要求的制品。

一、分析估算

在接受模具制造的委托时，首先要根据制品零件图样或实物，分析研究将采用模具的套数、模具结构及主要加工方法，然后进行模具估算，估算的内容包括：

（1）模具费用　指材料费、外购零件费、设计费、加工费、装配调整及试模费等。必要时，还要估算各种加工方法所用的工具及其加工费等，最后得出模具制造价格。

（2）交货期　估算完成每项工作的时间，并决定交货期。

（3）模具总寿命　估算模具的单次寿命以及经多次简单修复后的总寿命（即在不发生事故的情况下，模具的自然寿命）。

（4）制品材料　制品规定使用的材料性能、尺寸大小、消耗量以及材料的利用率等。

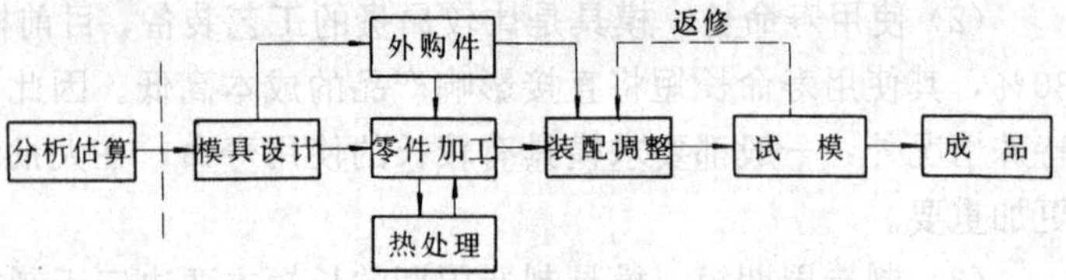

图 1-1　模具制造的基本工艺路线

（5）所用的设备　了解应用模具的设备性能、规格及其附属设备。

在进行模具估算时，只注意模具费用及交货期是不够的。一个优秀的模具技术人员，应该对模具制造和试模过程中可能出现的问题以及制成后的使用情况有充分的了解和估计。

二、模具设计

在进行模具设计时，首先要尽量多收集信息，并认真地加以研究，然后再进行模具设计。若不这样做，即使是设计出的模具功能优良，精度很高，也不能符合要求，所完成的设计并不是最佳设计。所要收集的信息有：

1）来自营业方面的信息最重要，包括：①产量（月产量和总产量等）；②产品单价；③模具价格和交货期；④被加工材料的性质及供应方法等；⑤将来的市场变化等。

2）所要加工制品的质量要求、用途以及设计修正、改变形状和公差的可能性。

3）生产部门的信息，包括使用模具的设备性能、规格、操作方法以及技术条件。

4）模具制造部门的信息，包括加工设备及技术水平等。

5）标准件及其他外购件的供应情况等。

三、模具制图

（1）装配图　如果模具设计方案及其结构已经确定，就可以绘制装配图。装配图的绘制方法有三种：①主视图画成上、下模对合状态（下止位置）；俯视图只画下模。②主视图画上、下模组合状态，俯视图上、下模各画一半。③绘制组合状态的主视图后再分别画上、下模俯视图。应用时，可根据模具结构的需要选用其中的一种。

（2）零件图　零件图要根据装配图绘制，使其满足各种配合关系，并注明尺寸公差及表面粗糙度，有的还要写明技术条件。标准件不必画零件图。

四、零件加工

每个需要加工的零件，都必须按图样要求制订其加工工艺（填写工艺卡），然后分别进行粗加工、半精加工、热处理及精修抛光。

五、装配调整

装配就是把加工好的零件组合在一起构成一副完整的模具。在这一过程中，仅仅把加工好的零件紧固，或是打入定位销等纯装配操作是极少见的。一般都是在装配调整过程中进行一定的人工整修或机械加工。

六、试模

装配调整好的模具，还需要安装在机器设备上（如冲床、注射机等）进行试模。检查模具在运行过程中是否正常，所得到的制品形状尺寸等是否符合要求。如有不符合要求的则必须拆下来加以修正，以便再次试模，直到完全能正常运行并能加工出合格的制品。

第四节　模具的主要加工方法

将金属材料加工成模具的方法，主要有机械加工、特种加工、塑性加工、铸造和焊接等。

一、机械加工

机械加工（即传统的切削与磨削加工）是模具制造不可缺少的一种重要的加工方法。即使是用其他加工方法制造模具，也需要用切削或磨削加工来完成某些工作。例如模架加工、模坯加工、模具型面加工以及孔类加工等。

机械加工的明显特点是加工精度高、生产效率高，而且用相同的机床和工具可以加工出各种形状和尺寸的工件。但是，用机械加工方法加工复杂的形状时，其加工速度很慢，硬的材料也难于加工；材料的利用率不高；而且还要求有熟练的操作工人。尽管如此，在模具制造过程中机械加工仍然是主要的加工手段。

二、特种加工

特种加工是有别于传统机械加工方法的非传统加工方法，也称电加工。从广义上来说，特种加工是指那些不需要用比工件更硬的工具，也不需要在加工过程中施加明显的机械力，而是直接利用电能、化学能、声能、光能等来除去工件上的多余部分，以达到一定的形状、尺寸和表面粗糙度要求的加工方法，其中包括电火花成形加工、电火花线切割加工、电解加工、电化学抛光、电解磨削、电铸、化学蚀刻、超声波加工、激光加工等。

特种加工相对于传统的机械加工，有如下特点：

1）加工情况与工件的硬度无关，可以实现以柔克刚。

2）工具与工件一般不接触，加工过程不必施加明显的机械力。

3）可加工各种复杂形状的零件。

4）易于实现加工过程自动化。

正因为特种加工有上述这些可贵的特点，所以特种加工在模具制造中得到越来越广泛的应用，并成为模具加工中的一种重要方法。

三、塑性加工

塑性加工主要是冷挤压制模法，即将淬火过的成形模（原阳模）强有力地压入未进行硬化处理的模坯（钢或其他软质材料）内，使原阳模的形状复印在被压的模坯上，制成所需要的模具。

冷挤压制模法所成形的模具完全不需要将型面进行精加工，它制模速度快、省料，可以制成各种复杂型面的模具，且形状精确，利于用一套原模制作多副相同模具。这种制模法一定要事先制作一个成形的原阳模，而且压制后的模具在淬火时会引起变形。

四、铸造

对于一些精度和使用寿命要求不高的模具，人们往往会用简单方便的铸造法快速制成。

（1）铸铁　像加工汽车外壳等大件且不规则形状的模具，一般都用铸造方法制成。

铸铁模在制造上的优点是，可以很容易铸出复杂的形状，尺寸不受限制，便于进行机械加工，而且价格低，润滑性好，胶着少。它的缺点是耐磨性差，精度差。

（2）锌基合金　锌基合金是一种用铸造法制造简易模具的典型材料，其熔点低，可铸性好，所以铸造精度相对较高，而且还具有软钢那样的强度、耐磨性和润滑性。用低熔点材料锌基合金铸造模具，也称快速制模法，其制模速度快，容易制成形状复杂的模具，但模具的材质较软，耐热性差，所以模具寿命短，多用于试制和小批量生产的场合。

为了适度提高快速制模的质量和使用寿命，也有用导热性和耐久性较好的铍铜合金代替锌基合金的，主要用于生产批量较大而又细微的复杂模具。

（3）合成树脂　铸造法制模也有用合成树脂的，主要有酚醛树脂、聚酯树脂、环氧树脂等。

合成树脂模的优点是容易快速制模，轻而无锈，复制和维修都比较简单。但耐磨性差，遇热变形大，且强度不高、易疲劳老化。

五、焊接

焊接法制模是将分散加工好的模块焊接在一起，形成所需的模具。这种制模方法与整体加工相比，加工简单、快速、省料、尺寸大小不受限制。但精度难以保证，易残留热应变及内部应力，承受冲击的能力差。主要用于精度要求不高的大型模具的制造，或是用于模具的修复。

第五节　本课程的性质、任务和要求

本课程是锻压专业的一门专业课。在学习本课程之前，学生已修完了“金属工艺学”课程，并开始学习“冲压工艺”、“锻造工艺”、“塑料成形工艺”等有关课程，对模具设计已有初步的了解。由于模具设计与制造工艺之间有着密切的关系，作为一个模具设计人员如果不熟悉模具制造工艺知识，甚至连自已设计出来的模具也不知道应该用什么方法制造，那么不管其设计的模具功能多全，精度定得多高，我们仍然不可以说这是一副好的模具，因为所设计的模具未必是合理的，不仅工艺性和经济性很差，甚至无法加工。因此，作为模具设计人员，在掌握设计知识后还必须熟悉模具制造方面的工艺知识，只有这样才能避免理论脱离实际，也只有这样，才能成为一个优秀设计师。本课程的任务是使学生掌握模具设计与制造所必须具备的工艺知识，提高合理设计模具的能力。

由于工业生产的发展和金属成形新技术的应用，对模具制造技术的要求越来越高，使之趋于复杂化和多样化。模具的制造方法已不再是过去的手工作业和传统的一般机械加工，而是广泛采用电火花成形、数控线切割、电化学加工、超声波加工、激光加工以及成形磨削、数控仿形等现代加工技术。通过本课程的学习，要求学生掌握各种现代模具加工方法的基本原理、特点及加工工艺，掌握各种制造方法对模具结构的要求，以提高学生分析模具结构工艺性的能力。

本课程的实践性很强，涉及的知识面较广。因此，学生在学习本课程时，除了重视其中必要的工艺原理与特点等理论学习外，还应特别注意实践环节，尽可能参观一些模具厂，认真参加现场教学和实验，以增加感性知识。

第二章　模具的机械加工

第一节　一般机械加工

由于模具零件的形状多种多样，而且精度要求高，因此，在加工过程中除了使用车床、铣床、刨床、插床和磨床等一般机械加工设备外，还需要使用各种先进设备，诸如电火花加工机床、电火花线切割加工机床和精密磨削机床等。近年来，加工新技术不断发展，先进设备逐年增加。然而，一般机械加工仍然是模具制造中不可缺少的基本手段。

一、车削加工

车床的种类很多，其中卧式车床的通用性好，应用最为广泛。在模具制造中卧式车床主要用于加工凸模、凹模、导柱、导套、顶杆、型芯和模柄等零件。

车削用于加工内外旋转表面、螺旋面、端面、钻孔、镗孔、铰孔及滚花等。工件的加工通常经过粗车、半精车和精车等工序而达到要求。根据模具零件的精度要求，车削一般是外旋转表面加工的中间工序，或作为最终工序。精车的尺寸精度可达IT6～IT8，表面粗糙度为$R_a1.6\sim0.8\mu m$。

除了上述常规的车削加工外，还常常用到一些特殊的车削加工。

（一）对拼式型腔的加工

在模具设计中，为了便于取出工件，往往把型腔设计成对拼式，即型腔的形状由两个半片或多个镶件组成。这种情况在注射模、吹塑模、压铸模、玻璃模和胀形模等模具中都比较常见。

加工对拼式型腔（图 2-1）时，为了保证型腔尺寸的准确性，通常应预先将各镶件间的接合面磨平，互相间用工艺销钉固定，组成一个整体后才进行车削。

（二）球面的加工

拉深凸模、弯曲模、浮动模柄、球面垫圈和塑料模的型芯等零件，往往带有球面。若在卧式车床上增设一个车球面工具，则可方便而又准确地进行球面加工。如图 2-2a 所示，连杆 1 是可以调节的，一端与固定在机床导轨的基准板 2 上的轴销铰接，另一端与

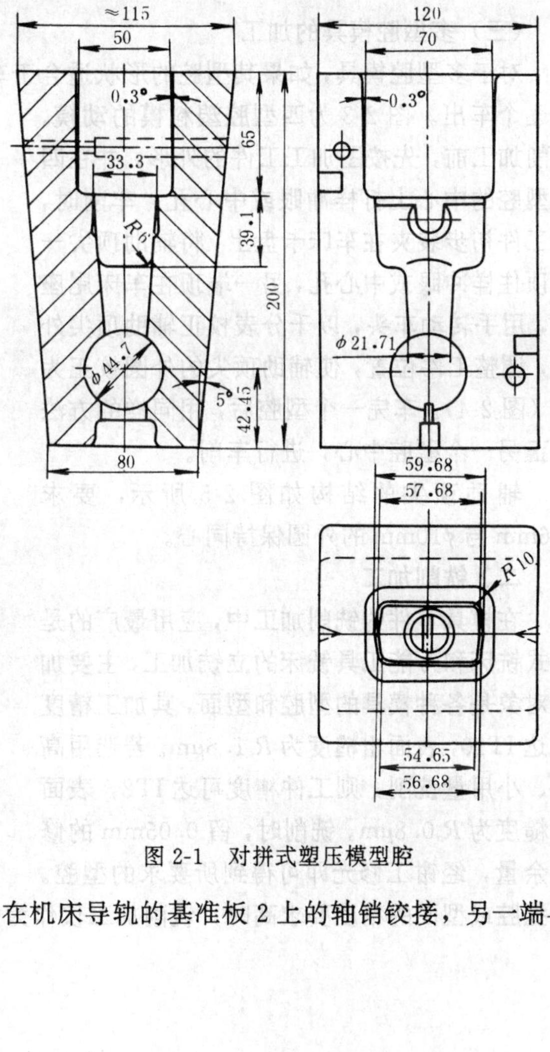

图 2-1　对拼式塑压模型腔

调节板 3 上的轴销铰接。调节板 3 用制动螺钉紧固在中滑板上。

当中滑板横向自动进给时，由于连杆 1 的作用，使床鞍作相应的纵向移动，而连杆绕基准板上的轴销回转使刀尖也作出圆弧轨迹。图 2-2b 所示为车制凹球面时的安装。

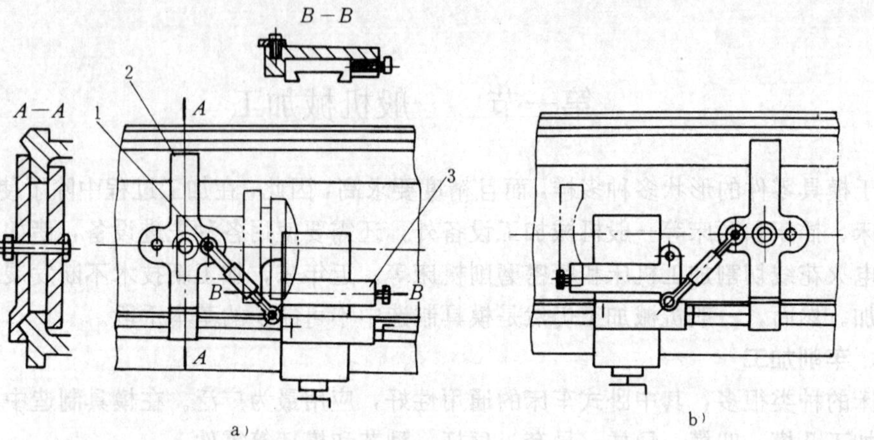

图 2-2　车球面工具

1—连杆　2—基准板　3—调节板

（三）多型腔模具的加工

对于多型腔模具，如果其型腔的形状适合于车削加工，则可利用辅助顶尖校正型腔中心，并逐个车出。图 2-3 为四型腔塑料模的动模。车削加工前，先按图加工工件的外形，并在四个型腔的中心上打样冲眼或中心孔。车削时，把工件初步装夹在车床卡盘上，将辅助顶尖一端顶住样冲眼或中心孔，另一端顶在车床尾座上，用手转动车头，以千分表校正辅助顶尖外圆，调整工件位置，使辅助顶尖的外圆校正为止（图 2-4）。车完一个型腔后，用同样的方法校正另一个型腔中心，进行车削。

辅助顶尖的结构如图 2-5 所示，要求 $\phi16$mm 与 $\phi10$mm 的外圆保持同心。

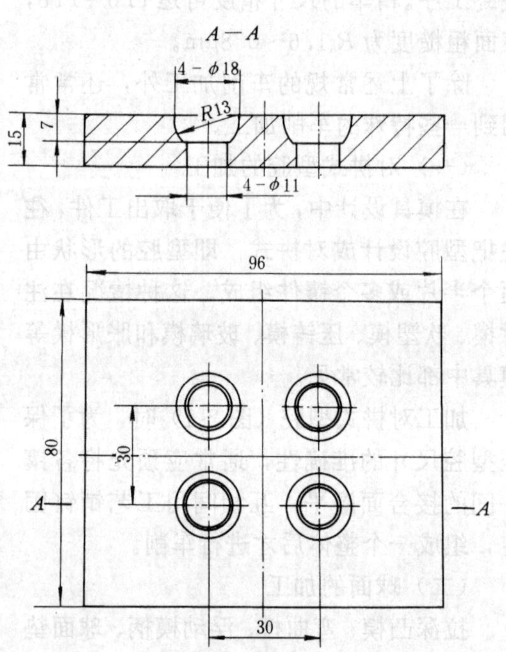

图 2-3　四型腔塑料模的动模

二、铣削加工

在模具零件的铣削加工中，应用最广的是立式铣床和万能工具铣床的立铣加工，主要加工对象是各种模具的型腔和型面，其加工精度可达 IT10，表面粗糙度为 $R_a1.6\mu$m。若选用高速、小用量铣削，则工件精度可达 IT8，表面粗糙度为 $R_a0.8\mu$m。铣削时，留 0.05mm 的修光余量，经钳工修光即可得到所要求的型腔。当型腔或型面的精度要求高时，铣削加工仅作为中间工序，铣削后需用成形磨削或电火花加

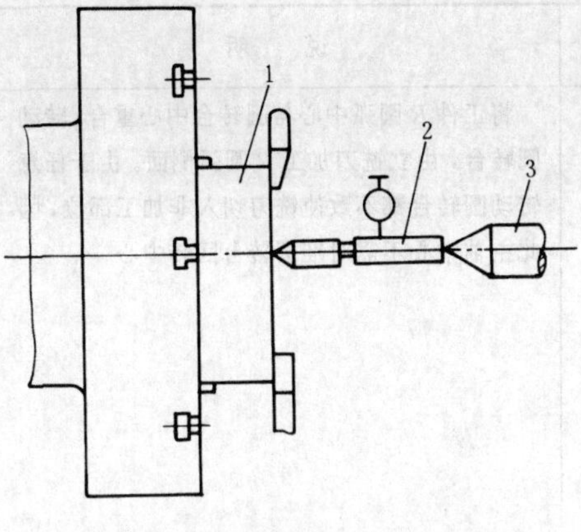

图 2-4 用辅助顶尖找正中心

1—坯料 2—辅助顶尖 3—车床尾座

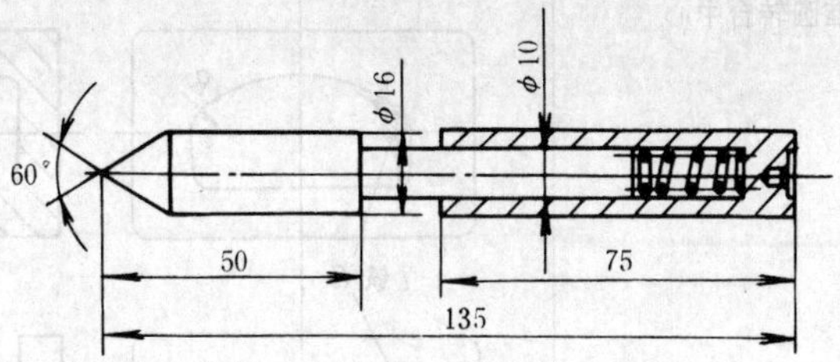

图 2-5 辅助顶尖结构图

工等方法进行精加工。

立铣加工主要有如下几种：

（一）平面或斜面的加工

在立铣上使用端铣刀加工平面（图 2-6）或斜面时，生产效率高，因此，这种加工方法在模具零件的平面或斜面加工中得到广泛的应用。

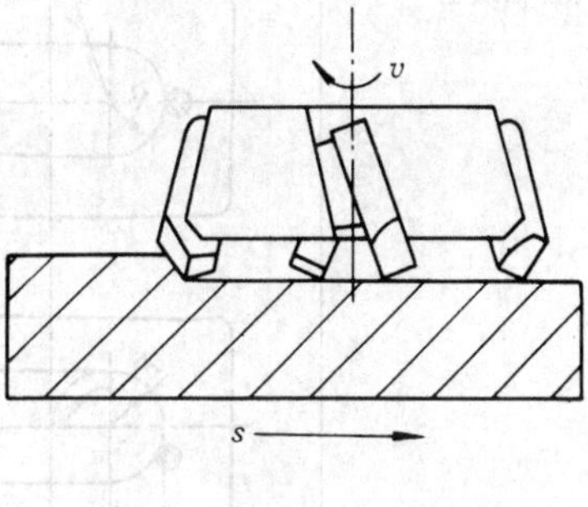

图 2-6 端铣刀加工平面

（二）圆弧面的加工

圆转台是立铣加工中常用的附件，利用它可进行各种圆弧面的加工。

圆转台安装在立式铣床的工作台上，而工件则安装在圆转台上。安装工件时，必须使被加工圆弧中心与圆转台的回转中心重合，并根据工件形状来确定铣床主轴中心是否需要与圆转台中心重合。利用圆转台进行立铣加工圆弧面的方式如表 2-1 所示。

（三）复杂型腔或型面的加工

对于不规则的型腔或型面，可采用坐标法加工，即根据被加工点的位置，控制工作台的纵横（X，Y）向移动以及主轴头的升降（Z）进行立铣加工。例如，图 2-7 所示的不规则型面，其轮廓一般是按极坐标方法设计的，所以在加工前可按工件的极坐标半径、夹角和加工用铣刀直径计算出铣刀中心在各位置的纵横向坐标尺寸，然后逐点铣削。当立铣加工的对象为复杂的空间曲面时，亦可采用坐标法，但需控制 X、Y、Z 三个坐标方向的移动。

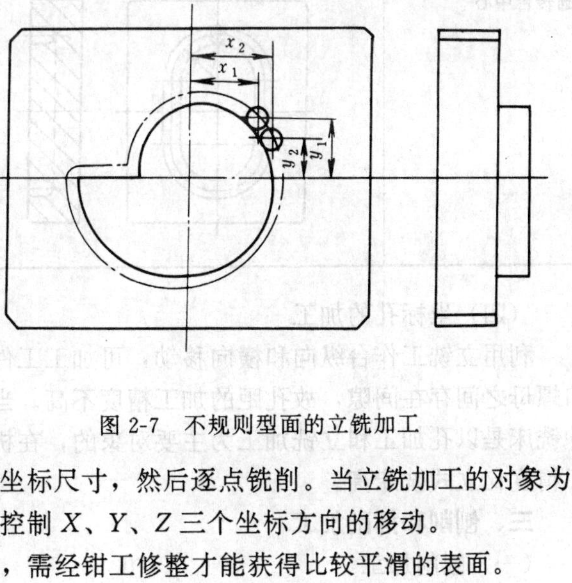

图 2-7 不规则型面的立铣加工

坐标法加工后的型腔或型面的精度较低，需经钳工修整才能获得比较平滑的表面。

表 2-1　利用圆转台进行立铣加工圆弧面的方式

方　式	简　图	说　明
主轴中心不需对准圆转台中心	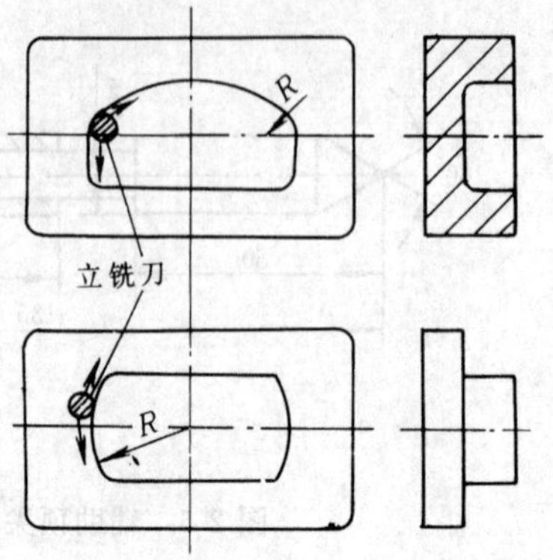	将工件 *R* 圆弧中心与圆转台中心重合。转动圆转台，由立铣刀加工 *R* 圆弧侧面。由于任意转动圆转台都不致使铣刀切入非加工部位，因此主轴中心不需对准圆转台回转中心
主轴中心需落在圆转台轴线上	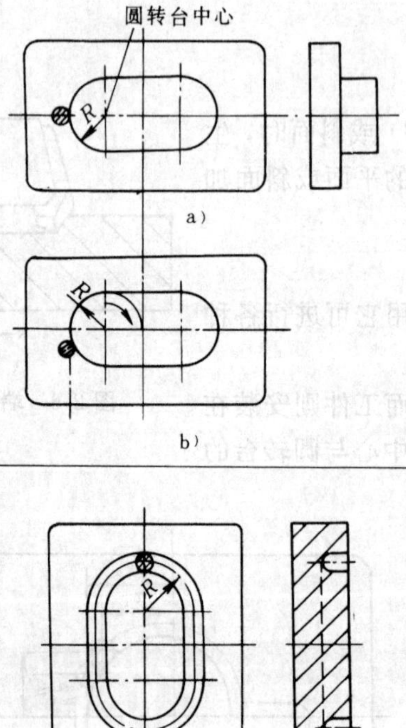	使工件 *R* 圆弧中心与圆转台中心重合。并使主轴中心对准圆转台中心轴线之一，见图 a 如主轴中心不对准圆转台中心轴线，则按圆转台刻度转动 90°时，立铣刀将切入工件非加工部位见图 b
主轴中心需对准圆转台中心	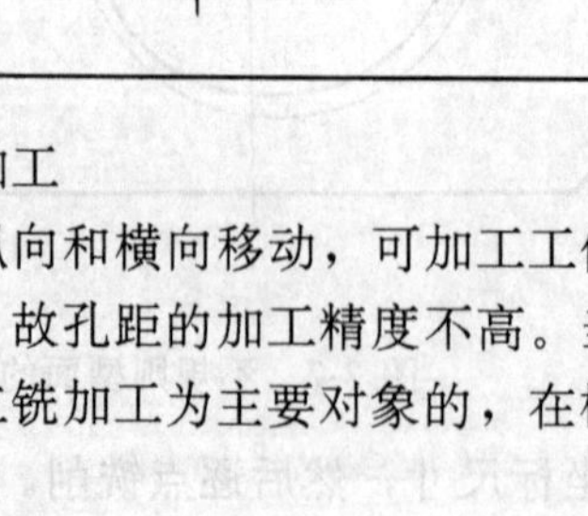	先使主轴中心对准圆转台中心，然后安装工件，使 *R* 圆弧中心与圆转台中心重合 移动工作台（移动距离为 *R*）转动圆转台进行加工，控制圆转台回转角度

（四）坐标孔的加工

利用立铣工作台纵向和横向移动，可加工工件上的坐标孔。但因驱动工作台移动的丝杆和螺母之间存在间隙，故孔距的加工精度不高。当孔距精度要求较高时，可用坐标铣床。这种铣床是以孔加工和立铣加工为主要对象的，在机床上装有光电式或数字式读数装置，其加工精度比立式铣床高。

三、刨削和插削加工

（一）刨削加工

刨削主要用于模具零件外形的加工。中小型零件广泛采用牛头刨床加工；而大型零件则需用龙门刨床。刨削加工的精度可达IT10，表面粗糙度为R_a1.6μm。

牛头刨床主要用于平面与斜面的加工。

1. 平面的加工

对于较小的工件，通常用平口钳装夹；对于较大的工件，可直接安装在牛头刨床的工作台上。此外，刨削平面时还常用撑板夹紧工件（图2-8）。其优点是便于进刀和出刀；可避免薄工件发生变形；夹紧力能使工件底面贴实垫板。

2. 斜面的加工

刨削斜面时，可在工件底部垫入斜垫块使之倾斜，并用撑板夹紧工件（图2-9）。斜垫块是预先制成的一批不同角度的垫块，并可用两块以上组成其他不同角度的斜垫块。

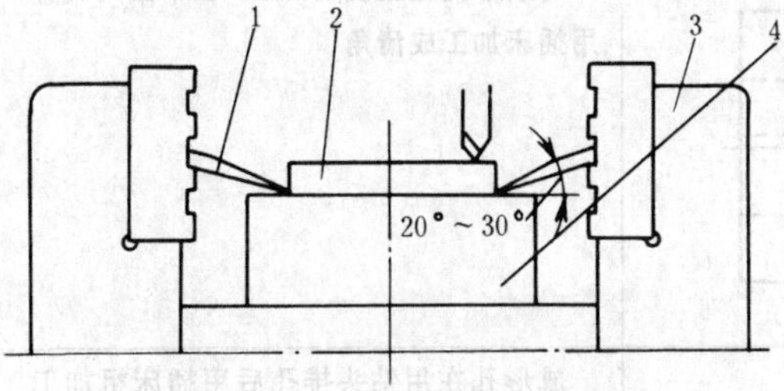

图2-8　用撑板装夹

1—撑板　2—工件　3—虎钳　4—垫板

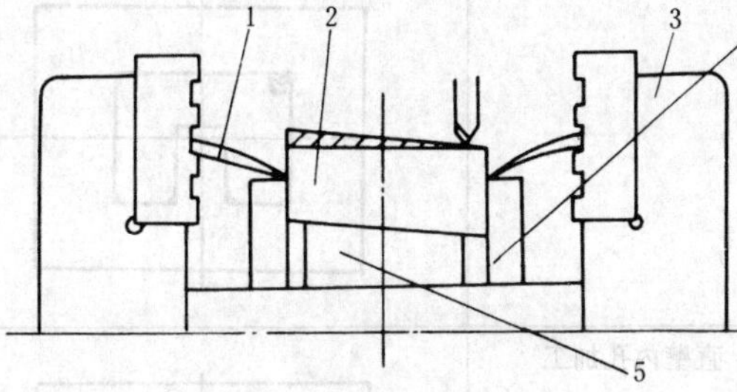

图2-9　利用斜垫块刨斜面

1—撑板　2—工件　3—虎钳　4—垫板　5—斜垫块

对于工件的内斜面，一般采用倾斜刀架的方法进行刨削，图2-10所示为V形槽的刨削加工过程。

（二）插削加工

插床的结构与牛头刨床相似。不同之处在于插床的滑枕是沿垂直方向作往复运动的。在模具制造中插床主要用于成形内孔的粗加工，有时也用于大工件的外形加工。插床加工时有冲击现象，宜采用较小的切削用量。因此，其生产率和加工表面粗糙度都不高，加工精度可达IT10，表面粗糙度为R_a1.6μm。

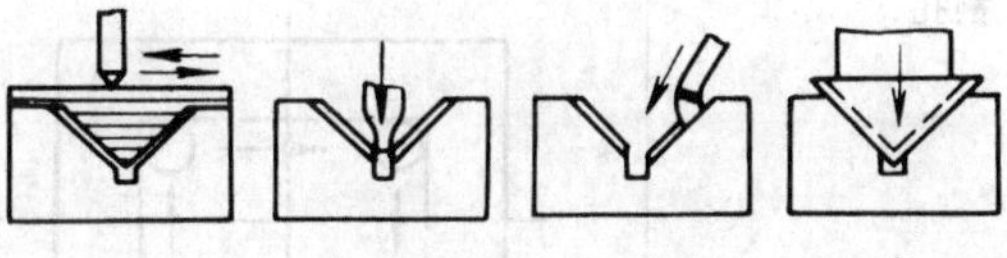

图2-10　刨V形槽

a）粗刨　b）切槽　c）刨斜面　d）用样板刀精刨

插床的加工方法主要是根据划线形状，利用插床的纵横滑板和回转工作台插出工件的成形孔或外形。所加工的内孔一般都留有加工余量，供后续工序精加工用。用插床加工直壁外形及内孔的几种形式如表2-2所示。此外，还可利用插床滑枕的倾斜，对带有斜度的内孔进行加工（图2-11）。

四、磨削加工

为了达到模具的尺寸精度和表面粗糙度等要求，有许多模具零件必须经过磨削加工。例如，模具的型腔、型面，导柱的外圆，导套的内外圆表面以及模具零件之间的接触面等。在模具制造中，形状简单（如平面，内圆和外圆）的零件可使用一般磨削加工，而形状复杂的零件则需使用各种精密磨床进行成形磨削。一般磨削加工是在平面磨床、内圆磨床或外圆磨

表 2-2　用插床加工直壁外形及内孔的几种形式

形　式	简　图	说　明
直壁外形加工	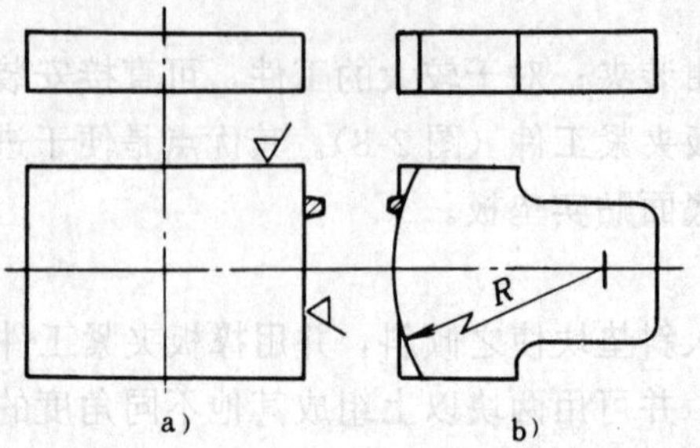	图 a 外形较大，用插床加工外形基准面 图 b 外形较大，用插床加工外形，安装时使 R 中心与回转工作台中心重合，加工 R 圆弧面
直壁内孔接角	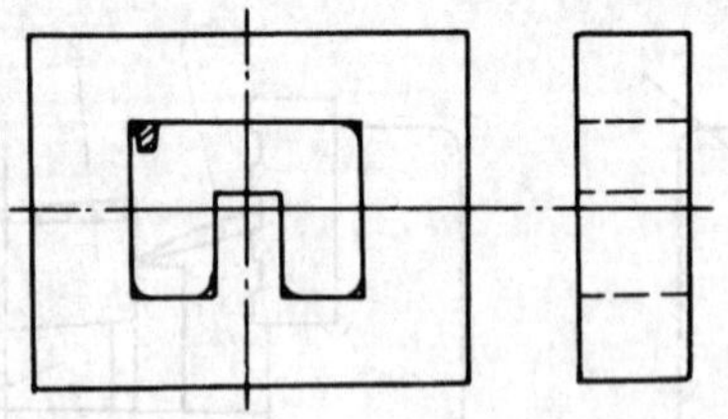	成形孔在立铣加工后，留下圆角部分用插床加工成清角
直壁内孔加工	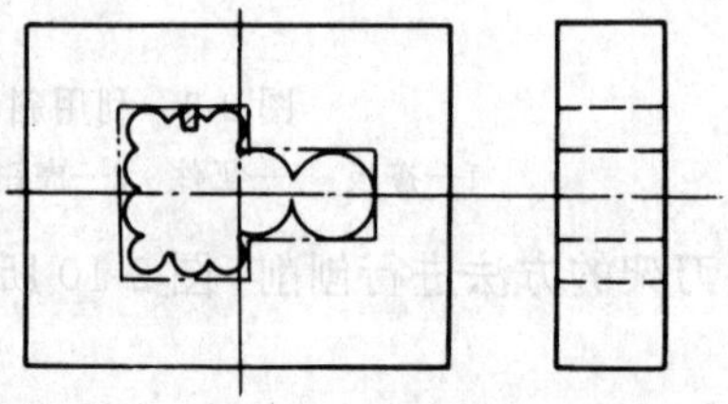	成形孔在用钻头排孔后用插床粗加工成形
割孔	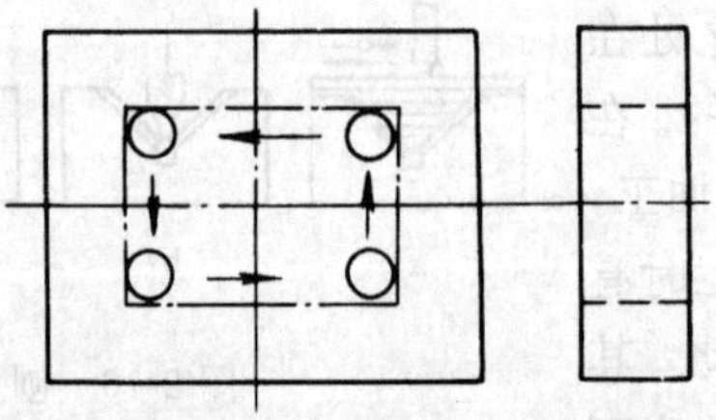	大型内孔，四角钻孔后，直接用插床割出。适用于形状较简单的成形孔

床上进行的，其磨削工艺如下：

（一）平面磨削

用平面磨床加工模具零件时，要求分型面与模具的上下面平行，同时，还应保证分型面与有关的各平面之间的垂直度。加工时，工件通常装夹在电磁吸盘上，用砂轮的周面对工件进行磨削，两平面的平行度小于 0.01：100，加工精度可达 IT5～IT6，表面粗糙度为 R_a0.4～0.2μm。平面磨削工艺要点见表 2-3。

（二）内圆磨削

在内圆磨床上磨孔的尺寸精度可达 IT6～IT7 级，表面粗糙度为

图 2-11　插削斜壁内孔

$R_a0.8\sim0.2\mu m$。若采用高精度磨削工艺，尺寸精度可控制在 0.005mm 之内，表面粗糙度为 $R_a0.1\sim0.025\mu m$。在内圆磨床上加工内孔和内锥孔的磨削工艺要点见表 2-4。

表 2-3 平面磨削工艺要点

工 艺 内 容 及 简 图		工 艺 要 点
砂轮	磨淬硬钢选用 $R_3\sim ZR_1$ 磨不淬硬钢选用 $R_3\sim ZR_2$	砂轮粒度一般在 $36^{\#}\sim60^{\#}$，常用为 $46^{\#}$
周面磨削用量	1. 砂轮圆周速度 钢工件：粗磨 22～25m/s、精磨 25～30m/s 2. 纵向进给量一般选用 1～12m/min 3. 砂轮垂直进给量 粗磨 0.015～0.05mm、精磨 0.005～0.01mm	1. 磨削时横向进给量与砂轮垂直进给量应相互协调 2. 在精磨前应修整砂轮 3. 精磨后应在无垂直进给下继续光磨 1 或 2 次
平行平面磨削	1. 一般工件磨削顺序 粗磨去除 2/3 余量→修整砂轮→精磨→光磨 1 或 2 次→翻转工件粗精磨第二面 2. 薄工件磨削 垫弹性垫片。在工件与磁力台间垫一层约 0.5mm 厚的橡皮或海绵，工件吸紧后磨削，并使工件两平面反复交替磨削，最后直接吸在磁力台上磨平 垫纸法。在工件空音处间隙内垫入电工纸后，反复交替磨削	1. 若工件左右方向平行度有误差，则工件翻转磨第二面时应左右翻。若工件前后方向有误差时，则在磨第二面时应前后翻 2. 带孔工件端平面的磨削，要注意选准定位基面，以保证孔与平面的垂直度。在一般情况下前道工序应对基面做上标记 3. 要提高两平面的平行度，须反复交替磨削两平面
垂直平面磨削	用精密平口钳装夹工件，磨削垂直面 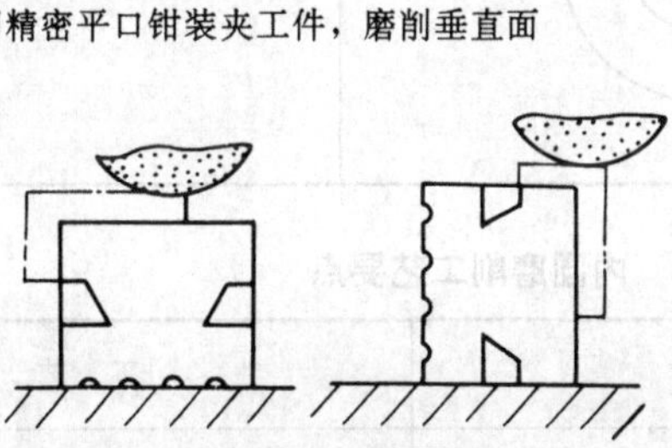	1. 用磨削平行面的方法磨好上下两大平面 2. 用精密平口钳装夹工件，磨好相邻两垂直面 3. 以相邻两垂直侧面为基面，用磨削平行面的方法磨出其余两相邻垂直面
	用精密角尺圆柱或精密角尺找正、磨垂直面。找正时用光隙法，借垫纸调整位置后，在磁力台上磨削。该法能获得比精密平口钳装夹更高的垂直度	1. 磨好两平行平面 2. 用精密平口钳装夹磨相邻两垂直面，作为粗基准 3. 用光隙法找正，置于磁力台上磨出垂直面 4. 再以找正后磨出的垂直面为基面，磨出另外两垂直面
垂直平面磨削	用精密角铁 2 和平行夹头装夹工件 1。适于磨削较大尺寸平面工件的侧垂直面 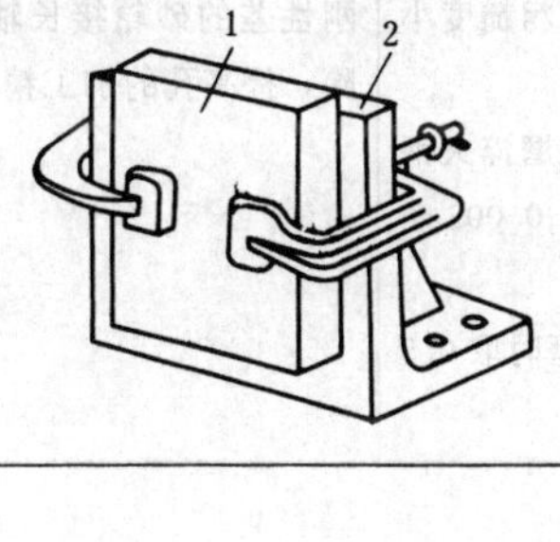	1. 磨好两平行大平面 2. 工件装夹在精密角铁上，用百分表找正后磨削出垂直面 3. 用磨出的面为基面，在磁力台上磨对称平行面 4. 需要六面对角尺的工件，其余两垂直平面的磨削采用精密角尺找正的方法，在精密角铁上装夹后磨出

（续）

工 艺 内 容 及 简 图		工 艺 要 点
垂直平面磨削	用导磁角铁1和垫铁3装夹工件2磨垂直面。它适用于磨削比较狭长的工件 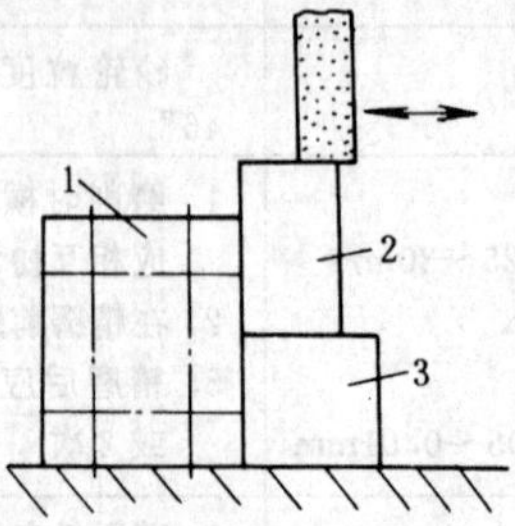	1. 装夹时应将工件上面积较大的平面作为定位基面，并使其紧贴于导磁角铁面 2. 磨削顺序 磨出一平面→用导磁角铁磨出垂直面→以相互垂直的两平面作基面，磨出对称平行面
	用精密V形铁1和夹紧爪2装夹带台肩或不带台肩的圆柱形工件3，磨削端面 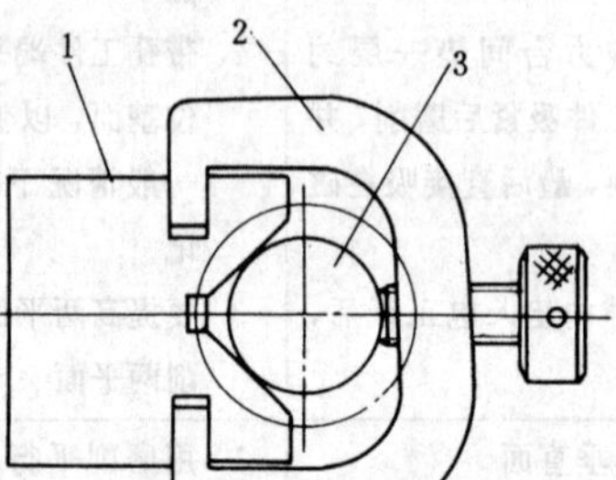	在螺钉夹紧工件圆柱面处垫入铜皮，保护已加工表面

表 2-4　内圆磨削工艺要点

工艺内容及简图		工 艺 要 点
砂轮	1. 砂轮直径一般取0.5～0.9的工件孔径。工件孔径小时取较大值，反之取较小值 2. 砂轮宽度一般取0.8孔深 3. 砂轮硬度和粒度 磨削非淬硬钢，选用棕刚玉 ZR_2～Z_2，46～60	1. 表面粗糙度要求 R_a1.6～0.8μm时，推荐采用46#砂轮，要求 R_a0.4μm时，采用60～80#砂轮 2. 磨削热导率低的渗碳淬火钢时，采用硬度较低的砂轮
内圆磨削用量	1. 砂轮圆周速度一般为20～25m/s 2. 工件圆周速度一般为15～25m/min，要求表面粗糙度小时取较低值，粗磨时取较高值 3. 磨削深度即工作台往复一次的横向进给量，粗磨淬火钢时取0.005～0.02mm，精磨淬火钢时取0.002～0.01mm 4. 纵向进给速度，粗磨时取1.5～2.5m/min，精磨时取0.5～1.5m/min	内孔精磨时的光磨行程次数应多一些，可使由刚性差的砂轮接长轴所引起的弹性变形逐渐消除，提高孔的加工精度和减少表面粗糙度

（续）

	工 艺 内 容 及 简 图	工 艺 要 点
工件装夹方法	1. 三爪自定心卡盘一般用于装夹较短的套筒类工件，如凹模套、凹模等 2. 四爪单动卡盘适宜于装夹矩形凹模孔和动、定模板型孔 3. 用卡盘和中心架装夹工件，适宜于较长轴孔的磨削加工 4. 以工件端面定位，在法兰盘上用压板装夹工件，适用于磨削大型模板上的型孔、导柱、导套孔等	1. 找正方法按先端面后内孔的原则 2. 对于薄壁工件，夹紧力不宜过大，必要时可采用弹性圈在卡盘上装夹工件
通磨孔削	采用纵向磨削法，砂轮超越工件孔口长度一般为$\frac{1}{3}$～$\frac{1}{2}$砂轮宽度	若砂轮超越工件孔口长度太小，孔容易产生中凹。若超越长度太大，孔口形成喇叭形
间断表面孔磨削	对非光滑内孔的磨削，如型孔的磨削，一般采用纵向磨削法。磨削时，应尽可能增大砂轮直径，减小砂轮宽度并尽量增大砂轮接长轴刚度 若要求加工精度高和表面粗糙度小时，可在型腔凹槽中嵌入硬木等，变为连续内表面磨削	磨削时选用硬度较低的砂轮以及较小的磨削深度和纵向进给量
台阶孔磨削	磨削时通常先用纵磨法磨内孔表面，留余量 0.01～0.02mm。磨好台阶端面后，再精磨内孔。凸凹模台阶孔的磨削方法如图所示 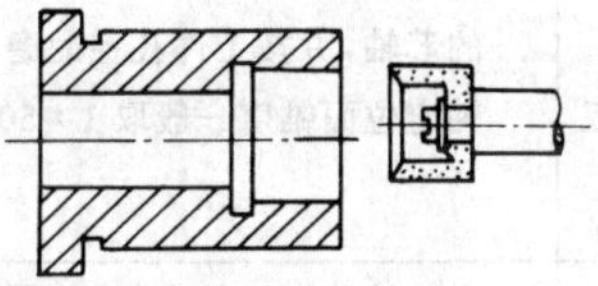	1. 磨削台阶孔的砂轮应修成凹形，并要求清角，这对磨削不设退刀槽的台阶孔极为重要 2. 对浅台阶孔或平底孔的磨削，在采用纵磨法时应选用宽度较小的砂轮，防止造成喇叭口 3. 对浅台阶孔、平底面和孔口端面的磨削，也可采用横向切入磨削法，要求接长轴有良好的刚性
小直径深孔磨削	对长径比≥8～10 的小直径深孔磨削，一般采用 CrWMn 或 W18Cr4V 材料制成接长轴，并经淬硬，以提高接长轴刚性。磨削时选用金刚石砂轮和较小的纵向进给量，并在磨削前用标准样棒将头架轴线与工作台纵行程方向的平行度校正好	1. 严格控制深孔的磨削余量 2. 在磨削过程中，砂轮应在孔中间部位多几次纵磨行程，以消除砂轮让刀而产生的孔中凸缺陷
内锥面磨削	1. 转动头架磨内锥面，适于磨较大锥度的内锥孔 2. 转动工作台磨内锥面，适于磨削锥度不大的内锥孔	磨削内锥孔时，一般要经数次调整才能获得准确的锥度，试磨时应从余量较大的一端开始

（三）外圆磨削

外圆磨床主要用于各种零件的外圆加工，如圆形凸模、导柱和导套、顶杆等零件的外圆磨削。其加工方式是以高速旋转的砂轮对低速旋转的工件进行磨削，工件相对于砂轮作纵向往复运动。外圆磨削的尺寸精度可达 IT5～IT6，表面粗糙度为 R_a0.8～0.2μm，若采用高光洁磨削工艺，表面粗糙度可达 R_a0.025μm。在外圆磨床上加工外圆、台阶端面和外圆锥面的磨削工艺要点见表 2-5。

表 2-5 外圆磨削工艺要点

工艺内容		工艺要点
砂轮	磨非淬硬钢：棕刚玉，46#～60#，Z_1～Z_2 磨淬硬钢：HRC＞50 棕刚玉、白刚玉、单晶刚玉，46#～60#，ZR_2～Z_2	半精磨时（R_a1.6～0.8μm），建议采用粒度 36#～46#砂轮 精磨时（R_a0.4～0.2μm），采用粒度 46～60#砂轮
外圆磨削用量	1. 砂轮圆周速度 陶瓷结合剂砂轮的磨削速度≤35m/s 树脂结合剂砂轮的磨削速度＞50m/s 2. 工件圆周速度 一般取 13～20m/min，磨淬硬钢≥26m/min 3. 磨削深度 粗磨时取 0.02～0.05mm，精磨时取 0.005～0.015mm 4. 纵向进给量 粗磨时取 0.5～0.8 砂轮宽度 精磨时取 0.2～0.3 砂轮宽度	1. 当被磨工件刚性差时，应将工件转速降低，以免产生振动，影响磨削质量 2. 当要求工件表面粗糙度小和精度高时，在精磨后，在不进刀情况下再光磨几次
工件装夹方法	1. 前后顶尖装夹，具有装夹方便、加工精度高的特点，适用于装夹长径比大的工件 2. 用三爪自定心或四爪单动卡盘装夹，适用于装夹长径比小的工件，如凸模、顶块、型芯等 3. 用卡盘和顶尖装夹较长的工件 4. 用反顶尖装夹，磨削细长小尺寸轴夹工件，如小型芯、小凸模等 5. 配用芯轴装夹，磨削有内外圆同轴度要求的薄壁套类工件，如凹模镶件、凸凹模等	1. 淬硬件的中心孔必须准确刮研，并使用硬质合金顶尖和适当的顶紧力 2. 用卡盘装夹的工件，一般采用工艺夹头装夹，能在一次装夹中磨出各段台阶外圆，保证同轴度 3. 由于模具制造的单件性，通常采用带工艺夹头的芯轴，并按工件孔径配磨，作一次性使用。芯轴定位面锥度一般取 1∶5000～1∶7000
一般外圆面磨削	1. 纵向磨削法 工件与砂轮同向转动，工件相对砂轮作纵向运动。当一次纵行程后，砂轮横向进给一次磨削深度。磨削深度小，切削力小，容易保证加工精度，适于磨削长而细的工件	1. 台阶轴如凸模的磨削，在精磨时要减小磨削深度，并多作光磨行程，有利于提高各段外圆面的同轴度 2. 磨台阶轴时，可先用横磨法沿台阶切入，留 0.03～0.04mm 余量，然后用纵磨法精磨
	2. 横向磨削法（切入法） 工件与砂轮同向转动，并作横向进给连续切除余量。磨削效率高，但磨削热大，容易烧伤工件，适于磨较短的外圆面和短台阶轴，如凸模、圆型芯等	为消除磨削重复痕迹，减小磨削表面粗糙度和提高精度，应在终磨前使工件作短距离手动纵向往复磨削
	3. 阶段磨削法 是横磨法与纵磨法的综合应用，先用横磨法去除大部分余量，留有 0.01～0.03mm 作为纵磨余量，适于磨削余量大、刚度高的工件	在磨削余量大的情况下，可提高磨削效率
台阶端面磨削	1. 轴上带退刀槽的台阶端面磨削 先用纵磨法磨外圆面，再将工件靠向砂轮端面 2. 轴上带圆角的台阶端面磨削 先用横磨法磨外圆面，并留小于 0.05mm 的余量，再纵向移动工件（工作台），磨削端面	1. 磨退刀槽台阶端面的砂轮，端面应修成内凹形磨带圆角的台阶端面，则修成圆弧形 2. 为保证台阶端面的磨削质量，在磨至无火花后，还需光磨一些时间

（续）

	工 艺 内 容	工 艺 要 点
外圆锥面磨削	1. 转动工作台磨外锥面 受一般外圆磨床工作台的最大回转角的限制，只能磨削圆锥角小于14°的圆锥体。装夹方便，加工质量好 2. 转动头架磨外圆锥面 将工件直接装在头架卡盘上，找正后磨削，适于短而大锥度的工件 3. 转动砂轮架磨外锥面 适于磨削长而大锥度的工件。磨削时工件用前后顶尖装夹，工件不作纵向运动，砂轮作横向连续进给运动。若圆锥母线大于砂轮宽度，则采用分段接磨	磨削外锥面时，通常采用以内锥面为基准，配磨外锥面的方法

第二节　模具的仿形加工

仿形加工以事先制成的靠模为依据，加工时触头对靠模表面施加一定的压力，并沿其表面上移动，通过仿形机构，使刀具作同步仿形动作，从而在模具零件上加工出与靠模相同的型面。仿形加工是对各种模具型腔或型面进行机械加工的主要方法之一。常用的仿形加工有仿形车削、仿形刨削、仿形铣削和仿形磨削等。

一、仿形加工的控制方式及工作原理

实现仿形加工的方法很多，根据触头传输信息的形式和机床进给传动控制方式的不同，可分为机械式、液压式、电控式、电液式和光电式等。

机械式仿形的触头与刀具之间刚性连接，或通过其他机构如缩放仪及杠杆等连接，以实现同步仿形加工。例如，图 2-12 为机械式仿形铣床的原理图。仿形触头 5 始终与靠模 4 的工

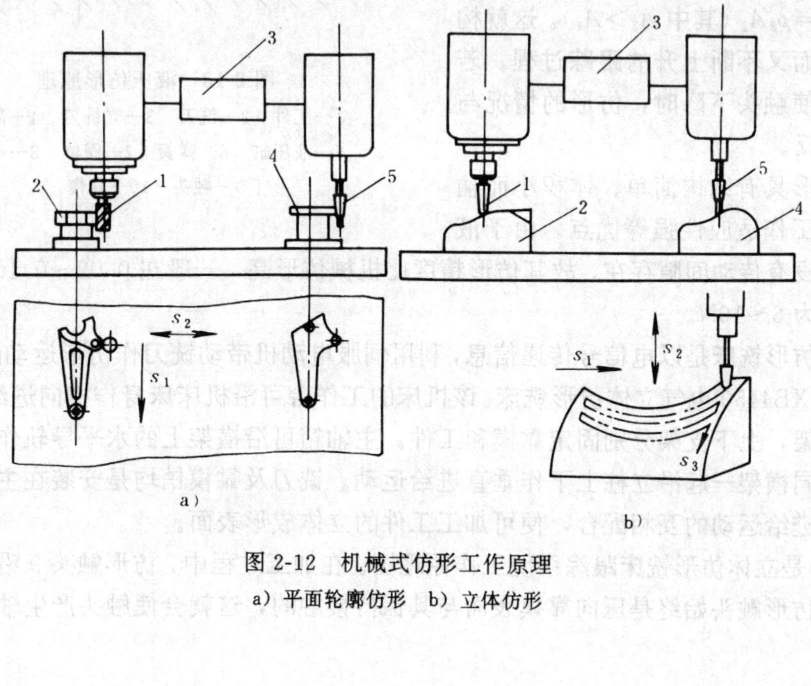

图 2-12　机械式仿形工作原理

a）平面轮廓仿形　b）立体仿形

作表面接触，并作相对运动，通过中间装置 3 把运动信息传递给铣刀 1 对工件 2 进行加工。平面轮廓仿形（图 2-12a）时，需要两个方向的进给，其中 s_1 为主进给运动；s_2 随靠模的形状而不断改变，称为随动进给。立体仿形（图 2-12b）时，需要三个方向的进给运动互相配合，其中 s_1、s_3 为主进给运动，s_2 为随动进给运动。这类机床多数用手动或手动与机动进给配合等多种方式实现仿形。

采用机械式仿形机床加工时，由于靠模与仿形触头之间的压力较大（约 10～50N），工作面容易磨损，而且在加工过程中，仿形触头以及起刚性连接的中间装置需要传递很大的力，会引起一定的弹性变形，故其仿形加工精度较低（加工误差大于 0.1mm），不适宜加工精度要求高的模具。

液压式仿形是利用油液作为介质来传递信息和动力的。图 2-13 所示为液压仿形铣床的工作原理图。液压缸 5 固定在铣床机架上，用活塞 4 带动立铣头 3、铣刀 2 和阀体 7 一齐上升或下降，而活塞的运动是由滑阀控制的。工件 1 和靠模 10 均固定在工作台上，仿形前，在弹簧 6 的作用下将阀芯 8 压向靠模。当工作台作纵向进给运动，使触头 9 沿靠模表面上升时，阀芯 8 上端的开隙 δ 逐渐减小，压力油流过时，由于 δ 变小而产生节流作用，使油缸上腔油压 p_2 降低，但下腔油压不变，因而使活塞带动刀具提升，产生仿形动作，同时，活塞带动阀体 7 上升。但因滑阀的阀芯受到弹簧 6 的压力作用并不上升。因此，阀芯上端的开隙 δ 逐渐增大，最后达到液压缸上下腔压力平衡为止，即 $p_1A_1=p_2A_2$（其中 $A_2>A_1$）。这就构成不断平衡而又不断上升的跟踪过程。若当靠模表面使触头下降时，仿形的情况与上述过程相反。

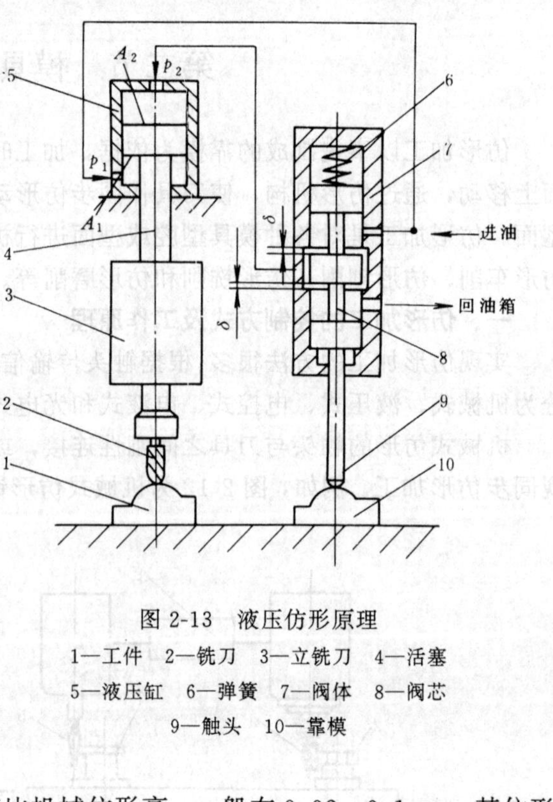

图 2-13 液压仿形原理

1—工件 2—铣刀 3—立铣刀 4—活塞 5—液压缸 6—弹簧 7—阀体 8—阀芯 9—触头 10—靠模

液压仿形具有结构简单、体积小而输出功率大和工作适应性强等优点。由于液压仿形装置没有传动间隙存在，故其仿形精度比机械仿形高，一般在 0.02～0.1mm。其仿形触头压力约为 6～10N。

电控式仿形铣床是以电信号传递信息，利用伺服电动机带动铣刀作仿形运动的。例如，图 2-14 所示为 XB4450 电气立体仿形铣床。该机床的工作台可沿机床床身作横向进给运动，工作台上装有支架，上下支架分别固定靠模和工件。主轴箱可沿横架上的水平导轨作纵向进给运动，亦可连同横架一起沿立柱上下作垂直进给运动。铣刀及靠模销均是安装在主轴箱上。利用三个方向进给运动的互相配合，便可加工工件的立体成形表面。

图 2-15 是立体仿形铣床跟踪系统工作原理图。在加工过程中，仿形触头 9 沿着靠模 8 相对移动，而仿形触头始终是压向靠模表面与其保持接触的，这就会使触头产生轴向移动，从

而发出信号。此信号经过传感器变成电信号，经随动系统放大后，用来控制随动运动电动机3，由丝杠带动铣刀作与触头相应的运动。电控式仿形的铣刀与触头之间采用电伺服联动实现仿形加工，其结构紧凑，传递信号快。易于实现远距离控制，可用计算机与其构成多工序连续控制仿形加工系统。其仿形精度可达0.01～0.03mm，仿形触头压力在1～6N。

电液式仿形以电传感器传递信息，利用液压作为动力进行仿形加工。仿形加工时，电传感得到的电信号经电-液转换机构（电液伺服阀），使液压执行机构（液压缸、液压马达）驱动工作台作相应的伺服运动。为了得到较高的加工精度，要求电液伺服阀的启动、换向、停止等动作灵敏、准确，并具有较大的功率放大倍数。这种系统的仿形触头压力约在1～6N。

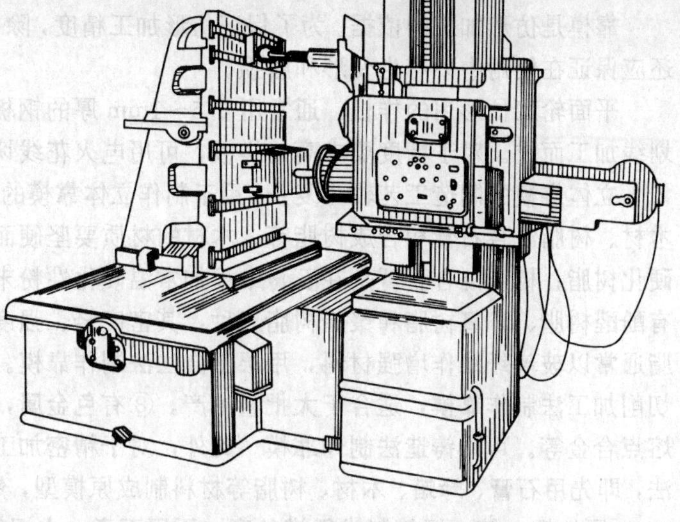

图 2-14　XB4450电气立体仿形铣床

光电式仿形是利用光电传感器传递信息的。加工时，不需要靠模，只需图样，由光电跟踪接受图样反射的光信号，经光敏元件转换成电信号送往控制部分进行变换处理和放大后，分别控制 X、Y 两方向的伺服电动机带动工作台作仿形运动。由于图样平台、工作台、光电跟踪头和铣头都是刚性联接，因此，仿形铣削只能按图样与工件1∶1进行，而且对图样绘制精度要求较高。这种方法一般只用于平面轮廓仿形加工，如冲裁模、凸轮、样板、靠模板等的加工。此外，由于这种仿形铣削加工不如数控线切割加工方便，因此其应用已逐渐减少。

二、仿形加工工艺

在仿形铣床上加工型腔的效率高，其粗加工效率为电火花加工的40～50倍，尺寸精度可达0.05mm，表面粗糙度为 R_a3.2～6.3μm。由于铣刀强度的限制，不能加工出内清角和较深的窄槽等，因此，对于要求较高的模具来说，仿形铣削一般只作为粗加工工序，加工时留一定的余量，供电火花加工作精加工用。仿形铣削之前，必须先做好准备工作，包括制作靠模、选择适当的仿形触头和

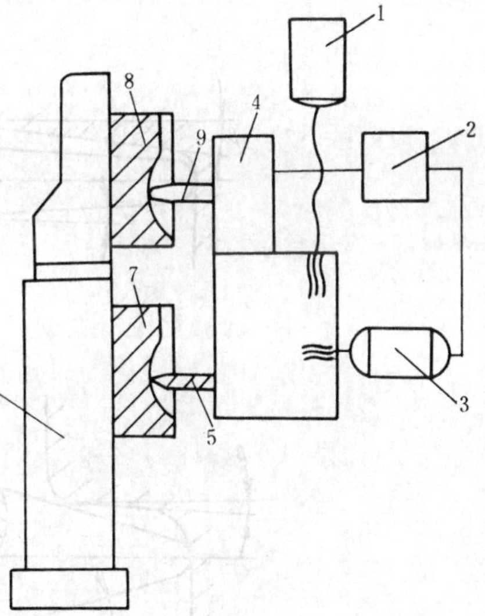

图 2-15　立体仿形铣床跟随系统工作原理

1—始发运动电动机　2—放大器　3—随动运动电动机　4—随动机构　5—铣刀　6—支架　7—工件　8—靠模　9—仿形触头

铣刀等，然后才着手进行仿形加工。

（一）靠模

靠模可分为平面靠模和立体靠模。平面靠模用于平面轮廓的仿形，它指放大图、样板等。立体靠模用于三维复杂表面的仿形，在模具型腔的加工中主要使用立体靠模。

靠模是仿形加工的依据。为了保证仿形加工精度，除了要求靠模具有一定的尺寸精度外，还应保证在使用中不产生变形和磨损。

平面轮廓仿形用的样板，通常用 0.5～1mm 厚的钢板或塑料板作为靠模材料，由钳工按划线加工而成。对于精度要求高的样板，可用电火花线切割机床或数控铣床加工。

立体靠模的制造工艺较为复杂。用于制作立体靠模的材料有如下几类：①非金属材料，如木材、树脂混合石膏和合成树脂等。木材的材质要坚硬而且不易变形，制成靠模后要涂漆或硬化树脂；树脂混合石膏是在石膏中添加常温硬化性粉末树脂，以增强耐压能力；合成树脂有酚醛树脂、环氧树脂和聚脂树脂三种，其密度轻、强度好、收缩性小、制作容易。合成树脂通常以玻璃纤维作增强材料，用层压浇注法制作靠模。②黑色金属，如钢、铸铁。主要用切削加工法制作靠模，适合于大批量生产。③有色金属，如铜合金、铝合金、锌基合金和低熔点合金等。可用铸造法制作靠模。此外，对于精密加工用的靠模，常用电铸成形法或喷镀法，即先用石膏、蜂蜡、木材、树脂等材料制成原模型，然后在原模型上电铸成形或喷镀 1～3mm 厚的铜、锌、铝等制成靠模外壳，再用石膏、水泥等材料填充于壳内，以增加其强度。

（二）仿形触头

仿形铣削时，为使触头沿靠模表面顺利地运动，要求触头的头部与靠模表面形状相适应。触头的倾斜角 α 应小于靠模工作面上的最小斜角 β，仿形触头头部半径 R 应小于靠模工作面上的最小半径 r（图 2-16）。此外，仿形触头的形状还应与铣刀形状相适应，其直径差别见图

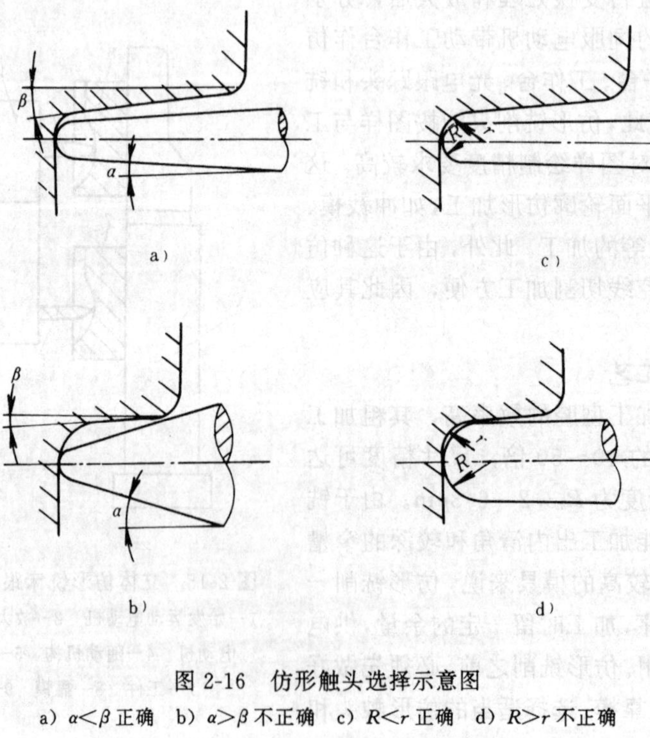

图 2-16　仿形触头选择示意图

a）$\alpha<\beta$ 正确　b）$\alpha>\beta$ 不正确　c）$R<r$ 正确　d）$R>r$ 不正确

2-17。

仿形触头与铣刀理论上应具有相同的尺寸，但实际加工中考虑到机构惯性的影响，仿形触头尺寸应稍大于铣刀尺寸，其直径D可按下式确定

$$D = d + 2(\alpha + e)$$

式中 d——铣刀直径（mm）；

α——型腔加工后需留的钳工修正量；

e——由于触头偏移的修正量。

在仿形铣床上触头一般容易发生偏移，偏移的大小取决于仿形触头构造、触头长度、仿形速度和模具型腔的形状等。e值的大小必须在机床上经过实测才能确定，并在修正后才进行仿形加工。精仿时，一般取e＝0.06～0.1mm。

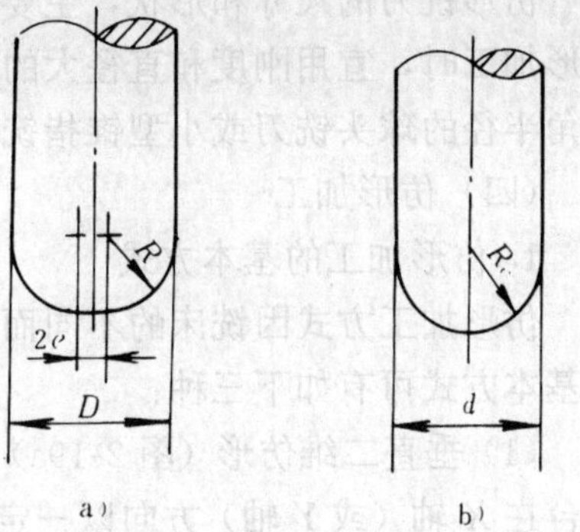

图 2-17 触头与铣刀的关系

a）触头 $R<R_c$ b）铣刀

常用的仿形触头有如下三种：圆柱形触头，以圆柱面为仿形基准面，用于平面轮廓和型腔底部清根的仿形；球头形触头，以球头为仿形基准，用于三维型腔的表面加工，可保证在任何方向上触头与靠模曲面都成法向接触；锥形球头触头，以球头为仿形基准，用于曲率半径较小的深型腔复杂型面的立体仿形。

仿形触头可用钢、硬铝、铜或塑料制成，其工作表面应具有一定的硬度，并经抛光。触头结构应尽量轻、短，以减小仿形误差。

（三）铣刀

仿形加工常用的铣刀有如下几种：

（1）圆柱立铣刀（图 2-18a） 它是仿形铣削中最常用的铣刀，尤其适合于型腔粗加工及要求型腔底部为清角的仿形加工。这种铣刀常与圆柱形触头配用。

（2）圆柱球头铣刀（图 2-18b） 它在型腔仿形铣削的半精加工和精加工中应用最广，适

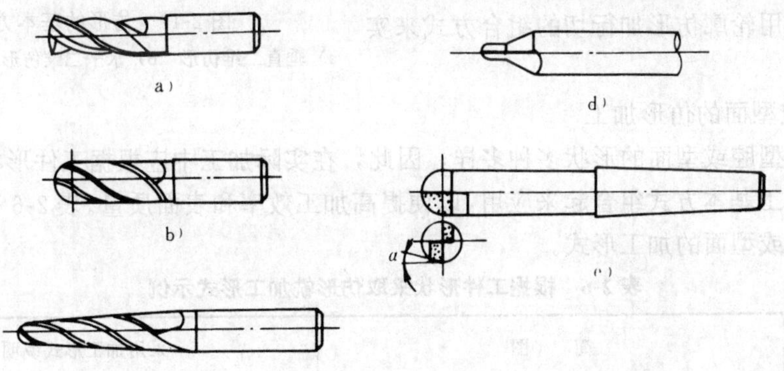

图 2-18 仿形铣刀的类型

a）圆柱立铣刀 b）圆柱球头铣刀 c）锥形球头铣刀 d）小型锥指铣刀 e）双刃硬质合金铣刀

合于加工底面与侧壁间有圆弧过渡的型腔。这种铣刀常与球头型触头配用。

（3）锥形球头铣刀（图 2-18c） 它可对型腔侧面的出模斜度及底部过渡圆角同时进行精

加工，或对具有一定深度和较小的凹圆弧进行加工。这种铣刀常与球头形触头配用。

(4) 小型锥指铣刀（图 2-18d） 它用于加工特别细小的花纹。

(5) 双刃硬质合金铣刀（图 2-18e） 它用于铸铁工件的粗、精仿加工。

仿形铣刀的尺寸和形状，主要根据型腔的形状，尤其是型面圆角半径的大小来选用。粗仿形加工时，宜用刚度和直径大的铣刀。精仿形加工时，宜用切削刃圆角半径小于工件内凹圆角半径的球头铣刀或小型锥指铣刀。

（四）仿形加工

1. 仿形加工的基本方式

仿形加工方式因铣床的不同而存在差异，但其基本方式可有如下三种：

(1) 垂直二维仿形（图 2-19a） 仿形时，工作台在 X 轴（或 Y 轴）方向以一定速度运动，通过靠模装置使铣刀在靠模的 X-Z（或 Y-Z）断面上作 Z 轴方向的仿形。为了仿出型面的全部形状，还要给予 Y 轴（或 X 轴）方向以周期进给，进行型面的往复仿形，简称为行切。

(2) 水平二维（平面轮廓）仿形（图 2-19b） 仿形时，X 和 Y 两个方向的进给运动同时受控制。对于立体曲面的轮廓仿形，必须在 Z 轴方向作周期进给。

由于平面轮廓仿形时能同时控制两个方向的进给速度，因此它与垂直二维仿形不同，靠模表面的倾斜角不管怎样都能保持切向速度为恒值。

(3) 三维（立体轮廓）仿形（图 2-19c） 仿形时，X、Y 和 Z 三个方向同时受控制。在机床控制系统中，采用轮廓仿形加行切的组合方式来实现。

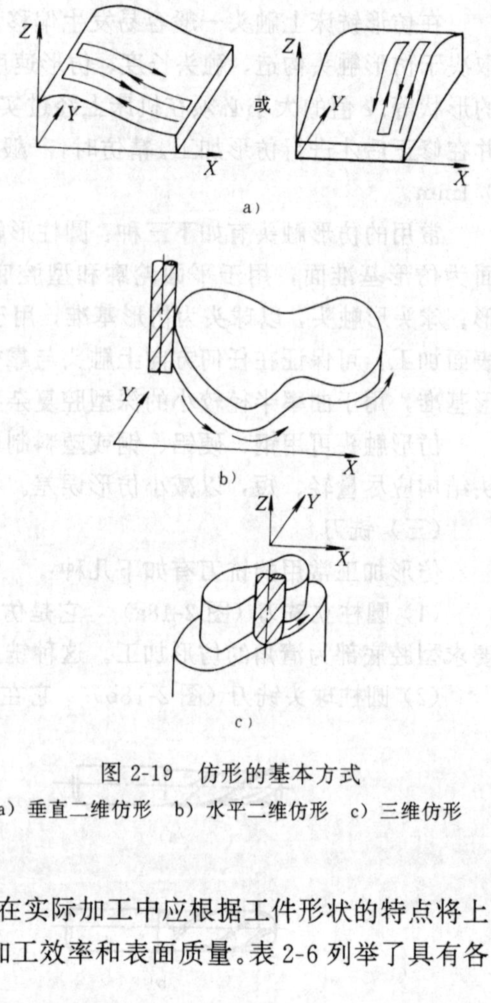

图 2-19 仿形的基本方式

a）垂直二维仿形 b）水平二维仿形 c）三维仿形

2. 型腔或型面的仿形加工

由于模具型腔或型面的形状多种多样，因此，在实际加工中应根据工件形状的特点将上面三种仿形加工基本方式组合起来应用，以便提高加工效率和表面质量。表 2-6 列举了具有各种形状的型腔或型面的加工形式。

表 2-6 根据工件形状采取仿形铣加工形式示例

形状特点	简 图	采用加工形式说明
长条形	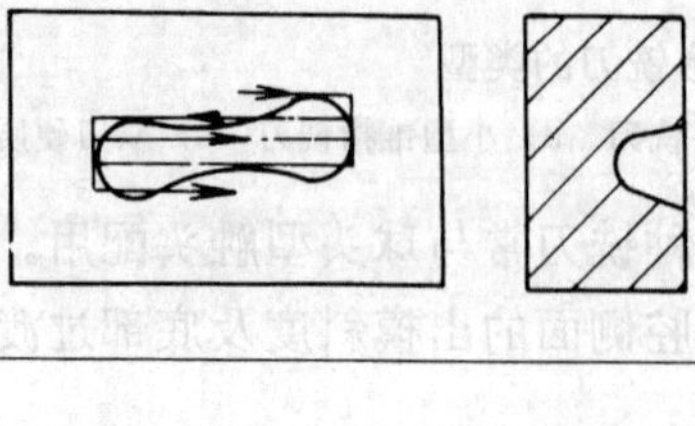	工件加工形状为长条形，用立体轮廓水平分行加工方式

（续）

形状特点	简　图	采用加工形式说明
形状变化大	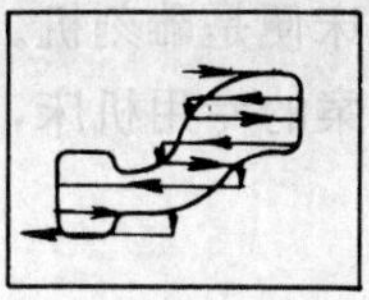 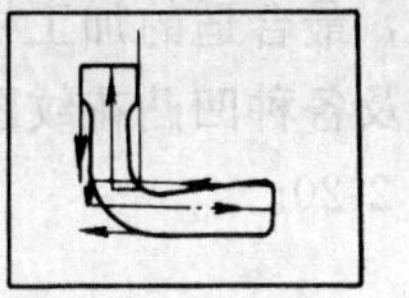	为减少空刀，可采用周期进给的自动超前装置(左图)，或同时采用垂直分行与水平分行的组合方式（右图） 若被加工件的绝大部分圆角半径大，则先用半径大的铣刀加工整个形状，仅在半径小的地方以半径小的铣刀加工
	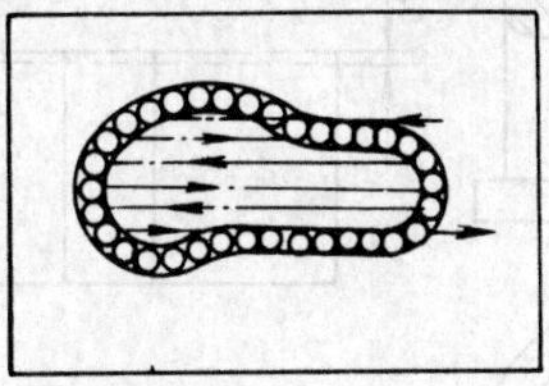	根据轮廓用平面轮廓仿形方式铣出轮廓凹槽 然后用带有周期超前进给的轮廓方式加工中间部分，去掉大部分切屑以后再用立体轮廓水平分行方式加工
有较大的深度和陡壁	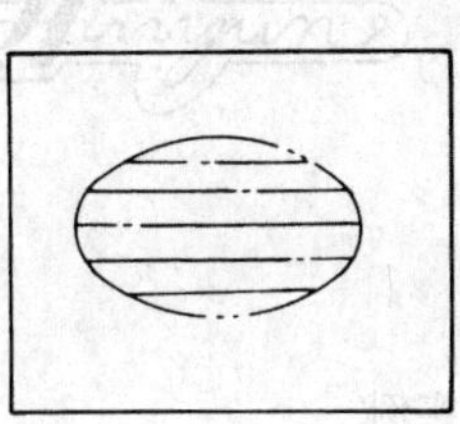 	用平面轮廓分行方式（深度不变）加工主要部分，其余部分及精加工用周期进给超前立体轮廓水平分行加工方式
	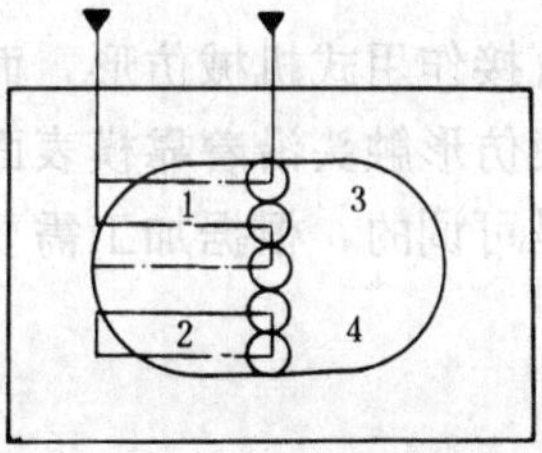	型腔面积较大，圆角半径亦大，用直径大的端面圆柱铣刀进行梳行分行加工 预先在工件中部（最深处）用球面铣刀按普通分行铣出一条槽，然后用直径比槽略大的圆柱铣刀铣削，铣刀进入槽中部，依次加工坯料的1、2、3、4各部分
型腔深度变化大，侧壁陡，但斜度一致	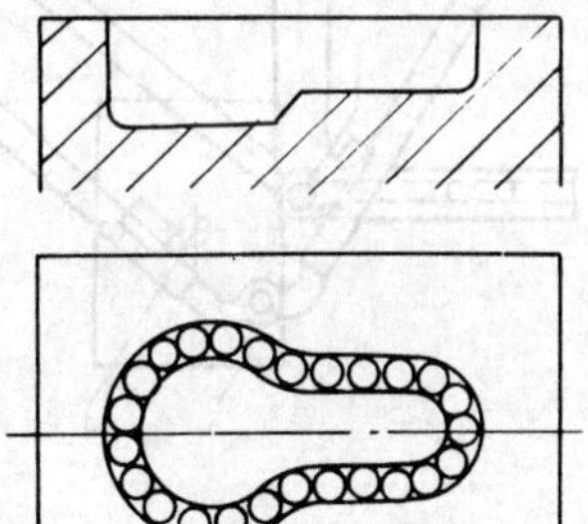	用深度轮廓方式，回绕轮廓加工，其余部分用周期进给超前的立体轮廓分行加工
外轮廓	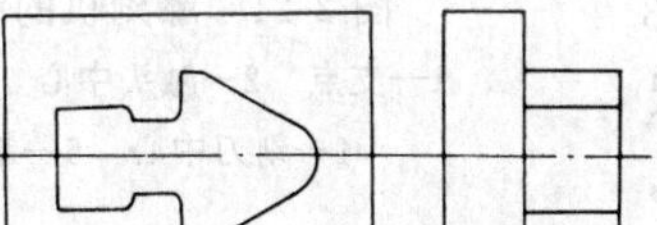	铣刀直径应比凹入部分圆角半径小。如果工件圆角半径很小，沿轮廓被切下的余量又多，可用直径较大的铣刀进行加工，精加工和半精加工时用直径较小的铣刀进行

三、雕刻加工

如前所述，在各种机床（包括车床、刨床和铣床）上进行仿形加工的主要对象是模具的型腔或型面。然而，在模具型腔表面或型面上往往带有文字、数字和花纹图案等。在此情况下，上述机床是难以实现这种精细加工的，最合适的加工机床便是雕刻机。

雕刻机是用于加工文字、数字、刻度及各种凹凸花纹图案的专用机床，亦可用于小型模具型腔的加工。用雕刻机加工的实例见图 2-20。

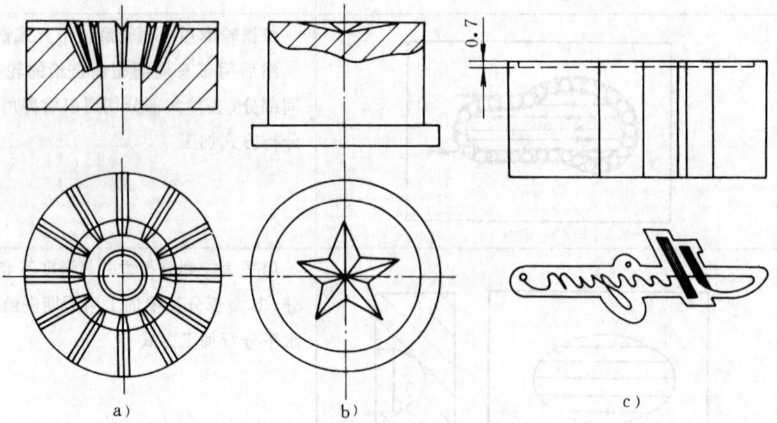

图 2-20　雕刻机加工的实例

a）凹模型腔的槽　b）图案　c）铭牌

雕刻加工属于机械式仿形的一种。它不是直接作用式机械仿形，而是通过缩放尺进行仿形的。加工时，以手动（也有用数控的）方式使仿形触头沿着靠模表面移动，通过缩放尺使刀具在工件表面上作仿形加工。缩放尺的比例是可调的，根据加工需要，可将靠模与工件尺寸的比例放大或缩小，缩放比为 1 或几分之一。靠模的放大率越大，雕刻的花纹就越细致，精度越高。

雕刻机的种类很多，按其加工表面的类型，可以分为两种：平面雕刻机和立体雕刻机。前者主要用于雕刻平面上的文字、数字和图案；后者除用于平面雕刻外，还可进行小型模具的三维立体型面雕刻。

（一）缩放尺

缩放尺是雕刻机实现仿形加工的关键部件，其结构如图 2-21 所示。加工时，靠模和模具按要求的相应位置分别安装在靠模工作台 3 和制件工作台 5 上，根据制成的靠模与工件尺寸的比例调整缩放尺，然后手动操纵缩放尺，使仿形触头沿靠模表面移动，而刻刀则在工件表面上作仿形加工。制件工作台上装有回转工作台，用于带动工件回转，进行分度。利用分度机构可加工圆周上分布的文字、数字或沟槽

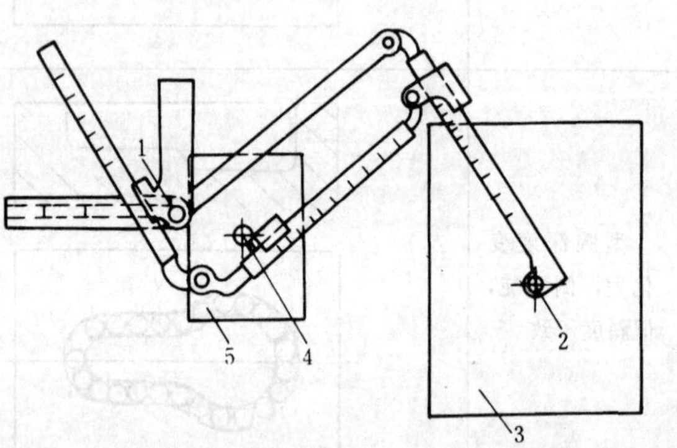

图 2-21　雕刻机的缩放尺结构

1—支点　2—触头中心　3—靠模工作台

4—刻刀中心　5—制件工作台

等。

缩放尺是四根活络连杆组成的比例机构，调节连杆的长短便可得到不同的比例。

雕刻机的主轴大都采用带传动，由于所用刻刀直径小，为了使刀具获得较大的线速度，要求主轴高速旋转，转速为 4000～6000r/min。

（二）对靠模、刻刀和仿形触头的要求

雕刻加工与仿形加工相似，为了保证加工表面的质量，对靠模、刻刀和仿形触头都有较严格的要求。

靠模可按 1∶1 或放大几倍，也可缩小来制作，主要是根据产品及加工要求而定。放大与缩小的效果不同。选择比例时，不能单纯考虑几何形状的放大或缩小，更重要的是考虑线条的粗细及靠模上凹凸不平处的放大效果。

靠模表面反复受到仿形触头端部的压力和摩擦，所以要求靠模材料耐压、耐磨。雕刻机的靠模常用合成树脂或金属制造，一般不宜采用木材和石膏等软材料制造，如采用木材或石膏时，应在靠模表面覆盖一层金属或合成树脂。

雕刻机所用的刻刀常用高速钢或硬质合金制造。为了使刻出的花纹图案精致而又平滑，要求刻刀刃口尖细、锋利，而且，在加工过程中应及时进行刃磨。刻刀与仿形铣床用的铣刀不同，常用单刃刻刀（图 2-22）。

仿形触头的形状应与靠模表面的形状相适应，其端部尺寸应与靠模尺寸成比例。对于粗雕刻和半精雕刻加工最好使用淬硬的仿形触头。

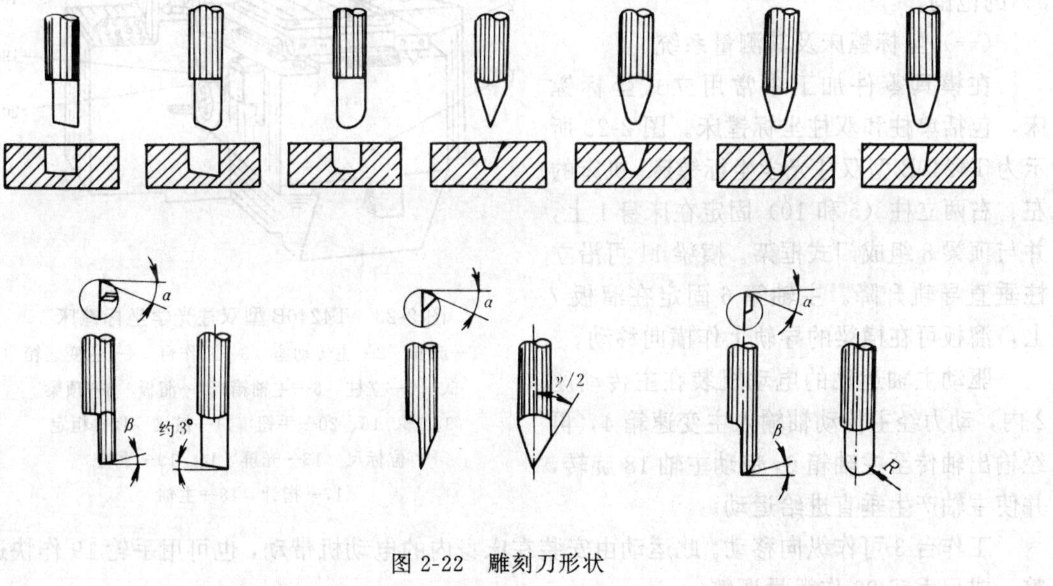

图 2-22　雕刻刀形状

第三节　模具的精密加工

随着生产的发展，对模具精度和质量的要求越来越高。模具制造工作者面临的任务是如何实现模具的精密加工。为此，我们首先会想到高精度机床。但这只是实现精密加工的基本条件，更为重要的是如何有效地发挥这些机床的作用。

为了实现模具的精密加工，必须注意如下各点：①在考虑模具零件加工方法的基础上进行模具设计，使模具结构与加工方法相适应，以获得预期的加工效果。②使用高精度和高刚性的加工机床。③选用具有高耐磨性，适合于高精度加工的刀具。④要创造以温度控制为中心的良好环境。⑤要把加工过程中的创造意识和关键及时向设计部门反馈。⑥加强对操作人员的教育和训练。

精密加工的方法很多。本节除介绍模具零件孔的精加工技术外，还叙述了模具零件表面的成形磨削方法。

一、坐标镗床加工

坐标镗床是一种高精度孔加工的精密机床，主要用于加工零件各面上有精确孔距要求的孔。所加工的孔不仅具有很高的尺寸精度和几何精度，而且具有极高的孔距精度。孔的尺寸精度可达 IT6～IT7，表面粗糙度取决于加工方法，一般可达 R_a0.8μm，孔距精度可达 0.005～0.01mm。此外，坐标镗床还可用于精确的刻度、刻线和成品的检验等。

为了保护机床的工作精度，坐标镗床应安装在特别干燥和清洁的厂房内，室温应保持恒温 20±1℃，空气湿度应在 55±5%的范围。

（一）坐标镗床及其测量系统

在模具零件加工中常用立式坐标镗床，包括单柱和双柱坐标镗床。图 2-23 所示为 T4240B 型双柱光学坐标镗床。机床的左、右两立柱（5 和 10）固定在床身 1 上，并与顶梁 8 组成门式框架。横梁 11 可沿立柱垂直导轨升降。主轴箱 6 固定在溜板 7 上，溜板可在横梁的导轨上作横向移动。

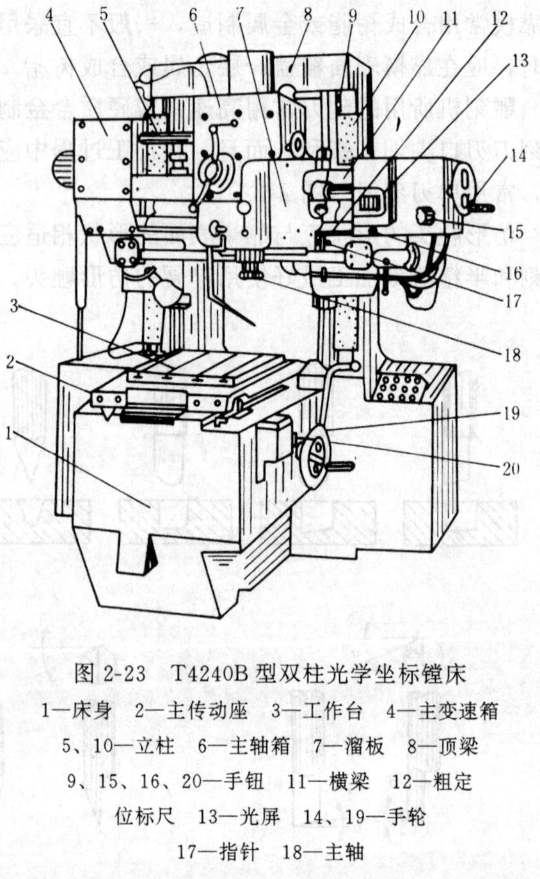

图 2-23　T4240B 型双柱光学坐标镗床

1—床身　2—主传动座　3—工作台　4—主变速箱　5、10—立柱　6—主轴箱　7—溜板　8—顶梁　9、15、16、20—手钮　11—横梁　12—粗定位标尺　13—光屏　14、19—手轮　17—指针　18—主轴

驱动主轴运动的电动机装在主传动座 2 内，动力经主传动轴输入主变速箱 4，再经输出轴传至主轴箱 6，带动主轴 18 旋转，并使主轴产生垂直进给运动。

工作台 3 可作纵向移动。此运动由安装在床身内的电动机带动，也可用手轮 19 作快速调整，或用手钮 20 作微量调整。

为了保证被加工孔的孔距精度，工作台的纵向移动和主轴箱溜板的横向移动均设有光学测量装置。这两套测量装置的工作原理是相同的。

以 mm 为单位的粗定位标尺 12 固定在横梁 11 上，指针 17 则固定在溜板 7 上。因此，可以在粗定位标尺 12 上读出主轴箱溜板横向移动距离的 mm 整数值。横向移动距离（mm）的小数部分是用光学系统进行测量，并在光屏 13 上读出。

图 2-24 所示为主轴箱溜板光学测量系统。精密刻线尺 18 固定在溜板上，随溜板一起移动。在精密刻线尺上刻有用肉眼难以观察到的刻线，刻线间的间格是 1mm。

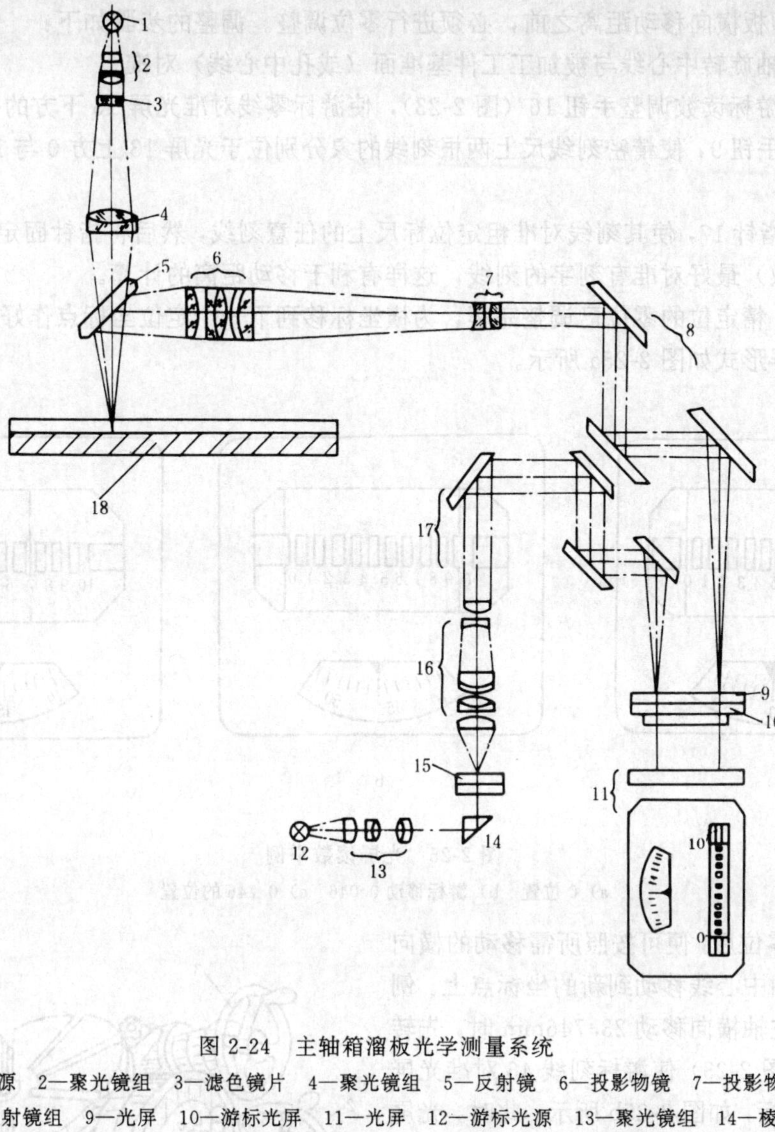

图 2-24　主轴箱溜板光学测量系统

1—光源　2—聚光镜组　3—滤色镜片　4—聚光镜组　5—反射镜　6—投影物镜　7—投影物镜　8—反射镜组　9—光屏　10—游标光屏　11—光屏　12—游标光源　13—聚光镜组　14—棱镜　15—游标刻线板　16—游标物镜组　17—反射镜组　18—精密刻线尺

光学系统固定在横梁上。光源 1 发出的光束，经聚光镜组 2、滤色镜片 3、聚光镜组 4，投影到精密刻线尺 18 的尺面上。被照亮的刻线经反射镜 5，投影物镜的前后组 6，7，反射镜组 8，投影在光屏 9 上。我们可在光屏 11 的上方观察到两根放大 40 倍的刻线的像。光屏 11 上方刻有 0 至 10 的双线，0 到 10 的间距为 40mm，这正好等于精密刻线尺两条刻线的象之间的间距，即光屏上每格代表 0.1mm，所以可在光屏上方读出 0.1mm 的数值。

由游标光源 12 发出的光束，经过游标聚光镜组 13 和棱镜 14，投影到游标刻线板 15 上。被照亮的刻线通过游标物镜组 16、反射镜组 17，投影在游标光屏 10 上。我们可以在光屏 11

的下方观察到游标刻线的象。游标刻线板是圆形的，其上刻有 100 个分格。当游标刻度从 0 转至 100 时，与游标刻线板刚性联接的凸轮将推动光屏 11 移动一格。因此，游标刻线板每一分格就表示 0.001mm。

在测量溜板横向移动距离之前，必须进行零位调整。调整的步骤如下：

1）使主轴旋转中心线与被加工工件基准面（或孔中心线）对准。

2）旋转游标读数调整手钮 16（图 2-23），使游标零线对准光屏 13 下方的指标。

3）旋转手钮 9，使精密刻线尺上两根刻线的象分别位于光屏 13 上方 0 与 10 两处的双线中间。

4）移动指针 17，使其刻线对准粗定位标尺上的任意刻线，然后将指针固定。指针所指的读数（初读数）最好对准有刻字的刻线，这样有利于移动距离的计算。

这时粗、精定位的零位已调整完毕，为横坐标移到下一个定位坐标点作好了准备。调好了零位的光屏形式如图 2-25a 所示。

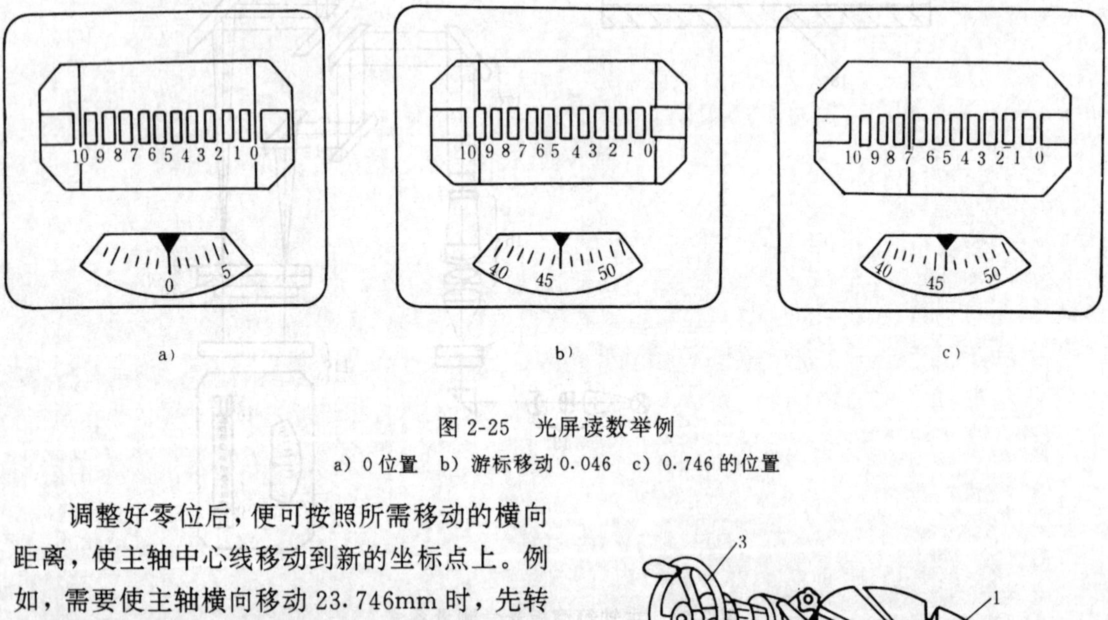

图 2-25　光屏读数举例

a) 0 位置　b) 游标移动 0.046　c) 0.746 的位置

调整好零位后，便可按照所需移动的横向距离，使主轴中心线移动到新的坐标点上。例如，需要使主轴横向移动 23.746mm 时，先转动手钮 16（图 2-23）使游标刻线 46 对准光屏 11 下方的指标，如图 2-25b 所示。此时，光屏 11 相应地移动了 0.46 格，然后转动手轮 14，使溜板 7 横向移动，当指针 17 沿粗定位标尺移动的距离接近 23.746mm（移动后的读数等于零位调整时的初读数加上 23.746mm）时，改用手钮 15 作微量调整，使相应的精密刻线尺放大线的象位于光屏“7”处的双线中间即可，如图 2-25c 所示。

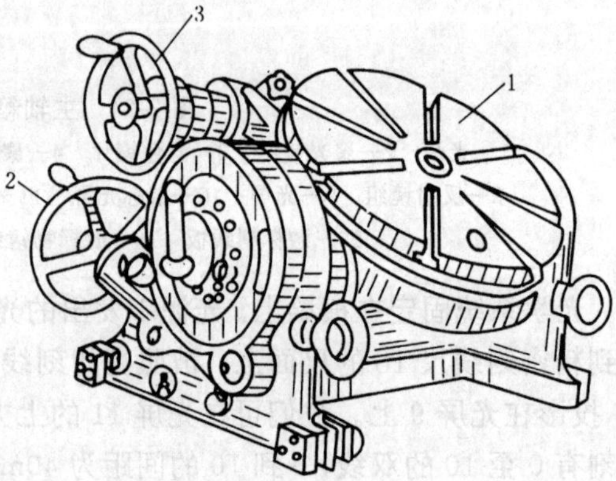

图 2-26　万能转台

1—圆盘　2、3—手轮

（二）主要附件

为了提高机床的使用性能，扩大加工范围，坐标镗床配有较多附件。主要附件有：

1. 万能转台

万能转台(图 2-26)安装在坐标镗床的工作台上，利用圆盘 1 的 T 形槽可将工件夹紧在圆盘上。旋转手轮 3 可使圆盘和工件绕垂直轴回转任意角度（0°～360°)，用于加工在圆周上分布的诸孔。圆盘回转的读数精度为 1″。此外，旋转手轮 2 可使圆盘和工件绕水平轴作 0°～90°的倾斜，用于加工与工件轴线成一定角度的斜孔。

2. 光学中心测定器

光学中心测定器（图 2-27）以其锥尾安装在机床主轴的锥孔内。光源的光线通过物镜照明工件的定位部分(互相垂直的两基准面或工件上的刻线)。在目镜中可看到工件上刻线的投影，同时，还可看到测定器本体内的玻璃上的两条（图 2-27a）或四条十字刻线（图 2-27b)。使用时，只要将测定器对准工件的基准边或基准线，使它们的影象与两条十字线重合，或处于互相垂直的双刻线的中间即可。此时，机床主轴已对准两基准边或基准线的交点。

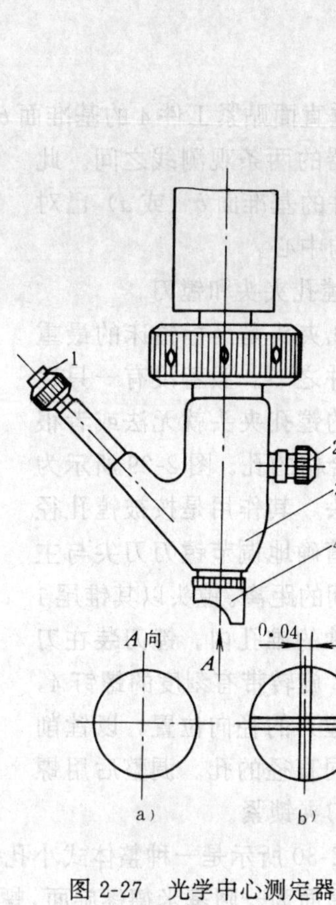

图 2-27 光学中心测定器

a) 两条十字刻线 b) 四条十字刻线

1—目镜 2—螺纹照明灯 3—镜体 4—物镜

为使主轴中心线与工件边缘重合，可借助于定位角铁进行找正（图 2-28)。定位角铁 1 的两个内表面互成 90°，在它的表面上固定着一个直径约 7mm 的镀铬钮，钮上有一道与角铁内垂直面重合的刻线。使用时，将角

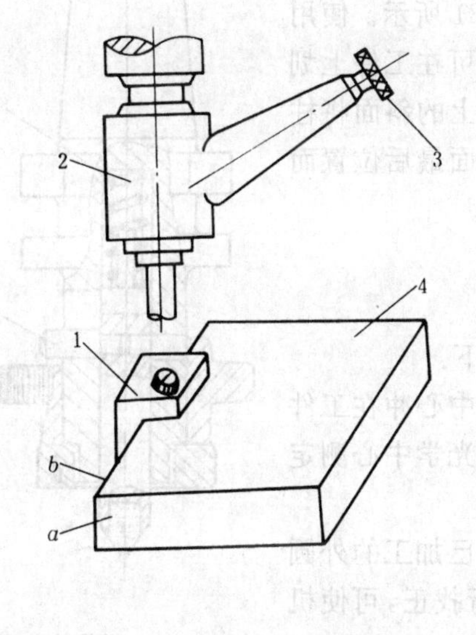

图 2-28 用定位角铁和光学中心测定器找正

1—定位角铁 2—光学中心测定器 3—目镜 4—工件

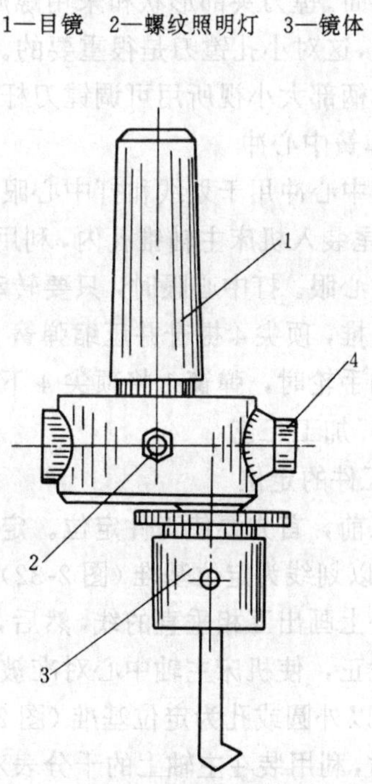

图 2-29 镗孔夹头

1—锥尾 2—螺钉 3—刀夹 4—带有刻度的螺丝

铁的内垂直面贴紧工件 4 的基准面 b（或 a），移动工作台并从目镜观察，使角铁的刻线恰好落在测定器的两条观测线之间。此时，工件的基准面 b（或 a）已对准主轴的中心。

3. 镗孔夹头和镗刀

镗孔夹头是坐标镗床的最重要的附件之一。假若没有一只性能良好的镗孔夹头就无法或者很难镗出合格的孔。图 2-29 所示为镗孔夹头，其作用是按被镗孔径的大小精确地调节镗刀刀尖与主轴轴线间的距离。镗头以其锥尾 1 插入主轴的锥孔内。镗刀装在刀夹 3 内。旋转带有刻度的螺钉 4，可调整镗刀的径向位置，以镗削各种不同直径的孔。调整后用螺钉 2 将刀夹锁紧。

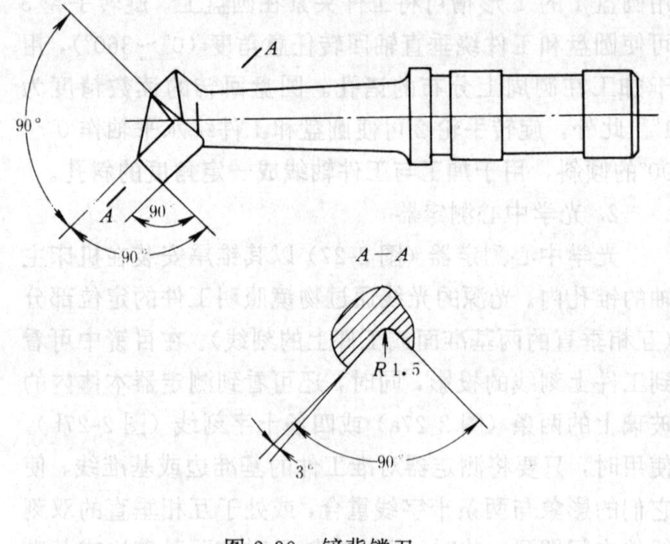

图 2-30 铲背镗刀

图 2-30 所示是一种整体式小孔镗刀，一般使用在可调镗刀杆上。刀具材料为高速钢，其特点是后面为一阿基米德螺旋面，螺旋升角一般为 3°，这样重磨时只需刃磨前面。镗刀头部形状和采用螺旋面作为后面，这均有利于加强刀头强度，这对小孔镗刀是很重要的。这种镗刀适用于镗 $\phi3 \sim \phi20$mm 的孔，其柄部大小视所用可调镗刀杆的孔径而定。

4. 弹簧中心冲

弹簧中心冲用于划线和打中心眼，其结构如图 2-31 所示。使用时，将锥尾装入机床主轴锥孔内，利用硬质合金顶尖 4 可在工件上划线或打中心眼。打中心眼时，只要转动手轮 3，使手轮上的斜面将柱销 2 向上推，顶尖 4 提升并压缩弹簧 1。当柱销达到斜面最后位置而继续转动手轮时，弹簧 1 将顶尖 4 下弹，打出中心眼。

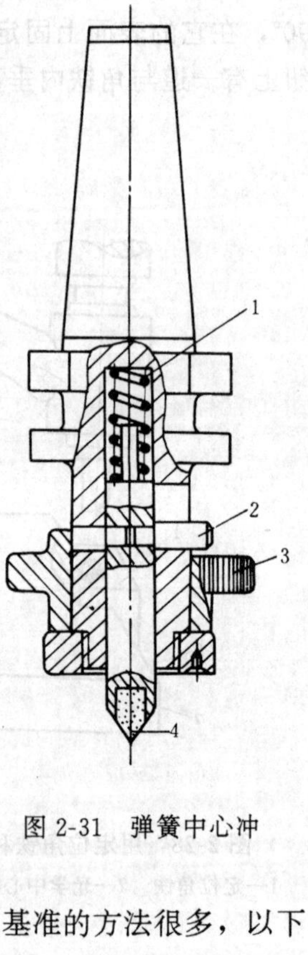

图 2-31 弹簧中心冲

（三）加工工艺

1. 工件的定位

加工前，首先要使工件定位。定位的主要方法如下：

(1) 以划线为定位基准（图 2-32） 首先利用弹簧中心冲在工件各孔中心上画出互相垂直的线，然后，移动工作台利用光学中心测定器进行找正，使机床主轴中心对准被加工孔的中心。

(2) 以外圆或孔为定位基准（图 2-33） 工件上有已加工的外圆或内孔时，利用装在主轴上的千分表对外圆或内孔进行找正，可使机床主轴中心与工件中心重合。在此位置将粗定位标尺定在某整数上，而光屏读数则调至零位。

(3) 以互相垂直的两侧面为定位基准 这是常用的方法，其找正基准的方法很多，以下

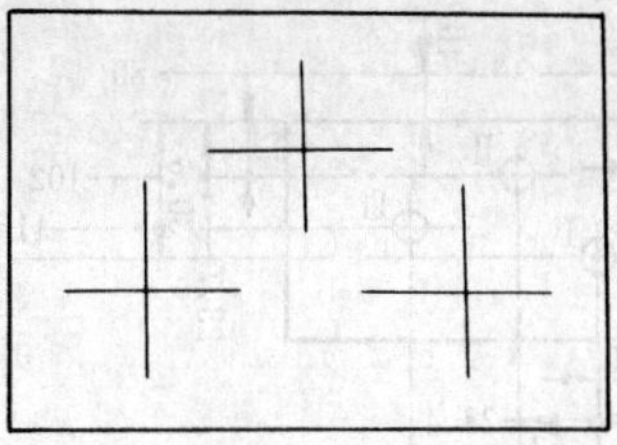

图 2-32　按划线定位

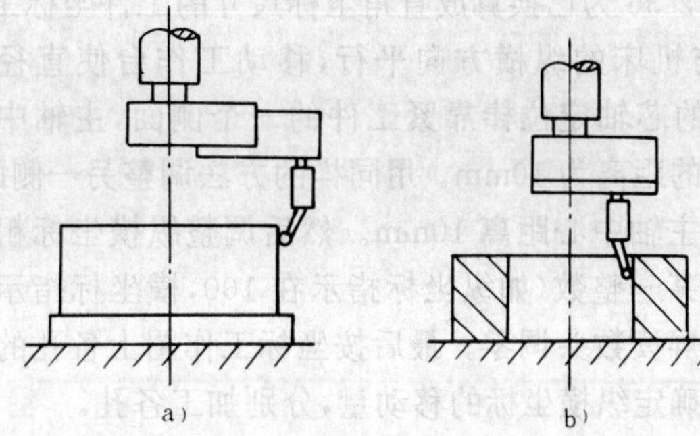

图 2-33　以工件外圆或内孔为基准进行定位
a) 以外圆为定位基准　b) 以内孔为定位基准

仅介绍两种主要方法。

1) 用定位角铁和光学中心测定器找正（图 2-28）。

2) 用千分表和专用工具找正。找正之前，先装夹工件并校正基准面的平行度，然后将专

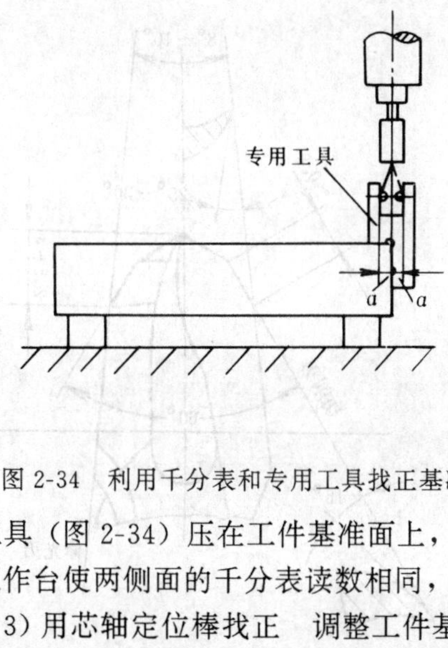

图 2-34　利用千分表和专用工具找正基准

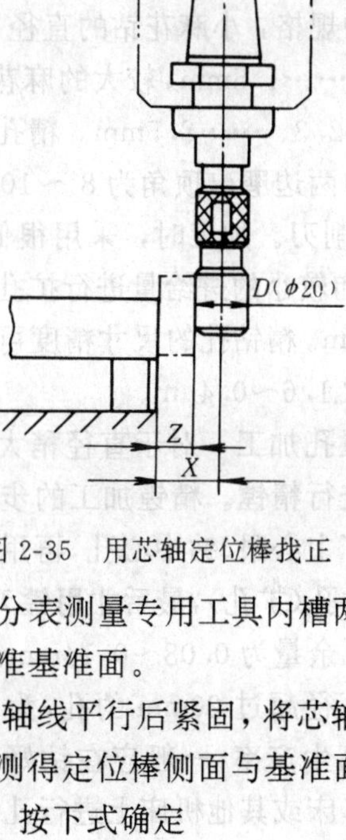

图 2-35　用芯轴定位棒找正

用工具（图 2-34）压在工件基准面上，用装在主轴上的千分表测量专用工具内槽两侧面，移动工作台使两侧面的千分表读数相同，此时主轴中心已对准基准面。

3) 用芯轴定位棒找正　调整工件基准面与机床工作台轴线平行后紧固，将芯轴定位棒装夹于机床主轴，并使定位棒靠近工件基准面，用精密块规测得定位棒侧面与基准面的距离 Z（图 2-35），则主轴中心与工件基准面之间的距离 X（mm）按下式确定

$$X = \frac{D}{2} + Z$$

式中　D——芯轴定位棒直径，D 取 20mm。

2. 坐标尺寸的换算

坐标镗床工作时，装夹在工作台上的工件是以直角坐标或极坐标定位而进行加工的。但零件图上的孔位尺寸往往不是按坐标尺寸标注，而是按设计要求标注的。因此，为了便于加工，须将零件图上的尺寸换算成直角坐标或极坐标尺寸。

图 2-36 为已换算成直角坐标尺寸的工件坐标工作图。加工时，首先装夹工件使其两侧面分别与机床的纵横方向平行，移动工作台使直径为 20mm 的芯轴定位棒靠紧工件的一个侧面，主轴中心与侧面的距离为 10mm。用同样的方法调整另一侧面，使它与主轴中心距离 10mm。然后调整纵横坐标粗刻度尺至某一整数（如纵坐标指示在 100，横坐标指示在 80），光屏读数头调零。最后按坐标工作图上各孔的指示刻度确定纵横坐标的移动量，分别加工各孔。

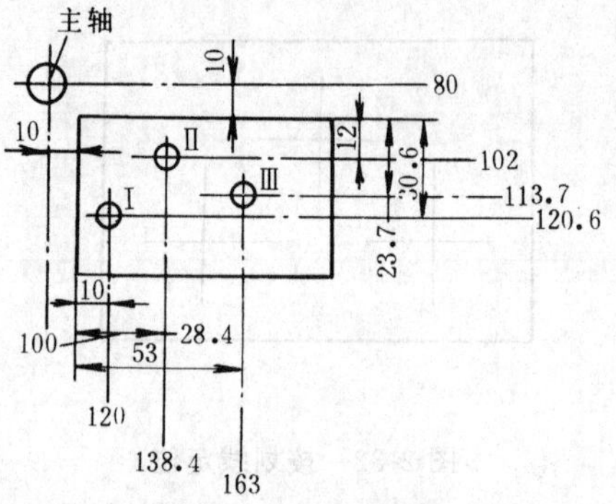

图 2-36 工件的坐标工作图

注：此例各孔指示刻度为

	纵坐标刻度	横坐标刻度
孔Ⅰ：	120	120.6
孔Ⅱ：	138.4	102
孔Ⅲ：	163	113.7

3. 孔的加工

坐标镗床上进行孔加工的方法与被加工孔的孔径大小及尺寸精度、孔距精度要求等有关。孔的加工方法主要有：

（1）用精孔钻加工　模具零件上常有各种尺寸的小孔。当没有适当尺寸的铰刀可以铰孔，而且用镗刀镗孔也有困难时，可用精孔钻加工。

精孔钻系用麻花钻修磨而成。坐标镗床使用的麻花钻有各种规格，小麻花钻的直径从 0.2、0.25、0.3、0.35、0.4、……1.5mm，较大的麻花钻直径从 2、2.05、2.1、2.2、2.3、……8.5mm。精孔钻（图 2-37）的特点是切削刃两边磨出顶角为 8°～10°的修光刃、同时磨出 60°的切削刃。加工时，采用很低的切削速度（2～8m/min）和较小的进给量进行扩孔。扩孔余量一般为 0.1～0.3mm。精钻孔的尺寸精度可达 IT6～IT7，表面粗糙度为 R_a1.6～0.4μm。

（2）镗孔加工　对于直径稍大（大于 3mm）的孔，可用镗刀进行精镗。精镗加工的步骤是先在被加工孔的中心上打中心眼、钻中心孔，再用不同直径的钻头作几次变径钻孔（扩孔），最后才用镗刀精加工。精镗加工钢件的加工余量为 0.08～0.14mm。

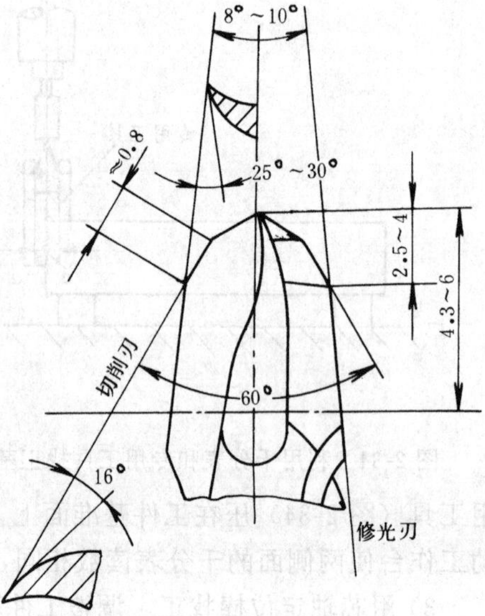

图 2-37 精孔钻

对于直径超过 20mm 的孔，为了维护坐标镗床的精度及提高生产率，一般应在钻好中心孔后预先在钻床、铣床、车床或其他机床上进行孔的粗加工，然后才在坐标镗床上镗孔。

（3）铰孔加工　铰孔是坐标镗床工作中常用的孔加工方法，是在钻孔，扩孔或半精镗孔之后，用以减小孔的表面粗糙度和提高几何形状精度的精加工工序。其加工步骤有几种：钻中心孔——钻孔——精铰；钻孔——扩孔——精铰；钻孔——半精镗——精铰。铰孔适于直径小于 20mm 的孔，孔的尺寸精度达 IT7，表面粗糙度可达 R_a0.8～0.2μm。由于铰孔是以原有的孔定位的，故不能纠正孔的位置误差。也就是说，铰孔的孔距精度是难以实现坐标镗床固有的坐标精度的。因此，铰孔加工仅适用于孔距精度要求不太高（0.03～0.05mm）的情况。对于有高精度孔距要求者必须进行镗孔加工。

坐标镗床是在工件淬火前进行孔加工的，淬火后凹模必然会受到热处理变形的影响，因此，对于精度要求较高的凹模一般都设计成镶拼结构（图 2-38），固定板 1 用普通钢材制造，经过坐标镗床加工各孔后，不进行热处理，这就保证了加工的孔距精度，而凹模镶件 2 是在淬火和磨削后分别压入固定板的各个孔内。

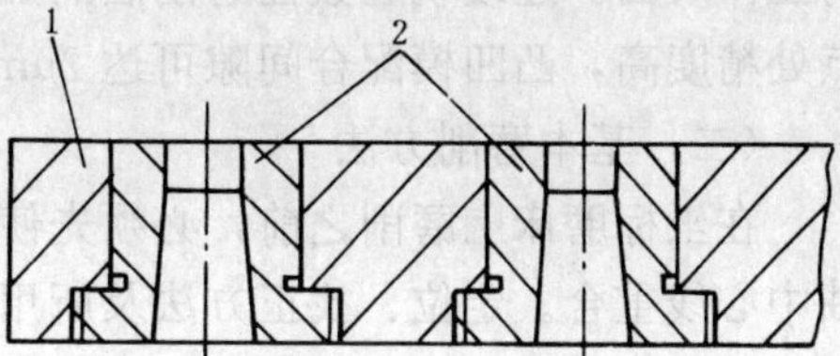

图 2-38　凹模的结构

1—固定板　2—凹模镶件

二、坐标磨床加工

坐标磨床与坐标镗床相似，也是利用准确的坐标定位实现孔的精密加工的，但它不是用钻头或镗刀，而是用高速旋转的砂轮对已淬火的工件的内孔进行磨削加工。因此，其加工精度很高，可达 5μm 左右，表面粗糙度达 $R_a0.2\mu m$ 以上，可磨削的孔径为 0.8～200mm。对于精密模具，常把坐标镗床的加工作为孔加工的预备工序，最后用坐标磨床进行精加工。

（一）坐标磨床简介

坐标磨床有三个主要的运动：砂轮的转动（自转）；主轴的行星回转（公转）和上下往复运动（图 2-39）。坐标磨床是依靠上述三个运动的互相配合而实现孔加工的。

砂轮的转速高，以便加工出光洁的表面。砂轮可用高频发动机（最高达 80000r/min）或空气发动机（最高 250000r/min）或用液压马达（可达 75000r/min）驱动。

主轴的行星回转运动由电动机通过变速机构直接驱动，主轴转速一般为 25～300r/min。通过丝杠螺母的传动可调节偏心滑板的位置，即改变公转半径 R 的大小，以适应不同孔径的加工。在加工过程中，可通过双偏心机构使固定在偏心滑板上的高速磨头作径向移动（径向进给），进给量为 0～1.8mm/min。主轴套筒的上下往复运动由液压式或气压-液压式传动，其往复次数可达 120 次/min，最高达 190 次/min。

坐标磨床具有一个精确的坐标定位系统，以保证被加工孔的孔距精度。当恒温室温度为 20°±0.5℃时，机床纵横方向的定位精度可达 0.002mm。

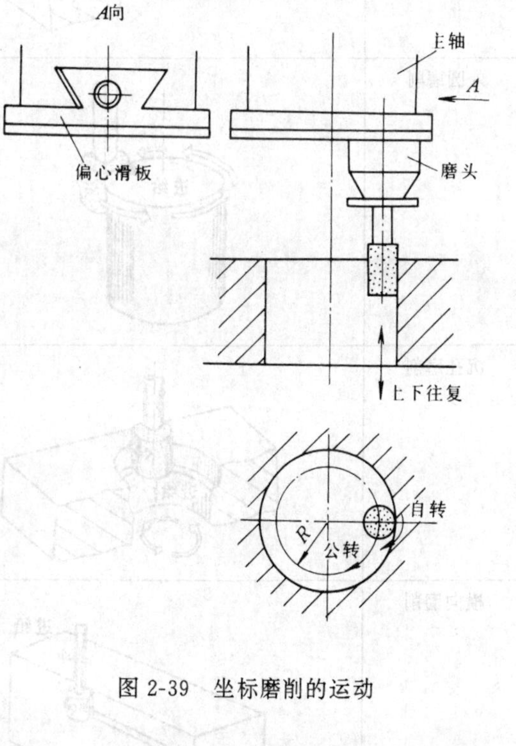

图 2-39　坐标磨削的运动

坐标磨床目前有手动和连续轨迹数控两种。前者以手动操作方式控制工作台纵横方向（X、Y）或旋转工作台的转动（A 轴）。后者用计算机控制，有三坐标和四坐标两种类型。三坐标连续轨迹磨床除 X、Y 方向的控制外，还对新的坐标轴 C 进行控制。C 坐标轴的功能是随着被磨削轮廓的变化，不断调整磨轮的磨削点，使其始终垂直于磨削轮廓的切线方向。四坐标连续轨迹磨床除了控制 X、Y 和 C 轴外，还对旋转工作台（A 轴）进行控制，可磨削复杂的立体表面。连续轨迹数控磨削法的加工效率比手工操作磨削法高 2～10 倍，且轮廓曲线接点处精度高，凸凹模配合间隙可达 2μm 左右而且间隙均匀。

（二）基本磨削方法

在坐标磨床上磨削之前，必须先使工件定位，并进行找正，使工件的基准侧面与机床主轴中心线重合。定位、找正方法及所用的工具均与坐标镗床类似。找正后利用工作台的纵横方向移动使机床主轴中心与工件圆弧中心重合，并开始进行孔的磨削加工。磨削硬质合金时，常用金刚石砂轮。磨削高合金钢时，最好用立方氮化硼砂轮，其耐磨性较好。磨削余量通常为单边 0.05～0.2mm。

在坐标磨床上可进行各种加工，如内、外圆磨削，沉孔磨削和锥孔磨削等。其基本磨削方法见表 2-7 和表 2-8。

表 2-7 基本磨削的方法

方 法	简 图	说 明
内孔磨削	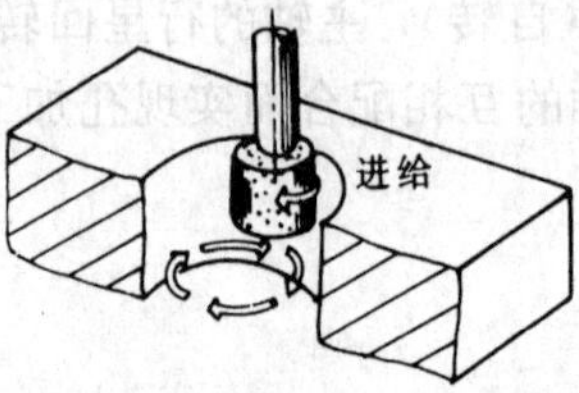	1. 砂轮高速回转，主轴作行星运动进行磨削，利用行星扩大而进给 2. 磨小孔时砂轮直径取孔径的 3/4
外圆磨削	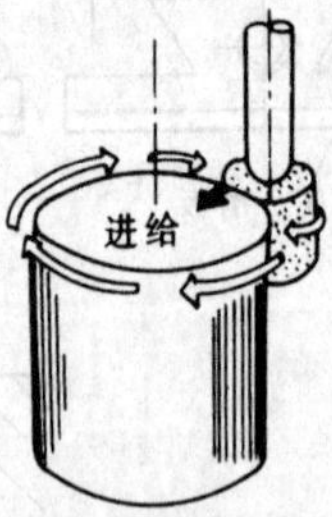	行星运动，直径缩小而进行进给
沉孔磨削	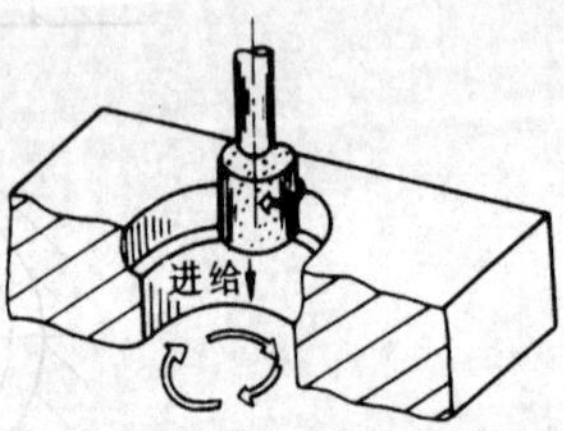	1. 按所需的孔径决定行星运动的直径，且固定之，砂轮主轴作向下进给，用砂轮的底部棱边进行磨削 2. 在内孔磨削余量多的情况下最有效
横向磨削	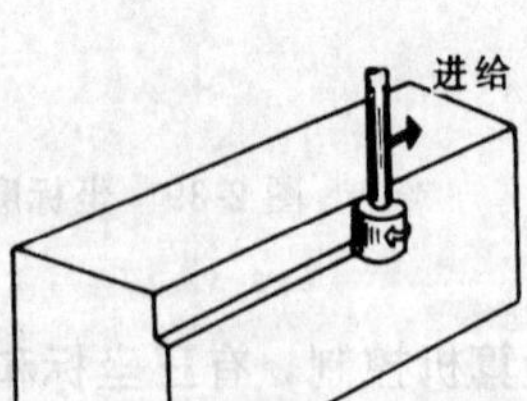	1. 砂轮不作行星运动，只作直线运动 2. 适用于直线或轮廓磨削的精密加工

（续）

方　法	简　图	说　明
锥孔磨削	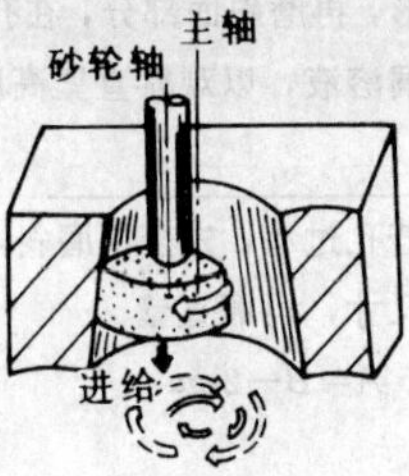	将砂轮修成所需的角度，主轴垂直运动，随着砂轮轴下降行星直径扩大
垂直磨削	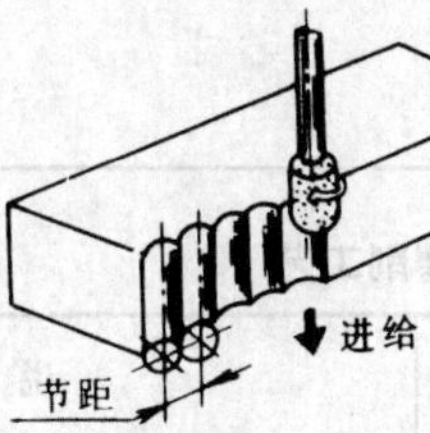	1. 主轴不作行星运动，只作垂直运动 2. 适用于轮廓磨削而余量多的情况，其磨削精度取决于进给量（节距）
底部磨削	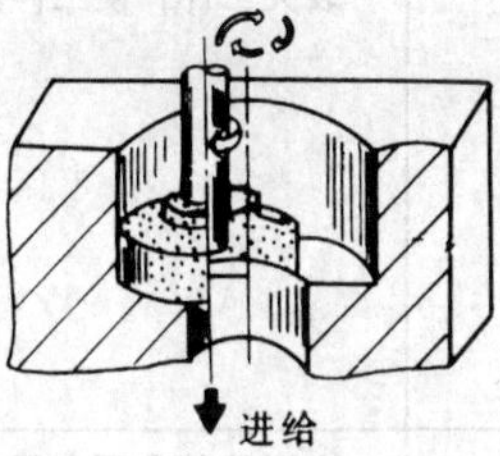	1. 将砂轮底部修成凹面，以提高磨削效率便于出屑 2. 砂轮直径与孔径相比较不能过大，否则易形成凸面，进给的方式与沉孔磨削相同
铡磨	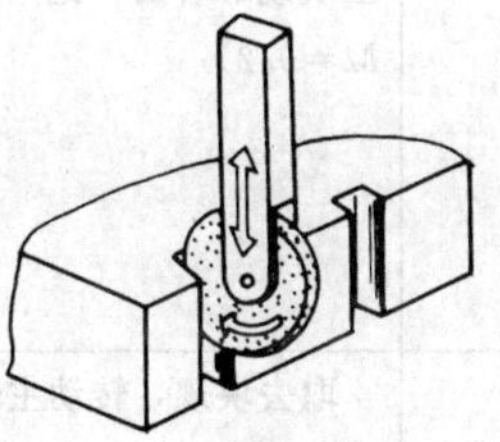	安装磨槽机构，作垂直运动，可磨削型槽及带清角的内型腔等

（三）加工实例

例如，在坐标磨床上磨削由若干圆弧组成的凹模轮廓之前，凹模轮廓先经过预加工（留磨），然后用千分表找正基准，按工件圆弧中心的坐标移动工作台纵横方向，逐次加工各圆弧。磨削时，应特别注意各圆弧间要光滑连接。典型工件的磨削工艺见表 2-9。

表 2-8　锥孔的磨削

名　称	简　图	说　明	备　注
全锥形	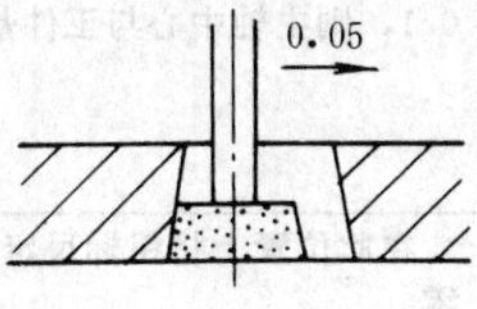	将砂轮修成型，小心地进入工件孔内，从底部先与工件接触，再退出 0.05mm，开动磨头进行磨削	

（续）

名　称	简　图	说　明	备　注
孔下部成锥形（孔大时）	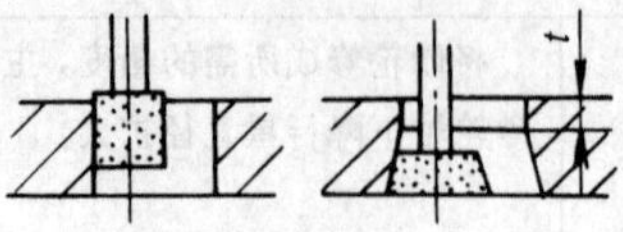	将孔先全部磨成直壁，然后将砂轮修成形，再磨斜面部分，在孔壁上涂以硫酸铜溶液，以观察直壁高度 t	磨孔直径小于 ϕ4.5mm，因砂轮过于脆弱，宜采用金刚石砂轮，并可采用较低的磨速，一般为普通砂轮的 1/3～1/4 磨孔深度比不超过 6：1
孔下部成锥形（孔小时）	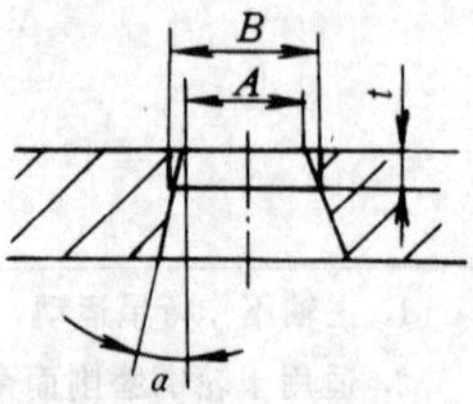	若孔过小，先全部磨斜，但需计算 A 的尺寸，再磨直壁 $A=B-2t\text{tg}\alpha$	

表 2-9　典型工件的磨削工艺

顺　序	简　图	说　明
工件装夹	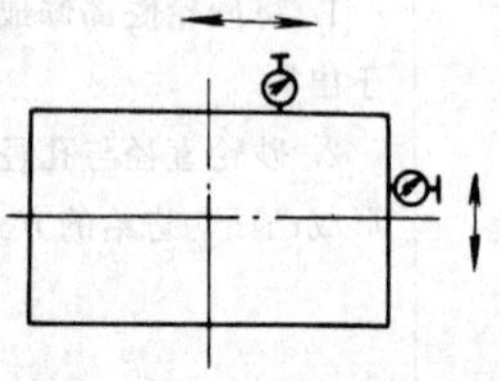	装夹工件，使工件基准面平行于工作台轴线
初测基准面	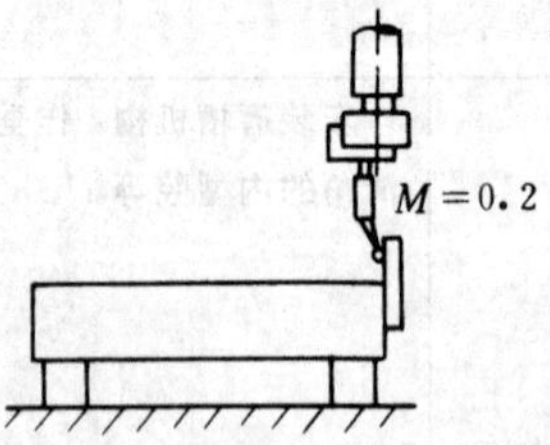	在工件基准面上用手压上一块规，使千分表靠上块规靠合面，记下千分表读数（在此设读数为 $M=0.2$）
复测基准面	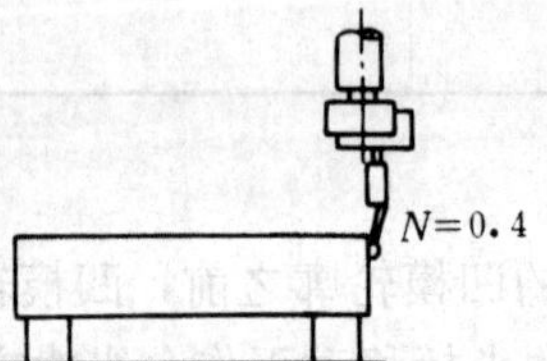	取去块规，转动主轴 180°，用千分表靠工件基准面，记下千分表读数（在此设读数为 $N=0.4$）
移动工作台调整位置	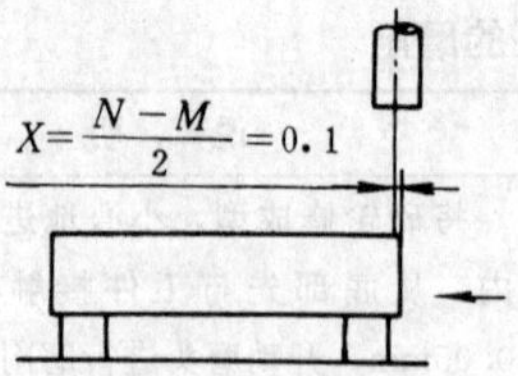	此时主轴中心与工件基准面距离为 $X=\frac{N-M}{2}=\frac{0.4-0.2}{2}=0.1$，将工作台按箭头方向移动 0.1，则主轴中心与工件基准面重合
标尺定位	—	在此位置上将粗标尺定位，将光屏读数头调至零

（续）

顺　序	简　　图	说　　明
工件定位	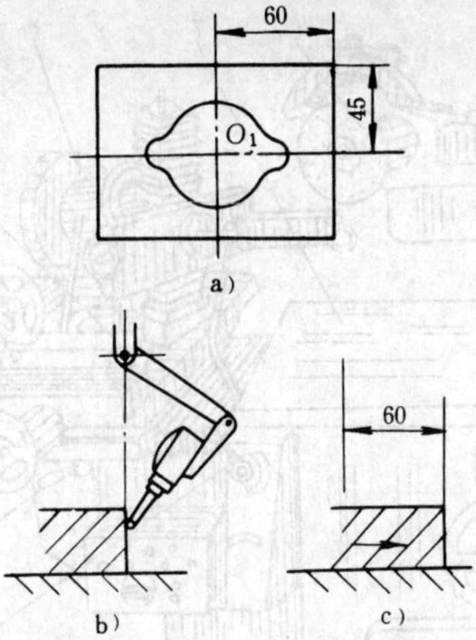	1. 工件圆心 O_1 与两基面相距 60mm 及 45mm（图 a） 2. 用上述方法找正工件棱边与主轴中心重合（图 b） 3. 工作台右移 60mm 并以相同方法将工作台横向移动 45mm，则工件圆心 O_1 即与主轴中心重合（图 c）
用行星运动加工	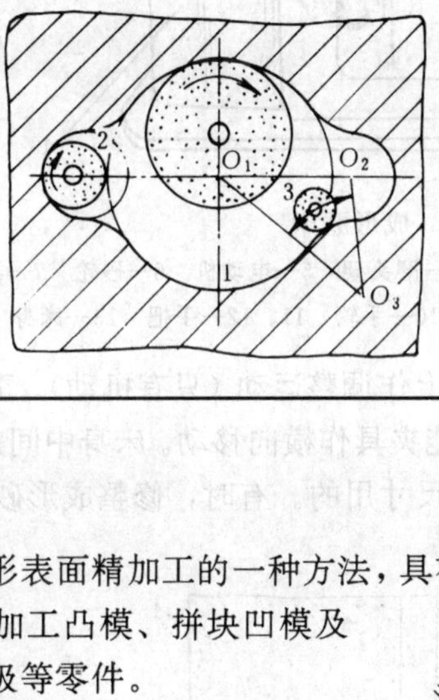	1. 图中数字表示加工工序 2. 需附加回转工作台及坐标工作台 3. 加工时工件圆心 O_1、O_2、O_3 需分别调整到与回转工作台中心重合 4. 图中工序 1、2 为表 2-7 中的内孔磨削，而工序 3 为外圆磨削

三、成形磨削

（一）概述

成形磨削是成形表面精加工的一种方法，具有高精度、高效率的优点。在模具制造中，成形磨削主要用于精加工凸模、拼块凹模及电火花加工用的电极等零件。

形状复杂的模具零件，一般是由若干平面、斜面和圆柱面所组成，即其轮廓线为若干直线和圆弧，见图 2-40。成形磨削的原理就是把零件的轮廓分成若干直线与圆弧，然后，按照一定的顺序逐段磨削，使之达到图样上的技术要求。

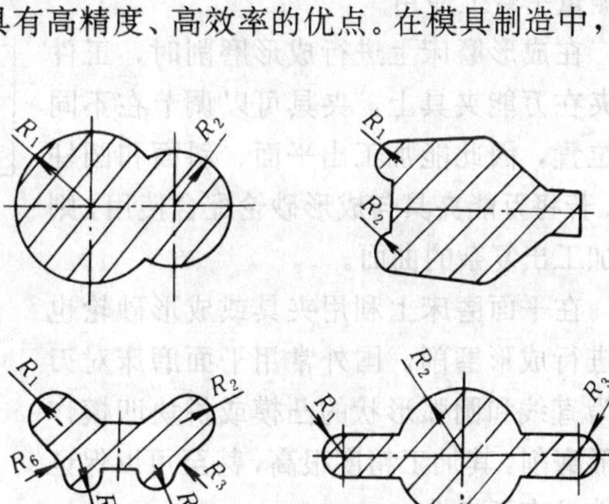

图 2-40　模具刃口的形状

成形磨削可在成形磨床或平面磨床上进行。图 2-41 所示为专门加工模具零件的成形磨床。砂轮 6 由装在磨头架 4 上的电动机 5 带动作高速旋转。磨头架装在精密的纵向导轨 3 上，通过液压传动实现纵向往复运动。此运动用手把 12 操纵。转动手轮 1 可使磨头架沿垂直导轨 2 上下移动，即砂轮作垂直进给运动。此运动除手动外，还可机动，以使砂轮迅速接近工件或快速退出。夹具工作台 9 具有纵向和横向滑板，横滑板上面固定着万能

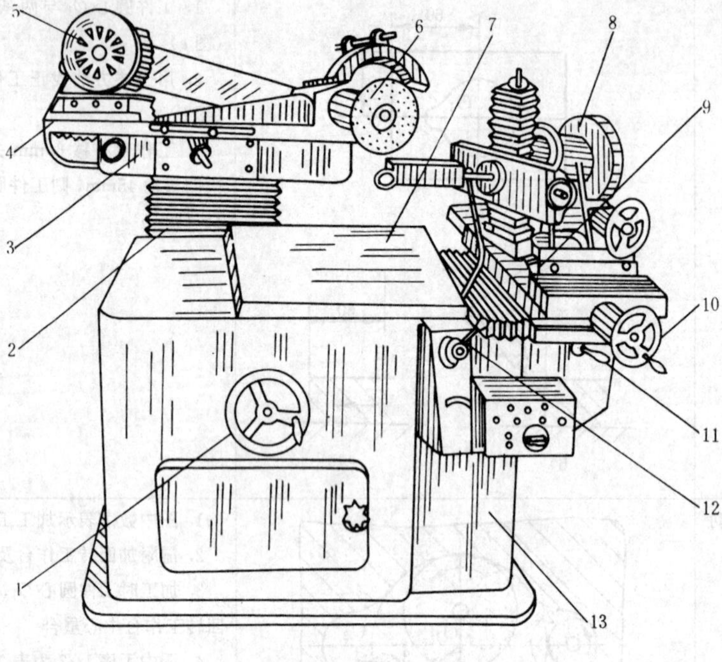

图 2-41　成形磨床

1—手轮　2—垂直导轨　3—纵向导轨　4—磨头架　5—电动机　6—砂轮　7—测量平台　8—万能夹具　9—夹具工作台　10—手轮　11、12—手把　13—床身

夹具 8。它可在床身 13 右端的精密纵向导轨上作调整运动（只有机动）。正常使用时，可用手把 11 将万能夹具锁紧。转动手轮 10 可使万能夹具作横向移动。床身中间是测量平台 7，它是放置测量工具以及校正工件位置、测量工件尺寸用的。有时，修整成形砂轮用的夹具也放在此测量平台上使用。

在成形磨床上进行成形磨削时，工件装夹在万能夹具上，夹具可以调节在不同的位置，因此能加工出平面、斜面和圆柱面。若将万能夹具与成形砂轮配合使用，则可加工出复杂的曲面。

在平面磨床上利用夹具或成形砂轮也可进行成形磨削。国外常用平面磨床对刃口为直线和圆弧形状的凸模或拼块凹模作成形磨削，其加工精度很高，甚至可以保证零件具有互换性。

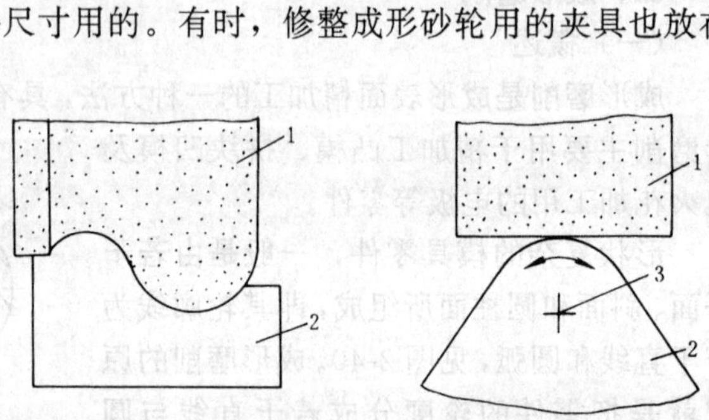

图 2-42　成形磨削的两种方法

a）成形砂轮磨削法　b）夹具磨削法

1—砂轮　2—工件　3—夹具回转中心

在上述两种机床上进行成形磨削的方法有两种：

（1）成形砂轮磨削法　利用修整砂轮工具，将砂轮修整成与工件型面完全吻合的相反型面，然后用此砂轮磨削工件，如图 2-42a 所示。

（2）夹具磨削法　将工件按一定的条件装夹在专用的夹具上，在加工过程中通过夹具的调节使工件固定或不断改变位置，从而获得所需的形状，如图 2-42b 所示。用于成形磨削的夹具有精密平口钳、正弦磁力台、正弦分中夹具、万能夹具等。

上述两种磨削方法虽然各有特点，但在加工模具零件时，为了保证零件质量、提高效率、降低成本，往往需要联合使用。

（二）成形砂轮磨削法

1．砂轮的选择

砂轮的磨削性能随组成砂轮的磨料粒度、硬度、组织和结合剂等参数的不同而异。由于成形磨削用的砂轮的修整精度将直接影响工件的成形精度，因此，必须选用磨损量小、组织均匀的砂轮。成形磨削用砂轮的选择可参考表 2-10。

表 2-10　成形磨削用砂轮的选择

工件的材料	工件硬度	磨削项目		
		磨平面轮廓	磨成形轮廓	清　角
		砂轮直径（mm）		
		200～300	≥150	≥150
碳素工具钢	≤55HRC	GB46R2	GB60～80ZR2	GB100～180ZR1～Z1
合金工具钢	≤55HRC	GB46R2-3	GB60～80ZR1～2	GB100～180ZR1～Z1
高速工具钢	≤60HRC	GB46R3	GB60～80ZR1～2	GB100～150ZR1
轴承钢	≤55HRC	GB46R2	GB60～80ZR2	GB100～180ZR1～Z1
弹簧钢	≤55HRC	GB46R2	GB60～80ZR2	GB100～180ZR1～Z1
不锈钢		GB46～36R3	GB60～80ZR2	GB100～150ZR1
耐热钢		GB36R3	GB60～80ZR2	GB100～150ZR1

2．砂轮的修整

采用成形砂轮磨削之前，首先要把砂轮修整成所需的形状，然后用此成形砂轮磨削工件。按照砂轮的形状，成形砂轮的修整方法有如下三种：

（1）砂轮角度的修整　修整砂轮角度的夹具是按照正弦原理设计的。图 2-43 是结构比较完善的修整砂轮角度工具。反复旋转手轮 10，通过齿轮 5 和滑块上的齿条 4 的传动，可使装有金刚刀 3 的滑块 2 沿着正弦尺座 1 的导轨往复移动。正弦尺座可以绕心轴 6 转动。转动的角度采用在正弦圆柱 9 与平板 7 之间垫块规的方法来控制，转动至所需的角度后，用螺母 11 将正弦尺座锁紧在支架 12 上。使用这种工具时，先根据需要修整的砂轮角度在正弦圆柱 9 与平板 7 之间垫块规，然后使金刚刀 3 往复运动即可修整出一定角度的砂轮。

当砂轮角度 α 超过 45°时，若仍在圆柱 9 与平板 7 之间垫块规，就会造成较大的误差，而且当角度很大时，正弦尺座 1 会妨碍放块规，所以支架 12 上还设有两块可移动的垫板 8。当 α 角超过 45°时，块规可垫在圆柱 9 与垫板 8 的左侧面或右侧面之间。当 α 小于 45°，不需要使用垫板 8 时，可将它们推进去，使它们不妨碍正弦尺座的转动，也不妨碍在平板 7 上垫放块规。这种工具可修整 0°～100°的各种角度砂轮。

修整砂轮角度时，根据需要修整的角度 α，按下列公式计算应垫的块规值 H。

当修整砂轮的角度为 $0°\leqslant\alpha\leqslant45°$时，利用平板 7 垫块规，如图 2-44a 所示，应垫块规值为

$$H = l - L\sin\alpha - \frac{d}{2}$$

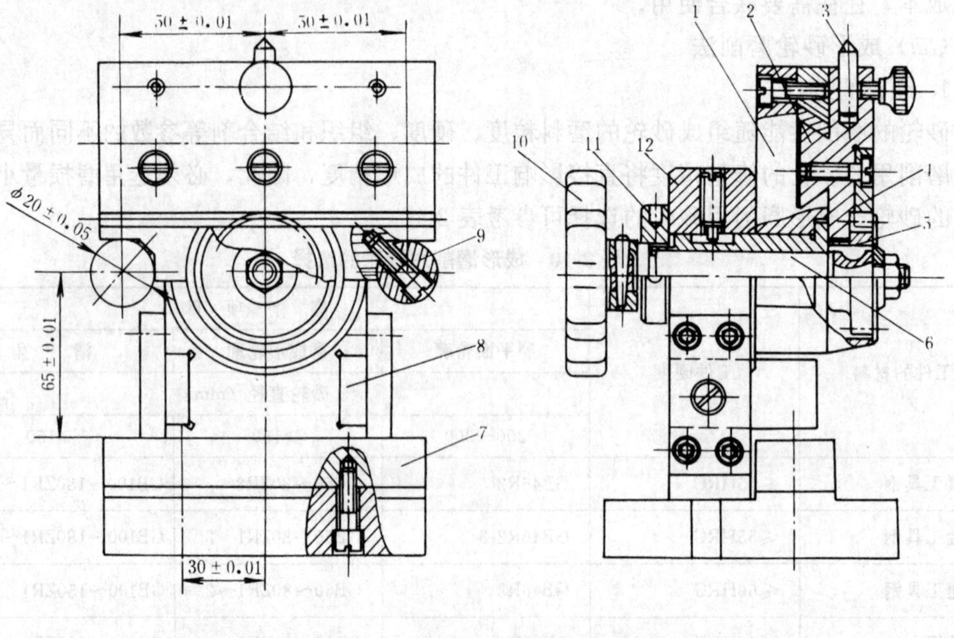

图 2-43　修整砂轮角度工具

1—正弦尺座　2—滑块　3—金刚刀　4—齿条　5—齿轮　6—心轴　7—平板　8—垫板　9—正弦圆柱　10—手轮　11—螺母　12—支架

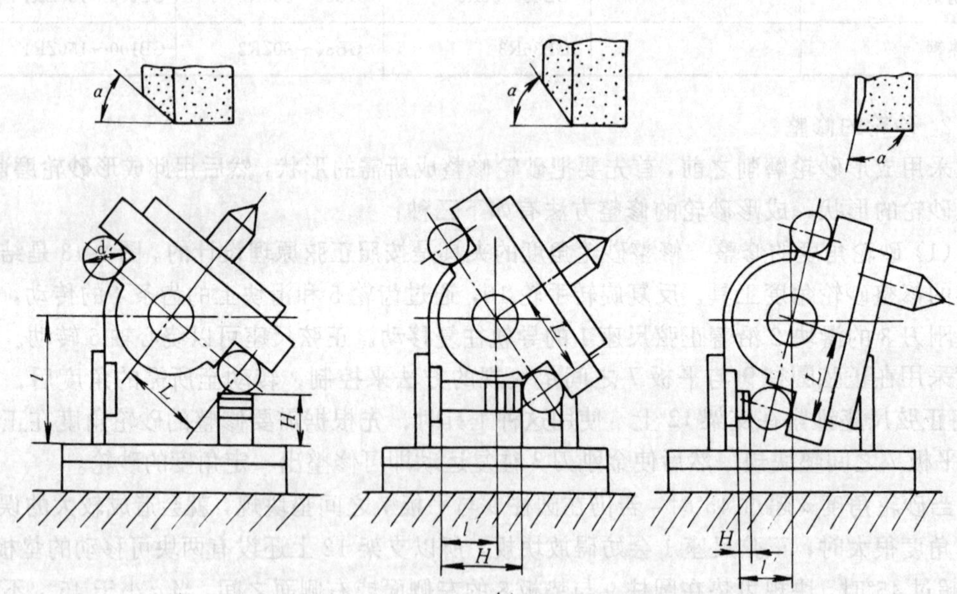

图 2-44　块规的计算

式中　l——工具的回转中心至垫块规面的高度；

L——圆柱中心至工具回转中心的距离；

d——圆柱直径；

H——应垫块规值。

通常修整砂轮角度工具的 $l=65\text{mm}$，$L=50\text{mm}$，$d=20\text{mm}$，此时应垫块规值为

$$H=(55-50\sin\alpha)\text{mm}$$

当修整砂轮的角度为 $45°\leqslant\alpha\leqslant90°$ 时，利用垫板 8 的侧面垫块规，如图 2-44b 所示，应垫的块规值为

$$H=l'+L\sin(90°-\alpha)-\frac{d}{2}$$

$$=l'+L\cos\alpha-\frac{d}{2}$$

式中　l'——工具的回转中心至侧面垫板的距离。

通常 $l'=30\text{mm}$，此时应垫块规值为

$$H=(20+50\cos\alpha)\text{mm}$$

当修整砂轮的角度为 $90°\leqslant\alpha\leqslant100°$ 时，利用垫板 8 的侧面垫块规，如图 2-44c 所示，应垫的块规值为

$$H=l'-L\sin(\alpha-90°)-\frac{d}{2}$$

将常用的 l'，L 和 d 值代入上式可得

$$H=[20-50\sin(\alpha-90°)]\text{mm}$$

上述为正弦尺顺时针旋转，在工具右边的圆柱下面垫块规时的情况。当正弦尺逆时针方向旋转 0°～100°，在工具左边的圆柱下面垫块规时，可用相应的式子计算应垫的块规值。

（2）圆弧砂轮的修整　修整圆弧砂轮工具的结构虽有多种形式，但其原理都相同。图 2-45 所示为修整圆弧砂轮的工具。它主要由摆杆、滑座和支架组成。金刚刀 1 固定在摆杆 2 上。

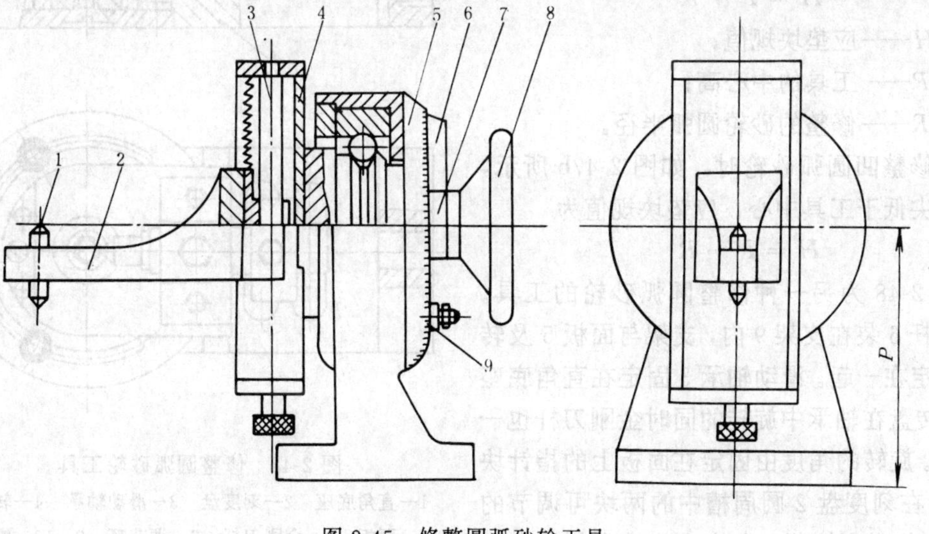

图 2-45　修整圆弧砂轮工具

1—金刚刀　2—摆杆　3—螺杆　4—滑座　5—刻度盘　6—角度标　7—主轴　8—手轮　9—挡块

通过螺杆 3 使摆杆在滑座 4 上移动，以调节金刚刀尖至回转中心的距离，使其适应所修整的凸或凹圆弧半径的需要。当转动手轮 8 时，主轴 7 及固定在其上的滑座等均绕主轴中心回转，

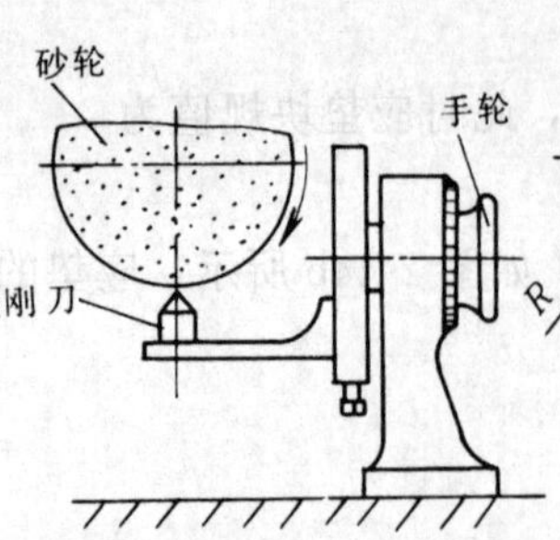

图 2-46　修整圆弧砂轮

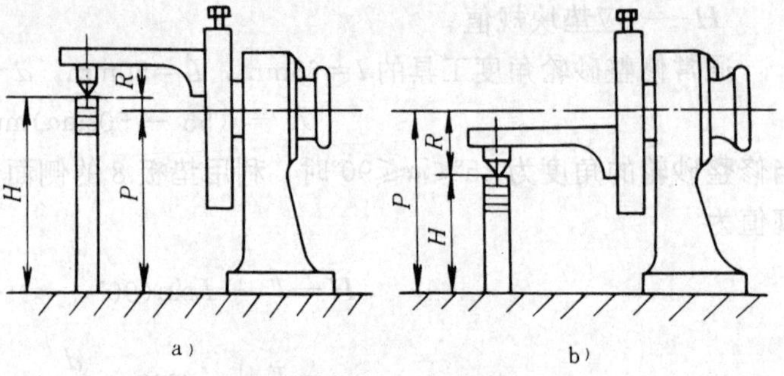

图 2-47　圆弧半径的控制

其回转的角度用固定在支架上的刻度盘 5、挡块 9 和角度标 6 来控制。

修整砂轮时，先根据所修砂轮的情况（凸或凹形）及半径大小计算块规值，并调好金刚刀尖的位置，然后安装工具，使刀尖处于砂轮下面，旋转手轮，使金刚刀绕工具的主轴中心来回摆动则可修整出圆弧，如图 2-46 所示。

金刚刀尖到工具回转中心的距离就是圆弧半径的大小。此值需事先用垫块规的方法调整好。

当修整凸圆弧砂轮时，如图 2-47a 所示，金刚刀尖高于工具中心，应垫块规值为

$$H = P + R$$

式中　H——应垫块规值；

P——工具的中心高；

R——修整的砂轮圆弧半径。

当修整凹圆弧砂轮时，如图 2-47b 所示，金刚刀尖低于工具中心，应垫块规值为

$$H = P - R$$

图 2-48 为另一种修整圆弧砂轮的工具。金刚刀杆 6 装在支架 9 内，支架与面板 5 及转盘 4 固定在一起。滑动轴承 3 固定在直角底座 1 上。转盘在轴承中旋转的同时金刚刀杆也一齐转动。旋转的角度由固定在面板上的指针块 12 与装在刻度盘 2 圆周槽中的两块可调节的挡块 13 相碰来控制，角度由指针在刻度盘上

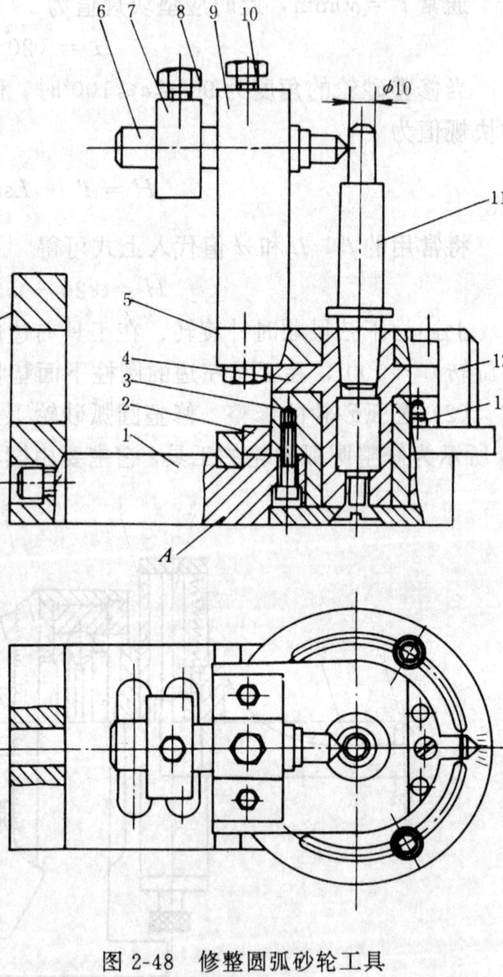

图 2-48　修整圆弧砂轮工具

1—直角底座　2—刻度盘　3—滑动轴承　4—转盘
5—面板　6—金刚刀杆　7—调节环　8、10—螺钉
9—支架　11—标准心棒　12—指针块　13—挡块

指出。

该工具是用块规控制金刚刀与支架的相对位置来调节圆弧半径的。其调节方法如下：

修整凸圆弧砂轮时，先在转盘的中心锥孔内插入一根上端直径为 10mm 的标准心棒 11，使金刚刀尖刚好与心棒接触，用螺钉 10 把刀杆锁紧，此时刀尖到工具回转中心的距离是 5mm。在支架 9 的左端面和调节环 7 的右端面之间垫入 5mm 厚的块规，用螺钉 8 锁紧调节环，松开螺钉 10，取出块规和心棒，推动刀杆使调节环的右端面与支架贴紧，此时刀尖恰好通过工具的回转中心。因此，修整凸圆弧砂轮时，只要在支架和调节环的端面之间垫入厚度与砂轮的修整圆弧半径相等的块规即可。

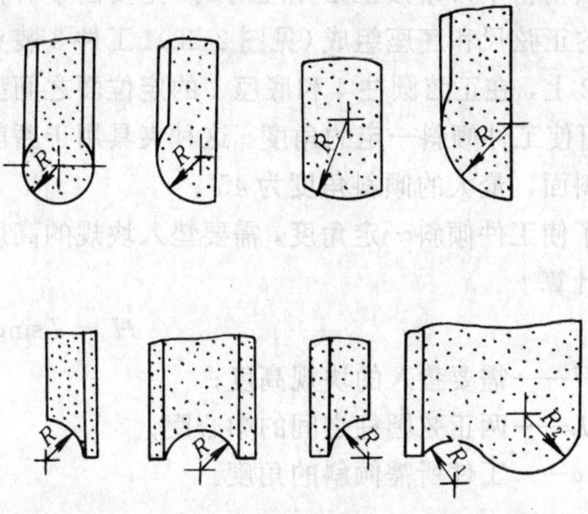

图 2-49　各种圆弧砂轮形状

修整凹圆弧砂轮时，先按上述方法用直径为 10mm 的标准心棒调整金刚刀尖的位置，使刀尖到工具回转中心的距离为 5mm，然后在支架与调节环的端面间垫入一定厚度（通常用 50mm）的块规，锁紧调节环。这样，当刀尖处于工具回转中心时，支架左端面与调节环右端面间的距离为 45mm。如要修整半径为 R 的凹圆弧砂轮时，只需松开螺钉 10，在支架和调节环之间垫入厚度为（$45-R$）mm 的块规，再用螺钉 10 将金刚刀杆固定即可。

该工具可平放着用（A 面为底面），也可竖起来用（B 面为底面），使用范围较广。

用修整砂轮圆弧工具可以修整各种形状的凸或凹圆弧砂轮，如图 2-49 所示。

(3) 非圆弧曲面砂轮的修整　当被磨削工件的形状复杂，其轮廓线不是圆弧形时，可用专门的靠模工具修整砂轮。图 2-50 为修整凸面成形砂轮的靠模工具。金刚刀 1 固定在靠模工具 2 上，在支架 3 上装有靠模样板 4，靠模工具的下部有平面的触头。使用时，手持靠模工具，使触头紧靠样板并沿样板曲线移动。这样便能修整出与样板曲线形状相同的砂轮。

样板曲线是按照被磨削工件的形状而设计的，其制造精度应高于工件精度。

修整凹面成形砂轮的靠模工具与凸面成形砂轮的靠模工具基本相同，它们之间的差别在于，修整凹面时采用凹面的靠模样板，靠模工具的触头不是平的，而是尖的。

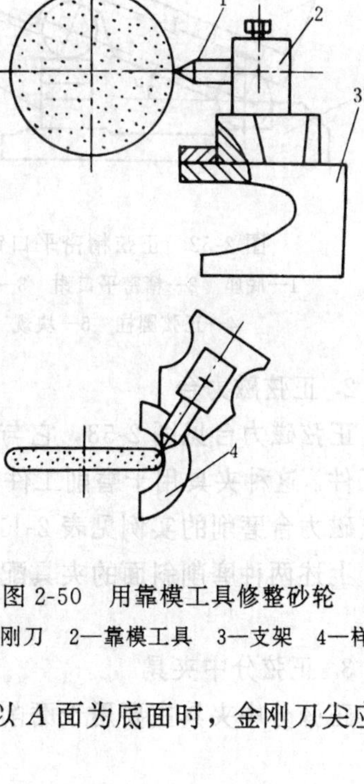

图 2-50　用靠模工具修整砂轮
1—金刚刀　2—靠模工具　3—支架　4—样板

修整成形砂轮时，为了保证修出的砂轮形状准确，必须使金刚刀尖在通过砂轮主轴中心的垂直面 AA 或水平面 BB 内运动（图 2-51）。例如，图 2-48 所示的工具，以 A 面为底面时，金刚刀尖应在

水平面 BB 内运动，若以 B 面为底面时，则刀尖应在垂直面 AA内运动。因此，在安装修整工具时，应使金刚刀尖在正确的位置上运动。

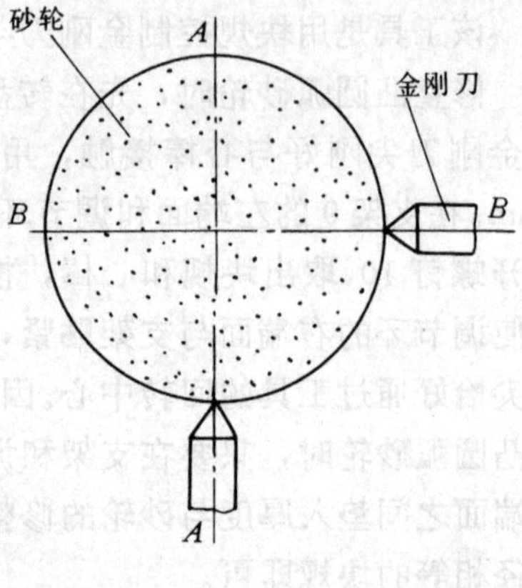

图 2-51　金刚刀尖运动的轨迹平面

（三）夹具磨削法

1．正弦精密平口钳

正弦精密平口钳按正弦原理构成，主要由带有精密平口钳的正弦尺和底座组成（见图 2-52）。工件 3 装夹在平口钳 2 上，在正弦圆柱 4 和底座 1 的定位面之间垫入块规，可使工件倾斜一定的角度。这种夹具用于磨削工件上的斜面，最大的倾斜角度为 45°。

为了使工件倾斜一定角度，需要垫入块规的高度可按下式计算

$$H = L\sin\alpha$$

式中　H——需要垫入的块规高度；

L——两正弦圆柱之间的中心距；

α——工件所需倾斜的角度。

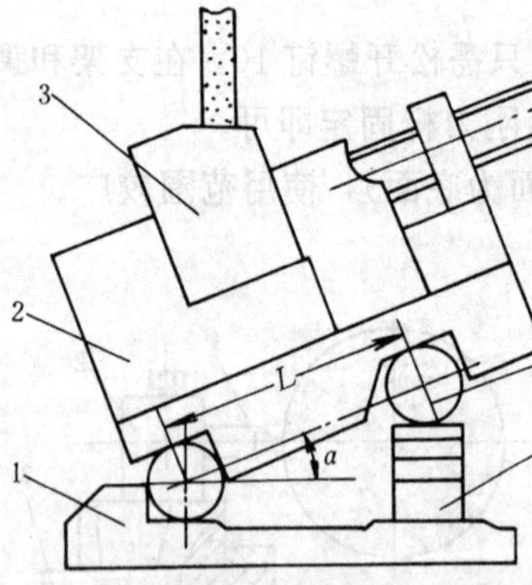

图 2-52　正弦精密平口钳

1—底座　2—精密平口钳　3—工件

4—正弦圆柱　5—块规

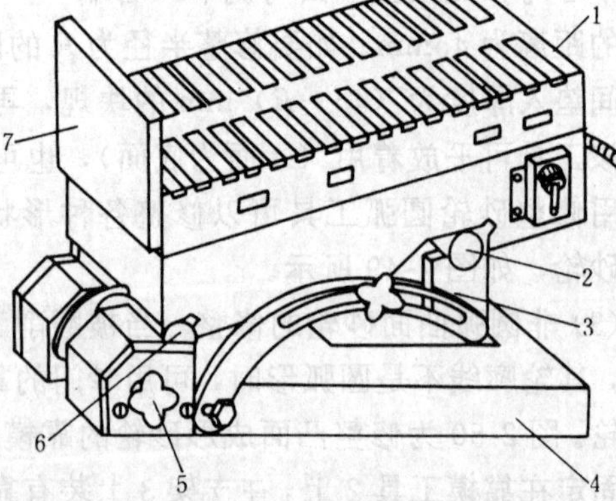

图 2-53　正弦磁力台

1—电磁吸盘　2、6—正弦圆柱　3—块规

4—底座　5—偏心锁紧器　7—挡板

2．正弦磁力台

正弦磁力台见图 2-53，它与正弦精密平口钳的区别，仅仅在于用电磁吸盘代替平口钳装夹工件。这种夹具用于磨削工件的斜面，其最大倾斜度同样是 45°，适于磨削扁平工件。利用正弦磁力台磨削的实例见表 2-11。

上述两种磨削斜面的夹具配合成形砂轮使用时，还可磨削直线与圆弧组成的复杂几何形状。

3．正弦分中夹具

正弦分中夹具主要用于磨削具有同一个回转中心的凸圆柱面和斜面，其结构如图 2-54 所

表 2-11　电机转子凸模磨削工艺

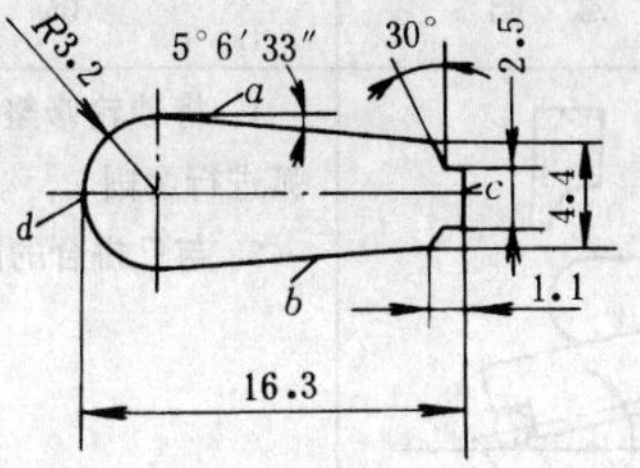

工件尺寸图

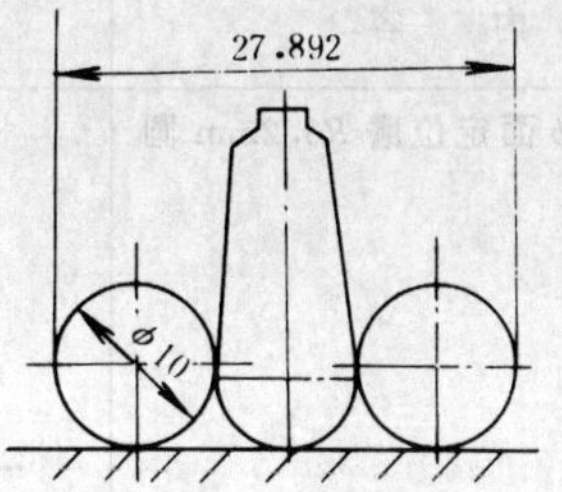

工艺尺寸图

工序	内　　容	操 作 示 意 图	说　　明
1	磨 a、b 斜面并留余量	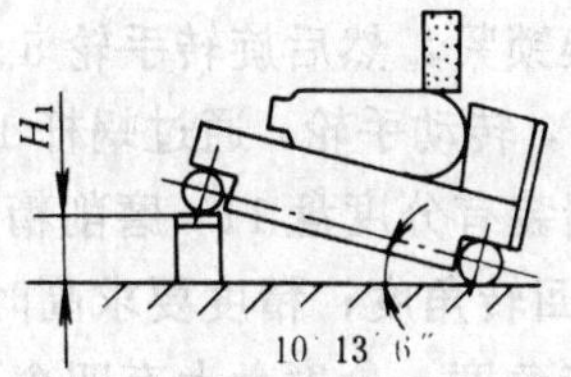	1. $H_1=150\sin10°13'6''$ $=26.610$mm 2. 工件一端用专用斜度挡块定位 3. 反复磨削 a、b 面留余量
2	根据 a 或 b 面磨 d 面	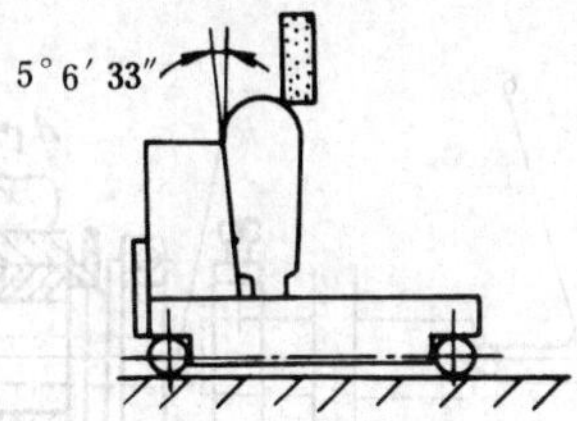	用专用斜度导磁铁吸住工件 a 或 b 面，磨 d 面
3	根据 a 或 b 面磨 c 面	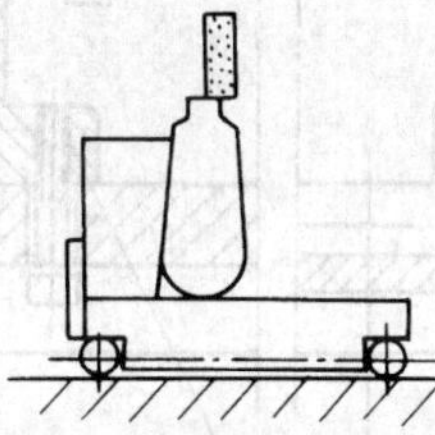	用专用斜度导磁铁吸住 a 或 b 面磨 c 面
4	根据 a 或 b 面及 d 面精磨 b 或 a 面	图同工序 1	用两根 $\phi10$mm 圆柱测量尺寸 27.892mm
5	以 a 或 b 面及 d 面定位磨小台肩及斜面	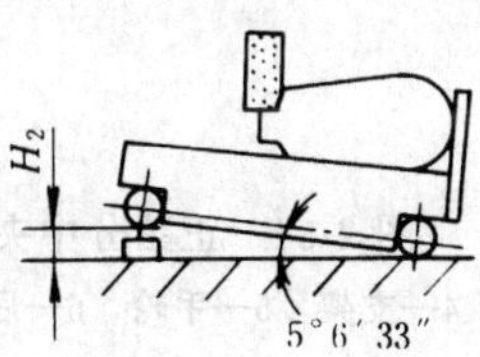	1. $H_2=150\sin5°6'33''=13.349$mm 2. 用成形砂轮进行磨削 3. 用光学投影仪测量

（续）

工序	内　容	操　作　示　意　图	说　明
6	以 a 或 b 面定位磨 $R3.2$mm 圆弧	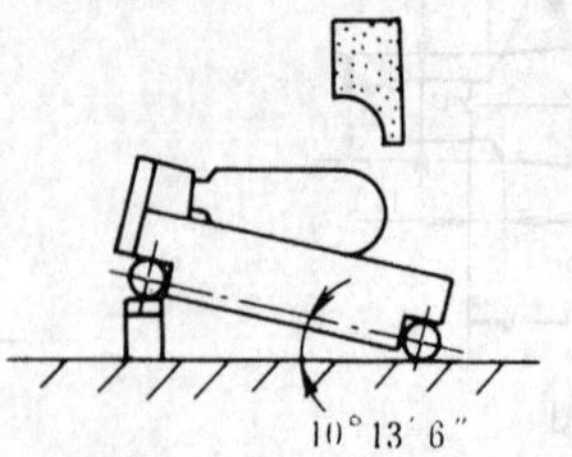	1. 将砂轮修整成 $R3.2$mm 凹圆弧进行磨削 2. 与已拼合的凹模对合检查

示。工件装在前顶尖 7 和后顶尖 6 之间，两顶尖分别装在前顶座 1 和支架 4 内，前顶座固定在底座 2 上，而支架是可以在底座的“T”形槽中移动的。安装工件时，根据工件的长短，调好支架的位置，用螺钉 3 将支架锁紧，然后旋转手轮 5 使后顶尖移动，以调节顶尖与工件的松紧程度。工件的回转是手动的，转动手轮，通过蜗杆 13 和蜗轮 9 的传动使主轴 8 通过鸡心夹头带动工件回转。主轴的后端装有分度盘 11，磨削精度要求不高时，可直接用分度盘的刻度和零位指标 10 来控制工件的回转角度；精度要求高时，应利用分度盘上的正弦圆柱 12 下面垫块规的方法控制工件的回转角度。分度盘上有四个互相垂直的圆柱，使用时，在其中一个圆柱与块规垫板 14 之间垫入块规便能控制工件回转一定的角度。

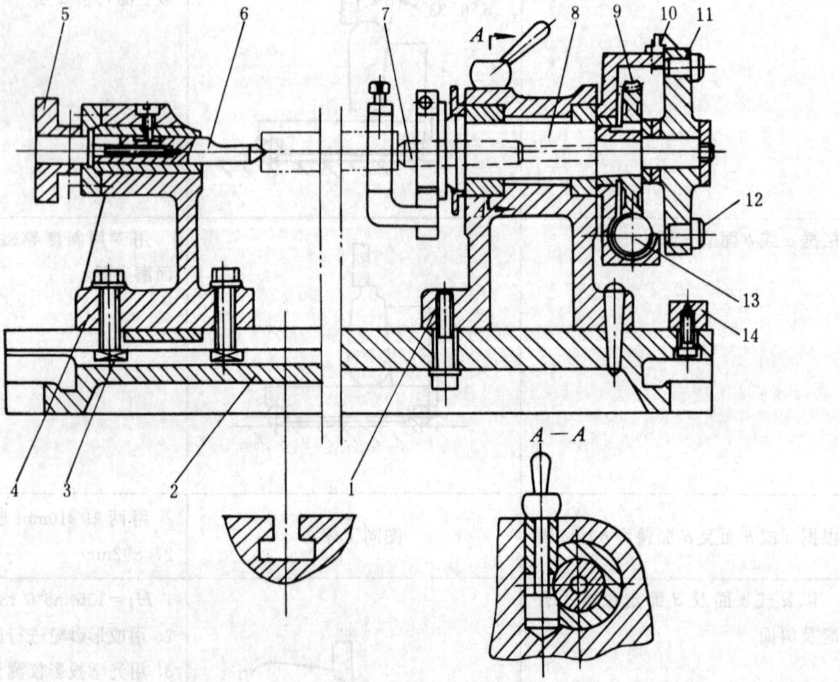

图 2-54　正弦分中夹具

1—前顶座　2—底座　3—螺钉　4—支架　5—手轮　6—后顶尖　7—前顶尖　8—主轴　9—蜗轮　10—零位指标　11—分度盘　12—正弦圆柱　13—蜗杆　14—块规垫板

设正弦圆柱中心至夹具主轴中心的距离为 L（$L=\frac{D}{2}$，D 为圆柱中心所在圆的直径），当其中一对圆柱处于水平位置时，在该圆柱下面所垫的块规高度为 H_0，见图 2-55a，则应垫块规值的计算方法如下：

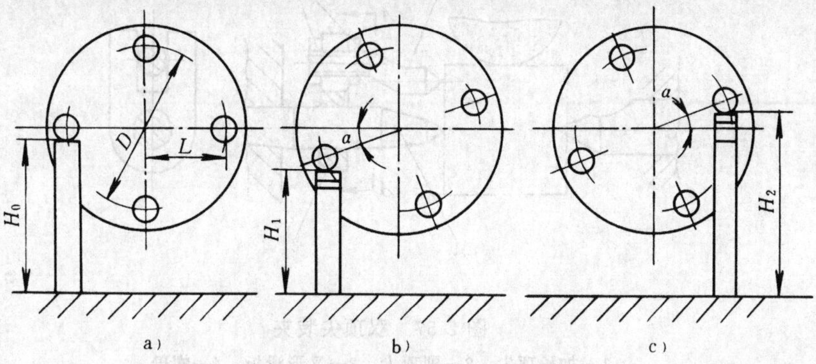

图 2-55　应垫块规的计算

当垫块规的正弦圆柱在过夹具回转中心之水平线以下时，见图 2-55b，应垫块规值为

$$H_1 = H_0 - L\sin\alpha$$

式中　α——工件所需转动的角度。

当垫块规的正弦圆柱在过夹具回转中心之水平线以上时，见图 2-55c，应垫块规值为

$$H_2 = H_0 + L\sin\alpha$$

为了减少磨削时的计算，可根据上述公式计算出各种角度（0°～45°）应垫的块规值并编成表，以便查阅。

在正弦分中夹具上，工件的安装方法通常有如下两种：

（1）心轴装夹法（图 2-56）　工件上有内孔，若此孔的中心是外成形表面的回转中心时，

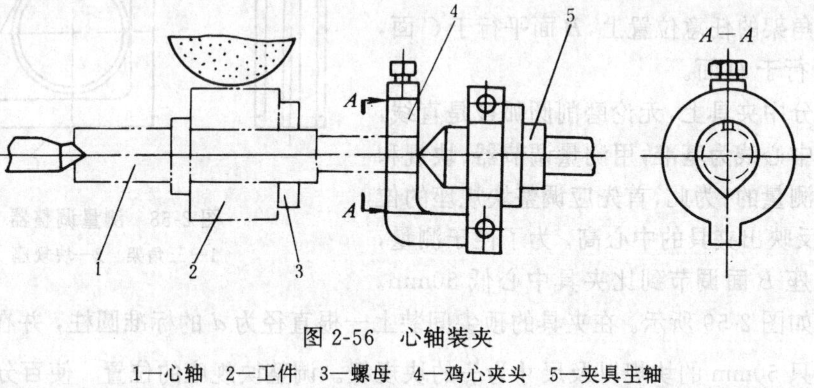

图 2-56　心轴装夹

1—心轴　2—工件　3—螺母　4—鸡心夹头　5—夹具主轴

可在孔内装入心轴 1；如工件无内孔，则可在工件上作出工艺孔，用来安装心轴。利用心轴两端的中心孔将心轴和工件夹持在分中夹具的两顶尖之间。夹具主轴回转时，通过鸡心夹头 4 带动工件一起回转。

(2) 双顶尖装夹　当工件没有内孔，也不允许在工件上作工艺孔时，可采用双顶尖装夹法，工件除带有一对主中心孔外，还有一个副中心孔，作为拨动工件用，见图 2-57。1 为加长

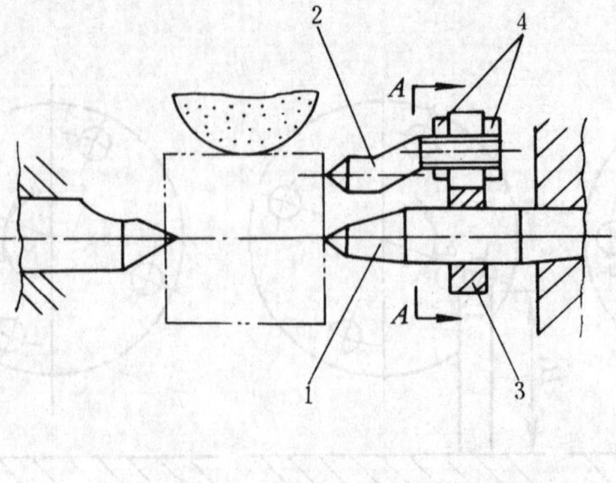

图 2-57　双顶尖装夹

1—加长顶尖　2—副顶尖　3—叉形滑板　4—螺母

顶尖，装在夹具的主轴孔内。2 为副顶尖，可在叉形滑板 3 的槽内上下移动，并能借螺母 4 调节其所需的长度。副顶尖作成弯的，可增加其使用范围。

采用这种方法装夹时，要求顶尖、副顶尖与中心孔的锥度密切配合，而且要顶紧才能保证加工精度，但副顶尖对工件的推力不能过大，否则会使工件的位置产生歪扭。

用正弦分中夹具磨削工件时，被磨削表面的尺寸是用测量调整器。块规和百分表作比较测量的。

测量调整器由三角架 1 与块规座 2 组成，见图 2-58。块规座能沿着三角架斜面上的"T"形槽移动，当移动到所需位置时，可用螺母将它锁紧。为了保证测量精度，调整器应制造得很精确，要求块规座在三角架的任意位置上，B 面平行于 C 面，而 A 面则平行于 D 面。

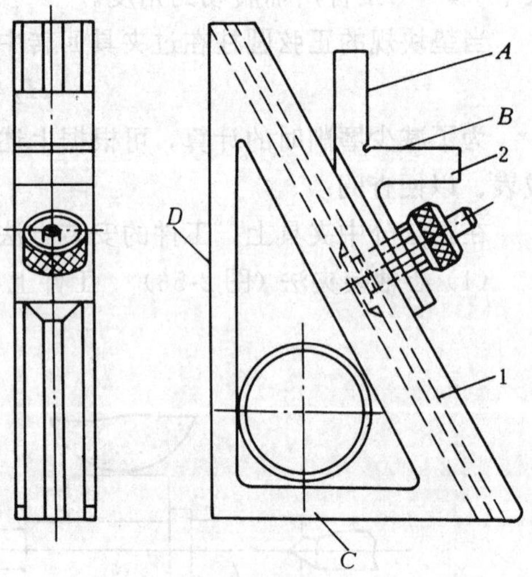

图 2-58　测量调整器

1—三角架　2—块规座

在正弦分中夹具上，无论磨削圆弧或是直线，都是以夹具中心线为基准，用测量调节器、块规和百分表进行测量的。为此，首先应调整块规座的位置，使它能反映出夹具的中心高。为了便于测量，通常把块规座 B 面调节到比夹具中心低 50mm。其调节方法如图 2-59 所示。在夹具的顶尖间装上一根直径为 d 的标准圆柱，并在测量器的 B 面上安放一只 50mm 的块规以及尺寸为$\frac{d}{2}$的块规组。调整块规座的位置，使百分表在块规组和圆柱上的读数相同。取下$\frac{d}{2}$的块规组，则 50mm 块规的上表面与夹具中心线等高。

当被测量表面高于夹具中心时，可在 50mm 的块规上加入块规组，使百分表在块规组上表面与被测量表面的读数相同。这样，块规组的高度就等于被测量表面至夹具中心的距离。设

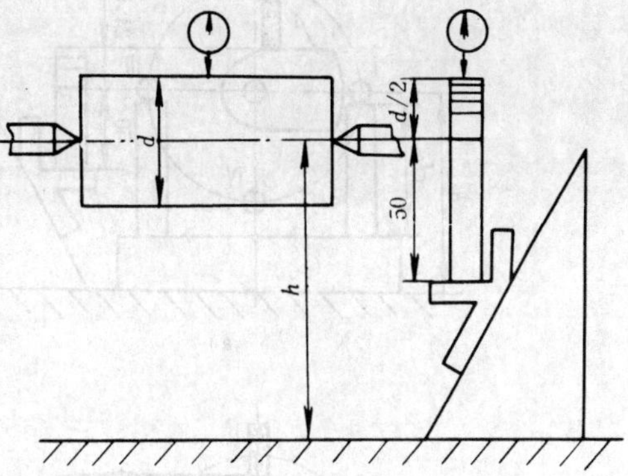

图 2-59　夹具中心高的测量

被测量表面至夹具中心的距离为 s，则块规组上表面的测量高度为

$$H = h + s$$

式中　h——夹具中心高。

当被测量表面低于夹具中心时，应将 50mm 的块规取去，在 B 面上安装尺寸为（$50-S$）mm 的块规组即可。块规组上表面的测量高度为

$$H = h - s$$

例　图 2-60 所示的凸模，已粗加工外形，各面留磨量 0.15～0.20mm，并在圆弧的中心作出 ϕ10mm 的工艺孔（留磨），热处理淬硬后，磨两端面及 ϕ10mm 孔到尺寸，然后在平面磨床上，利用正弦分中夹具进行成形磨削。磨削前，用心轴装夹法安装工件，校正工件的方向后紧固鸡心夹头，然后开始磨削。其磨削次序如下：

（1）磨平面 1　见图 2-61a。旋转工件，使平面 1 处于水平位置进行磨削。其测量高度为

$$H = h + \frac{50_{-0.05}^{\ 0}}{2}\text{mm} = h + 24.975\text{mm}$$

（2）磨平面 2　见图 2-61b。将分度盘旋转 180°，使平面 2 成水平进行磨削。其测量高度为

$$H = h + \frac{50_{-0.05}^{\ 0}}{2}\text{mm} = h + 24.975\text{mm}$$

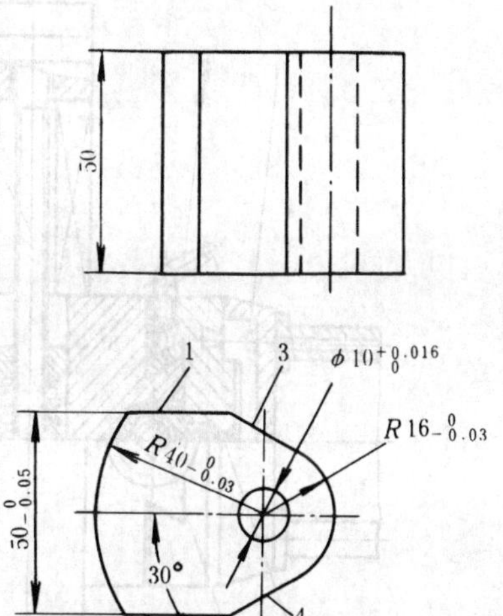

图 2-60　凸模

（3）磨削 R40mm 的凸圆弧面　见图 2-61c。磨削这个凸圆弧面时，转动分中夹具的手轮，使工件回转，磨至圆弧面的测量高度等于 h+39.985mm 为止。

（4）磨削 R16mm 的凸圆弧面和两个 30°斜面　将工件转动 180°，使 R16mm 的凸圆弧向上，见图 2-61d。用回转法磨削凸圆弧面，转至极限位置时，斜面 3 和 4 将处于水平位置，故可在磨削凸圆弧面的同时，利用砂轮的横向进给将面 3 和面 4 一齐磨出。R16mm 凸圆弧面及斜面 3 和 4 的测量高度均为 h+15.985mm。控制工件回转 60°时应垫块规值为

$$H_2 = H_0 + L\cos 60°$$

若所用的分中夹具的 L=50mm 及 H_0=70mm，则

$$H_2 = 70 + 50\sin 30° = (70 + 50 \times 0.5)\text{mm} = 95\text{mm}$$

正弦分中夹具适于磨削同一个中心的凸圆弧和多角形，若与成形砂轮配合使用，则可磨削比较复杂的几何型线。对于具有不同心凸圆弧的凸模，需要利用万能夹具进行磨削。

4. 万能夹具

万能夹具是成形磨床的主要部件，也可作为平面磨床的成形磨削夹具。它的结构如图 2-62 所示，主要由工件装夹部分、回转部分、十字滑板和分度部分组成。

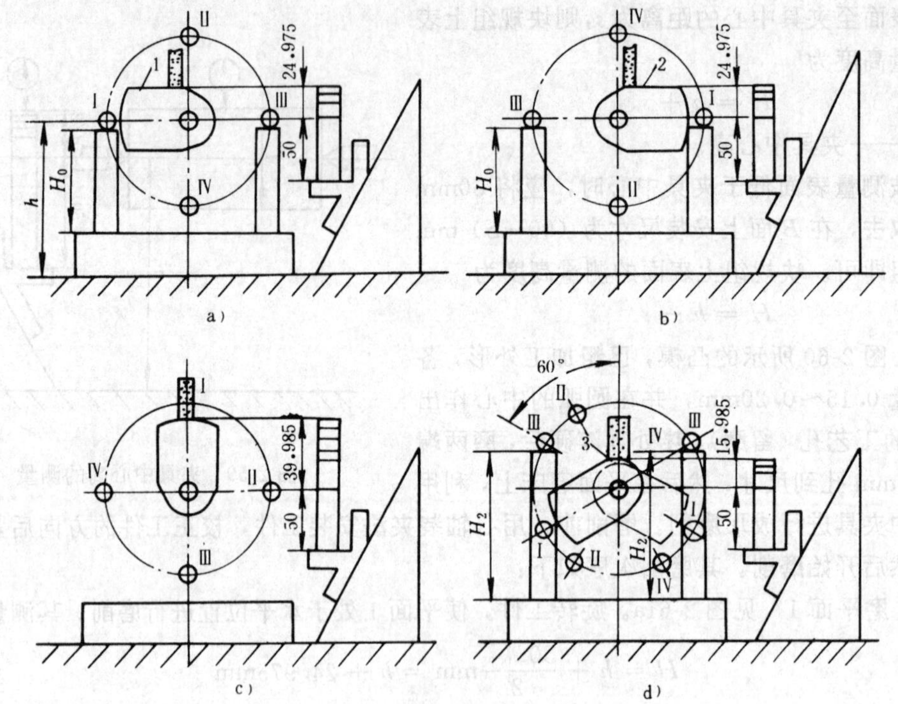

图 2-61　利用正弦分中夹具磨削凸模

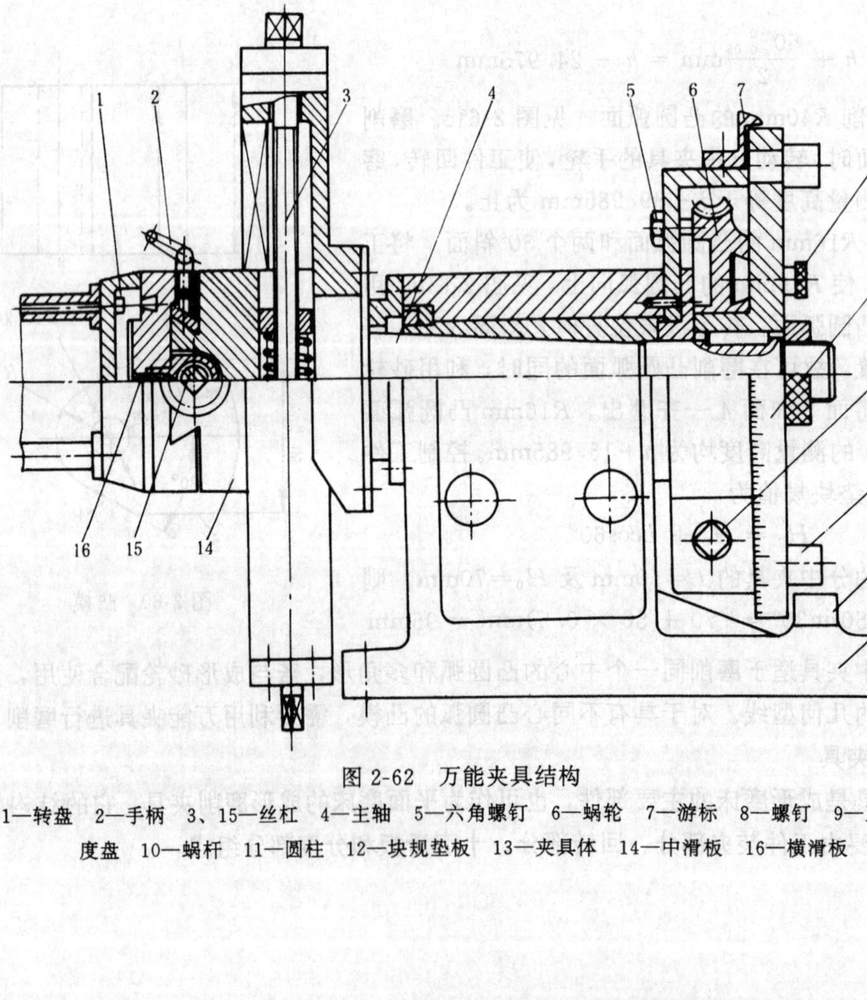

图 2-62　万能夹具结构

1—转盘　2—手柄　3、15—丝杠　4—主轴　5—六角螺钉　6—蜗轮　7—游标　8—螺钉　9—正弦分度盘　10—蜗杆　11—圆柱　12—块规垫板　13—夹具体　14—中滑板　16—横滑板

工件通过夹具或螺钉与转盘 1 联结在一起。它们的回转运动是通过一对蜗杆蜗轮的传动而获得。用手轮旋转蜗杆 10，通过蜗轮 6 带动正弦分度盘 9 及主轴转动，并使工件也绕夹具的轴线回转。松开螺钉 8 后，可用手直接转动主轴，以调节工件的位置。

分度部分用来控制夹具的回转角度。在正弦分度盘上带有刻度，当对工件回转角度要求不高时，可直接从游标 7 所指的刻度读出，其控制角度的精度为 3′。对回转角度要求精确时，应采用正弦分度盘上的圆柱 11 和垫板 12 之间垫块规的方法来控制夹具的回转角度，其精度为 10″～30″。应垫块规值的计算及分度部分的用法均与正弦分中夹具相同。

万能夹具比正弦分中夹具更为完善，它除了能使工件回转之外，还可使工件在互相垂直的两个方向上移动，以调整工件的回转中心，使它与夹具主轴的中心重合。工件在两个互相垂直方向上的移动是通过十字滑板实现的。旋转丝杠 3 和 15 则可使工件在互相垂直的两个方向上移动。当工件移动至所需的位置后，转动手柄 2，可将横滑板 16 锁紧。

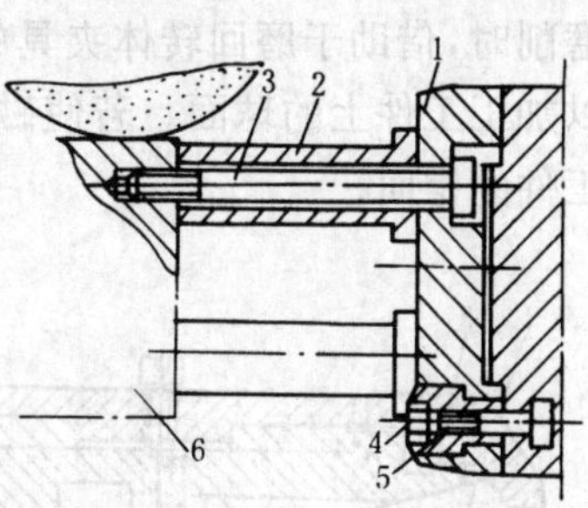

图 2-63　螺钉装夹
1—转盘　2—垫柱　3、5—螺钉
4—滚花螺母　6—工件

万能夹具上工件的装夹方法通常有如下四种：

(1) 用螺钉固紧工件（图 2-63）　在工件上预先做好工艺螺钉孔（直径为 M8 ~ M10mm），用螺钉和垫柱将工件固紧在转盘上。螺钉的数目视工件大小而定，较大的工件用 2 ~ 4 个；较小的工件可用 1 个，但磨削用量应适当减小。

垫柱的数目与螺钉数相同，其长度应适当，要保证砂轮退出时不致碰坏夹具。此外，为了保证安装精度，要求各垫柱的高度一致。

用这种方法紧固工件，一次装夹便能把工件的整个轮廓磨削出来。

(2) 用精密平口钳装夹　精密平口钳（图 2-64）主要由底座 1、活动钳口 2 和传动螺杆 3 组成。它与一般的虎钳相似，但其制造精度较高。用螺钉和垫柱将精密平口钳安装在转盘上（图 2-65），便可利用平口钳夹紧工件。为了保证安装精度，工件上装夹与定位的面（a、b、c 面）应事先经过磨削。这种方法装夹方便，但在一次装夹中只能磨削工件上的一部分表面。

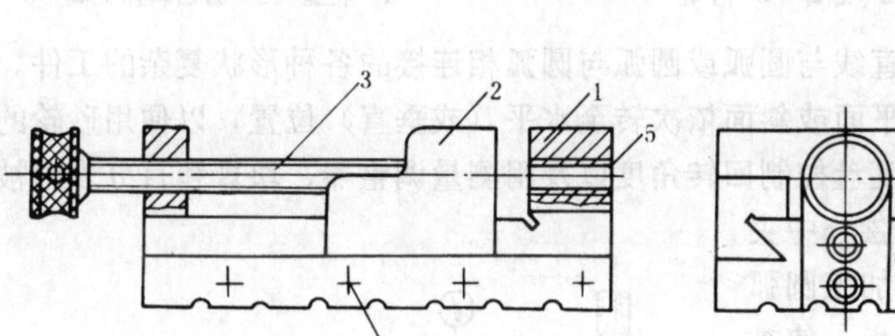

图 2-64　精密平口钳
1—底座　2—活动钳口　3—传动螺杆　4、5—螺孔

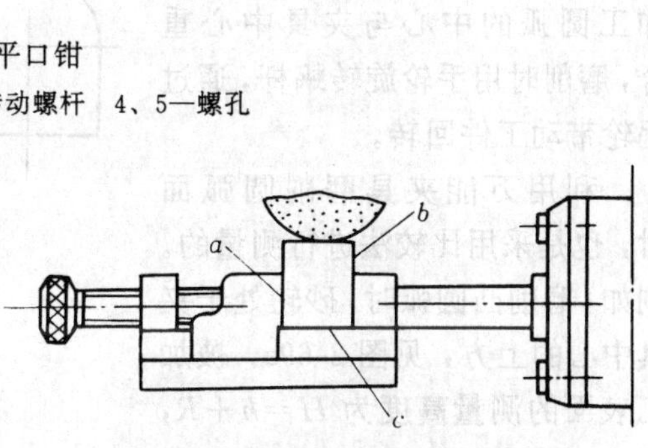

图 2-65　精密平口钳装夹

(3) 用磁力平台装夹（图 2-66）　将磁力平

台装在转盘上，利用它来吸牢工件。这种方法装夹方便、迅速，适于磨削扁平的工件。它与精密平口钳装夹法相似，在一次装夹中只能磨削工件上的一部分表面。

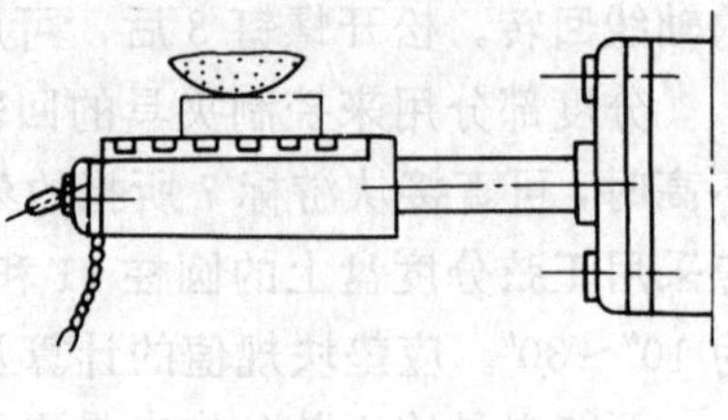

图 2-66　磁力平台装夹

（4）用磨回转体的夹具装夹　需要磨削圆球面或圆锥面时，可用这种方法装夹。磨回转体夹具的结构如图 2-67 所示。被磨削的工件装在弹簧夹头 1 内，拧紧螺母 2 将工件夹紧，旋转手轮 3 可使弹簧夹头和工件绕夹具中心回转。将此夹具安放在磁力平台上（图 2-68），利用磁力将它吸牢。磨削时，借助于磨回转体夹具的回转和万能夹具的回转，可以加工工件上的球面。若使磁力平台倾斜一定的角度，则可利用磨回转体夹具的回转来磨削工件的锥面。

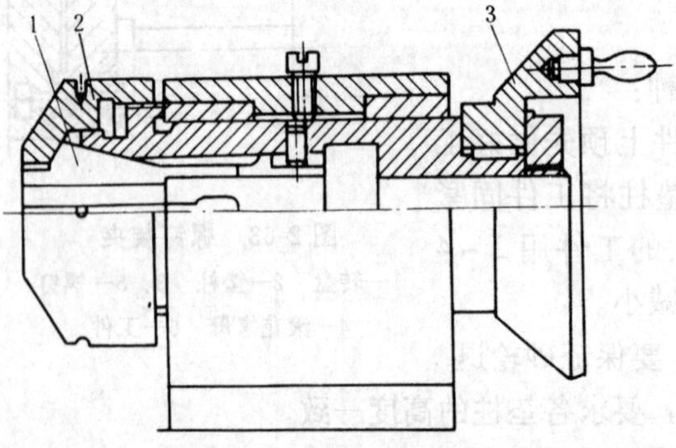

图 2-67　磨回转体夹具

1—弹簧夹头　2—螺母　3—手轮

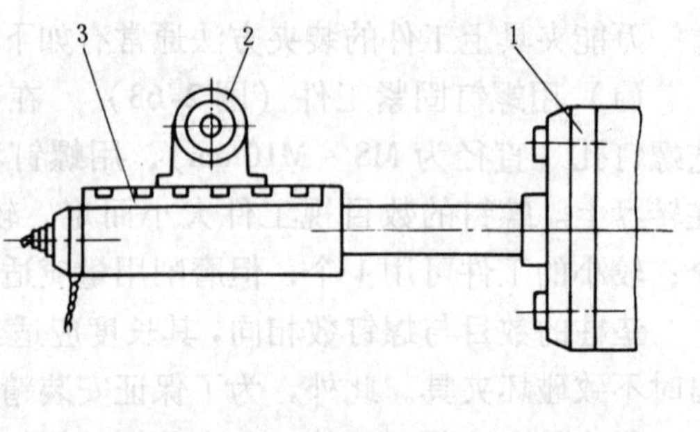

图 2-68　磨回转体夹具的装夹

1—转盘　2—磨回转体夹具　3—磁力平台

万能夹具用于磨削直线与圆弧或圆弧与圆弧相连接的各种形状复杂的工件。磨削平面或斜面时，需将被加工的平面或斜面依次转至水平（或垂直）位置，以便用砂轮的圆周（或端面）进行磨削。利用分度盘控制回转角度以及用测量调整器、块规和百分表对被加工表面作比较测量的方法均与正弦分中夹具相同。利用万能夹具加工圆弧面的方法是调整十字滑板，使被加工圆弧的中心与夹具中心重合，磨削时用手轮旋转蜗杆，通过蜗轮带动工件回转。

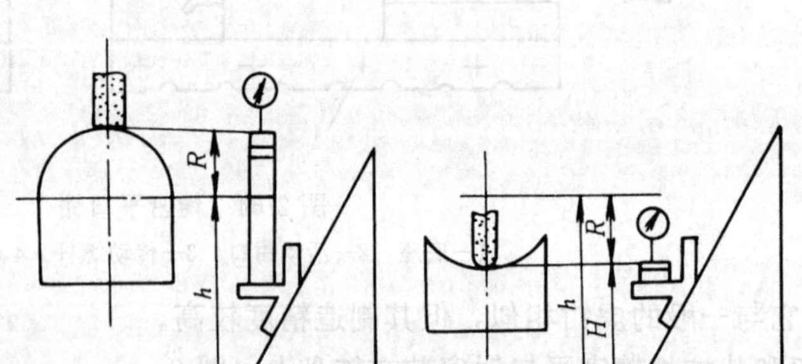

图 2-69　圆弧的磨削

a）凸圆弧　b）凹圆弧

利用万能夹具磨削圆弧面时，也是采用比较法进行测量的。例如，磨削凸圆弧时，砂轮处于夹具中心的上方，见图 2-69a，被加工表面的测量高度为 $H=h+R$，其中 h 为夹具中心高，R 为圆弧半径；磨削凹圆弧面时，砂轮处于夹具中心的下方，见图 2-69b，被加工表面的测量高度为 H

$=h-R$。

磨削凸圆弧时，采用平砂轮，见图 2-70a，可磨削的凸圆弧最小半径达 0.5mm；磨凹圆弧时，应采用圆弧形或较小接触面的砂轮，见图 2-70b，可磨削的凹圆弧最小半径视砂轮的宽度而定。对于半径过小的凹圆弧，最好采用成形砂轮进行磨削。

5. 成形磨削工艺尺寸的换算

冲模零件的尺寸是按照设计基准标注的，但在成形磨削时所选定的工艺基准往往与设计基准不一致。因此在成形磨削之前，必须根据设计尺寸换算出所需的工艺尺寸，并绘出成形磨削工艺尺寸图，以便进行成形磨削。

成形磨削工艺尺寸换算的要求是根据磨削和测量的需要而定的。例如，在万能夹具上是用回转法磨削形状复杂的工件，所以首先要确定磨削该工件需要几个工艺中心。通常工件上

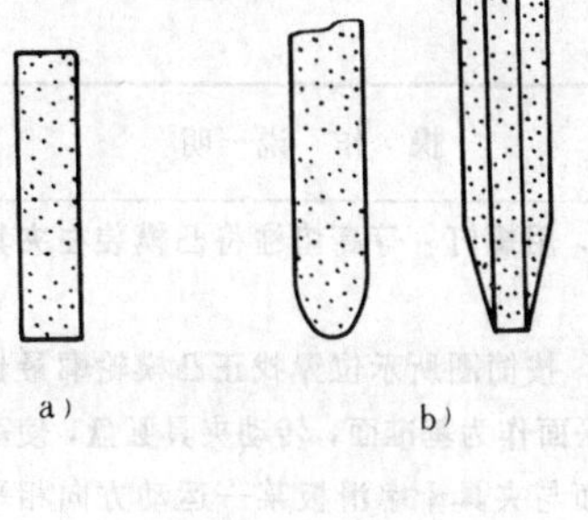

图 2-70　磨圆弧用的砂轮

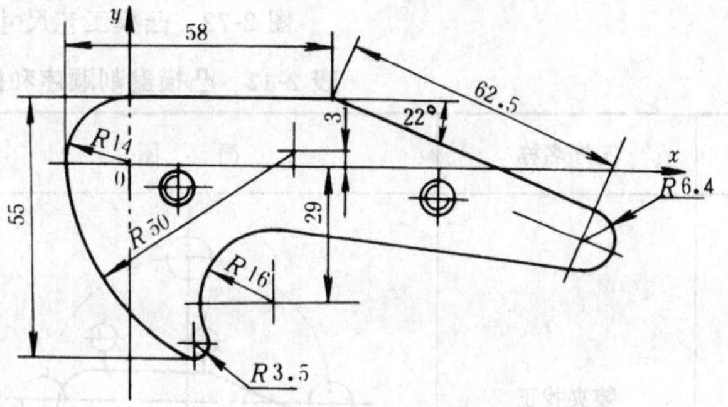

图 2-71　凸模工作图

有几个圆弧就有几个工艺中心。磨削圆弧时，为了把各回转中心依次调至夹具中心上，必须知道各回转中心之间的坐标；为了在磨削圆弧时不致碰伤其他表面，需要算出圆弧的包角，以便在磨削时控制夹具的回转角度。磨削斜面时，为了将被加工面转至水平位置进行加工，必须知道各斜面对坐标轴的倾斜角度；为了以回转中心为基准对被加工的斜面或平面作比较测量，还要知道斜面或平面与其回转中心之间的垂直距离。因此，利用万能夹具磨削工件时，工艺尺寸换算的要求有如下几项：

1）各圆弧中心之间的坐标尺寸。

2）回转中心至各斜面或平面的垂直距离。

3）各斜面对坐标轴的倾斜角度。

4）各圆弧的包角（又称回转角）。磨削圆弧时，如工件可自由回转而不致碰伤其他表面，则不必计算圆弧包角。

在正弦分中夹具上磨削工件时，工件只有一个回转中心，故在进行工艺尺寸换算时不必计算各圆弧中心之间的坐标尺寸，其余各项要求则与万能夹具相同。

工艺尺寸换算用几何、三角、代数方法进行运算。为了减少计算过程的积累误差，一般数值均运算到小数点后六位，最终所得的数值取小数点后二位或三位。角度值采用六位三角函数表或电子计算器演算到 10″。工件尺寸有公差时，为了减少工艺基准与设计基准之间的误差，最好根据其中间尺寸进行计算。

例　在万能夹具上磨削图 2-71 所示的凸模。加工前，先根据工件图进行工艺尺寸换算，换算结果见图 2-72，然后才对工件进行磨削。磨削顺序和操作要点见表 1-12。

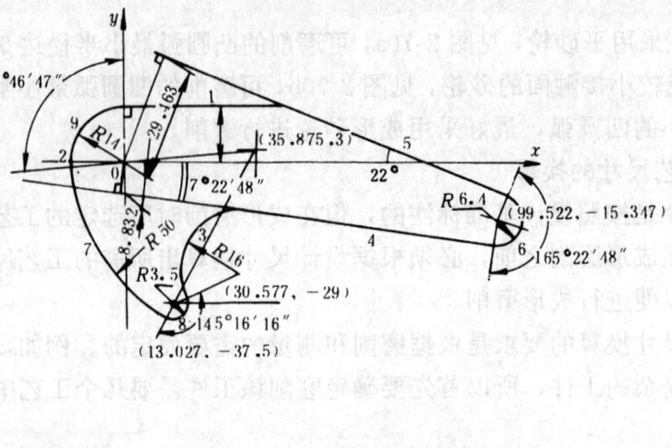

图 2-72　凸模工艺尺寸草图

表 2-12　凸模磨削顺序和操作要点

序号	工序名称	简　图	操　作　说　明
1	装夹找正	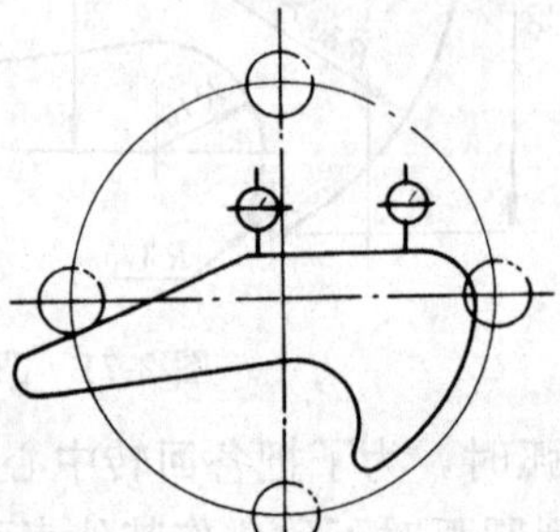	1. 用螺钉、等高垫柱将凸模装在夹具上 2. 按简图所示位置找正凸模轮廓最长的平面作为基准面，转动夹具圆盘，使基准面与夹具十字滑板某一运动方向相平行 3. 检查 R50mm、R6.4mm 和 R3.5mm 处余量的均匀性，一般取单边余量 0.15～0.35mm
2	磨基准面	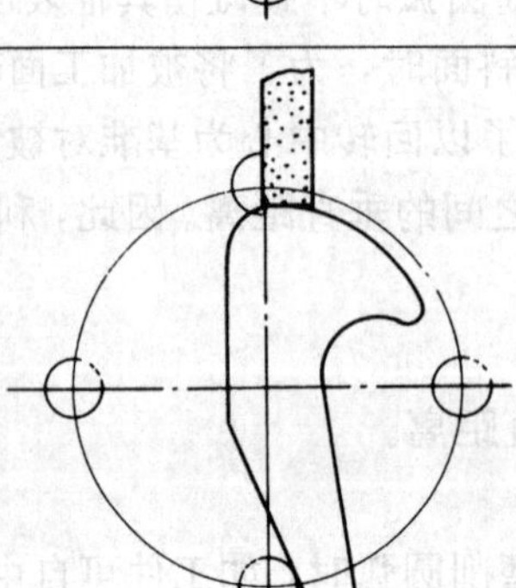	磨基准平面 1，转过 90°磨基准平面 2。磨削过程中都用测量调整器和块规进行比较，控制磨削尺寸
3	磨 R16 凹圆弧面	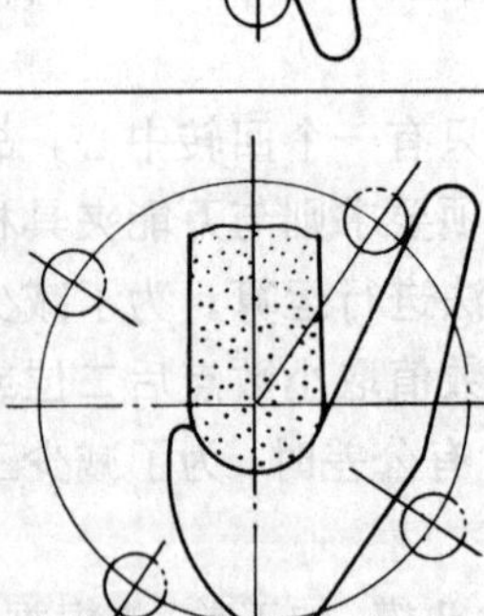	1. 将工件 R16mm 圆心调至万能夹具中心 2. 调整夹具位置，使夹具回转中心在砂轮的对称平面内后，才能开始磨削

（续）

序号	工序名称	简　图	操　作　说　明
4	磨斜面 4	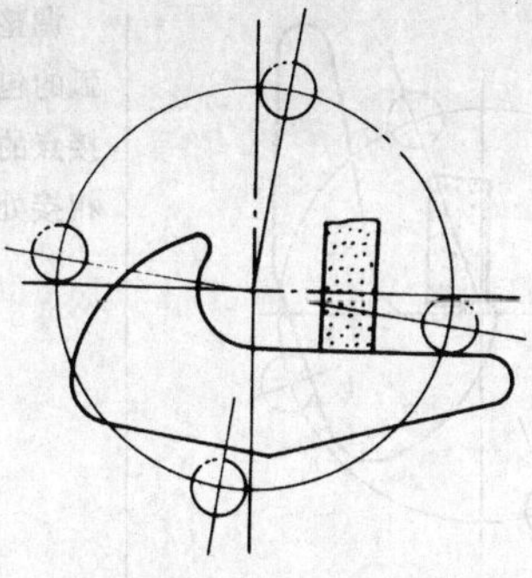	把斜面 4 调到水平位置后磨削，在与 *R*16mm 凹弧面相接处，要注意圆滑过渡
5	磨斜面 5	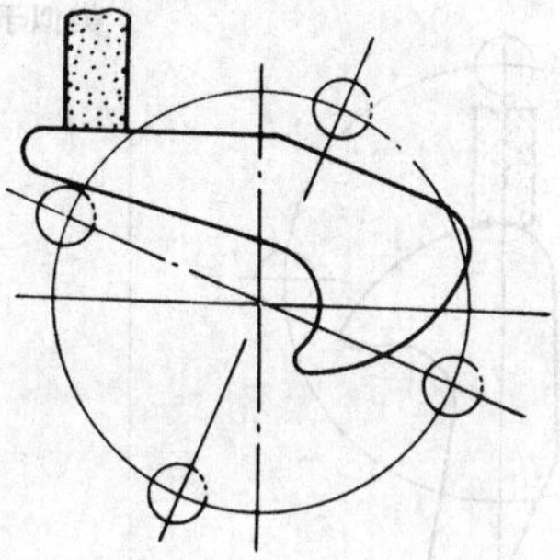	类似于序号 4
6	磨 *R*6.4mm 凸圆弧面	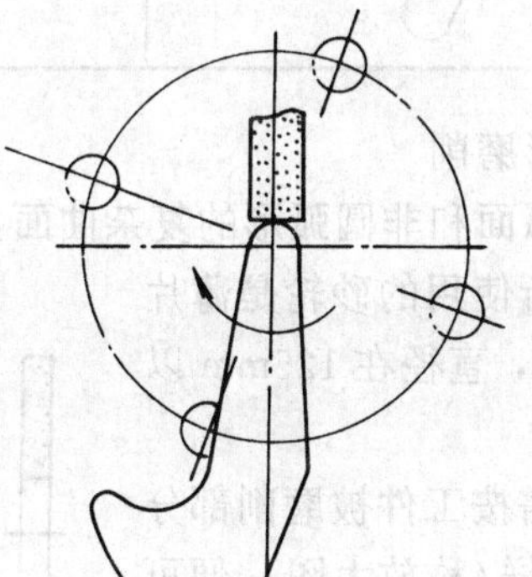	1. 将 *R*6.4mm 圆心调至万能夹具中心 2. 在正弦圆柱下垫块规或控制夹具回转角度，达到控制 *R*6.4mm 圆弧包角的目的。磨削时注意接点的圆滑过渡
7	磨 *R*50mm 圆弧面	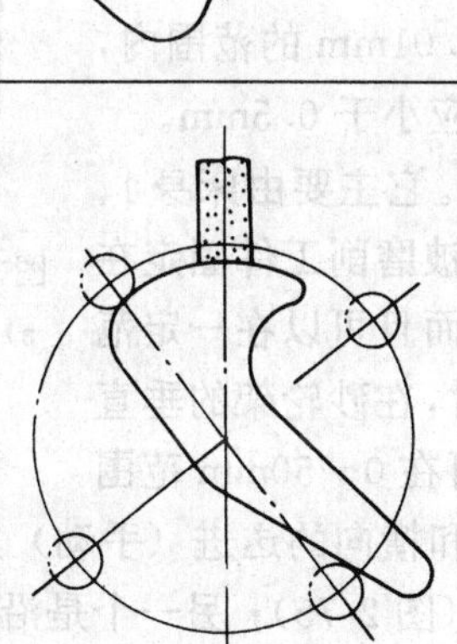	调整 *R*50mm 圆心至夹具中心，由于磨削时砂轮可以自由越出，不须控制圆弧的包角

（续）

序号	工序名称	简　图	操 作 说 明
8	磨 *R*3.5mm 圆弧面	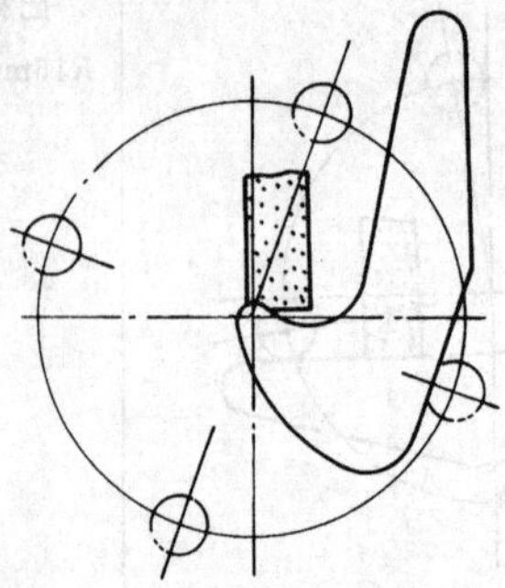	调整 *R*3.5mm 圆心至夹具中心，控制圆弧的包角磨 *R*3.5mm 圆弧面。磨削时注意接点的圆滑过渡。在 *R*3.5mm 与 *R*16mm 相接处，要用成形砂轮上修磨成圆滑过渡
9	磨 *R*14mm 圆弧面	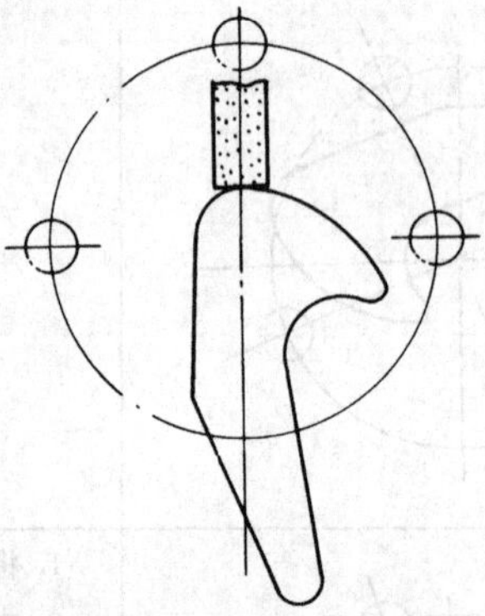	类似于序号 6

（四）在光学曲线磨床上进行成形磨削

光学曲线磨床用于磨削平面、圆弧面和非圆弧形的复杂曲面，特别适合于单件或小批生产中各种复杂曲面的磨削工作。机床所使用的砂轮是薄片砂轮，见图 2-73，其厚度为 0.5～8mm，直径在 125mm 以内。磨削精度为±0.01mm。

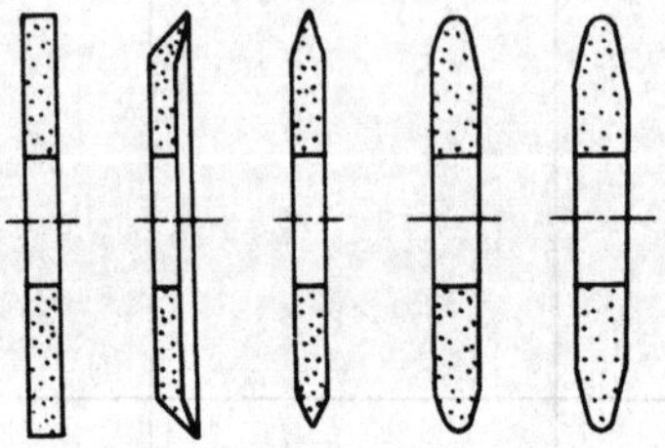

图 2-73　光学曲线磨床所用的砂轮
a) 平直形砂轮　b) 碟形砂轮　c) 双斜边砂轮　d)、e) 凸圆弧砂轮

光学曲线磨床具有光学装置，只需按工件被磨削部分的形状和尺寸绘制一张放大 50 倍的图样（称放大图），便可按此图磨削工件。为了保证加工精度在 0.01mm 的范围内，放大图必须画得准确，图上线条的偏差应小于 0.5mm。

光学曲线磨床的结构如图 2-74 所示。它主要由床身 1、坐标工作台 2、砂轮架 3 和光屏 4 组成。被磨削工件固定在坐标工作台上，可以作纵向和横向运动，而且可以在一定范围内作升降运动。砂轮作旋转运动的同时，在砂轮架的垂直导轨上作自动的直线往复运动，其行程可在 0～50mm 范围内进行调整。此外，砂轮架还可作纵向和横向的送进（手动）及两个调整运动。一个是沿垂直轴转动，以利于磨削曲线轮廓的侧边（图 2-75）；另一个是沿弧形导轨绕水平轴转动，这个运动是在磨削成形车刀的后面时用的。

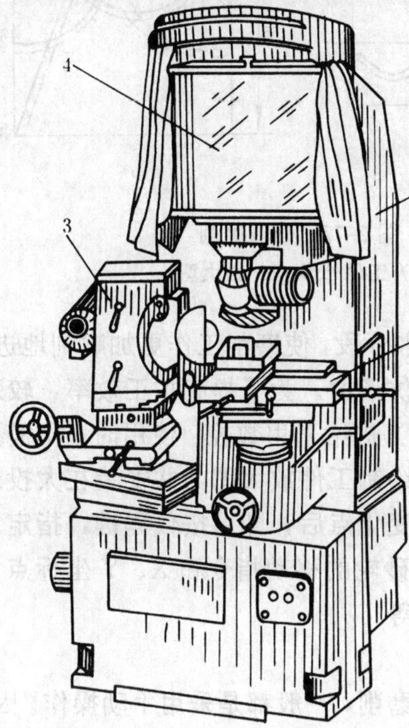

图 2-74　光学曲线磨床

1—床身　2—坐标工作台　3—砂轮架　4—光屏

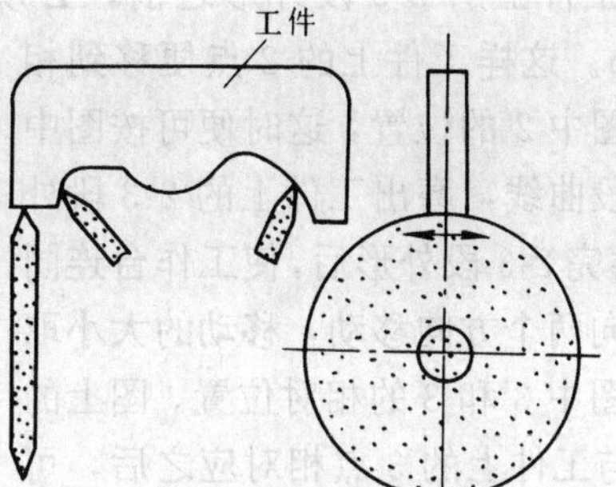

图 2-75　磨削曲线轮廓的侧边

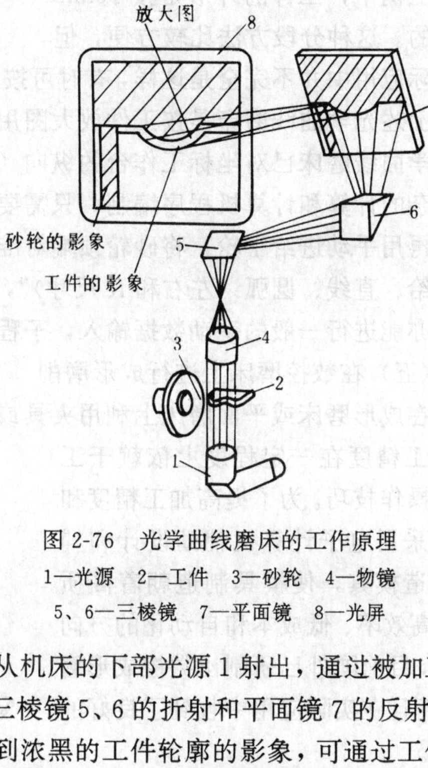

图 2-76　光学曲线磨床的工作原理

1—光源　2—工件　3—砂轮　4—物镜

5、6—三棱镜　7—平面镜　8—光屏

光学曲线磨床的工作原理如图 2-76 所示。光线从机床的下部光源 1 射出，通过被加工工件 2 和砂轮 3，把它们的阴影射入物镜 4 上，并经过三棱镜 5、6 的折射和平面镜 7 的反射，可在光屏 8 上得到放大 50 倍的影象。为了在光屏上得到浓黑的工件轮廓的影象，可通过工作台调节垂直升降运动而达到。由于工件在磨削前留有加工余量，故其外形超出光屏上放大图的外形。在磨削过程中，用手操纵磨头在纵、横方向的运动，使砂轮的切削刃沿着工件外形移动，同时注意观察光屏上的影象，尽可能使工件实际轮廓的影象与其放大图相重合，一直磨到两者完全吻合为止。

光屏的尺寸为 500mm×500mm，因此在它上面只能看到 10mm×10mm 范围内的工件轮廓。当工件上的外形超过 10mm×10mm 时，在光屏上就容纳不下放大后的工件轮廓了。但这时可将工件外形分为若干段，见图 2-77a，把每段内的曲线放大 50 倍绘在一张图样上，见图 2-77b，然后逐段磨出工件外形。即按图上 1-2 段曲线磨出工件上的 1-2 段外形，然后再按图上 2′-3 段曲线磨出工件上 2-3 段外形。由于图上的 2 及 2′均相当于工件上的 2 点，但图上的 2′和 2 点在同一纵坐标上相距 500mm，因此磨完工件上的 1-2 段外形后，在按图 2′-3 段曲线磨削工件上的 2-3 段外形之前，必须借助于块规和百分表，使工作台带动工件向左移动 10mm。这样工件上的 2 点便移到相应于图中 2′的位置，这时便可按图中 2′-3 段曲线，磨出工件上的 2-3 段外形。磨完 2-3 段外形后，使工作台连同工件向两个方向移动，移动的大小取决于图中 3′和 3 的相对位置。图上的 3′点与工件上的 3 点相对应之后，可按图上的 3′-4 段曲线磨出工件上的 3-4 段外形。

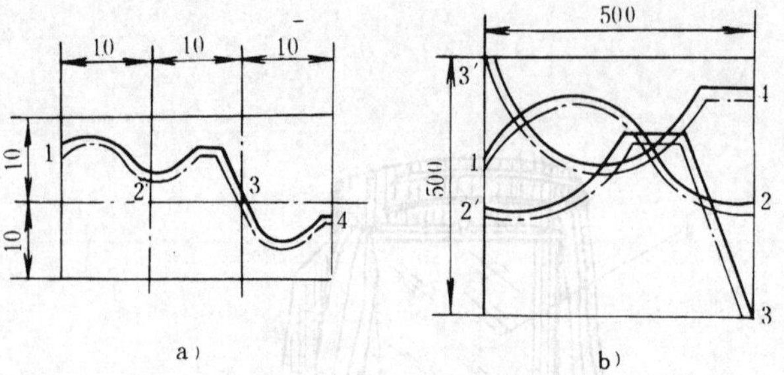

图 2-77　分段磨削

a) 工件外形　b) 放大图

上例中，工件的外形是按 10mm 分段的。这种分段方法比较方便，但在实际应用中并不完全是这样，有时可按曲线的组成点来分段，使磨削工作更加顺利地进行。

上述光学曲线磨床是按工件放大图用手工方法进行仿形的。为了提高加工效率，较新型的光学曲线磨床已对坐标工作台的纵向（X）和横向（Y）进给采用数控。使用时，不需要任何复杂的计算和计算机程序编制，只需要按规定倍率先绘制工件放大图，并安装在大投影屏上，再用手动进给手轮，将砂轮顶端对准放大图的形状变化点后，即可按代码键，指定“快速进给、直线、圆弧（左右和 R 尺寸）”，以此自动输入砂轮的移动指令和 X、Y 坐标点。此外，亦能进行一般的手动数据输入，子程序和各种插补等。

（五）在数控磨床上进行成形磨削

在成形磨床或平面磨床上利用夹具或成形砂轮进行磨削，一般都是采用手动操作。因此，其加工精度在一定程度上依赖于工人的操作技巧。为了提高加工精度和便于采用电子计算机辅助设计和辅助制造模具，使模具制造朝着高质量、高效率、低成本和自动化的方向发展，目前国外已研制出数控成形磨床，而且在实际应用中收到了良好的效果。

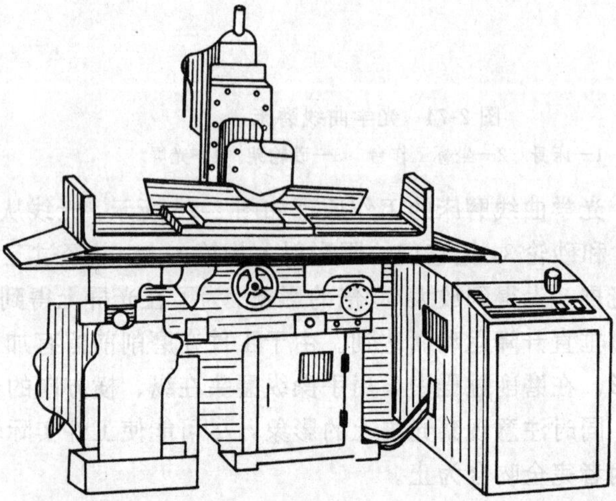

图 2-78　数控成形磨床

图 2-78 所示为数控成形磨床。它是以平面磨床为基体的，工作台作纵向往复直线运动和前、后（横向）进给运动，砂轮除了作旋转运动外，还可作垂直进给运动。其特点是对于砂轮的垂直进给运动和工作台的横向进给运动采用了数控装置。所谓数控是指用数字指令来控制机器的动作。在加工工件时，首先根据其图样编出程序，并按一定的格式将程序打成穿孔纸带，然后把纸带输入数控装置，使机器按预定的要求自动实现工件的加工。

在数控成形磨床上进行成形磨削的方法主要有如下三种：

1．用成形砂轮磨削

采用这种方法时，首先利用数控装置控制安装在工作台上的砂轮修整装置，使它与砂轮架作相对运动而得到所需的成形砂轮，见图 2-79a，然后用此成形砂轮磨削工件。磨削时，工件作纵向往复直线运动，砂轮作垂直进给运动，见图 2-79b。这种方法适用于加工面窄且批量大的工件。

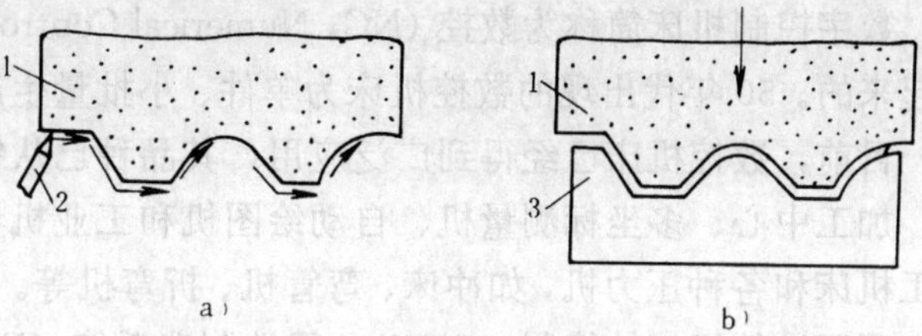

图 2-79　用成形砂轮磨削

a）修整成形砂轮　b）磨削工件

1—砂轮　2—金刚刀　3—工件

2．仿形磨削

利用数控装置把砂轮修整成圆形或 V 形，见图 2-80a，然后由数控装置控制砂轮架的垂直进给运动和工作台的横向进给运动，使砂轮的切削刃沿着工件的轮廓进行仿形加工，见图 2-80b。这种方法适用于加工面宽的工件。

3．复合磨削

这种方法是把上述两种方法结合在一起，用来磨削具有多个相同型面（如齿条形和梳形等）的工件。磨削前先利用数控装置修整成形砂轮（只是工件形状的一部分），如图 2-81a 所示，然后用成形砂轮依次磨削工件，如图 2-81b 所示。

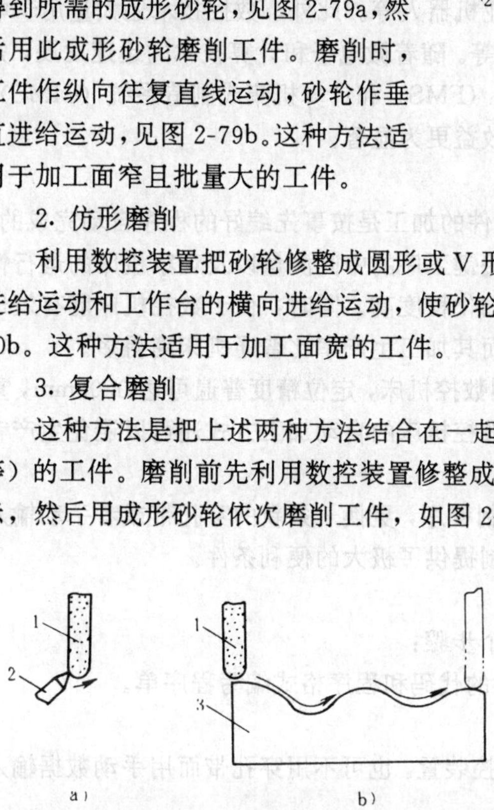

图 2-80　用仿形法磨削

a）修整砂轮　b）磨削工件

1—砂轮　2—金刚刀　3—工件

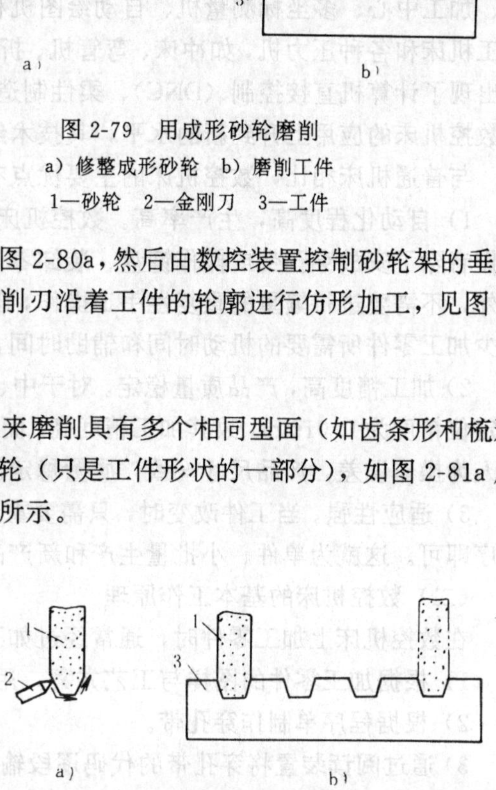

图 2-81　复合磨削

a）修整成形砂轮　b）磨削工件

1—砂轮　2—金刚刀　3—工件

第四节　数控机床加工

一、概述

（一）数控机床的应用和特点

在机械加工中，为了提高产品质量和生产率，实现机械加工工艺过程的自动化始终是机床工业的重要发展方向之一。在大批量生产中，许多生产企业已经采用自动机床、组合机床和专用自动生产线，取得了非常显著的经济效益。但是，在机械制造工业中约占机械加工总量的 80%以上是单件、小批量生产的零件加工。如前所述，模具制造亦属于这一类型。其生产特点是加工批量小、改型频繁、零件的形状复杂而且精度要求高。在这种情况下，采用专用自动生产线是不合理的；采用各类仿形加工机床虽可部分地解决小批量、复杂零件的加工问题，但对于不同的零件，必须制造靠模和调整机床，耗费工时多，而且由于靠模误差的影响，零件的加工精度很难达到较高的要求。

数字控制机床简称为数控（NC，Numerical Control）机床，就是在这样的背景下诞生与发展起来的。50年代出现的数控机床为单件、小批量生产的精密复杂零件提供了自动化加工手段。目前，数控机床已经得到广泛应用，其品种已从铣床、镗床逐渐发展到车床、钻床、磨床、加工中心、多坐标测量机、自动绘图机和工业机器人等。此外，数控技术还大量用于电加工机床和各种压力机，如冲床、弯管机、折弯机等。随着微电子和计算技术的迅速发展，先后出现了计算机直接控制（DNC）、柔性制造系统（FMS）和计算机集成制造系统（CIMS），使数控机床的应用上升到新的水平，其技术经济效益更为显著。

与普通机床相比，数控机床的主要优点有：

1）自动化程度高，生产率高。数控机床对零件的加工是按事先编好的程序自动完成的，操作者除了安放穿孔带或操作键盘、装卸零件、关键工序的中间测量以及观察机床的运行情况外，不需要进行繁重的重复性手工操作，其自动化程度高。同时，由于数控机床能有效地减少加工零件所需要的机动时间和辅助时间，因而其加工生产率比普通机床高得多。

2）加工精度高，产品质量稳定。对于中、小型数控机床，定位精度普遍可达0.03mm，重复定位精度为0.01mm，故其加工精度高。而且，数控机床的自动加工方式还可以避免生产者的人为操作误差，产品尺寸一致，质量稳定。

3）适应性强。当工件改变时，只需要重新编制程序，更换一条新的穿孔带或者手动输入程序即可。这就为单件、小批量生产和新产品试制提供了极大的便利条件。

（二）数控机床的基本工作原理

在数控机床上加工零件时，通常经过如下几个步骤：

1）根据加工零件的图样与工艺方案，用规定的代码和程序格式编写程序单。

2）根据程序单制作穿孔带。

3）通过阅读装置将穿孔带的代码逐段输入数控装置。也可不用穿孔带而用手动数据输入方式，用键盘直接将数控指令或设定参数送入数控装置。

4）数控装置将代码进行译码、寄存和运算之后，向机床各个坐标的伺服机构发出信号，以驱动机床的各运动部件，并控制其他必要的辅助操作，如变速、开关切削液、松夹工件及刀具转位等，最后加工出合格的零件。

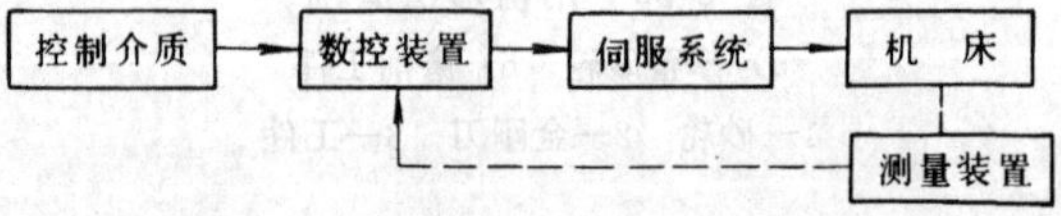

图2-82 数控机床的组成

数控机床一般由以下几部分组成：穿孔带或磁盘等控制介质，数控装置，伺服系统和机床（图2-82）。

控制介质或称为信息载体是贮存和运载信息的工具，是人与机床之间建立某种联系的媒介。其上记载着从程序单给出的机床控制信息，例如加工零件所需的全部操作信息和刀具相对工件的位移等。常用的控制介质有穿孔带、穿孔卡和磁带。

数控装置是数控机床的运算和控制系统。它阅读穿孔带上记载的数据和指令并进行运算，然后将程序控制和功能控制的指令传送给机床的有关操纵系统，而将坐标控制的指令经过伺服系统传给机床执行部分。上述四个部分组成的系统即所谓开环控制系统。如果要进一步提高机床的加工精度和生产率，可在上述系统中增加一套位移测量装置，将机床运动部件的实际位移测量出来反馈给数控装置，即组成闭环控制系统。

（三）数控机床的分类

数控机床的种类很多，通常可按以下三种方式进行分类：

1）按控制刀具相对工件移动的轨迹　可分为点位移控制系统、直线控制系统和连续控制系统。

2）按数控装置与机床的关系　可分为内插补控制系统和外插补控制系统。

3）按被调量有无检测及反馈　可分为开环控制系统、闭环控制系统以及半闭环控制系统。

二、数控加工的程序编制

所谓程序编制是指从零件图到制成控制介质的过程。下面首先讨论程序编制的步骤与方法、代码及程序结构，然后介绍程序编制的实例。

（一）程序编制的一般步骤与方法

图 2-83 表示从零件图到加工的一般过程。

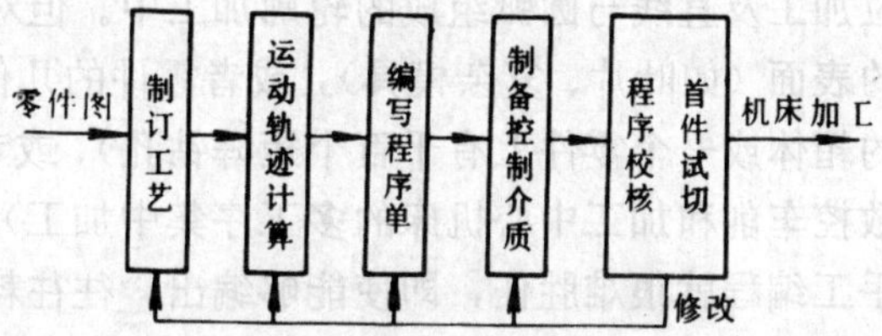

图 2-83　程序编制的一般过程

1. 确定工艺过程

选择适合数控加工的工件和合理的加工工艺是提高数控加工技术经济效果的首要因素。只有那些属于小批量特别是重复轮番投产、表面复杂、加工中需要测量、需要精密钻镗夹具等类零件，才是数控加工最合适的加工对象。在制订零件工艺时，应根据图样对工件的形状、技术条件、毛坯及工艺方案等进行详细分析，从而确定加工方法。定位夹紧方法及工步顺序，并合理选用机床、刀具及切削用量等。

2. 运动轨迹的坐标计算

根据零件图的几何尺寸，进给路径以及设定的坐标系计算粗、精加工时各运动轨迹的坐标值，诸如运动轨迹的起点与终点、圆弧的圆心等坐标尺寸；对圆形刀具，有时还要计算刀心运动轨迹的坐标，对非圆曲线，还要计算逼近线段的交点（亦称节点）坐标值，并限制在允许误差范围以内。

3. 编写加工程序单

根据计算出的运动轨迹坐标值和已确定的运动顺序、刀号、切削参数以及辅助动作，按照数控装置规定使用的功能指令代码及程序段格式，逐段编写加工程序单。在程序段之前加上程序的顺序号，在其后加上程序段结束符号。此外，还应附上必要的加工示意图、刀具布置图、机床调整卡、工序卡以及必要说明（如零件名称与图号、零件程序号、机床型号以及日期等等）。

4. 制备控制介质

程序单只是程序设计完成后的文字记录，还必须将程序单的内容制成穿孔带，作为数控装置的输入信息。

5. 程序校验和首件试切

程序单和所制备的控制介质必须经过校验和试切削才能正式使用。一般的方法是将控制介质上的内容直接输入到CNC装置进行机床的空转检查。亦即在机床上用笔代替刀具，坐标纸代替工件进行空运转画图，检查机床运动轨迹的正确性。在具有CRT屏幕图形显示的数控机床上，用图形模拟刀具相对工件的运动则更为方便。但这些方法只能检查运动是否正确，不能查出由于刀具调整不当或编程计算不准而造成工件误差的大小。因此，必须用首件试切的方法进行实际切削检查。它不仅可查出程序单和控制介质的错误，还可知道加工精度是否符合要求。当发现尺寸有误差时，应分析错误的性质，或者修改程序单，或者进行尺寸补偿。

根据零件几何形状的复杂程度、程序的长短以及编程精度要求的不同，可采用不同的编程方法，主要有手工编程和计算机零件编程。

手工编制程序就是在图2-83所示的编程全过程中，全部或主要由人工进行。对于几何形状不太复杂的简单零件，所需的加工程序不多，坐标计算也较简单，穿孔带不长，出错的机率小，这时用手工编程就显得经济而且及时。因此，手工编程至今仍广泛地应用于简单的点位加工及直线与圆弧组成的轮廓加工中。但对于一些复杂零件，特别是具有非圆曲线、曲面的表面（如叶片、复杂模具），或者零件的几何元素并不复杂，但程序量很大的零件（如复杂的箱体或一个零件上有千百个矩阵钻孔），或者是需要进行复杂的工步与工艺处理的零件（如数控车削和加工中心机床的多工序集中加工），由于这些零件的编程计算相当繁琐，程序量大，手工编程就很难胜任，即使能够编出，往往耗用时间长、效率低，而且出错机率高。据国外统计，用手工编制这些零件的程序，其编程时间与在机床上实际加工时间之比平均约30：1，甚至由于加工程序一时编不出而影响数控机床的开动率。因此，必须解决程序编制的自动化问题，即利用计算机进行辅助编程。

计算机零件编程常称自动编程。它是用一台通用计算机配上打印机和自动穿孔机即可自动完成图2-83中几乎全部的编程内容。计算机辅助编程可显著减轻劳动强度和缩短编程时间，使用也十分方便，零件表面愈是复杂、工艺过程愈是多样繁琐，其技术经济效果也就愈高。因此，目前自动编程技术已被广泛应用。

（二）程序编制的有关指令代码

目前国内外各式各样的数控机床所使用的标准尚未完全统一，有关指令代码及其含义不尽完全相同，编程时务必严格遵守具体机床使用说明书中的规定。

1．穿孔带及其代码

数控机床加工程序的输入可以是穿孔带、磁带、磁盘，或手动数据输入（MDI）。穿孔带由于有机械的固定代码孔，不易受环境（如磁场）影响，便于长期保存和重复使用，且程序的储存量大，故至今仍是数控机床主要的、常用的信息输入方式。

数控机床多用八单位纸带，其标准尺寸可见图2-84。根据孔道上孔的有无状态的不同组合，可表示各种不同的信息代码。国际上通用的八单位数控穿孔带有EIA（美国电子工业协会）代码和ISO代码，分别见表2-13和表2-14。

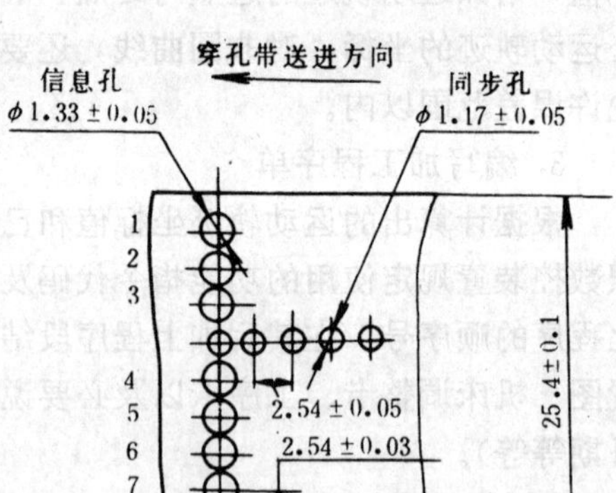

图2-84　八单位标准穿孔带

表 2-13 数控机床用 EIA 编码表

代码孔									代码符号	定义
8	7	6	5	4		3	2	1		
		○			∘				0	数字0
					∘			○	1	数字1
					∘		○		2	数字2
			○		∘		○	○	3	数字3
					∘	○			4	数字4
			○		∘	○		○	5	数字5
			○		∘	○	○		6	数字6
					∘	○	○	○	7	数字7
				○	∘				8	数字8
			○	○	∘			○	9	数字9
	○	○			∘			○	A	绕着x轴的转角
	○	○			∘		○		B	绕着y轴的转角
	○	○	○		∘		○	○	C	绕着z轴的转角
	○	○			∘	○			D	第三进给速度机能
	○	○	○		∘	○		○	E	第二进给速度机能
	○	○	○		∘	○	○		F	进给速度机能
	○	○			∘	○	○	○	G	准备机能
	○	○		○	∘				H	输入(或引入)
	○	○	○	○	∘			○	I	不用
	○		○		∘			○	J	没有被指定
	○		○		∘		○		K	没有被指定
	○				∘		○	○	L	不用
	○		○		∘	○			M	辅助机能
	○				∘	○		○	N	序号
	○				∘	○	○		O	不用
	○		○		∘	○	○	○	P	平行于x轴的第三坐标
	○		○	○	∘				Q	平行于y轴的第三坐标
	○			○	∘			○	R	平行于z轴的第三坐标
		○	○		∘		○		S	主轴速度机能
		○			∘		○	○	T	刀具机能
		○	○		∘	○			U	平行于x轴的第二坐标
		○			∘	○		○	V	平行于y轴的第二坐标
		○			∘	○	○		W	平行于z轴的第二坐标
		○	○		∘	○	○	○	X	x轴方向的主运动坐标
		○	○	○	∘				Y	y轴方向的主运动坐标
		○		○	∘			○	Z	z轴方向的主运动坐标
	○	○		○	∘		○	○	.	小数点(句号)
	○	○	○		∘				+	加
	○				∘				—	减
	○			○	∘	○			*	乘
		○	○		∘			○	/	省略/除
		○	○	○	∘		○	○	,	逗号
			○		∘	○	○		=	等号
		○		○	∘	○			(	括号开
	○	○	○	○	∘	○			)	括号闭
	○		○	○	∘		○	○	<$	单元符号
		○	○		∘			○	:	选择(或计划)倒带停止
				○	∘		○	○	STOP(ER)	纸带倒带停止
		○	○	○	∘	○	○		TAB	制表(或分隔符号)
○					∘				CR	程序段结束
	○	○	○	○	∘	○	○	○	DELETE	注销
			○		∘				SPACE	空格

表 2-14 数控机床用 ISO 编码表

代码孔 8	7	6	5	4		3	2	1	代码符号	定义
		○	○		∘				0	
○		○	○		∘			○	1	数字1
○		○	○		∘		○		2	数字2
		○	○		∘		○	○	3	数字3
○		○	○		∘	○			4	数字4
		○	○		∘	○		○	5	数字5
		○	○		∘	○	○		6	数字6
○		○	○		∘	○	○	○	7	数字7
○		○	○	○	∘				8	数字8
		○	○	○	∘			○	9	数字9
	○				∘			○	A	绕着x坐标的角度
	○				∘		○		B	绕着y坐标的角度
○	○				∘		○	○	C	绕着z坐标的角度
	○				∘	○			D	特殊坐标的角度尺寸或第三进给速度功能
○	○				∘	○		○	E	特殊坐标的角度尺寸或第二进给速度功能
○	○				∘	○	○		F	进给速度功能
	○				∘	○	○	○	G	准备功能
	○			○	∘				H	永不指定(可作特殊用途)
○	○			○	∘			○	I	沿x坐标圆弧起点对圆心值
○	○			○	∘		○		J	沿y坐标圆弧起点对圆心值
	○			○	∘		○	○	K	沿z坐标圆弧起点对圆心值
○	○			○	∘	○			L	永不指定
	○			○	∘	○		○	M	辅助功能
	○			○	∘	○	○		N	序号
○	○			○	∘	○	○	○	O	不用
	○		○		∘				P	平行于x坐标的第三坐标
○	○		○		∘			○	Q	平行于y坐标的第三坐标
○	○		○		∘		○		R	平行于z坐标的第三坐标
	○		○		∘		○	○	S	主轴速度功能
○	○		○		∘	○			T	刀具功能
	○		○		∘	○		○	U	平行于x坐标的第二坐标
	○		○		∘	○	○		V	平行于y坐标的第二坐标
○	○		○		∘	○	○	○	W	平行于z坐标的第二坐标
○	○		○	○	∘				X	x坐标方向的主运动
	○		○	○	∘			○	Y	y坐标方向的主运动
	○		○	○	∘		○		Z	z坐标方向的主运动
		○		○	∘	○	○		.	小数点
		○		○	∘		○	○	+	加/正
		○		○	∘	○		○	—	减/负
○		○		○	∘		○		*	星号/乘号
○		○		○	∘	○	○	○	/	跳过任选程序段(省略/除)
○		○		○	∘	○			,	逗号
○		○	○	○	∘	○		○	=	等号
		○		○	∘				(	左圆括号/控制暂停
○		○		○	∘			○	)	右圆括号/控制恢复
		○			∘	○			$	单元符号
		○	○	○	∘		○		:	对准功能/选择(或计划)倒带停止
				○	∘		○		NL or LF	程序段结束，新行或换行
○		○			∘	○		○	%	程序开始
				○	∘			○	HT	制表(或分隔符号)
○				○	∘	○		○	CR	滑座返回(仅对打印机适用)
○	○	○	○	○	∘	○	○	○	DEL	注销
○		○			∘				SP	空格
○				○	∘				BS	反绕(退格)
					∘				NUL	空白纸带
○			○	○	∘			○	EM	载体终了

编码表中有数字字符 0～9、字母符 A～Z 及其他符号字符。这些字符根据每排孔的个数及其位置的不同予以区别。

EIA 编码与 ISO 编码的区别点之一是：EIA 每行为奇数孔，其第 5 列为补奇列。例如数字 5 按二进制应在第 1 列和第 3 列有孔，但孔为偶数，故在第 5 列补上一只孔成奇数，若已为奇数，则第 5 列不再补孔；而 ISO 编码则为偶数孔，其第 8 列为补偶列。补奇或补偶的作用是可以检验纸带的孔是否少穿、孔道是否被弄脏、堵塞、断裂以及阅读装置线路元件是否完好。而这些因素影响一只孔信息通过的机率最大。正由于补奇列或补偶列是作为检验用的，它并不构成信息代码的组成部分，故通常称的八单位孔带又称为《七单位编码字符》。

字符码孔有一定的规律性。例如在 ISO 编码中，所有数字符在 b5 和 b6 有孔；字母字符 A～O 则在 b7 有孔，而 P～Z 在 b7 和 b5 都有孔。LF（或 NL）、HT 等字符则在 b5、b6、b7 都无孔。这些规律给数控装置的逻辑设计带来了方便。

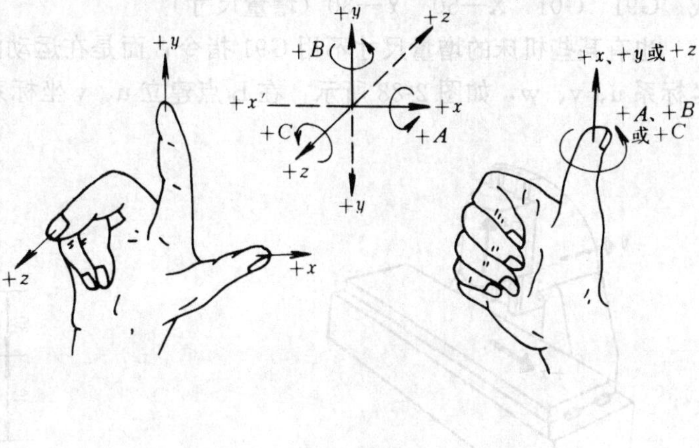

图 2-85　右手直角笛卡儿坐标系

我国 70 年代设计的数控机床大都采用 EIA 编码。考虑到国际上趋向于采用 ISO 编码，故我国根据 ISO 编码制订了 JB3050—82《数控机床用七单位编码字符集》部颁标准，它与 ISO840 标准等效，并规定新设计的产品一律采用 JB3050—82 标准。

2. 数控机床的坐标系

（1）坐标轴和运动方向　统一规定数控机床坐标轴名称及其运动的正、负方向，可使编程简便，并使所编程序对同类型机床有互换性。目前国际上已统一了标准的坐标系。我国也已制订了 JB3051—82《数控机床坐标和运动方向的命名》数控标准，它与 ISO841 等效。

标准的坐标系采用右手直角笛卡儿坐标系（图 2-85）。它规定直角坐标 x、y、z 三者的关系及其正方向用右手定则判定。通常以平行于主轴的轴线为 z 坐标，而 x 方向则是水平的而且平行于工件装夹面，最后 y 坐标就可按右手笛卡儿坐标系来确定。上述规定是指工件固定，刀具移动的情况，反之，若工件移动，则其正向分别用 x'、y'和 z'表示。然而，通常是以刀具移动时的坐标正向作为程序编制的正向。

图 2-86 和图 2-87 分别为数控车床和数控铣床的坐标轴及其方向。

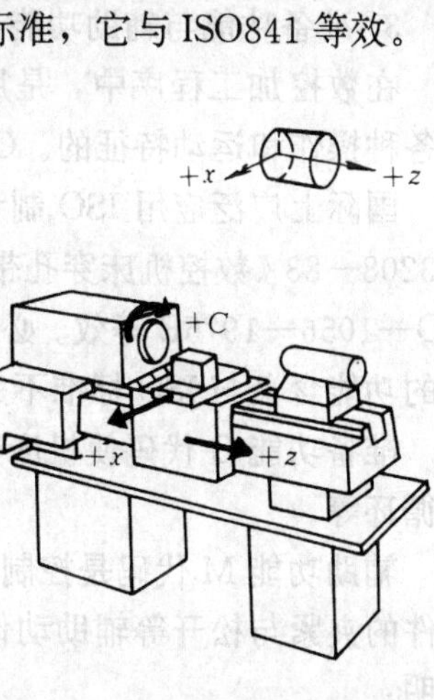

图 2-86　数控车床坐标系

（2）绝对坐标系与增量坐标系　所有坐标点均以某一固定原点计量的坐标系称为绝对坐标系，运动轨迹的终点坐标以其起点计量的坐标系称为增量坐标系。

编程时，根据数控装置的坐标机能，从编程方便（即按图样的尺寸标注）及加工精度等要求选择坐标系。对于车床可以选用绝对坐标或增量坐标，有时也可以二者混合使用，而铣床和线切割机床则常用增量坐标。

在 ISO 代码中，绝对尺寸指令和增量尺寸指令分别用 G90 和 G91 准备功能代码指定。G90 表示程序段中的尺寸字为绝对坐标值，G91 则表示增量值。图 2-88 示出 AB 和 BC 两个直线插补程序段的运动方向，由于 *BC* 运动的起点坐标与上一程序段 *AB* 运动的终点坐标一致，故对 BC 程序段只考虑 C 点的绝对值（相对于 xy 的坐标原点）或其相对值（C 点相对于起点 B）。其程序分别为

G90　G01　X30　Y40（绝对尺寸）

或　G91　G01　X—50　Y—30（增量尺寸）

也有某些机床的增量尺寸不用 G91 指令，而是在运动的起点建立平行于 x、y、z 的相对坐标系 u、v、w，如图 2-88 所示，在 B 点建立 u、v 坐标系，其程序为

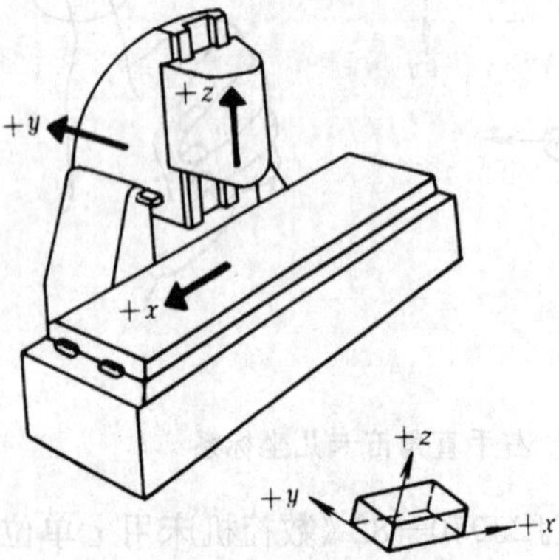

图 2-87　数控铣床坐标系

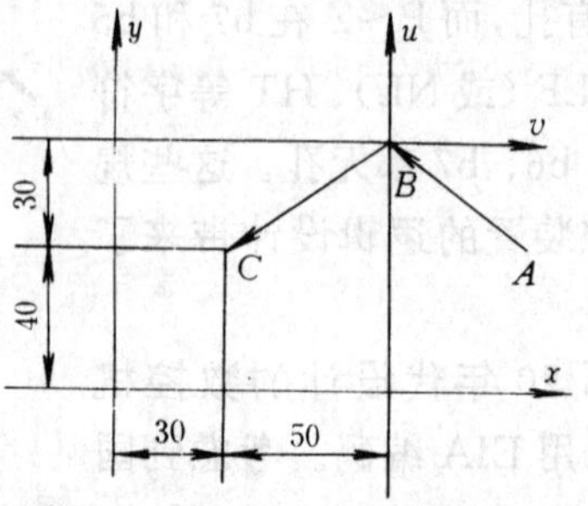

图 2-88　绝对尺寸与相对尺寸

G01　U—50　V—30（增量尺寸）

它与程序段 G91　G01　X—50　Y—30 等效。二者的应用视机床的具体规定而定。

3. 准备功能与辅助功能代码

在数控加工程序中，是用各种准备功能的 G 指令和辅助功能的 M 指令来描述工艺过程的各种操作和运动特征的。G 指令和 M 指令是程序的基础。

国际上广泛应用 ISO 制订的 G 代码和 M 代码标准。我国机械部根据 ISO 标准制订了 JB3208—83《数控机床穿孔带程序段格式中的准备功能 G 和辅助功能 M 的代码》标准，它与 ISO—1056—1975E 等效。必须注意，有些国家或公司集团（特别是日本）所制订的 G、M 代码的功能含义与 ISO 标准不完全相同，必须根据使用说明书的规定进行编程。

准备功能 G 代码使机床建立起（准备好）某种加工方式的指令，如插补、刀具补偿、固定循环等。

辅助功能 M 代码是控制机床开-关功能的指令。如主轴的开、停，切削液的开、闭，运动部件的夹紧与松开等辅助动作，M 代码从 M00～M99 共 100 种。以下对常用的 M 代码作简要说明：

M00——程序停止。在完成该程序段其它指令后，用于停止主轴转动、进给和切削液，以便执行某一固定的手动操作，如手动变速、换刀等。此后，须重新启动才能继续执行以下程

序。

M01——计划（任选）停止，它与 M00 相似，所不同的是，除非操作人员预先按下面板上的任选停止按钮确认这个指令，否则这个指令不起作用，继续执行以下程序。该指令常用于关键尺寸的抽样检查或有时需要临时停车。

M02——程序结束。它编在最后一条程序段中，用于表示加工结束。它使主轴、进给、切削液都停止，并使数控系统处于复位状态。

M03、M04、M05——分别命令主轴正转、反转和停转。所谓主轴正转是从主轴往正 z 方向看去，主轴顺时针方向旋转。逆时针方向则为反转。主轴停止旋转是在该程序段其他指令执行完成后才能停止。一般在主轴停止的同时，进行制动和关闭切削液。

M06——换刀指令。常用于加工中心机床刀库换刀前的准备动作。

M07、M08——分别命令 2 号切削液（雾状）及 1 号切削液（液状）开（冷却泵启动）。

M09——切削液停。

M10、M11——运动部件的夹紧及松开。

M19——主轴定向停止，即指令主轴准停在预定的角度位置上。

M30——程序结束。虽和 M02 相似，但 M30 可使程序返回到开始状态。

（三）程序结构和格式

1. 加工程序的构成

一个完整的加工程序由若干程序段组成；而程序段是由一个或若干字组成；每个字又由字母和数字数据组成（有时，还包括代数符号）；每一个字母、数字、符号称为字符。例如，某一加工程序

```
%
O020
N001 G01 X80 Z—30 F0.2 S300 T0101 M03 LF
N002     X120 Z—60                    LF
⋮
⋮
N125 G00 X500 Z200              M02 EM
```

这表示一个完整的加工程序。它由 125 条程序段按操作顺序排列而成。整个程序的开始用符号“%”，以 M02（或 M30）EM 作为全程序的结束。每个程序段用序号“N”开头，用 LF (EIA 代码为 CR) 结束。

在“%”后的 O020 表示从数控装置的存储器中调出加工程序编号为 020 的加工程序。这是由于目前的计算机数控（CNC）系统都靠存储器运转，在存储器中可事先存入多种加工程序，需要时即可调出使用。但不是所有 CNC 机床都具备“O”功能，有些机床则采用人工调出。

每条程序段表示一种操作。它由若干字组成，每个字表示一种功能。如第一条程序除程序段结束字符“LF”外由 8 个字组成：N001 表示第一条运行的程序段；G01 字定义为直线插补，由准备功能 G 和功能种类代码 01 共 3 个字符组成；X80 字表示 x 轴正向位移至 80（此指 mm，也有用脉冲数表示），由 3 个字符组成；Z—30 字表示刀具位移至 z 轴负方向 30 处，由 4 个字符组成；F0.2 字为进给量 0.2mm/r；S300 字表示主轴转速为 300r/min；T0101 字为一

号刀且用一号刀补；M03 为主轴正转。该程序段表示一个完整的操作，即命令机床用一号刀以 0.2mm/r 的进给量和 300r/min 的主轴正向转速，直线位移至 X80 和 Z—30 处。其中，X80 相当于 X+80，一般规定正号“+”可省略，但负号“—”不可省。

一个程序段的字符数有一定限制。例如国产 JCS-018 立式加工中心机床的程序段字符数≤90，大于限定的字符数时，可分成两条程序段。

2. 程序段格式

程序段格式就是一个程序段中字、字符、数据的表现形式。不同的数控系统往往有截然不同或大同小异的程序格式，若格式不合规定，数控装置会报警出错。

数控发展的初期，常用固定顺序格式，现已不应用。目前广泛应用字-地址程序格式，也有少数数控系统采用分隔符的固定顺序格式（如线切割机床）。

字-地址程序格式如上例所示：每个字前有地址（G、X、Z、F……）；各字的先后排列并不严格；数据的位数可多可少（但不得大于规定的最大允许位数）；不需要的字以及与上一程序段相同的续效字可以不写（如上例 N002 程序段中，G01、F0.2、S300、T0101、M03 这些续效字继续有效）。这种程序格式的优点是程序简短、直观、不易出错，故广泛应用。国际标准化组织已对这种可变程序段字-地址格式制订了 ISO6983—I—1982 标准。这为数控系统的设计，特别是程序编制带来很大方便。

分隔符固定顺序程序格式的特点是：所有字的地址用分隔符“HT”表示，但各字的顺序为固定，不可打乱；不需要的或与上一程序段相同的续效字可以省略，但必须补上分隔符。这种程序格式不需要判别地址的电路，系统简化，主要用于功能不多且较固定的数控系统。但程序不直观、易错。

3. 主程序和子程序

在一个加工程序中，如果有几个一连串的程序段完全相同（即一个零件中有几处的几何形状相同，或顺次加工几个相同的工件），为缩短程序，可将这些重复的程序段串单独抽出，按规定的程序格式编成子程序，并事先存储在子程序存储器中。子程序以外的程序段为主程序。主程序在执行过程中，如需执行该子程序即可调用，并可多次重复调用，从而可大大简化编程工作。主程序和子程序的关系如下

```
主程序                          子程序
%
N001……
N002……
  ⋮                            ┌子程序名
  ⋮                            │N501……
  ⋮                            │N502……
呼叫子程序名←──────────────────│  ⋮
  ⋮                            │  ⋮
  ⋮                            └子程序结束（如 M17）并返回主程序
呼叫子程序名←──────
  ⋮
主程序结束
```

主程序与子程序的内容不同，但二者的程序格式应相同。其具体编程方法应按具体机床的规定进行。

（四）数控铣床的加工和程序编制

1．平面与曲面加工的工艺处理

机械加工中，经常遇到各种平面轮廓和立体轮廓的零件，如模具、凸轮、叶片、螺旋桨等。其母线形状除直线和圆弧外，还有各种曲线，如以数学方程表示的抛物线、双曲线、阿基米德螺线等曲线和以离散点表示的列表曲线。而其空间曲面可以是解析曲面，也可以是以列表点表示的自由曲面。由于这类零件的型面复杂，需要多坐标联动加工，因此，采用数控铣床加工的优越性就特别显著。

（1）平面轮廓加工　这类零件的表面多由直线和圆弧或各种曲线构成，常用两坐标联动的三坐标铣床加工，是生产上最常见的一种，程编也较简单。

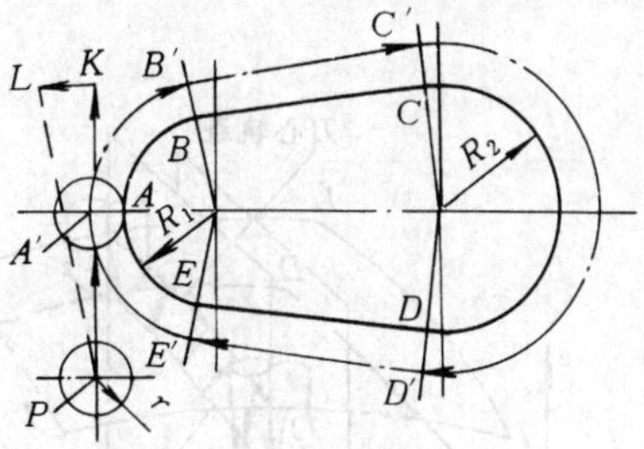

图 2-89　平面轮廓铣削

图 2-89 是由直线和圆弧构成的平面轮廓。工件轮廓为 ABCDEA，采用圆柱铣刀周向加工，刀具半径为 r。单点划线为刀具中心的运动轨迹。当机床具备 G41、G42 功能并可跨象限编程时，则按轮廓 $\overset{\frown}{AB}$、BC、$\overset{\frown}{CD}$、DE、$\overset{\frown}{EA}$ 划分程序段。当机床不具备刀具半径补偿功能时，则按刀心轨迹 $\overset{\frown}{A'B'}$、$B'C'$、$\overset{\frown}{C'D'}$、$D'E'$、$\overset{\frown}{E'A'}$ 划分程序段，并按单点划线所示的坐标值编程。对于按象限划分圆弧程序段时，则程序段数相应增加。为保证加工面平滑过渡，增加了切入外延 PA'、切出外延 $A'K$、让刀 KL 以及返回 LP 等程序段。应尽可能避免法向切入和进给中途停顿。

当平面轮廓为任意曲线时，由于实现任意曲线的数控装置是相当复杂甚至是不可能的，而一般数控装置只具备直线和圆弧插补功能，所以常用多个直线段或圆弧段去逼近它。

（2）曲面轮廓的加工　立体曲面的加工，根据曲面形状、刀具形状（球状、柱状、端齿）以及精度要求采用不同的铣削方法，如二轴半、三轴、四轴、五轴等插补联动加工。

1）两坐标联动的三坐标行切法加工。x、y、z 三轴中任意二轴作插补联动，第三轴作单独的周期进刀，常称二轴半或 $2\frac{1}{2}$ 坐标联动。如图 2-90 所示，将 x 向分成若干段，圆头铣刀沿 yz 面所截的曲线进行铣削，每一段加工完后进给 Δx，再加工另一相邻曲线，如此依次切削即可加工出整个曲面。由于是一个个狭截面的加工，故称“行切法”。根据表面粗糙度要求及刀头不干涉相邻表面的原则选取 Δx。行切法加工所用的刀具通常是球头铣刀（即指状铣刀）。用这种刀具加工曲面，不易干涉毗邻表面，计算比较简单。球状铣刀的刀头半径应选得大些，有利于提高加工表面的粗糙度、增加刀具刚度、散热等。但刀头半径应小于曲面的最小曲率半径。

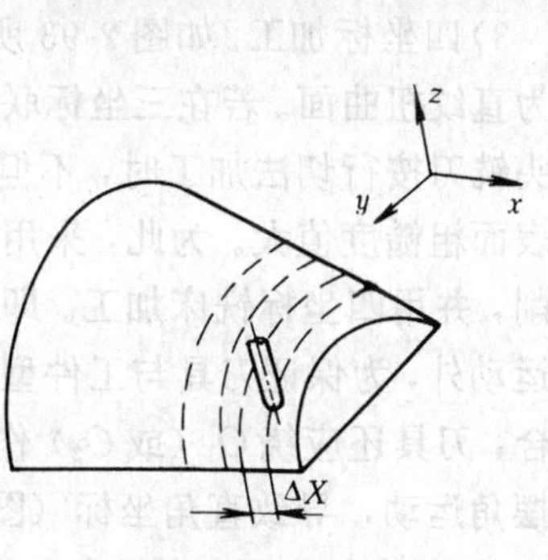

图 2-90　曲面行切法

用球头铣刀加工曲面时，总是用刀心轨迹的数据进行编程。图 2-91 为二坐标联动三坐标行切法加工的刀心轨迹与切削点轨迹示意图。$ABCD$ 为被加工曲面，P 平面为平行于 yz 坐标面的一个行切面，其刀心轨迹 O_1O_2 为曲面 $ABCD$ 的等距面 $IJKL$ 与行切面 P_{yz} 的交线，显然，O_1O_2 是一条平面曲线。在这种情况下，当曲面的曲率变化时，会导致球头刀与曲面切削点的位置亦随之改变，因此，切削点的连线 ab 是一条空间曲线，从而在曲面上形成扭曲的残留沟纹。

由于 $2\frac{1}{2}$坐标加工的刀心轨迹为平面曲线，故编程计算较为简单，数控逻辑装置也不复杂，常用于曲率变化不大及精度要求不高的粗加工。

2）三坐标联动加工。x、y、z 三坐标可同时插补联动。用三坐标联动加工曲面时，通常亦用行切方法，如图 2-92 所示，同样，P 平面为平行于 yz 坐标面的一个行切面，若要求它与曲面的交线 ab 为一条平面曲线，则应使球头刀与曲面的切削点总是处在平面曲线 ab 上（即沿 ab 切削），以获得规则的残留沟纹，保证加工质量。显然，这时的刀心轨迹 O_1O_2 不在 P_{yz} 平面上，而是一条空间曲线（实际上是空间折线），因此，需要 x、y、z 三轴联动加工。

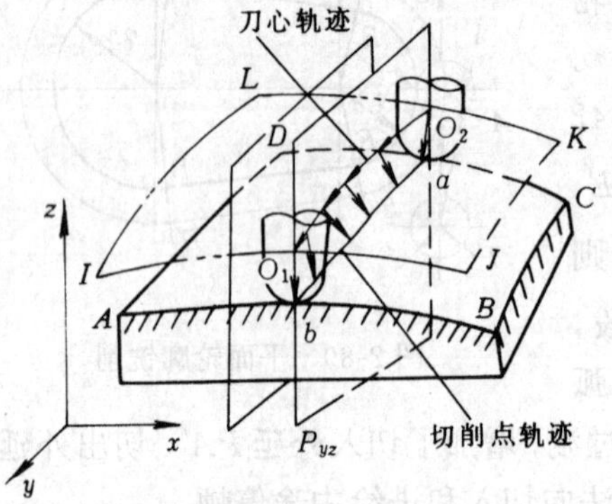

图 2-91　$2\frac{1}{2}$坐标加工

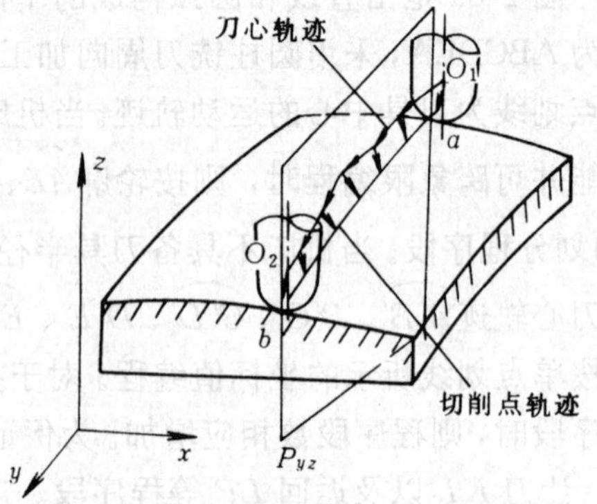

图 2-92　三坐标加工

三坐标联动加工常用于复杂空间曲面的精确加工（如精密锻模）。但编程计算较为复杂，所用机床的数控装置还必须具备三坐标联动功能。

3）四坐标加工。如图 2-93 所示的工件，侧面为直纹扭曲面。若在三坐标联动的机床上用圆头铣刀按行切法加工时，不但生产率低，而且表面粗糙度值大。为此，采用圆柱铣刀周边切削，并用四坐标铣床加工。即除三个直角坐标运动外，为保证刀具与工件型面在全长始终贴合，刀具还应绕 O_1（或 O_2）作摆角联动。由于摆角运动，导致直角坐标（图中 y）需作附加运动，其编程计算较为复杂。

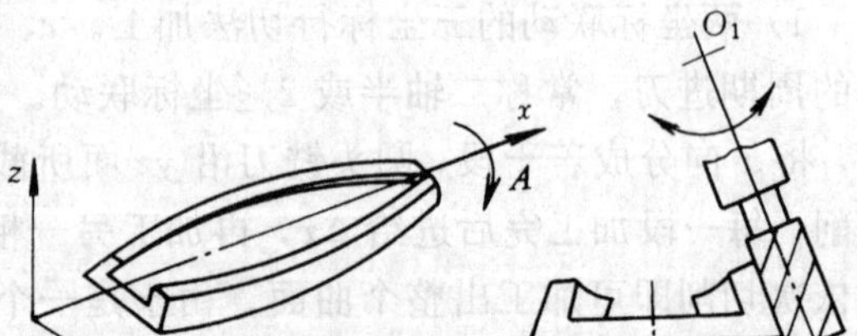

图 2-93　四坐标加工

4）五坐标加工。某些复杂的空间曲面（如螺旋桨）需要五坐标加工。其编程计算相当复杂。

2. 棱角过渡的处理

当铣削棱角轮廓时，若刀心位移量与轮廓尺寸相同，则会产生图 2-94 所示的刀心轨迹不连续（外轮廓）或干涉（内轮廓）现象。为此，手工编程时，应考虑棱角处的过渡轨迹或过渡程序。

图 2-95 为棱角过渡举例。图 a 为直线与直线轮廓，过渡点应为二刀心轨迹的交点 S；图 b为直线与圆弧轮廓，过渡点为 S 并增加 SA' 直线程序；图 c 为圆弧与直线轮廓，棱角小于 90°，增加 $A'S$（$=r$）、SS'、$S'A''$（$=r$）三个直线程序，图 d 为内轮廓的刀心轨迹。此外，还有其他棱角，其过渡方法基本类似，不一一赘述。

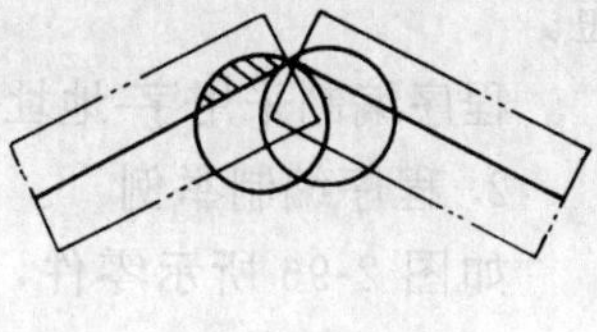

图 2-94 棱角过渡的不连续与干涉

（五）手工编程举例

现以北京机床研究所生产的 XK5040 数控铣床为例予以说明。

1. 代码特征

本机采用 ISO 标准代码，现将有关内容摘录如下：

坐标轴定义：

该机床是立式、升降台铣床。工作台可作纵、横、升降移动，对应为 X、Y、Z 轴，并规定：

刀具相对工作台向右移动（工作台向左移动）为＋X 方向。

刀具相对于工作台向里移动（工作台向外移动）为＋Y 方向。

刀具相对于工作台向上移动（工作台向下移动）为＋Z 方向。

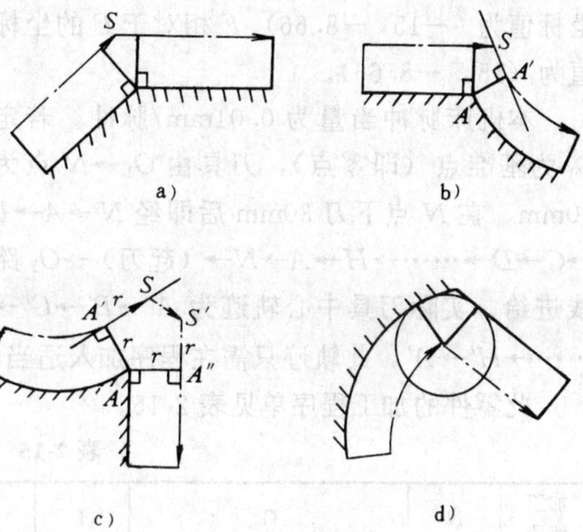

图 2-95 棱角过渡

坐标在程序编制时用 I、J、K 表示起点，用 X、Y、Z 表示终点。

XK5040 机采用轮廓控制方式，能同时控制机床两个坐标运动。因此任何直线、圆弧必须在 XY、YZ、ZX 平面的其中一个平面，并规定：

G_{17}表示 XY 平面。

G_{18}表示 ZX 平面（此时的 X 坐标其正向是刀具相对于工作台向右移）。

G_{19}表示 YZ 平面。

曲线类型定义：

直线用 G_{01}表示。

顺时针圆弧用 G_{02}表示。

逆时针圆弧用 G_{03}表示。

进给速度共有八种，用 F_0～F_7 表示。可实现 10～1200mm/min 无级调速。

程序结束码为 M_{02}，程序段结束码为 CR。

辅助指令定义：

G_{37}代码用来实现刀具半径偏移后的圆弧图形用。G_{37}在 G_{41}时，表示刀具在工件的左边；G_{37}在 G_{42}时，表示刀具在工件的右边（向刀具的前进方向看）。

G_{38}代码用于直线时，表示按给定的方向走一刀具半径值；用于圆弧时，表示按给定方向以刀具半径为半径走一圆弧。

G_{39}代码用于在原给定的直线基础上加长或缩短一个刀具半径值，G_{41}时是加长，G_{42}时是缩短。

程序编制采用字-地址程序格式。

2. 程序编制举例

如图 2-96 所示零件，直线$\overline{BC}$和$\overline{EF}$为圆 O_1、O_2 的公切线，B、C、E、F 均为切点。因此可计算出 B 对 O_1 的坐标值为（-10、$+17.32$）。C 对 O_2 坐标值为（-5，$+8.66$）。E、F 和 B、C 坐标值绝对值相等。C 相对于 B 的坐标值为（-15，-8.66）。F 相对于 E 的坐标值为（15，-8.66）。

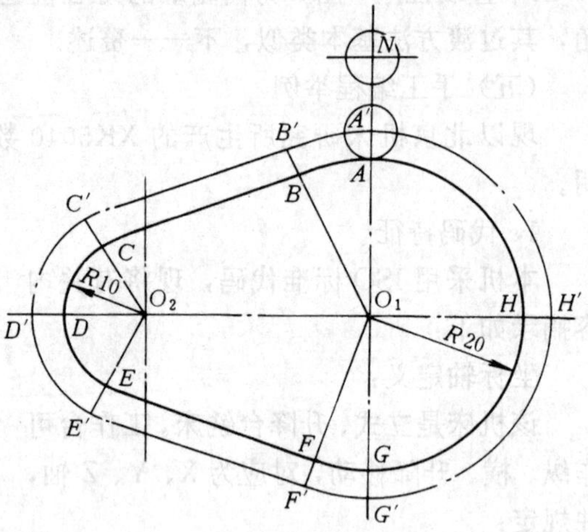

图 2-96　圆弧、直线加工实例

本机床脉冲当量为 0.01mm/脉冲。若定 O_1 为基准点（即零点），刀具由 $O_1 \to N$ 点为 40mm。在 N 点下刀 30mm 后即经 $N \to A \to B \to C \to D \to \cdots\cdots \to H \to A \to N \to$（起刀）$\to O_1$ 路线进给。实际刀具中心轨迹为 $A' \to B' \to C' \to \cdots\cdots \to H' \to A'$，此轨迹只需在程序加入适当的辅助指令即可。

此零件的加工程序单见表 2-15。

表 2-15　加工程序单

加工线段	N	G				I	J	K	X	Y	Z	F	CR
$O_1 \to N$	N001	G_{01}	G_{17}							Y+4000		F_7	CR
下刀	N002		G_{18}								Z−3000		CR
N→A	N003		G_{17}	G_{39}	G_{42}					Y−2000		F_0	CR
A→B	N004	G_{03}		G_{37}	G_{42}		J2000		X−1000	Y+1732			CR
B→C	N005	G_{01}							X−1500	Y−866			CR
C→D	N006	G_{03}				I1500	J866		X−1000				CR
D→E	N007					I1000			X−500	Y−866			CR
E→F	N008	G_{01}							X+1500	Y−866			CR
F→G	N009	G_{03}				I1000	J1732			Y−2000			CR
G→H	N010						J2000		X+2000				CR
H→A	N011					I2000				Y+2000			CR
A→N	N012	G_{01}		G_{39}						Y+2000		F_7	CR
起刀	N013		G_{18}								Z+3000		CR
$N \to O_1$	N014		G_{17}							Y−4000			CR
停止													M02

注：1. 凡本程序不填速度码的，其速度均按上条速度进给。

2. 除 G_{38}外，其余 G 码均可保存

(六) 计算机零件程序编制

1. 计算机编程的一般工作原理

如图 2-97 所示，程编人员根据零件图样和数控语言手册编制一个简短的零件源程序作为

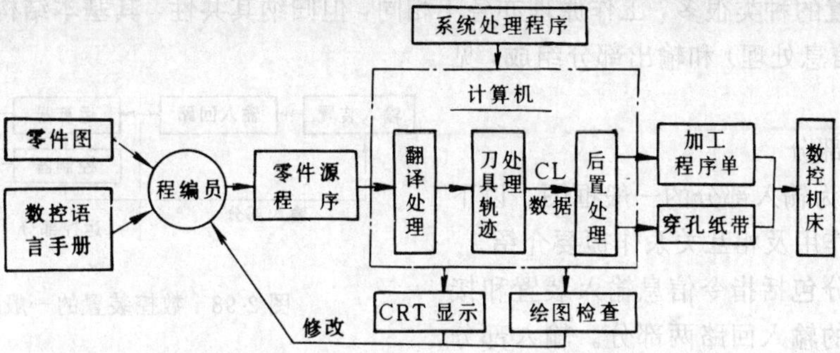

图 2-97 计算机编程的一般工作原理

计算机的输入，计算机经过翻译处理和刀具运动轨迹处理，即可处理出刀具位置数据（cutter location data，CLDATA），再经过后置处理，即可生成符合具体数控机床要求的零件加工程序。该加工程序可以通过打印机打印成加工程序单，也可通过穿孔机自动穿出孔带作为数控机床的输入，还可以通过计算机通讯接口，将后置处理的输出直接输至 CNC 的存储器予以调用。经计算机处理的数据还可通过屏幕图形或绘图仪自动绘图，自动绘出刀具运动的轨迹图形，用于检查处理数据的正确性，程编员分析错误的性质并予以修改。

数控语言类似车间的工艺用语。它是由一些基本符号、字母和数字组成并有一定语法的语句，用它来描述零件图的几何形状、尺寸、几何要素间的相互关系以及运动顺序、工艺参数等。按零件图用这种语言编写的计算机输入程序称“零件源程序”。应注意的是，零件源程序不同于手工编程的加工程序，它不能直接控制机床，只是加工程序预处理的计算机输入程序。

系统处理程序又称编译程序。其作用是使计算机具有处理零件源程序和自动输出加工程序的能力。因为用数控语言编写的零件源程序，计算机是不能直接识别及进行其后的各阶段处理的，所以必须根据具体的数控语言和具体机床的指令，用计算机应用软件语言（高级语言）事先给计算机编好一套能识别和处理零件源程序的系统处理程序（数控软件），计算机才能进行如图 2-97 所示的工作过程。

2. 计算机编程的发展现状

自 50 年代数控机床问世后不久，一些先进工业国家都在大力发展自动编程技术。美国于 1955 年最早研制成功 APT（Automatically Programmed Tools）系统，经过几次改进与完善，于 70 年代发展了并一直沿用至今的 APT-Ⅳ 系统。由于该系统功能相当广泛，需要用一台大型通用计算机，所以又发展了针对性较强的小型机编程系统（如 ADAPT）。继 APT 以后，其他国家也相继研制了类似 APT 的系统，其中，应用较广的有德国的 EXAPT 和日本的 FAPT 等系统。发展至今，国外的自动编程技术已相当完善并获得广泛应用。

我国对自动编程技术的开发虽较晚，但发展较快。70 年代开发了 SKC、ZCX 等类似 APT 的系统。近几年来，在微型计算机上开发的各种小而专的编程系统有了迅速发展，已初具规模，特别是近年来，已发展了一些多坐标编程系统。但到目前为止，真正作为编程机产品在

生产中大面积推广应用的还很少，有待进一步完善和大力推广，以期近几年进入普及应用阶段。

三、数控装置

（一）数控装置的一般结构

数控装置的种类很多，工作原理亦各不相同，但归纳其共性，其基本结构是由输入部分、运控部分（信息处理）和输出部分组成，见图 2-98。

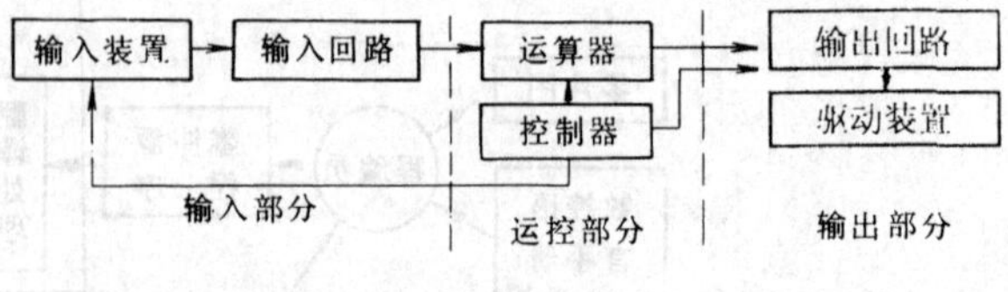

图 2-98　数控装置的一般结构

1．输入部分

图 2-99 为输入部分的一般框图，以下对各部分的作用及相互关系作扼要介绍。

输入部分包括指令信息输入装置和接收指令信息的输入回路两部分。输入部分的功用是把控制介质的指令信息通过输入装置传送给输入回路，由输入回路读取信息，并对信息进行校验、译码，然后将信息准确而可靠地传送给运控部分，从而实现对机床的预期控制。

输入信息可有多种方法，如纸带输入、手动输入，计算机输入和刀具补偿输入等。采用哪种方式输入，可用转换开关 S 进行选择。转换开关 S 可以是机械式的，也可用电子开关。

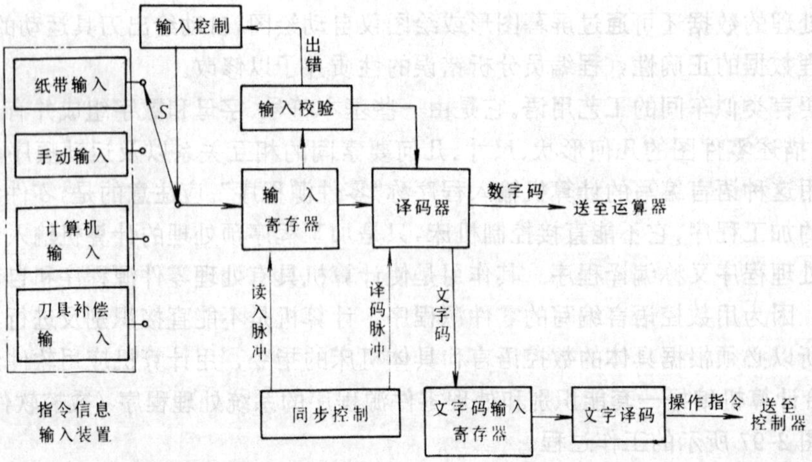

图 2-99　输入部分框图

当按下数控装置的按钮后，输入控制电路发出命令使读带机工作，穿孔带从读带机上自动走过，读带机将孔带上的代码信号首先送到输入寄存器，将原始信息暂时寄存，然后进行输入检查，其中比较常用的办法就是奇偶校验，以判断输入信号或有关逻辑电路（如光电放大线路、输入寄存器等）的正确性。经校验后，如果出错，则启动输入控制电路停止；如果正确，则对输入寄存器的原始信息进行译码。

译码器根据输入信息的不同特点，首先要区分是文字代码还是数字代码，以便分别送到相应的寄存器进行处理或运算。是文字码就送到文字码输入寄存器；是数字码，则或者产生置数信号使相应的坐标数字等送往运算器，或者与文字码相结合，产生相应的指令。例如文字码 G 与其后的数字“02”相结合，就可以产生顺时针方向圆弧插补的指令“G02”，该指令即可存入 G 指令寄存器。

经文字译码后的指令有两类：一类是操作指令（如 M、S、T 指令）；另一类是运算指令（如 G 指令，坐标指令等）。操作指令送到主控制器和继电器单元，控制机床的有关操作，运算指令则送到运算器运算。

图 2-99 中的同步控制部分表示按时间先后依次产生读入脉冲与译码脉冲。读入脉冲用于将输入信号读入输入寄存器，译码脉冲则是完成译码作用的动作信息，这样就达到了先读入而后译码的目的。

输入控制电路用于控制阅读机的启动和停止。控制信号有多种情况，如送第一段程序和程序转换时都需要控制阅读机启动，而在输入校验出错或读到程序段结束号等情况，也需要控制阅读机停止。

（1）输入装置　输入装置是数控系统的门户，在实际应用中有很多形式。其作用是把控制介质上所存储的信息转变成电信号，再经整形后送入输入寄存器。目前最常用的是光电阅读机。

1）光电阅读机的结构和线路原理：图 2-100 是目前广泛使用的光电阅读机的结构示意图。当需要阅读穿孔带时，制动磁铁 13 的线圈断电将衔铁 10 松开，同时启动电磁铁 14 的线圈通电，将衔铁 6 吸合，压轮 4 将穿孔带压向主动轮（橡皮轮）5，穿孔带以一定速度向前送行（速度有 200 行/s、300 行/s 等），进行代码读入。当一段程序读完时，启动线圈断电，衔铁 6 松开，压轮 4 与主动轮 5 脱离，同时制动电磁铁的线圈通电，衔铁 10 吸合，压紧纸带停止送进。

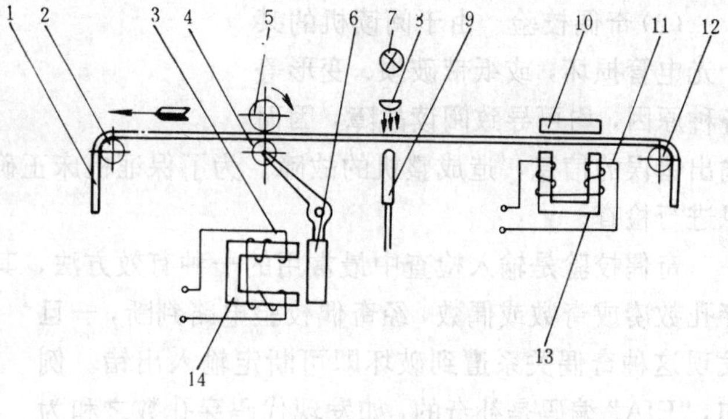

图 2-100　光电阅读机示意图

1—纸带　2—导向轮　3—启动线圈　4—压轮　5—主动轮
6、10—衔铁　7—光源　8—聚光镜　9—光敏元件　11—制动线圈
12—导轮　13—制动磁铁　14—启动磁铁

光源 7 的光线经聚光镜 8 后变成一条很细的光束带照在穿孔带上。如果穿孔带上有孔，则光敏元件 9 接受光照；如果穿孔带上无孔，则不受光照。光敏元件利用它的特性根据有无光照的情况，即可给出脉冲的有无或电位的高低，因而实现光电转换的作用。

2）手动输入与刀具补偿输入：除了通过穿孔纸带等控制介质自动输入外，数控机床一般都具有不同内容的手动输入功能，这些输入是在控制台上操作的。

当转换开关 S 打在手动输入或刀具补偿输入位置时，指令与数据完全由操作者手动输入。手动输入所用的存储指令信息的介质一般有拨码盘、旋转开关及按键等。手动输入的基本功能是把相当于穿孔带的一个程序段的指令用手动开关来控制机床。因此，多数是在数控装置内部产生与光电阅读机的输出完全相同的信号。

3）计算机输入若用一台计算机控制数台数控机床时，零件加工程序的指令信息直接由计算机的程序输入输出装置通过电缆送给机床的数控装置，送出信号与光电阅读机输出信号相同，这就构成了所谓无带控制的输入方式。

在这种输入方式中，作为联结计算机和数控装置的计算机耦合线路只是起传送和接受信号所需要的一种放大作用，所以，实际上它仅是一种放大器，并设置在数控装置上，见图 2-101。

由输入控制线路发出的读带机送带磁铁励磁信号 FM 作为通知计算机要送出指令信息的请求，计算机得到请求后就送出信号，并由计算机耦合线路的电缆信号接收器接受，再经过数控装置的输入线路送到运控部分。当一个程序段的指令信息送完以后，输入控制线路就发出制动电磁铁励磁信号 BM，并经电缆驱动器通知计算机停止输出信号，这时信号的输出就暂时停止，再等待下一个 FM 信号。

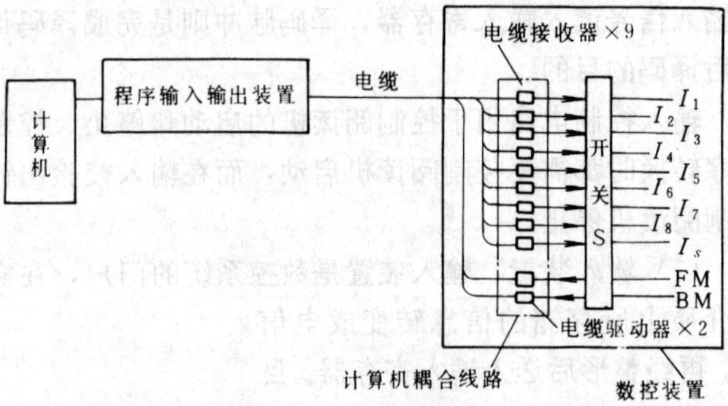

图 2-101 计算机输入

（2）奇偶校验 由于阅读机的某个光电管损坏，或纸带破损、变形等各种原因，均可导致阅读故障，因而输出错误的信息，造成整机的故障。为了保证机床正确地完成预定的动作，首先要对输入信息进行检查。

奇偶校验是输入检查中最常用的一种有效方法，其根本思想是预先把纸带上每行代码的穿孔数凑成奇数或偶数，经奇偶校验电路判断，一旦发现这种奇偶关系遭到破坏即可断定输入出错。例如，“EIA”编码是补奇的，如发现代码穿孔数之和为偶数则表示输入有错，“ISO”编码则与此相反。

每行编码穿孔数校验线路的构成是基于二进制加法原理，如果代码孔的个数是偶数，则其和的最低位为“0”，若是奇数，则其和的最低位是“1”。因此，对八个孔信号求和时，只要考虑和的最低位而舍去其进位即可。对于八单位纸带，八个数的求和可用三个全加法器和一个半加法器构成，其方框如图 2-102 所示，以 P_Ω 作为奇偶出错信号，$\overline{P}_\Omega$ 作为正确信号。

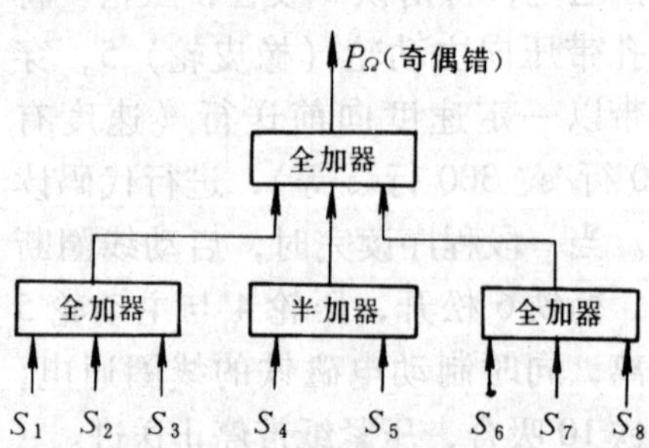

图 2-102 奇偶校验方框图

除了上述校验（水平校验，或称为行校）方法外，为了尽量减少输入出错的可能性，有的数控机床还设置了垂直奇偶校验（或称为列校），即把一个程序段内的代码数预先凑成奇数或偶数，然后对代码数进行计数，根据计数结果即可判别正确还是错误。

（3）译码器 用纸带或手动方式输入的原始信息送往输入寄存器，只要输入信息符合规定的代码标准和程序格式，输入寄存器就一概予以接收，至于接收的内容是什么，它是不去辨认的。因此为了把这些输入代码变成控制机床动作的信号就需要对它们进行判断和转换，这就是译码器所要完成的任务。

译码器实际上是由一些与、或、非门组成的电路。为了节约元件和简化逻辑结构，往往把控制介质所用的指令代码先按其性质分类，一般可分为文字、数字和符号三大类，然后再单个区分，其区分方法通常是利用代码的共特征进行识别，这种区分方法为特征译码。

2. 运控部分

运控部分包括运算器和控制器。

运算器根据输入部分送来的加工指令（如加工直线、加工圆弧等）及尺寸数据进行逻辑演算和数学演算，给出进给方向、进给步数等各种信号，控制机床有条不紊地工作。其工作流程见图 2-103。

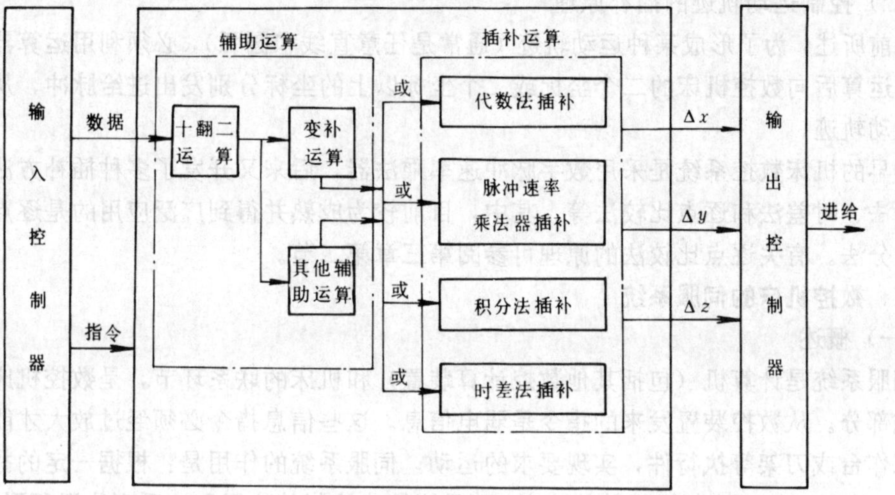

图 2-103 运算器工作流程图

运算器逻辑演算的主要内容有：加工指令判别、象限判别、终点判别 运算过程是否有错判别等。

运算器数字运算的主要内容有：辅助运算及插补运算。将尺寸数据由“二-十”进制数换算为二进制数的运算称为“十翻二”运算；根据尺寸字符号位把尺寸字原码变为补码的运算称为“变补”运算；十翻二运算及变补运算叫做辅助运算；运算器通过辅助运算对输入数据进行初步处理。

插补运算是运算器的主要工作内容。将待加工曲线在一定误差范围内用折线段取而代之，这与数学上的“插补”计算极其相似，因此运算器又叫“插补器”。根据尺寸数据和刀具半径尺寸数据，运算器经过数值运算后向各个坐标发出脉冲，指挥进给。这一过程实际是进给脉冲的分配过程，因此又把运算器叫做“脉冲分配器”。根据“分配脉冲”所依据的数学公式不同，插补运算又可分为“逐点比较法”插补（也称“代数法”插补）运算、“脉冲速率乘法器”插补运算、“数字积分法”插补运算及“时差法”插补运算等。

控制器是数控床的指挥机构，有时又叫主控器。它主要是对运算器、输入回路和阅读机、输出回路的工作以及 M、S、T、F 等辅助功能进行控制，使它们协调地工作。

3. 输出部分

运算器和主控制器是数控装置的核心，但它们本身并不能把计算结果付诸实现，例如要把工作台送到指定的位置上，控制装置必须把计算结果以数字形式送到输出回路中，通过驱动装置达到这个目的。

数控装置输出部分的任务是把计算的结果按照程序指令的要求送出去，将电信号转换为具有一定功率和转矩输出的机械量。

目前国内多数数控机床采用脉冲信号方式工作，即数控装置的输出信号为脉冲，接收脉冲信号并使这种电能转换为机械能的工作部分是步进电机。步进电机的控制电路是环形分配器，它接收脉冲信号后对步进电机的旋转运动进行控制。由于环形分配器输出的信号电流很小，因此，必须经过功率放大线路才能驱动步进电机。

（二）控制运动轨迹的插补原理

如前所述，为了形成某种运动轨迹（通常是任意直线和圆弧），必须利用运算器进行插补计算，运算后向数控机床的二个坐标或二个坐标以上的坐标分别发出进给脉冲，从而合成所需的运动轨迹。

最早的机床数控系统是采用数字脉冲速率乘法器，后来又开发了多种插补方法，诸如数字积分法、时差法和逐点比较法等。其中，目前较为成熟并得到广泛应用的是逐点比较法和数字积分法。有关逐点比较法的原理可参阅第三章第二节。

四、数控机床的伺服系统

（一）概述

伺服系统是计算机（包括其他数控计算装置）和机床的联系环节，是数控机床的一个重要组成部分。从数控装置发来的指令是弱电信息。这些信息指令必须经过放大才能用于驱动机床工作台或刀架等执行件，实现要求的运动。伺服系统的作用是：根据一定的指令信息加以放大，从而不仅能控制执行件的速度，而且能精确控制其位置和一系列位置所形成的轨迹。

如前所述，数控机床的伺服系统有开环系统和闭环系统。

没有位置反馈装置的系统谓之开环系统，其原理方块图见图 2-104。开环系统是伺服系统中最简单的一种，它既不需要对输出量进行测量，也不需要将输出量反馈到系统输入端与输入量进行比较，直接用步进电动机（根据所需转矩可用伺服步进电动机、功率步进电动机或电液步进马达）驱动。步进电动机驱动装置接受从数控装置发来的脉冲指令，进行功率放大，从而控制步进电动机作正转或反转、快转或慢转。步进电动机实际上是把脉冲转换成机械转角的一种机电式数一模变换器。每输入一个指令脉冲信号，它就转过一定角度（称步距角，一般步距角为 1.2°、1.5°、3°、6°等)。由于它输出一定的转矩，故可直接驱动机床工作台，机床工作台的运动速度和位移量决定于输入指令脉冲的频率和数目，因此，不需位置检测装置。由于没有位置检测装置，其位移精度主要决定于步进电动机和传动元件（齿轮、滚珠丝杠等）的累积误差。因此，在设计时应选择合适的脉冲当量，并要求传动元件有足够的刚度、精度，传动系统的传动误差应尽量小。开环系统的定位精度一般可达±0.02mm，少数可达±0.01mm。

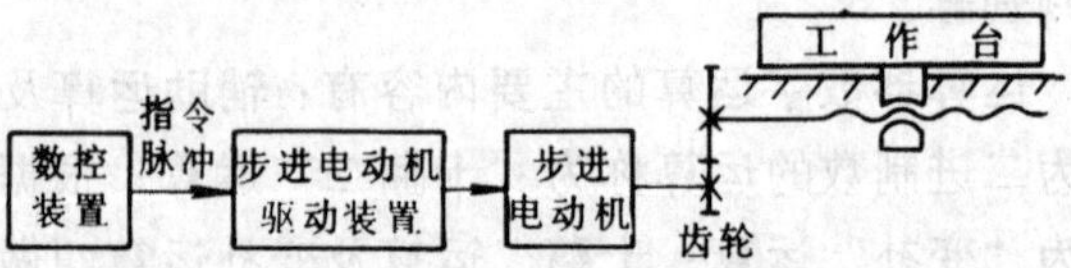

图 2-104　开环系统方块图

伺服步进电动机输出转矩较小，只能驱动小型工作台，如线切割机、绘图仪等。为了增加驱动转矩，可采用功率步进电动机，或更为常用的由步进电动机、液压随动阀和液动机三者组成的电液步进马达，其功率可达 14.7kW。

开环伺服系统结构简单，调试、维修方便，工作可靠性高，不存在闭环系统中不稳定的问题，价格低廉，但精度较低。为提高系统精度，可采用螺距补偿、间隙补偿等措施。这种系统在精度要求不太高的中小型机床上得到广泛应用，前几年，我国大部分数控机床上都采用了这种伺服系统。

闭环系统设有位置反馈装置，且反馈装置直接放在执行件上，其原理方块图见图 2-105。由数控装置发出的指令信号要求工作台移动某个给定值，而位置检测装置则发出工作台实际

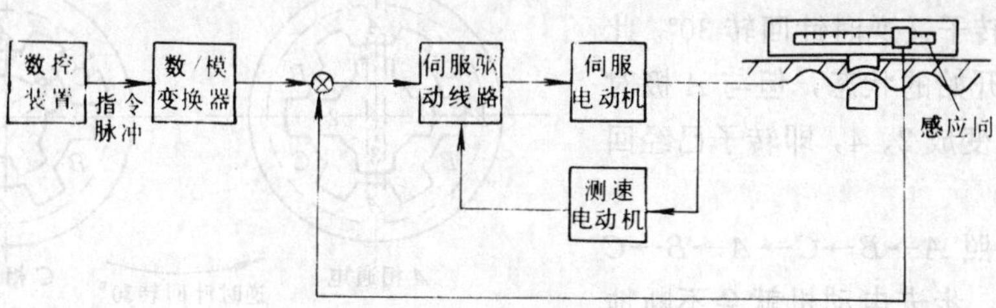

图 1-105　闭环系统方块图

位移量的反馈信号，两者在比较环节上比较。若有偏差，经放大后控制执行元件，驱动工作台向着消除偏差的方向运动，直至偏差等于零为止。

在闭环系统中，机床本身包括在位置环之内，因此，系统受机床本身固有频率、阻尼、间隙等影响，时常成为系统不稳定的因素，从而增加了系统设计和调试的困难。采用这种系统时，必须采取加强机床的刚性、尽量减少变形、改善润滑条件、减少间隙、改善系统动态特性等措施。这种系统一般用于运动速度和精度要求较高的大型机床上，其定位精度一般可在 ±0.01mm 以内。

（二）常用驱动元件

驱动元件是伺服系统的执行元件。它的作用是接受数控装置发出的进给脉冲信号，并根据这些信号去驱动工作台运动，使工作台精确定位或按规定的轨迹作严格的相对运动，最后加工出符合要求的零件。因此，驱动元件的性能是决定数控机床的加工精度、加工表面质量、生产率和机床可靠性的关键因素之一。

随着数控机床的发展，伺服系统的驱动元件有了很大的发展，种类亦很多，以下仅介绍常用的驱动元件。

步进电动机能把脉冲信号转换为角位移或直线位移。其工作特点之一是：每输入一个脉冲，输出轴就转过一定角度，称为“走一步”。走的步数和脉冲数一致。工作特点之二是：输出轴的旋转速度和输入脉冲频率成正比，或者说，步进电动机的转速与输入脉冲同步。

由于步进电动机具有上述特点，因此，在数控机床中用来作为进给脉冲的执行部件是很理想的。

步进电动机的工作原理如下：以三相反应式步进电动机为例，它由转子和定子组成，其工作原理如图 2-106 所示。定子有 A、B、C 三相绕组，转子由若干个等距的齿构成。它的工作原理与一般电动机不同，实际上是利用电磁铁的作用原理。定子的三个绕组依次通电，转子将被吸着一步一步前进。每一步的转角称为步距角。

1）开始时，A 相通电，B 相和 C 相皆不通电，转子 1、3 两齿在 A 极作用下，处于与 A 极对正的位置，即如图示垂直位置。

2）然后 B 相通电，A 相断电，转子 2、4 两齿在 B 极作用下，处于与 B 极对正位置，转子逆时针回转 30°。

3）随后 C 相通电，B 相断电，1、3 两齿与 C 极对正，转子又逆时针回转 30°。

4）A 相再度通电，C 相断电，2、4 两齿与 A 极对正，转子又逆时针回转 30°。此时好象又恢复了开始的状态，但与 A 极对正的齿已从 1、3 变成 2、4，即转子已经回转了 90°。

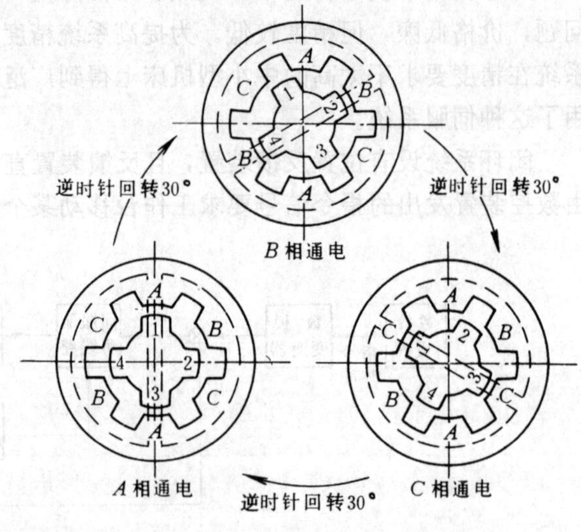

图 2-106　步进电动机工作原理（三拍）

如果我们按照 $A \to B \to C \to A \to B \to C$ 的顺序依次通电，步进电动机就会不断地沿逆时针方向回转。通电绕组每转换一次，步进电动机就逆时针回转 30°。如果将通电顺序反过来，即按照 $A \to C \to B \to A \to C \to B$ 的顺序，步进电动机将沿顺时针方向回转。上述每次只有一个绕组通电的控制方式为单三拍控制。在转换绕组时，一个断电，另一个通电，容易造成失步。另外，单一个绕组吸引转子，容易在平衡位置附近振荡，稳定性不好。

如果改变控制方式为六拍控制，即按 A→AB→B→BC→C→CA→A 的顺序通电，步进电动机将不断沿逆时针方向回转 15°。在通电绕组转换时，始终有一个绕组通电，所以工作比较稳定。

如果通电顺序改为 $AB \to BC \to CA \to AB$，电机只有 AB 相、BC 相、CA 相通电的三种状态。这种控制方式的为双三拍控制，与单三拍控制的步距角相同，但任一状态下都有两个绕组同时通电，工作比较平稳。

上面所介绍的只是步进电机的工作原理，实际使用的步进电动机，一般都要求有较小的步距。为此，必须增加转子的齿数。例如，若将转子增至 40 齿，并按照 $A \to B \to C \to A \to B \to C$ 的顺序依次通电的话，步进电动机就会不断地沿逆时针方向回转 3°。

根据步进电动机的工作原理，步距角 α(°)的大小和控制绕组相数 m、转子齿数 Z、状态系数（即供电方式）K 之间的关系如下

$$\alpha = \frac{360°}{mZK}$$

单相供电时：　　　$K=1$

单、双相轮流供电时：　$K=2$

快速型步进电动机的输出力矩有限，因此在大功率开环数控机床中常用电液脉冲马达，以提高其输出力矩和功率。

（三）位置检测装置

在数控机床上，位置检测和显示装置采用光电信号描述运动部件的直线运动和圆周运动，取代了普通机床的刻度盘和标尺，从而使检测的精度和速度都有了极大的提高。

在闭环控制系统的数控机床中，数控装置是依靠指令值与位置检测装置的反馈进行比较来控制工作台运动的。这类机床的工作台位移值是否和指令值要求一样，误差有多大，与机床驱动机构的精度无关，几乎完全决定于位置检测装置的精度。

位置检测装置种类很多，按其检测信号的选取和反馈方式，可以分为数字式和模拟式两类。数字式系统中，采用较多的有光电脉冲编码装置、光栅等，通常采用光敏元件接受信号，再经过信号处理，采用这种检测装置的控制系统，分辨能力高，价格低，但抗干扰性较差，对检测装置的安装和工作环境的要求较高；模拟式系统中，目前较多采用磁栅、旋转变压器和感应同步器等，它们通过随机床工作台位移而发生的电感量等的变化来反映位移量，这类装置制造比较简单，工作环境要求不高，抗干扰性能较好。

位置检测装置通常都可将其检测结果用数字显示装置显示出来，因此，位置检测及其数字显示装置不仅可用于闭环系统的数控机床，而且也可广泛用于开环系统的数控机床或普通机床。机床上装有数字显示装置后，在加工过程中，操作人员就不必进行尺寸计算，可以完全消除标尺和刻度盘的读数误差，读数直观、方便、迅速、准确，在不改变机床原有结构的前提下，提高了加工精度和重复精度，减轻了劳动强度。

1. 编码盘

编码盘是一种直接编码式的测量元件。它可直接把被测转角或位移转换成相应的代码，指示的是绝对位置而无累积误差，在电源切断后位置信息不会失去，但由于其通道多结构复杂，不易做到高精度。

编码盘按其工作原理可分为光电式及电磁式等几种。图 2-107 是一个四位二进制码盘，涂

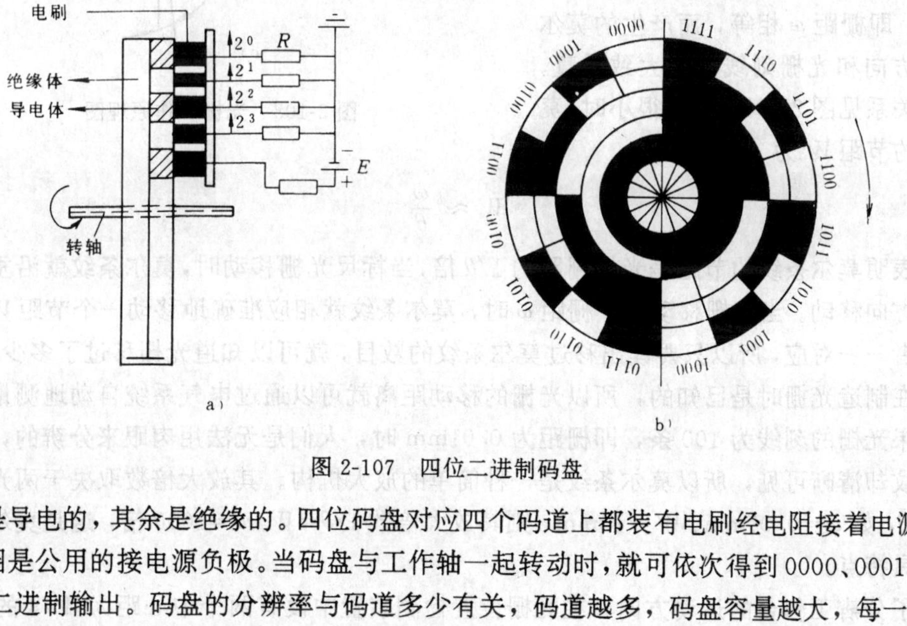

图 2-107　四位二进制码盘

黑部分是导电的，其余是绝缘的。四位码盘对应四个码道上都装有电刷经电阻接着电源正极，最里一圈是公用的接电源负极。当码盘与工作轴一起转动时，就可依次得到 0000、0001、0010、1111 的二进制输出。码盘的分辨率与码道多少有关，码道越多，码盘容量越大，每一位数移动的转角也越小，如有 n 个码道，则其角度分辨率为：$\theta=360°/2^n$。

从结构上讲除了上述接触式外，还有光电式和电磁式等类型，接触式码盘的优点是简单、体积小、输出信号强、不要放大，但由于电刷的磨损，所以寿命不长，转速不能太高。光电式码盘由于是非接触式，所以允许速度高，精度高，但结构较复杂，光源寿命短。电磁式码

盘同样是一种非接触式码盘，由于其寿命长、转速高、精度高，因此它是一种很有前途的直接编码式测量元件。

2. 光栅测量装置

计量光栅有长光栅和圆光栅两种，是数控机床和数显系统常用的检测元件，它具有精度高、响应速度较快等优点，是一种非接触式测量。

光栅位置检测装置由光源、二块光栅（长光栅、短光栅）和光电元件等组成，见图 2-108a。

光栅就是在一块长条形光学玻璃上均匀地刻上很多和运动方向垂直的线条。线条之间的距离（称之为栅距）可以根据所需的精度决定，一般是每 mm 刻 50、100、200 条线。长光栅 G_1 装在机床的移动部件上，称之为标尺光栅；短光栅 G_2 装在机床的固定部件上，称之为指示光栅。两块光栅互相平行并保持一定的间隙（如 0.05mm 或 0.1mm 等），而两块光栅的刻线密度相同。

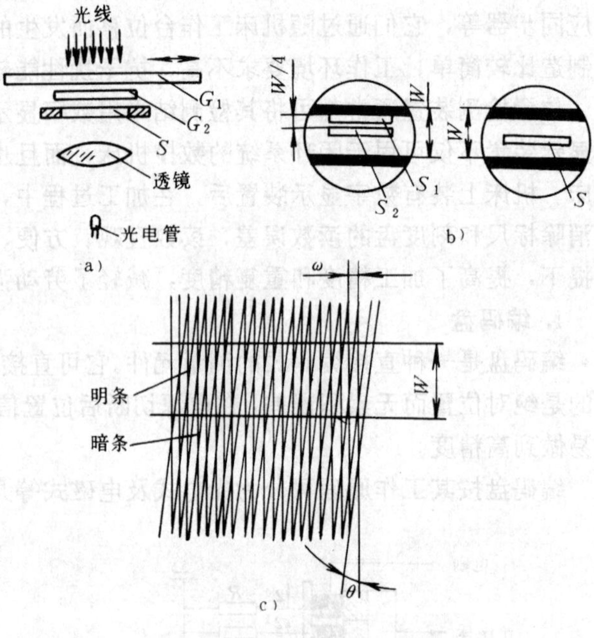

图 2-108　光栅工作原理图

如果将指示光栅在其自身的平面内转过一个很小的角度 θ，这样两块光栅的刻线相交，则在相交处出现黑色条纹，称为莫尔条纹。由于两块光栅的刻线密度相等，即栅距 ω 相等，而产生的莫尔条纹的方向和光栅刻线方向大致垂直，其几何关系见图 2-108c，当 θ 很小时，莫尔条纹的节距 W 为

$$W \approx \frac{\omega}{\theta}$$

这表明莫尔条纹的节距是光栅栅距的 $1/\theta$ 倍，当标尺光栅移动时，莫尔条纹就沿垂直于光栅移动方向移动。当光栅移动一个栅距 ω 时，莫尔条纹就相应准确地移动一个节距 W，也就是说两者一一对应，所以只要读出移过莫尔条纹的数目，就可以知道光栅移过了多少个栅距，而栅距在制造光栅时是已知的，所以光栅的移动距离就可以通过电气系统自动地测量出来。

如果光栅的刻线为 100 条，即栅距为 0.01mm 时，人们是无法用肉眼来分辨的，但它的莫尔条纹却清晰可见，所以莫尔条纹是一种简单的放大机构。其放大倍数取决于两光栅刻线的交角 θ，如 $\omega=0.01\text{mm}$、$W=10\text{mm}$，则其放大倍数 $1/\theta=W/\omega=1000$ 倍，这是莫尔条纹系统的独具特点。

为了分辨工作台的运动方向，在光栅位置检测装置中设有两个中心距为 $W/4$ 的缝隙 S_1 和 S_2（图 2-108b），通过它们的光线分别为两个光电元件所接受。当光栅 G_1 移动时，莫尔干涉条纹通过两缝隙的时间不一，因而相应的光电元件所获得的电信号虽然波形一样，但是两者的相位差¼周期。这样，根据两缝隙输出信号相位的越前滞后的关系，便可确定光栅 G_1 的移动方向。

莫尔条纹的另一特点就是平均效应。因为莫尔条纹是由若干条光栅刻线组成，若光电元件接受长度为10mm，在$\omega=0.01$mm时，光电元件接受的信号是由1000条刻线组成，因此，制造上的缺陷，例如间断地少几根线只会影响千分之几的光电效果。所以用莫尔条纹测量长度，决定其精度的要素不是一根线，而是一组线的平均效应。其精度比单纯栅距精度高，尤其是重复精度有显著提高。

第五节　模具CAD/CAM

一、CAD/CAM的组成及其应用

(一) CAD/CAM的组成

近一二十年来，电子技术及计算机科学获得了巨大的发展，电子技术的应用已成为现代工业生产的主要特征。这种新技术与机械制造技术的结合，使机械制造工业的面貌发生着深刻的变化：劳动生产率大幅度提高，同时在缩短产品设计及制造周期，提高和保证产品性能和质量，改善劳动条件，改进企业经营管理和节约能源等方面，也取得了显著的经济效益。

本世纪50年代初美国麻省理工学院最早制出了用专用计算机控制的数控机床，开发了计算机程序系统（APT语言）。继而，又制定了CAD计划，不仅把计算机用于零件的加工，而且用于设计及其后的整个生产过程。这就是CAD/CAM（Computer Aided Design/Computer Aided Manufacturing）系统。

CAD是指使用计算机系统支持各项基本设计活动：创新、变型、分析及优化等。因此，CAD系统支持设计过程的各个阶段，即方案设计、总体设计和详细设计，它以适于制造的形式，对设计对象（如机器、部件、零件等）完成计算机内部和外部的描述，形成有关的技术文档，如工程图样、零件明细表等。

CAM是指使用计算机通过与生产资源的直接或间接接口对制造厂的各个工序进行计划和控制。因此，它借助计算机完成制造过程中的各项工作，包括生产工艺准备和制造过程本身（加工、装配、质量检验、存储、运输等）。

按照计算机与工厂生产资源连接的紧密程度，CAM可区分为两大类：

(1) 计算机监督和控制　计算机直接与制造过程连接，对其进行监督或控制。例如，制造过程监护系统、计算机直接数控等。

(2) 制造支持系统　计算机间接地用于支持生产的各个工序，使生产资源得到更有效的管理，但在生产过程和计算机之间没有直接接口。例如，计算机辅助数控编程、计算机辅助工艺规程编制、计算机生产工时定额、生产排序、编制物料需求计划、车间任务进展监控等。但在

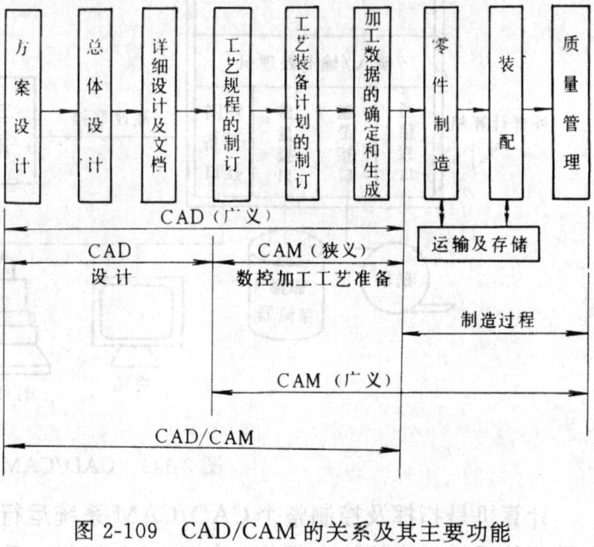

图2-109　CAD/CAM的关系及其主要功能

实际应用中，CAM 常狭义地理解为借助计算机完成数控机床加工程序的编制和加工数据的准备工作。

CAD/CAM 两者之间的关系及其主要功能如图 2-109 所示。实际上，CAD 和 CAM 的概念在国内外目前均未统一。

一个完善的 CAD/CAM 系统应具有如下基本功能：①快速计算和生成图形的功能；②存贮大量程序、信息及快速检索的功能；③人机交互通讯的操作功能；④输入、输出图形及信息的功能。为了实现这些功能，CAD/CAM 系统应由工作人员、硬件和软件三大部分组成（图 2-110）。其中电子计算机及其外围设备称为 CAD/CAM 的硬件系统；操作系统和应用软件称为 CAD/CAM 的软件系统。

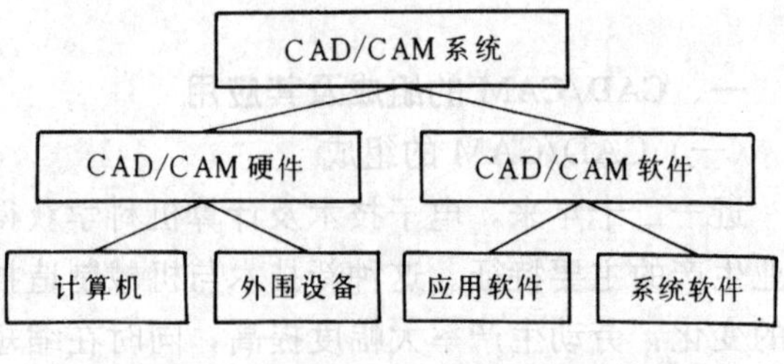

图 2-110　CAD/CAM 系统组成

硬件系统的典型结构如图 2-111 所示。它由如下五个部分组成：①计算机；②图形终端、字符终端；③绘图机；④打印机；⑤交互装置等。从硬件的观点来说，一个 CAD/CAM 系统的功能范围取决于它所采用的计算机容量、类型、通讯方式、外围设备的数目、类型及相互关系等。

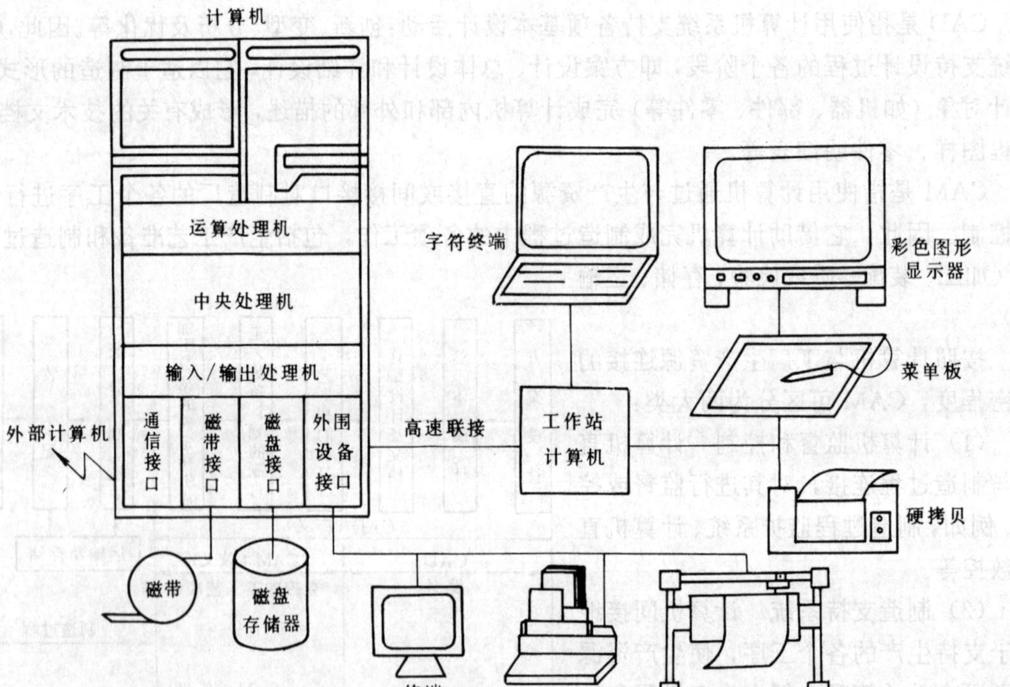

图 2-111　CAD/CAM 硬件结构

计算机是指挥及控制整个 CAD/CAM 系统运行并执行实际运算和逻辑分析的装置，因此它是硬件系统组成的核心部分。由于 CAD/CAM 系统需要完成相当复杂的任务，因而在大约

20 年前，即 CAD/CAM 刚开始引入阶段，只能在大型计算机上完成。至今仍有些 CAD/CAM 软件包只能在大型机上运行。

大型计算机系统主要由三部分组成：①一个容量有限的主存贮器和快速的中央处理机；②容量无限的外存贮器；③外围设备，如输入、输出设备等。大型计算机的优点是具有很高的计算速度和很大的容量。但这类计算机在应用中因其快速中央处理机受慢速外围设备的牵制而无法充分发挥它的效力。因此近几年的发展趋势是从大型机转向小型机。开始时是 16 位小型机，后来发展到 32 位小型机。事实证明，32 位小型机完全可以完成 CAD/CAM 任务。

由于集成电路的出现，使微型计算机得以飞速发展。微型计算机不同于中、小型机，它把存贮、控制和运算单元集成在一个芯片上（图 2-112）。随着微处理机功能的不断提高，尤其是超级 32 位微机的出现，微机系统有可能成为 CAD 的主要用机，它既可作为独立的 CAD/CAM 系统的主机，又可作为大型机的卫星机，处理图象的输入、输出。

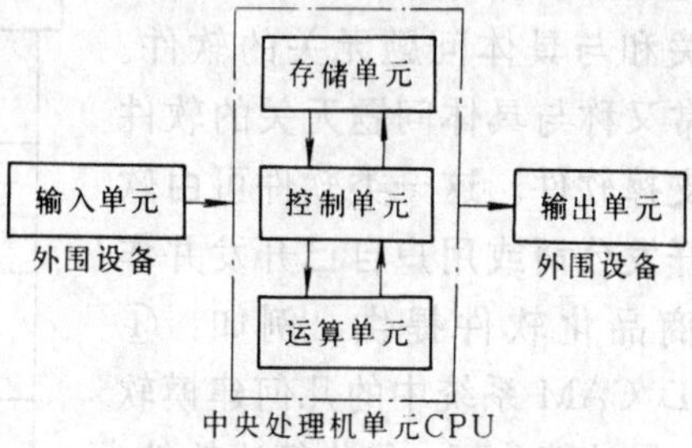

图 2-112　微型计算机化

图形显示器也称为图形终端，是 CAD/CAM 系统中极其重要的外围设备。由于它具有交互功能，因此，它兼有图形输入和图形输出两个功能。图形显示器不同于一般的数字字符终端，对其不仅要求显示的图形清晰，而且要求及时地、快速地更换或修改图形。根据图形生成原理的不同，可把图形显示器划分为阴极射线管式、等离子管式和液晶式显示器。其中 CAD/CAM 系统大多采用阴极射线管式显示器。

对于交互型的 CAD/CAM 系统来说，交互装置也是十分重要的，因为通过交互装置可实现人机对话。最常用的交互装置是键盘，它是一种手指操纵的输入设备，其上有字符键、功能键两种按键。字符键用来向计算机发送各种命令和数据，计算机接受这些命令和数据并加以处理后，把结果显示在屏幕上。功能键是由系统的工作人员预先定好的，并对应于某种功能或动作的键，按下某个功能键就意味着调用某个子程序。因此通过键盘就可向计算机发出绘图或修改图形的各种命令，从而实现人机对话。除键盘外，常用的交互装置有：光笔、数字化仪、操纵杆和指轮等。

自动绘图仪是 CAD/CAM 系统的图形输出设备，按其在图样上形成图形原理的不同，基本上可分为笔绘图仪、静电绘图仪和喷墨绘图仪等。

计算机是按照程序和数据进行工作的。相对计算机外围设备而言，这些程序和数据就是软件。软件是各种程序和数据的总称。根据它们执行的任务范围及编写对象的不同，基本上可划分为两大类，即系统软件和应用软件。

系统软件是管理和控制计算机各部分运行、充分发挥各设备功能、提高效率、为用户提供方便服务所需要的程序。因此它适用于所有应用情况，面向所有用户，一般是由计算机生产厂家提供的。它主要包含三种模块：操作系统、程序设计系统和服务程序（图 2-113）。其中，操作系统是计算机系统软件中最主要的软件，起着对系统的软、硬件进行管理和控制的作用，如控制数据的存贮、指令的运行及输入输出动作等。其功能可归纳为过程管理、内存管理、外部设备管理和文件管理等；程序设计系统包括语言处理系统及程序处理系统，例如连接程序、装入程序、错误诊断程序及其程序编辑器等；服务程序主要是指数据的修改和转换，以及程序的存档和管理等程序。

应用软件是由应用者为了解决实际问题，用高级语言编写的程序，它可为一个用户专用，也可为多个用户通用。应用软件的模块化结构不仅可以方便地调试和管理，而且可以提高使用的柔性、可靠性和经济性。为此应尽量把应用软件划分为与具体问题有关和与具体问题无关的软件。通常又称与具体问题无关的软件为支撑软件。这一类软件可由软件开发公司或用户自已开发并作为商品化软件提供，例如：①CAD/CAM系统中的几何建模软件；②计算分析、优化算法软件；③有限元分析计算软件；④仿真软件；⑤NC编程软件等。有了这些软件后，CAD/CAM系统将具有宽广的应用范围和强有力的计算分析、图形处理和仿真模拟等功能。因此支撑软件是CAD/CAM软件系统中重要的组成部分。

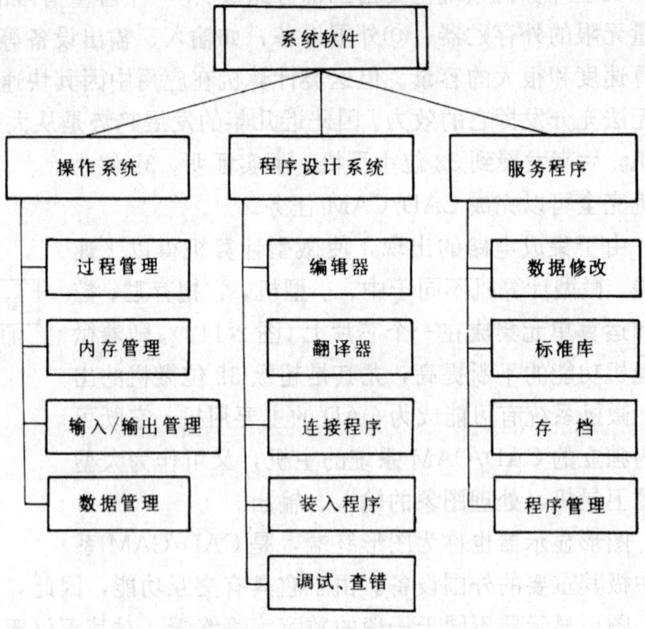

图 2-113　系统软件的组成

在CAD/CAM系统中工作人员起着主导作用。他们通过人机对话或批处理的方式控制和操纵CAD/CAM过程，从而完成诸如计算、绘图、模拟、NC编程等一系列任务。为了把人的综合分析决策能力和计算机快速准确运算和存储的能力最佳地结合在一起，人机对话式的CAD/CAM系统广为应用。在这种人机对话的交互系统中，运算结果以图形或数据的形式快速显示在荧光屏上，供设计者观察和判断，并通过光笔或键盘向计算机发出反馈信息或修改指令。因而这种系统与批处理形式相比具有很大的灵活性，很容易实现设计过程中的修改。目前市场上大量出售的CAD/CAM工作站就采用这种工作方式。所谓工作站可定义为工程师与CAD/CAM系统通讯的工具。工作站最基本的组成部分是图形显示器。

（二）CAD/CAM系统的应用

CAD/CAM系统的应用日益广泛，几乎遍及所有的工业部门。其中应用效果较好、具有代表性的行业如下：

1. 汽车制造

60年代中期美国汽车工业首先应用CAD/CAM系统，然后英国、日本、意大利等国的汽车公司也开始了实际应用。汽车工业引进CAD/CAM主要是为了满足车身的最佳立体设计，提高部件相互间的配合精度，缩短模具、工夹具的设计、生产准备和制造周期，提高生产效率，解决熟练工人不足等问题。

2. 飞机制造

飞机制造业很早就开始研究CAD/CAM，60年代后半期已进入实用阶段。CAD/CAM系统主要用于飞机总体设计、气动力分析、结构设计和分析、数控加工编程、生产作业计划等。

3. 机械制造

CAD/CAM 在机械制造中的应用最广泛，约占整个系统的 49%。其主要任务有：①拟定设计方案；②计算分析；③绘图；④编写文件；⑤模拟和试验；⑥生产资料准备；⑦自动加工、装配及控制；⑧企业数据总结和管理。

4. 造船

造船大多按订货生产，零件品种很多，同飞机制造业一样需要综合性的系统。CAD/CAM 系统主要用于复杂结构的设计计算和分析、零件加工过程的控制等。

5. 建筑

CAD 用于楼房设计。由于其大部分结构要素已实现标准化，因而可将它们组合起来，使用效果很好。

6. 印制电路板及回路设计

在印制电路板及回路设计中，可以充分发挥设计自动化功能。由于很多部分可进行自动处理，因而应用效果好，在行业中的普及率也很高。

此外，在工厂管道设计、桥梁、家用电器制品、服装、食品、动画片及其他各领域中，也使用 CAD/CAM 技术。

二、模具 CAD/CAM 系统

（一）概述

随着机械加工技术和电子技术的发展与日益结合，各种数控加工机床正成为模具加工的主要设备，模具制造技术正朝着高自动化、高生产率和高经济性方向发展。而且，CAD/CAM 技术已在模具领域得到应用。早在 1982 年，日本就有 20%的模具制造厂引进应用了 CAD/CAM 技术，美国、日本、德国等国都有专门厂商研究并供应模具 CAD/CAM 系统，如美国 C. V (Computer Vision) 公司 1969 年即成立，可以供应硬件和软件系统，美国的 Computool 公司、Atols 公司、日本夏普公司等对 CAD/CAM 系统的研究也卓有成效，并可将软件系统作为商品出售。我国从 80 年代初对模具 CAD 技术进行了研究开发，对辊锻、冷镦、冲裁模具的 CAD 技术开发已取得一定成效，对冲压（成形）模具和塑压模具的三维系统 CAD 以及 CAD/CAM 的连用等正处在研究开发阶段。

模具设计和制造中引入 CAD/CAM 技术，其作用不只限于简化设计中的计算手续、加快设计速度和促进自动化加工，而且由于运用电子计算机后实现了生产功能的多样化，可以期望得到较佳的生产可靠性。

在模具生产中采用 CAD/CAM 技术，标准化是必要的条件。可以认为，CAD/CAM 应用效果的大小可与标准化程度成比例，而标准化又是建立在模具设计和加工数据规范的基础上的。

标准化包括以下内容：

1）模具设计和结构的标准化。模具设计的标准化主要是指设计数据的规范，经过收集整理的设计参数，储存于计算机中，供设计时选用。

模具结构的标准化是指结构的典型化和结构标准组合件。设计结构典型化可以使设计过程典型化，便于优化和提高其可靠性。结构标准组合件的使用可大大缩短设计和加工周期，目前冲压模具的结构标准及其组合已纳入国家标准（GB2851-2875—81），组织专业化生产并可作商品供应。

2）加工方法和加工条件的标准化。对不同型面加工方法的定义和依刀具不同而确定的不同加工要素（主轴转速、切削速度、切削进给量等）作为数控程序输入，供数控机床使用。

引入模具 CAD/CAM 系统的效果如下：

1）缩短了设计和制造周期。例如，采用 CAD/CAM 制造注射模时，设计周期缩短了 1/2，制造周期缩短了 1/4（见表 2-16）。

表 2-16　采用 CAD/CAM 在数控机床上加工注射模节省的时间

项　目	消　耗　时　间　(h)	
	传统工作方式	采用 CAD/CAM 系统
模具设计	手工绘图	CAD 系统
	20	10
编制程序	—	6
铣削、车	14	3
准备工作	2.5	2.5
电火花加工	20	18

2）提高了模具精度和设计质量。

3）可以积累和检索模具设计和制造的经验。

使用 CAD/CAM 系统后，每一种模具设计图样、NC 数据、设计数据等均可自动存储起来。如再进行类似模具的设计和制造时，即可使用过去的数据，因而可大幅度地缩短设计、制造周期。

对于冲压件的回弹、折皱及裂纹、注射成形件的收缩率和变形等，可将过去所积累资料的分析结果进行反馈及修正，以提高其精度。

4）降低了成本。

引入模具 CAD/CAM 的经济、技术效益是多方面的，除了上述四个基本方面外，还可引起其他综合效益，如增强企业的竞争能力和应变能力等。

（二）模具 CAD/CAM 系统介绍

1. CATIA 和 CADAM 系统

采用 CAD/CAM 系统进行模具设计和制造时，首先要考虑模具的特征及模具的种类，并使 CAD/CAM 系统与之相适应。表 2-17 列出了 IBM 公司的用户开发的高功能模具 CAD/CAM 系统。表 2-18 为该系统用的 CATIA 和 CADAM 的主要功能，包括数据库、形状定义处

表 2-17　IBM 公司的用户主要开发的 CAD/CAM 系统

完成年度	公　司　名　称	系　统　名　称	适　用　业　务
1967 年	通用汽车公司（美国）	CADANCE	汽车、车体设计
1967 年	洛克西德公司（美国）	CADAM	飞机、设计制图、数控加工
1968 年	麦克唐纳·达格拉斯公司（美国）	DADD	飞机、设计制图
1970 年	日产汽车公司	BLD	汽车、线型图
1973 年	日本钢管公司	NASD	造船、船体设计、数控加工
1975 年	大林组公司	SPACE	建筑、楼房设计

（续）

完成年度	公司名称	系统名称	适用业务
1977年	日产汽车公司	CADII	汽车、车体设计
1978年	三菱重工公司	NUPIMAS	原子能发电设备、配管
1979年	丰田汽车公司	CADETT	汽车、车体设计
1980年	东洋工业公司	GNC2/CADAM	汽车、车体设计
1981年	达索公司（法国）	CATIA/CADAM	汽车、车体设计

表 2-18 CATIA、CADAM 的主要功能

CATIA	CADAM
3维模型化 布局的研究 零件的存放、干涉研究 粗细管子的配置 形状生成	设计、制图 布局的研究 有关制图的各种研究 绘制零件图 绘制装配图
曲面的定义（包括倒角） 自由曲面模型的数值表示 曲面的光滑处理 绘制剖面图 曲面相交计算	数控 $2\frac{1}{2}$维数控刀具轨迹计算
	有限元素分析输入制作
数控 曲面切削刀具轨迹的计算	
连杆机构解析	
形状解析 物性计算	

理、数控处理、会话功能等。目前，CATIA 和 CADAM 在模具 CAD/CAM 系统中已开始应用。

在模具设计、制造和加工技术方面积累的许多技巧，在采用模具 CAD/CAM 系统进行模具设计和制造时，这些技巧应该成为设计人员、技术人员、现场操作人员随时可取用的必要信息。同时，把企业积累的经验、模具设计和制造的顺序、标准图样等也都存储在工程数据库中，随时可取出使用，这是最重要的。

能否将迄今为止所积累的经验，有效地运用在模具的设计和制造中，这是 CAD/CAM 系统成功与否的关键。

今后模具的发展趋于形状复杂，精度要求更高。为了在短时间内高精度地生产出形状复杂的模具，必须要有高功能的 CAD/CAM 系统，这类系统不仅能解决模具设计、制造中的一般问题，而且具备解决模具设计、制造中的难题的功能。如

1）转记差错。例如，由设计完成的图样输入给自动编程装置时所出现的错误，或是由人按图样抄写成零件表和材料表时的差错等。

2）以前的数据没有参考价值时。

3）模具设计任务急时。

4）用图样难以表示的复杂的立体形状时。

5）绘制展开图时所需要的图形转动、倾斜、剖面和比例图时。

6）为便于分析产品成形方位，需要在图面转动产品方位时。

7）不能充分分析模具的图形干涉时。

8）经验丰富的设计师人数很少时：①由于设计、制造时间过短，未能研讨而出现设计错误；②一旦在外厂订货，就不能积累模具的技能（本企业的力量有限）时。

9）数据向设计部门反馈差时。

10）模型的加工精度差时。

以上列举的难题，几乎都可以通过采用CATIA和CADAM的CAD/CAM系统和应用体制而得到解决。

模具的种类很多，而模具CAD/CAM系统也分为冲压型，注射成型型、玻璃成型型等。表2-19为模具的种类与主要产品实例。

表 2-19 模具的种类与主要产品实例

冲压模	CATIA/CADAM
汽车外板	CATIA/CADAM
汽车内板	CATIA/CADAM
家用厨房水槽	CATIA/CADAM
电话机形状	CATIA/CADAM
注射成型模	
电机、电子产品（键盘外壳、录像 机外壳、冰箱外壳、……）	CADAM/CATIA
精密机械（照像机外壳、钟外壳、……）	CADAM/CATIA
汽车零件（计数盘、车档、……）	CATIA/CADAM
玩具	CADAM/CATIA
压铸模	CATIA/CADAM
玩具	CATIA/CADAM
汽车零件	
橡胶模	
轮胎	CATIA/CADAM
玻璃模	
显示屏（电视机、……）	CATIA/CADAM
跳步模	
电机、电子零件（开关、……）、其他	CADAM/CATIA

2. 冷冲模CAD/CAM系统

图2-114是冷冲模CAD/CAM系统的设想。图2-115是该系统的主要流程图。冷冲模设计、制造的顺序如下：

（1）产品图形的输入　首先用CATIA或CADAM将CAD/CAM系统中的产品形状、产品图样写入数据库中，一般这种输入是指产品图形的输入和由数字化仪读入胶片图的数据，将

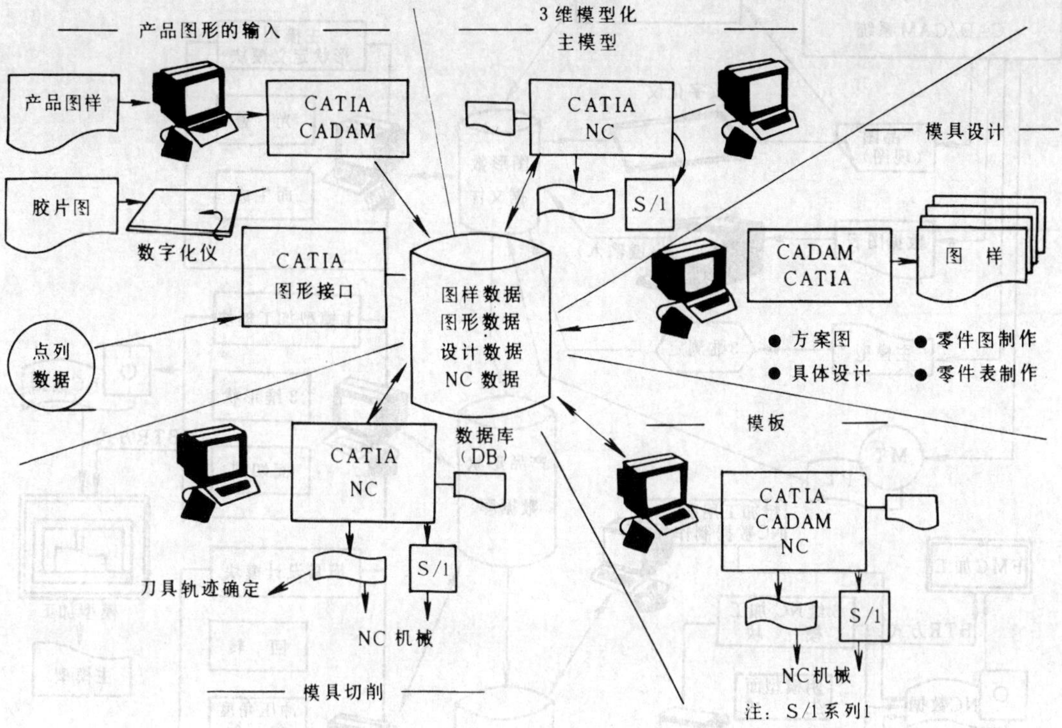

图 2-114 冷冲模 CAD/CAM 系统的设想

来会采用由磁带输入点列数据的方法，因此要求 CAD/CAM 系统要具有处理多种输入数据的功能。

（2）3 维（3D）主模型的制作　利用所输入的数据，以会话方式在图形显示器上，一边显示已定义的图形，一边定义 3 维形状。

为了检验 CAD/CAM 系统所定义的 3 维模型的正确性和精度，用 NC 加工实际尺寸的石膏模型是一个重要步骤，因为这时所做的 3 维模型数据在下一道工序中要用，因此必须十分准确定义（可以说是下一道工序的基础）。

（3）模具设计　用 3 维主模型和产品图样来进行模具设计。这种设计如采用 CADAM 效率是高的。首先分析经 NC 加工的 3 维主模型，然后拟定型体加工的方案。取主模型截面，研究制作模具的几个过程：绘图、制表、冲孔、切边等，制成方案图。再将方案图中的 3 维数据改成 2 维数据，使用 CADAM-CATIA 接口输送到 CADAM，由 CADAM 进行模具的详细设计，并制成零件明细表，但标准形状则可用宏几何功能以交互方式通过参量处理进行图形定义。

模具的详细设计、零件明细表的制作均离不开 CADAM 的快速响应及宏几何等功能，因此采用 CADAM 方法时效率较高。

因此，如能实现一定程度的标准化，赋予参量以变数，图形显示在 CRT 屏幕上，则能够大幅度地缩短设计周期。

（4）模具的 NC 加工　在数控加工之前，首先按照设计信息（设计图样、零件表等），确

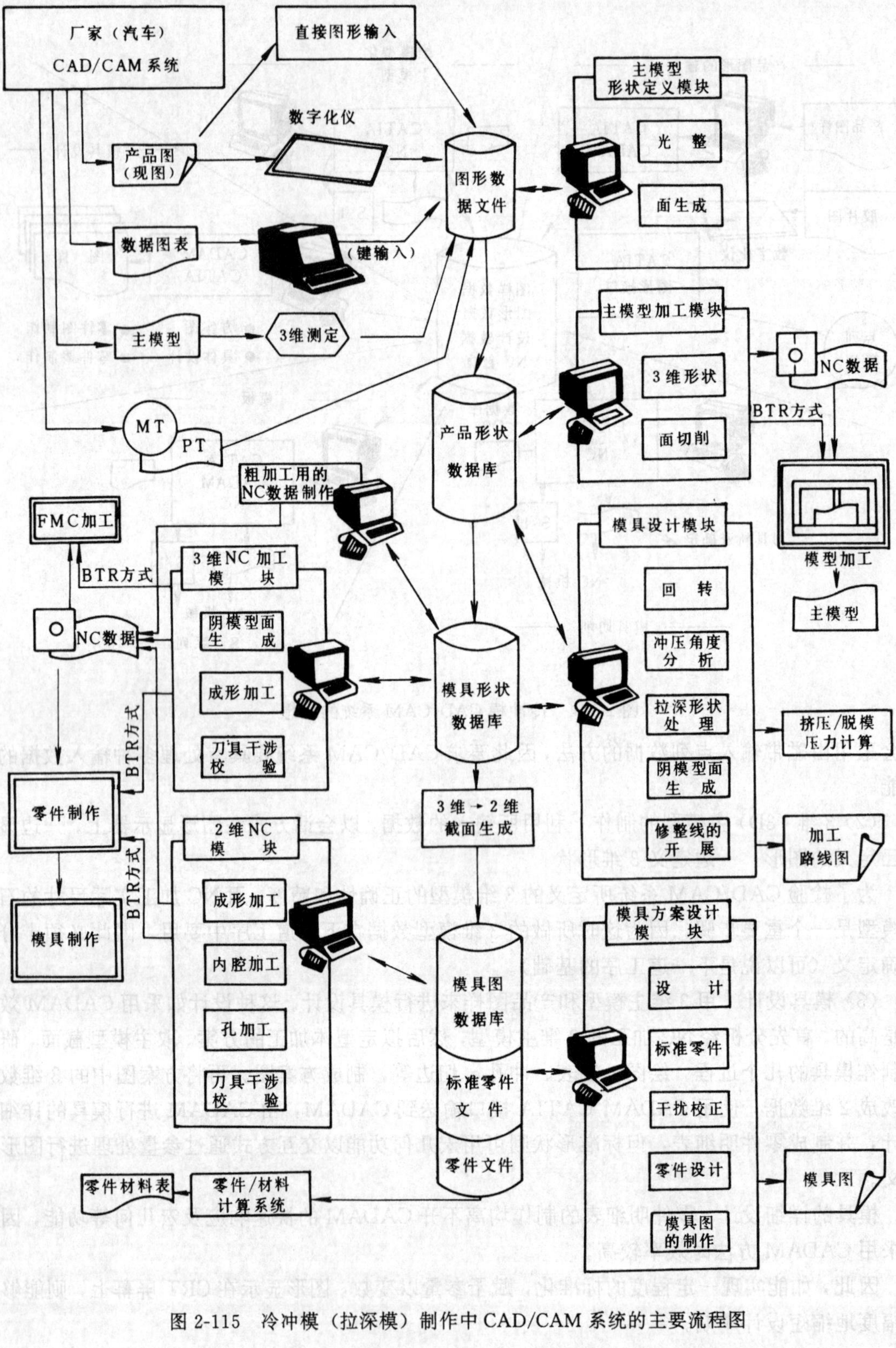

图 2-115 冷冲模（拉深模）制作中CAD/CAM系统的主要流程图

定外购件、自制件、外定货件等，并编制工艺方案，决定自制件的加工方法。

NC 加工的部分，因它们的模型数据已存储在数据库中，将数据取出后，通过 CATIA（3 维 NC 加工/2 维 NC 加工）和 CADAM（2 维 NC 加工）编制出 NC 的刀具轨迹。尤其对于 3 维形状的切削来讲，采用 CATIA 编制 NC 的刀具轨迹效率更佳。

编制出的刀具轨迹数据通过 APT-AC 作成 NC 数据纸带。

(5) 模板　在需要制作模板时，要用 CATIA 数据库中的 3 维模型，先绘出制作模板必用的断面图，然后用 CATIA-NC 或 CADAM-NC 进行切削加工。

此外，我国开发了冷冲模微机 CAD/CAM 系统（CPDS）。它以 IBMPC/AT、XT 及国产长城系列机 GW052C-H、GW286CAD 工作站为硬件基本支持环境，以目前国内外最流行的功能较强、交互性能较好的美国 AUTODESK 公司出版的 AutoCAD2.18 版为基础开发的。此系统由独立的系统菜单管理。它包括 15 个 CAD/CAM 功能模块和一个冷冲模国标图库，一个冷冲模标准数据库，两个专用符号库和一个数字化菜单。其 15 个功能模块是：刃口计算；图形编辑；条料优化排样；压力中心计算；图形尺寸代真；曲线定义与计算；曲面定义；曲面计算；曲面显示；刀具选择与后置文件处理；线切割机床 B 格式代码转换；后置处理；汉字（词）生成；文档报表；用 AutoLISP 语言扩充的曲线命令文件等。

该系统是一个面向用户开放式系统。为满足不同设计制造要求，用户还可任意扩充 CAD/CAM 功能模块，统一在同一系统菜单下进行管理。

这些功能模块是根据冷冲模设计制造要求设计的。例如，刃口计算是根据选择的工件精度、模具类型、材料种类、断面质量、磨损后的尺寸变化、模具间隙系数、标称尺寸类型以及输入的工件厚度、标称尺寸的上下偏差、算得的模具磨损系数、最小及最大间隙、凸凹模标称尺寸与偏差等，并输出全部结果。

图形编辑功能包括对样件外轮廓图形元素进行排序、对图形交切点的精确定位、对图形进行对称配置、做刀具轨迹图形等。

冲件排样功能包括定角度排样、列表优化排样、自动优化排样。排样方式有单排、双排、对头单排、对头双排。输出内容有排样图形、排样面积、步距、料宽、材料利用率等。

尺寸代真功能可以自动检索尺寸数据库信息、用检索出的实际尺寸信息代真图形文件中的符号尺寸，并输出全部代真结果，就是经过尺寸代真并装配好样件的图形。

冷冲模的 CAM 功能主要是完成冲裁模的线切割机加工编程、成形模造型以及三坐标铣削加工编程工作。对于其他模具及零件加工，这些功能都具有通用性。

CPDS 的 CAM 功能支持从图形数据直接转换为 NC 控制纸带，不像某些系统那样，需要一种程编语言来完成 NC 纸带的制作。这是系统的重要特点。例如，对于线切割机用 NC 带的处理，其直接的图形数据是加工轮廓的直线和圆弧数据。如果轮廓由列表点曲线数据组成，则应经过二次曲线拟合插值处理后用所得的直线段数据来完成。成形模的三维曲面造型是用代表不同截面的列表点数据来实现的，不同截面的列表点数据画在不同的图层上，因而，用二维图形软件就有效地解决了三维造型问题。曲面造型以线架结构的轴测图显示在图形显示器上或由绘图机绘出，供用户检查。三维曲面的前置处理将给出插值点的位置矢量 X、Y、Z 值和法矢量 P、Q、R 值。纸带编辑允许用户根据所使用的 NC 装置命令要求，插入有关的控制命令，并能对程序段进行修改。代码转换具有 3B、4B、5B、ISO、EIA 与 ASCII 代码之间的转换功能。纸带检查是通过与原文件数据的比较完成的。

三维曲线和曲面功能是 AUTOCAD 图形软件支持不了的，结合冷冲模设计制造的需要，CPDS 扩充了这些支持功能。

冷冲模标准图形库是用 AutoCAD 绘制的冷冲模标准图形集，完全符合国家标准图册规定。用户可仿效 CPDS 和 PC-MECADS（微机机械 CAD/CAM 系统）有关建图库的方法建立自己的专用库，以提高专用 CAD/CAM 系统的使用效率和水平。

该系统成套包括：冷冲模 CAD/CAM 系统（包含 NCP 系统）；AutoCAD2.18+1#菜单+PLSR6602.DRV；系统开发工具（FORAUT、汉字生成、文档报表管理、物性计算）。该系统具有两个版本：IBMPC/AT（XT）上运行的英文版和长城系列机上运行的 GW 中文版。

3. 注射成型模 CAD/CAM 系统

图 2-116 是注射成型模 CAD/CAM 的系统。图 2-117 是该系统的工作流程图。

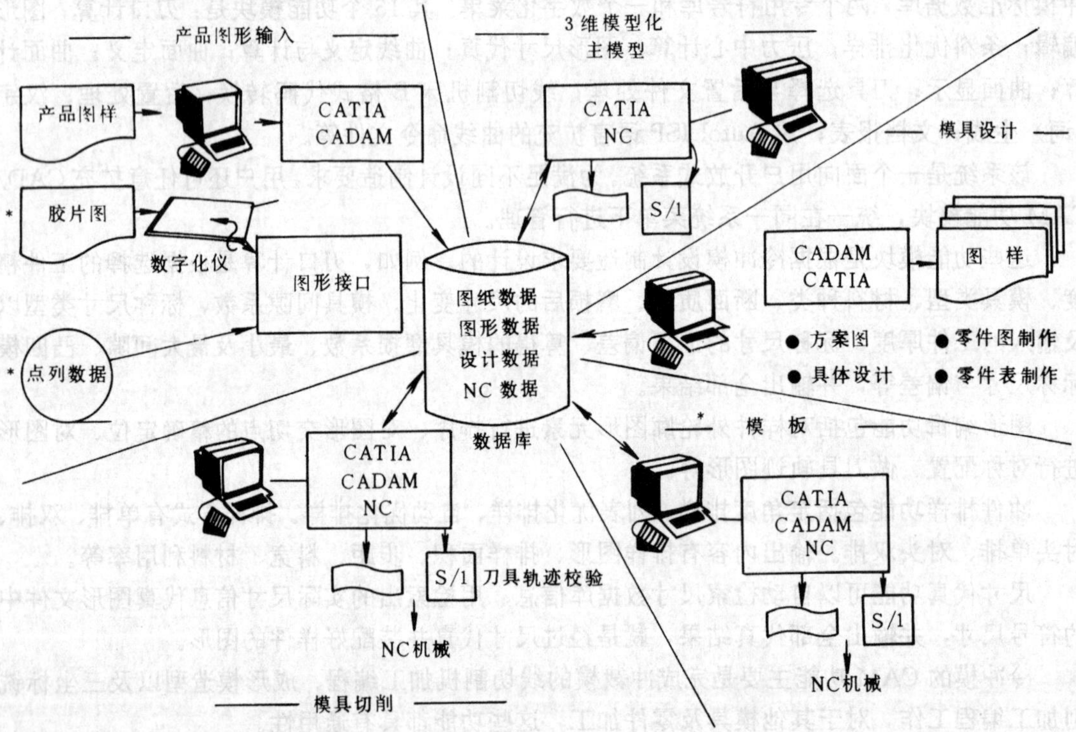

图 2-116　注射成型模 CAD/CAM 系统

注射成型模具的 CAD/CAM 系统基本上是以冷冲模 CAD/CAM 系统为标准，但是，注射成型与冲压加工的塑性变形不同，因此，有如下一些特殊项目需要加以探讨：①成型性的评价；②收缩率的研究；③分型面的设定；④拔模斜度；⑤排气的处理方法；⑥浇口位置；⑦脱模方式；⑧抽芯方式；⑨温度调节。

在探讨了这些项目后，才能进行模具的结构设计以及内腔、模底板和电极的设计，对于注射成型模的 CAD/CAM 系统来说，需要具备这样的功能。

4. 级进模的实例

级进模是结构复杂、难以制造的典型模具。级进模的设计和制造一般要有高度的技术和

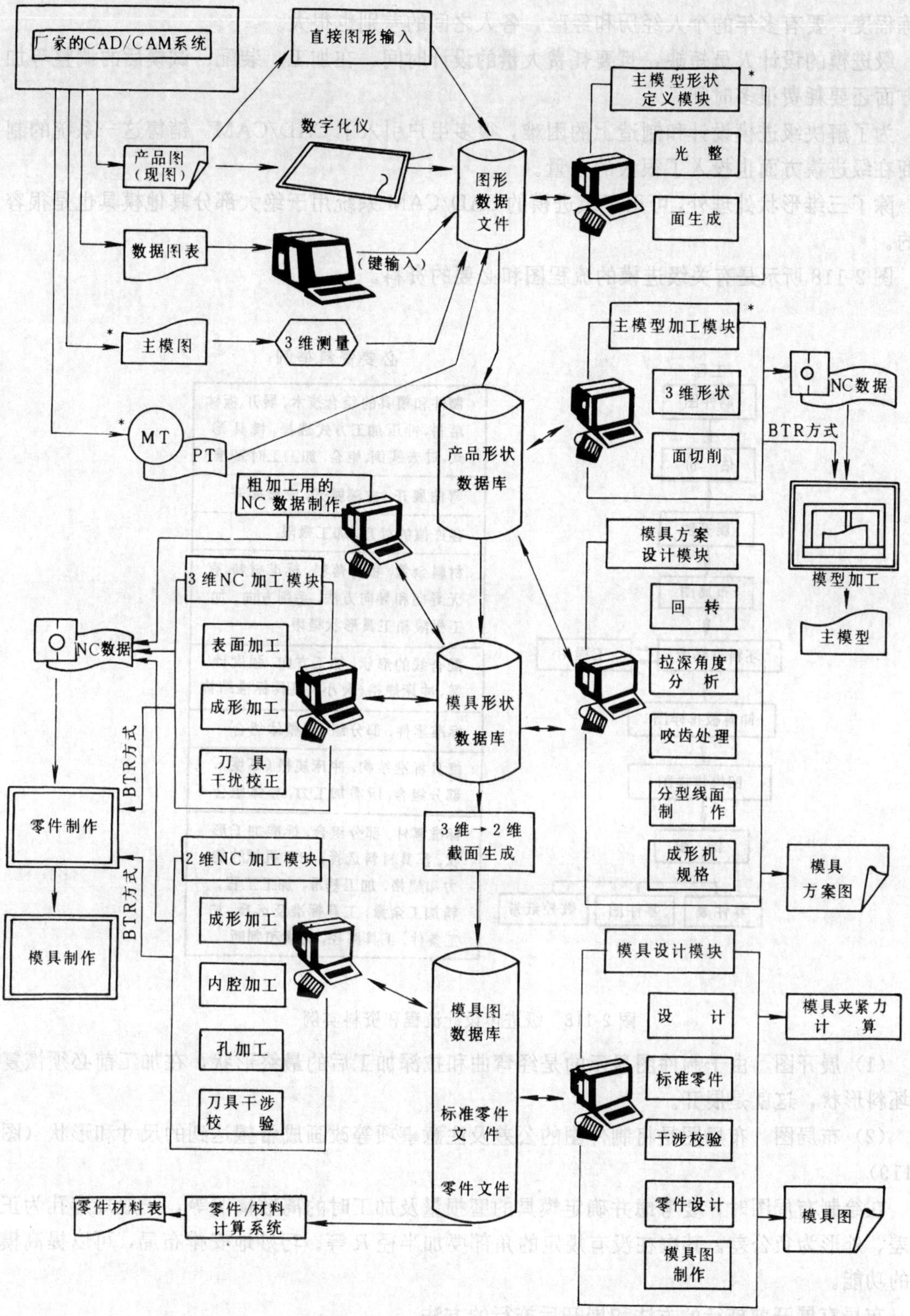

图 2-117　CAD/CAM 在注射成型制作中的工作流程

熟练程度，要有多年的个人经历和经验，各人之间的差别也很大。

级进模的设计人员短缺，且要耗费大量的设计时间，在加工、装配、试模后的调整等加工方面还要耗费很多时间。

为了解决级进模设计和制造上的困难，很多用户引入了 CAD/CAM。销售这一系统的制造商在级进模方面也投入了很大的力量。

除了三维形状处理外，可用于级进模的 CAD/CAM 系统用于绝大部分其他模具也是很容易的。

图 2-118 所示是有关级进模的流程图和必要的资料。

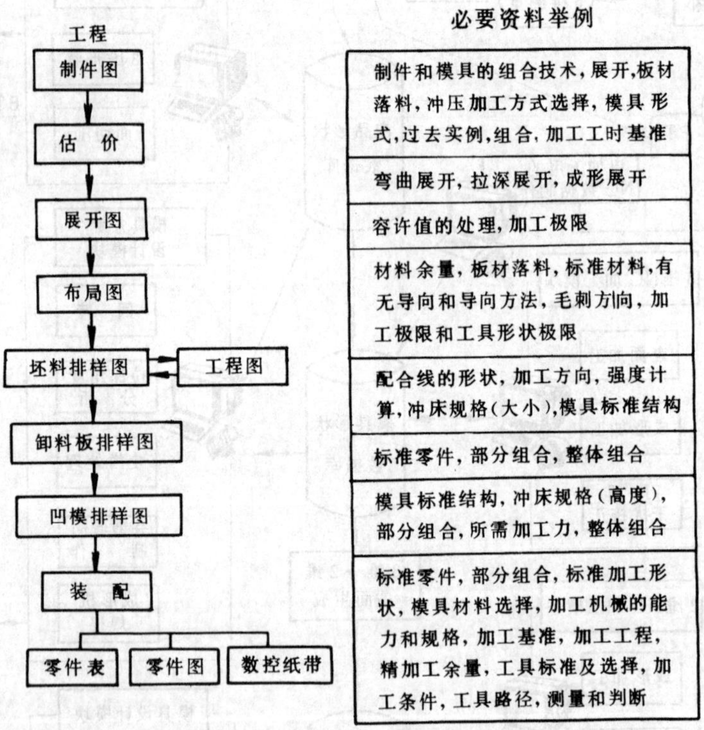

图 2-118　级进模设计流程和资料实例

（1）展开图　由于制件图显示的是经弯曲和拉深加工后的最终形状，在加工前必须恢复成坯料形状，这就是展开。

（2）布局图　布局图是将制件图的公差及注意事项等改画成希望达到的尺寸和形状（图 2-119）。

在绘制布局图时，要考虑并确定模具的磨损量及加工时的离散情况等，一般规定孔为正公差、外形为负公差。其次在没有规定的角部要加半径 R 等。巧妙地安排布局，可以提高模具的功能。

布局有展开前施行的方法和展开后施行的方法。

（3）坯料排样　在坯料之间设置适当的间隔进行排列的图样称之为坯料排样图（图 2-120）。在这一坯料排样图的适当位置上配置制作工程图的刃口形状，就成为卸料板的排样或

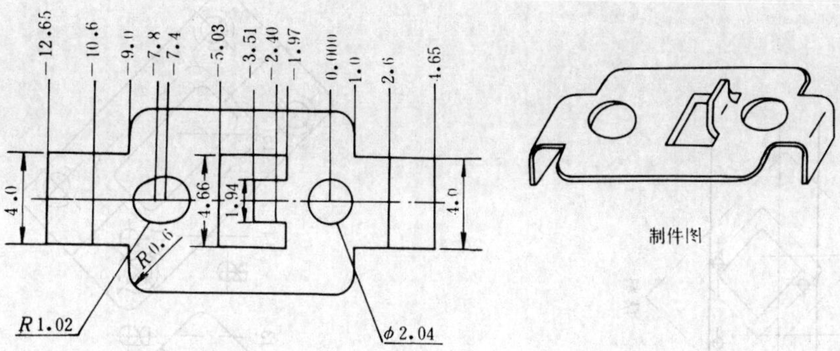

图 2-119　展开图

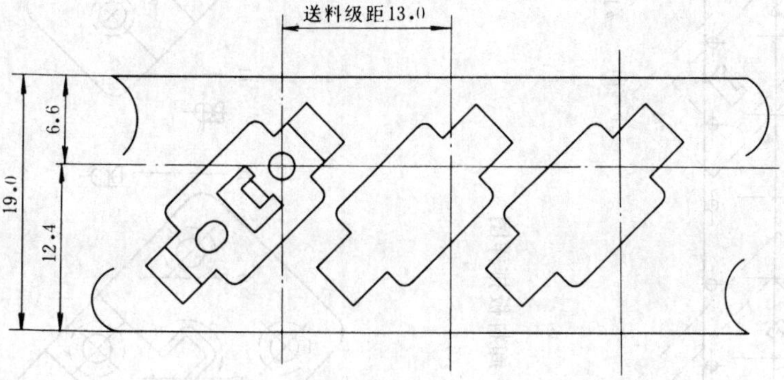

图 2-120　坯料排样图

凹模的排样。用人工绘制坯料排样图非常麻烦，用 CAD 则非常容易。

（4）工程图（刃口拼块图）　级进模分为若干个工位进行加工，这些工位可重叠绘制，但要就工步是否齐全、程序是否有问题、凸模形状应怎样等作出决定（图 2-121）。

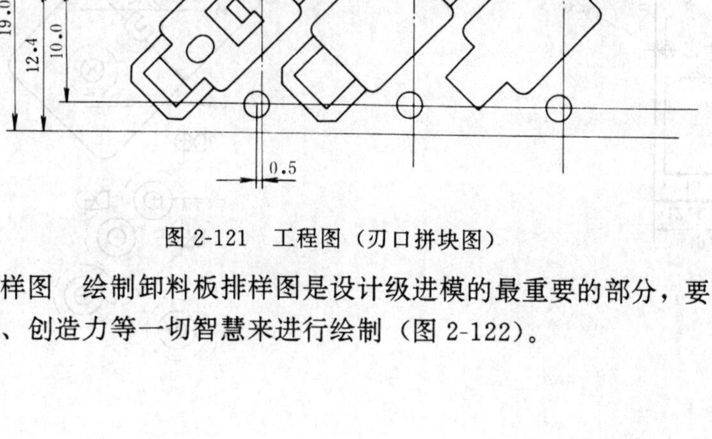

图 2-121　工程图（刃口拼块图）

（5）卸料板排样图　绘制卸料板排样图是设计级进模的最重要的部分，要凭借设计者的经验，过去的实例、创造力等一切智慧来进行绘制（图 2-122）。

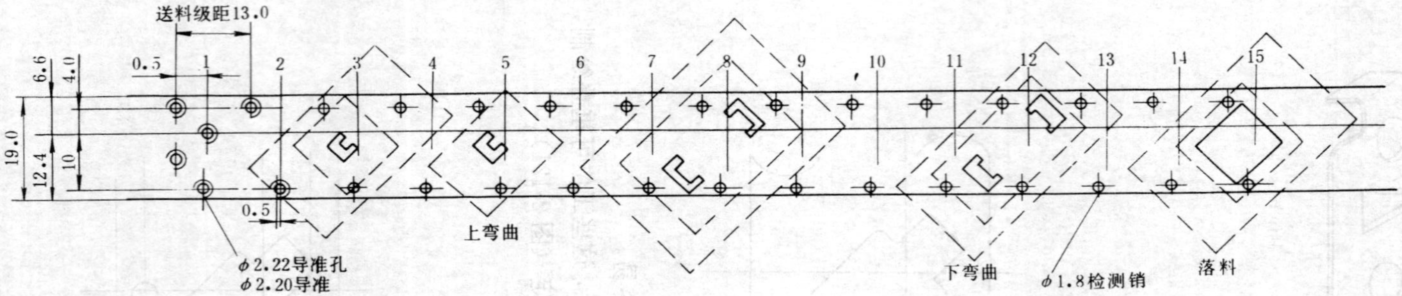

图 2-122　卸料板排样图

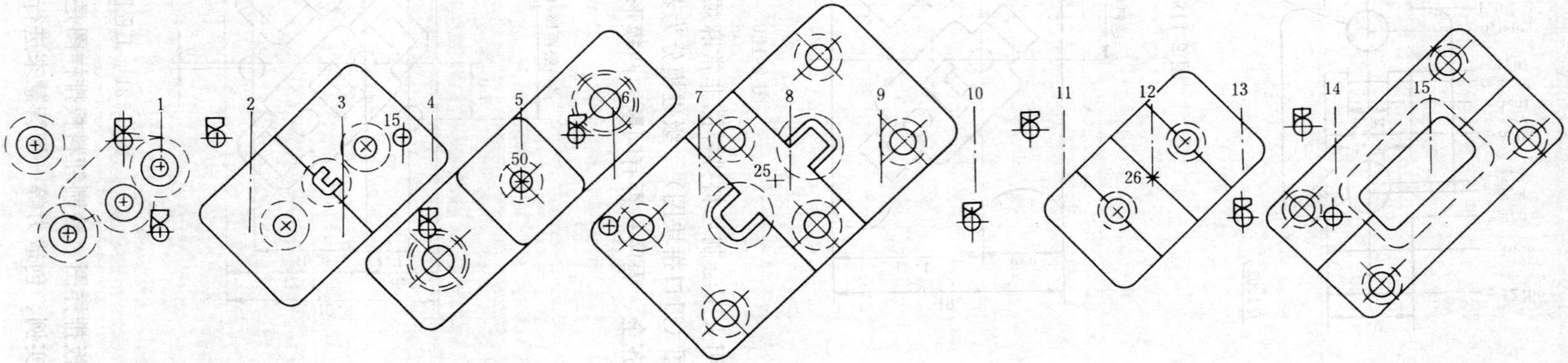

图 2-123　凹模排样图

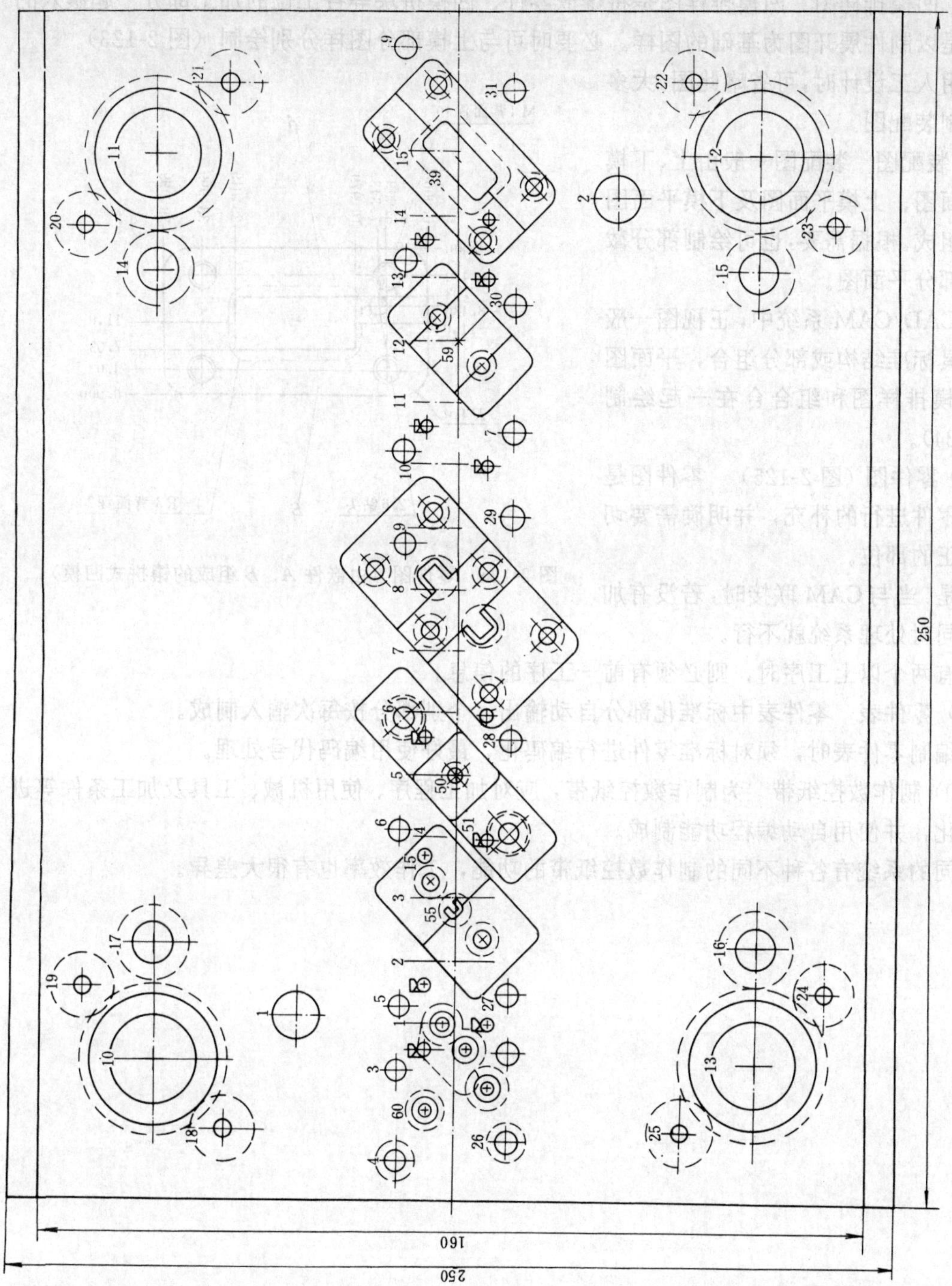

图 2-124 装配图（下模平面图）

因此，要自动处理这一工作是不可能的，脱离CAD/CAM系统而用其他方式进行，则要用对话形式按设计者的意图进行绘制。

(6) 凹模排样图　凹模排样图是将镶嵌零件、凹模拼块等各工位的加工部分一起镶入的图，它是以制件展开图为基础的图样。必要时可与上模部分图样分别绘制（图2-123）。

若用人工设计时，可省略此图，大多直接绘制装配图。

(7)装配图　装配图一般由上、下模对合截面图、上模平面图及下模平面图三部分组成。根据需要，也可绘制部分截面图和部分平面图。

在CAD/CAM系统中，正视图一般使用模具标准结构或部分组合，平面图则由凹模排样图和组合合在一起绘制（图2-124）。

(8) 零件图（图2-125）　零件图是对标准零件进行的补充，并明确需要切除及修正的部位。

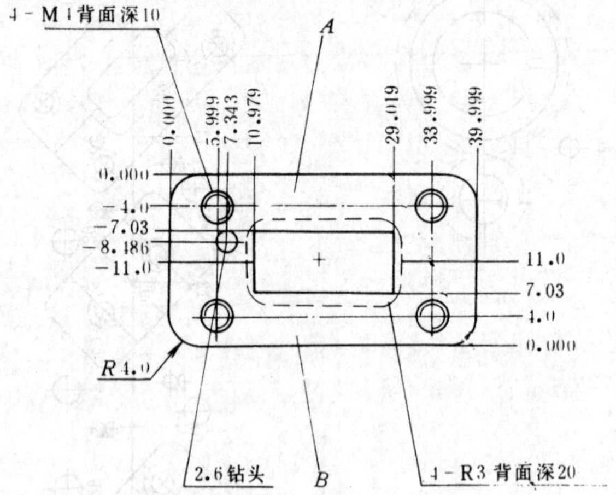

图2-125　零件图（由嵌件A、B组成的镶拼式凹模）

但是，当与CAM联接时，若没有加工信息同时处理系统就不行。

当有两个以上工序时，则必须有前一工序的信息。

(9) 零件表　零件表中标准化部分自动输出，个别部分按每次输入制成。

在编制零件表时，须对标准零件进行编码化，最好使用编码代号处理。

(10) 制作数控纸带　为制作数控纸带，应对加工程序、使用机械、工具及加工条件等进行标准化，并使用自动编程功能制成。

不同的系统有各种不同的制作数控纸带的功能，工作效率也有很大差异。

第三章　模具的特种加工

随着工业生产的发展和科学技术的进步，具有高熔点、高硬度、高强度、高韧性的新型模具材料不断涌现，而且结构复杂和工艺要求特殊的模具也越来越多。这样，仅仅采用传统的机械加工方法来加工各种模具，就会感到十分困难，甚至无法加工。因此，人们除进一步完善和发展模具机械加工方法外，还籍助于现代科学技术的发展，开发了一种有别于传统机械加工的新型加工方法——模具特种加工，也称电加工或非传统加工。

模具的特种加工与机械加工有本质不同，它不要求工具材料比工件材料更硬，也不需要在加工过程中施加明显的机械力，而是直接利用电能、化学能、光能和声能对工件进行加工，以达到一定的形状尺寸和表面粗糙度要求。模具特种加工的内容很多，主要包括电火花成形加工、电火花线切割加工、电解加工、电铸、电化学抛光、化学加工、激光加工、超声波加工等。

目前，模具特种加工不仅有系列化的先进设备，而且广泛用于模具制造的各个部门，成为模具制造中一种必不可少的重要加工办法。

第一节　电火花成形加工

一、电火花加工的基本原理及特点

（一）电火花加工的基本原理

电火花加工的原理是基于工具电极与工件电极（正极与负极）之间脉冲性火花放电时的电腐蚀现象来对工件进行加工，以达到一定形状、尺寸和表面粗糙度要求。

早在 19 世纪初，人们就发现，电器开关的触头在断开或闭合时，会产生放电现象而使其接触部位烧蚀损坏。这种由于放电所引起的电极烧蚀现象，通常称为电腐蚀现象。长期以来，人们为了延长电器触头的使用寿命，曾对电腐蚀现象进行了大量的研究，并提出了许多有效的抗腐蚀办法。

与此同时，人们逐渐认识了产生电腐蚀的原因。当极间产生火花放电时，会在放电通道中产生大量的热，以致使电极表面的局部金属瞬时熔化和气化而被蚀除。此后，人们为了有效地利用电腐蚀现象对金属材料进行尺寸加工，曾做了大量的工作，并于 1943 年研制出第一台电火花穿孔机。

要将电腐蚀现象用于金属材料的尺寸加工，必须具备以下条件：

1）在脉冲放电点必须有足够的火花放电强度，即局部集中的电流密度须高达 $10^5\sim10^6A/cm^2$，使局部金属熔化和气化。

2）放电是短时间的脉冲放电。放电的持续时间为 $10^{-7}\sim10^{-3}s$。由于放电持续时间短促，放电时所产生的热量将来不及传散到电极材料内部，以保证良好的加工精度和表面质量。

3）先后两次脉冲放电之间，要有足够的停歇时间使极间介电液充分消电离，恢复其介电性能，以保证每次脉冲放电不在同一点重复进行，避免发生局部烧伤现象。

4）工具与工件之间始终维持一定的间隙（数微米至数百微米）。

5）极间充有一定的液体介质，并使脉冲放电产生的电蚀产物及时扩散、排出，使重复性脉冲放电顺利进行。

上述问题的综合解决，是通过图 3-1 所示的电火花加工设备来实现的。

（二）电火花加工的物理本质

利用电腐蚀现象进行尺寸加工时，电极表面的金属材料究竟是怎样被蚀除下来的？了解这个微观过程，将有助于我们掌握电火花加工的工艺规律以及提高电火花加工的工艺效果。

实际上，电火花加工的物理过程是非常短暂而又复杂的，每次脉冲放电腐蚀都是电动力、电磁力、热动力以及流体动力等综合作用的过程，并可大概地分为介质击穿和通道形成、能量转换和传递、电极材料的抛出、极间介质消电离等几个阶段。

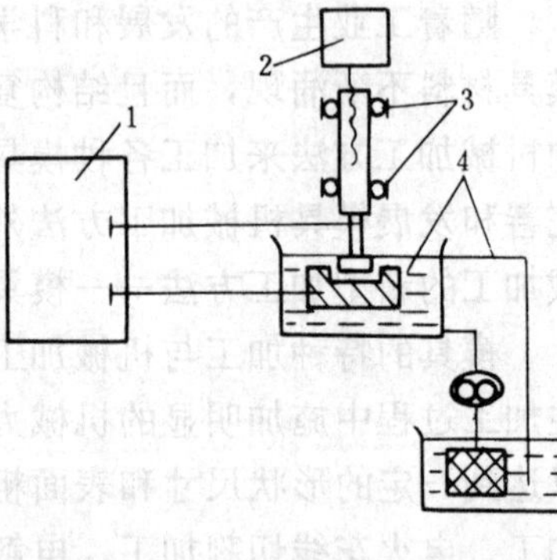

图 3-1　电火花加工设备示意图

1—脉冲电源　2—放电间隙自动调节器
3—机床床身　4—工作液及其循环系统

1. 介质击穿和通道形成

电火花加工一般都是在液体介质中进行的。当脉冲电压施加在工具电极与工件之间时，将会在极间产生电场。由于极间距离甚小以及电极表面的微观不平，极间电场是不均匀的。极间介电液中的杂质则会在极间电场作用下，向电场较强的地方聚集，进而引起极间电场的畸变。当极间距离逐渐缩小或是极间脉冲电压不断增大时，极间某一距离最小的尖端处（电场强度最大处）电场强度将超过极间介电液的介电强度，而发生雪崩式的碰撞电离，并发展成放电通道。此刻，极间电阻在很短的时间内（10^{-7}～10^{-5}s）从绝缘状态急速下降到数欧姆以下，而电流则随即急剧上升，极间脉冲电压也相应地迅速降至火花维持电压。

极间介电液被击穿后所形成的放电通道，实际上是高温、高压的电离气体（即等离子体），受电磁场约束，这个内部高压将极力使放电通道沿径向膨胀，周围瞬时形成的分子团（以后发展成气泡）也要急速扩展。放电通道在扩展过程中，一方面受到周围液体介质惯性的压缩效应作用，另一方面还受到放电通道自生磁场的箍缩效应作用，致使放电通道不可能很快扩展而成为一个十分细小的通道。放电通道的截面很小，使通道中的电流密度高达 10^5～10^6A/cm^2，通道中心温度可达 10000℃以上。

此外，在击穿放电过程中，还伴随着通道等离子体振荡、气泡振荡以及光辐射、射频辐射、声辐射等物理现象的发生。

2. 能量转换、分布与传递

极间介质一旦被击穿放电，电源就通过放电通道瞬时释放能量，把电能转换为热能、动能、磁能、光能、声能以及电磁波辐射能等。其中大部分转换为热能，用于加热两极放电点和极间放电通道，使两极放电点的金属局部熔化或汽化、通道周围的介质汽化和热分解，还有一些热量将在传导和辐射过程中耗散掉。转换为动能部分的是以电动力、电场力、电磁力、流体动力、热波压力、机械力等综合作用形式的放电力，这些力在放电间隙中起作用，使电极放电点汽化或熔化的部分电蚀产物抛离电极表面，或者转移到对面的电极上去。还有少部分能量在放电过程中以光、声、无线电波等形态耗散掉。

热能与电火花加工虽然有着密切关系，然而由电能转换成的热能并非全部集中在工件表面用于加工，而是分配在阳极表面、阴极表面以及极间放电通道等三个部分，其中只有分配在工件电极表面的热能才有助于工件材料的蚀除。能量分配（或称能量传递）给电极表面主要有下列几种形式：

1）在电场作用下，带电粒子（电子或正离子）对电极表面（阳极或阴极）的高速轰击。

2）电极材料汽化喷爆时所形成的蒸气炬对相对电极表面的冲击。

3）放电通道的热辐射。

4）放电通道中高温气体质点对电极表面的热冲击。

在上述四种传递能量的形式中，带电粒子对电极表面的高速轰击是主要的。在放电过程中，通道中的大量电子在电场作用下奔向阳极，并以很高的速度轰击阳极表面，将动能变成热能。而通道中的正离子则在电场作用下奔向阴极，也以很高的速度轰击阴极表面，将其动能转变为热能。在这一传递过程中，带电粒子数愈多，所传递的能量也愈多。

传递给两极的能量转化为热能，在电极表面放电点形成一个瞬时高温热源。按照热传导理论，高温热源必然向周围和内部传递热量，放电点处温度最高，远离放电点处温度低，形成一个温度场。其温度超过电极材料汽化点的区域，便是汽化区；而温度低于汽化点，但高于材料的熔点的区域，即为熔化区；熔化层下面的是热影响层，其材料仅出现温度升高，但并不改变物质的状态；再远离高温热源的区域，为无变化的材料基体（图 3-2）。

3. 电极材料的抛出

传递给电极上的能量在放电点形成一个瞬时的高温热源，这个高温热源使放电点附近的局部金属瞬时熔化和汽化。由于这一过程十分短促，金属的熔化和汽化具有爆炸特性，爆炸力将把熔化和汽化的金属抛离电极表面，并在电极表面留下一个小凹坑。高速摄影研究结果表明，金属的抛离速度可达 100～200m/s。

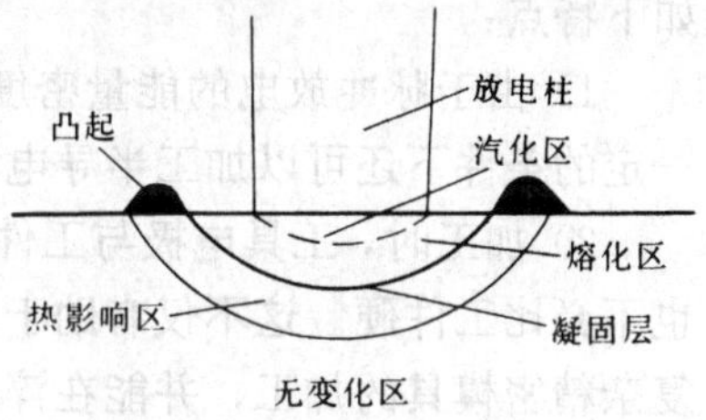

图 3-2　放电痕剖面示意图

其实，电极材料的抛出过程远比上述情况复杂得多。在脉冲放电初期，高温热源使电极放电点部分材料汽化，在汽化过程中，产生很大的热爆炸力，使被加热至熔化状态的材料挤出或飞溅。电极蒸气、介质蒸气以及放电通道的急剧膨胀，也会产生相当大的压力，参与熔融金属的抛出过程。脉冲放电初期，这种热爆炸力的抛出作用是显著的。在脉冲放电持续期间，放电通道中的带电粒子将在电场作用下形成电子流和离子流，分别冲击阳极和阴极表面，产生很大的压力，使放电点的局部金属过热。而过热的熔融金属内部又会形成汽化中心，引起汽化爆炸，把熔融金属抛出。实际上，放电通道中的等离子体振荡也会导致带电粒子流的冲击压力变化，导致过热熔融金属的喷爆。

在脉冲放电结束之后，由于流体动力作用，熔融金属还会额外抛出一部分。因为放电过程所产生的气泡，会因内部压力高而迅速向外扩展。当脉冲放电结束之后，会因液体运动惯性而继续扩展，加上气泡壁上蒸气的冷凝，致使气泡内压力急剧降低，甚至大大低于大气压力。从而使高压力下溶解在熔融金属中的气体喷爆而出，并使熔融金属随同金属蒸气再次从放电凹坑中抛出。

总之，电极材料的抛出是热爆炸力、电动力、流体动力等综合作用的结果。蚀除的金属除一部分以气相抛出外，大部将是以液相抛出。

被抛出的金属蒸气和液滴，一部分飞溅转移在两极表面，而大部分被抛入极间液体介质中，由于表面张力和内聚力的作用，迅速冷却凝聚成球状颗粒而成为电蚀产物的一部分。电极表面经过一次放电而蚀除了一部分金属材料，并留下一个盆地状的微小凹坑。

4. 极间介质的消电离

一个脉冲放电结束后，极间电场急速减小到零，碰撞电离也随之停止，而且放电通道会因消电离过程（即通道中的正负带电粒子复合成中性粒子的过程）而使通道中的带电粒子数急速减少，并逐渐恢复极间介电液的介电性能。

必须指出，正负带电粒子的复合速度还是比较快的，极间电导将在很短的时间内减小，并趋近于零。但是，正负带电粒子的复合和极间电导的减小，并不等于极间介电性能的恢复。因为放电所产生的电蚀产物（包括气泡）在极短的时间内还来不及扩散和排出，放电通道中的热量也来不及传散。介质的高温和介质中混有大量电蚀产物，都会大大降低其介电能力。因此，在电火花加工过程中，为了保证加工的正常进行，在先后两次脉冲放电之间一般都应有足够的脉冲停歇时间，其最小脉冲停歇时间的选择，不仅要考虑介质的消电离极限速度，而且还要考虑放电通道中的热量传散以及电蚀产物的扩散。

（三）电火花加工的特点

电火花加工是利用脉冲放电时的电腐蚀现象来进行尺寸加工的，它与机械加工相比，有如下特点：

1）由于脉冲放电的能量密度很高，故可以加工任何硬、脆、韧及高熔点的导电材料，在一定的条件下还可以加工半导电和非导电材料，从而扩大了模具材料的选用范围。

2）加工时，工具电极与工件不接触，二者之间不存在明显的宏观作用力，而且工具材料也不必比工件硬。这不仅有助于工具电极的制造，而且也有利于包括小孔、窄槽在内的各种复杂精密模具的加工，并能在淬火之后进行。

3）脉冲放电的持续时间短，放电时所产生的热量传散范围小，工件表面的热影响区也很小。

4）脉冲参数能在一个较大范围内调节，故可以在同一台机床上连续进行粗、中、精及精微加工。精加工时的精度能控制其误差小于±0.01mm，表面粗糙度为R_a0.63～1.25μm；精微加工时的精度可达0.002～0.004mm，表面粗糙度为R_a0.04～0.16μm。

5）直接利用电能进行加工，便于实现自动化。

二、电火花加工的基本规律

电火花加工的工艺效果如何，主要是用加工速度、加工精度、加工表面质量以及工具电极相对损耗等四个工艺指标来评价的。下面将分别来讨论影响这些工艺指标的主要因素。

（一）影响加工速度的主要因素

电火花成形加工的速度，是指在一定的规准下，单位时间 t 内工件被蚀除的体积 V 或质量 m。一般采用体积加工速度 v_V（mm^3/min），即

$$v_V = \frac{V}{t} \tag{3-1}$$

为了测定方便，有时也采用质量加工速度 v_m（g/min），即

$$v_m = \frac{m}{t} \tag{3-2}$$

这里说的规准，是指加工所用的一组脉冲参数。

在电火花成形加工中，工件材料被蚀除的速度是十分复杂的问题，影响的因素很多，主要有电参数、极性效应、工件材料的热学性质、工作液、排屑条件等。

1. 电参数

根据前面所讨论的电火花加工的物理本质可知，每个脉冲放电，都会在工件表面形成一个高温热源而使一定的工件材料蚀除，并在工件表面留下一个微小的凹坑。而且脉冲能量 W 愈大，传递给工件上的热量就愈多，被蚀除的材料也愈多，并近似于正比例关系。设单个脉冲蚀除的材料量为 V_i，则有

$$V_i = KW \tag{3-3}$$

根据叠加原理，一分钟重复脉冲放电的蚀除量（即加工速度）v_V 为

$$v_V = \sum V_i = 60fKW\lambda \tag{3-4}$$

式中 v_V——加工速度，即一分钟内的蚀除量（mm^3/min）；

V_i——一个脉冲放电的蚀除量（mm^3/min）；

f——重复脉冲放电频率（s^{-1}）；

K——与电极材料、脉冲参数、加工极性以及排屑条件等有关的系数（mm^3/J）；

W——单个脉冲能量（J）；

λ——有效脉冲利用率（%）。

单个脉冲放电所释放的能量 W 取决于极间电压 $u(t)$、放电电流 $i(t)$ 和脉冲放电持续时间 t_{on}，即

$$W = \int_o^{t_{on}} u(t)i(t)\mathrm{d}t \tag{3-5}$$

实际上，击穿后的极间火花维持电压是一个与电极对材料及工作液种类有关的数值（如在煤油中用紫铜加工钢时约为 25V），而与脉冲放电压幅值、极间距离以及放电电流大小几乎无关。当采用矩形波脉冲时，单个脉冲放电能量实际上正比于脉冲电流幅值 I_m 和脉冲放电持续时间 t_{on}。矩形波脉冲放电电压与放电电流波形如图 3-3 所示。

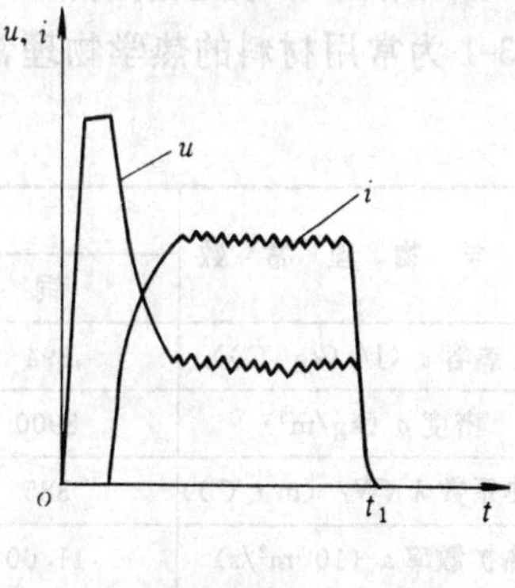

图 3-3 矩形波脉冲放电电压与放电电流波形

从上面的讨论可以得出如下结论：①电火花成形加工的速度，正比于单脉冲能量和脉冲放电频率；②用矩形波脉冲加工时，加工速度正比于脉冲电流幅值 I_m 和脉冲放电持续时间 t_{on}，亦即正比于平均放电电流。

2. 极性效应

在电火花加工过程中，无论是正极还是负极，都会受到不同程度的电腐蚀。即使是正负两极材料相同（如用钢电极加工钢工件），也往往会出现正负两极的蚀除速度不一样，这种由于极性不同而发生蚀除速度不一样的现象叫做极性效应。如果两极材料不同，则极性效应更加复杂。在生产实践中，我国通常把工件接脉冲电源正极时的加工称之为“正极性”加工；工件接负极时则称为“负极性”加工。

产生极性效应的主要原因是：正负两极表面分别受到电子和正离子的轰击，由于电子的

质量和惯性小，容易获得很高的加速度和速度，在击穿放电的初始阶段就有大量的电子奔向正极，并轰击正极表面而蚀除金属。正离子则因质量和惯性较大，起动较慢，在击穿放电的初期，大量的正离子尚来不及到达负极表面，所以传递给负极的能量要远远小于电子传递给正极的能量。因而在用短脉冲加工时，电子轰击作用要大于正离子的轰击作用，正极的蚀除速度必然要大于负极的蚀除速度。当用长脉冲加工时，质量和惯性大的正离子将有足够的时间加速，同样也有大量的正离子到达并轰击负极表面，正因为正离子的质量和惯性大，对负极表面的轰击破坏作用将大大超过电子对正极表面的轰击作用，此时负极的蚀除速度也必然要大于正极的蚀除速度。

极性效应不仅与脉冲放电持续时间有关，而且还与电极材料、单个脉冲能量等因素有关。

在生产实践中，为了提高加工速度和降低工具电极损耗，必须充分利用极性效应：

1）电火花成形加工必须采用单向脉冲电源。否则，采用正负双向脉冲电源将相互抵消其极性效应的作用。

2）正确选择加工极性。用 $t_{on}<20\mu s$ 的短脉冲进行精加工时，应采用正极性加工；用 $t_{on}>50\mu s$ 的较长脉冲进行粗、中加工时，应采用负极性加工。

3）用导热性好、熔点高的材料作工具电极，以利于降低工具电极耗损。

4）根据不同的脉冲放电能量，合理选用脉冲放电持续时间（即脉宽 t_{on}）。图 3-4 是二种不同材料在维持脉冲放电能量不变情况下，脉宽与蚀除量的关系曲线。每种材料都会有一个蚀除量最大的最佳脉宽，脉宽缩小会使大部分能量耗损在材料高温汽化上，增大脉宽则会使传散的热量增多。加工时应选用使工件材料蚀除速度最大的脉宽。

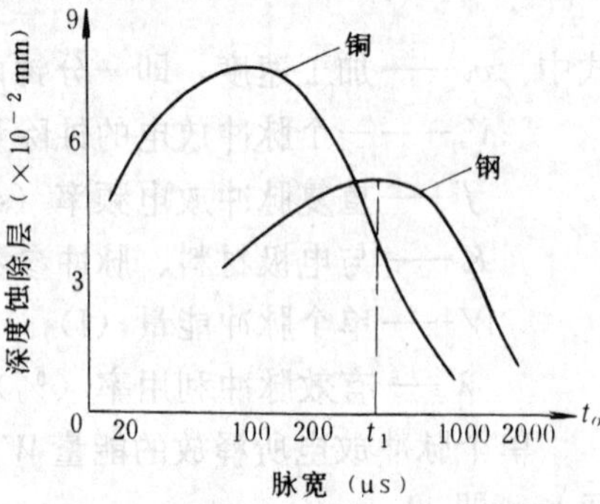

图 3-4　不同材料时脉宽与蚀除量的关系

3. 工件材料的热学常数

所谓热学常数是指熔点、沸点（汽化点）、导热系数、比热容、熔化潜热、汽化潜热等。表 3-1 为常用材料的热学物理常数。

表 3-1　常用材料的热学物理常数

热学物理常数	材料				
	铜	石墨	钢	钨	铝
比热容 c (J/(kg.℃))	394	1675	695	154	1005
密度 ρ (kg/m³)	8900	2200	7900	19300	25400
导热系数 λ (W/(m·℃))	385	49	34	151	205
热扩散率 a ($10^{-5}m^2/s$)	11.00	1.33	0.62	5.00	8.00
熔点 t_r (℃)	1083	3500	1527	3367	660
熔化潜热 q_r (kJ/kg)	180	—	209	159	385
沸点 t_f (℃)	2360	3700	2735	4830	2450
汽化潜热 q_p (kJ/kg)	3592	46055	6657	3391	9324

注：表中的导热系数为0℃时的数值。

脉冲放电时，正负电极放电点所获得的热能，除一部分传散到电极其他部分和工作液中外，其余部分将依次消耗在：①使局部金属材料温度升高至熔点；②使熔点时的固相材料熔化成液相材料，即熔化潜热；③使熔化的金属材料继续升温至沸点；④使熔融金属汽化，需相应的汽化热；⑤使金属蒸气继续加热成过热蒸气。

显然，当脉冲放电能量相同时，金属的熔点、沸点、比热容、熔化热、汽化热等愈高，电蚀量将愈少，加工速度就慢；另一方面，导热系数愈大的金属，由于热传导散失的热量较多，也会降低其本身的蚀除量。

4. 工作液

在电火花成形加工时，工作液的作用是：①介电作用。工作液一般都具有一定的介电能力，有助于产生脉冲式的火花放电，形成放电通道，放电结束之后又能恢复极间绝缘状态。②压缩放电通道，提高火花放电能量密度。③帮助电蚀产物的抛出和排除。④冷却工具与工件，并传散放电结束后的极间放电通道余热

介电性能好、密度和粘度大的工作液有利于压缩放电通道，提高放电的能量密度，强化电蚀产物的抛出效应。但粘度大则不利于电蚀产物的排出，影响正常加工。为了兼顾上述众多作用和粗精加工需要，目前普遍采用粘度小、流动性好、渗透性好的煤油作工作液。为了提高电火花加工的工艺效果，国内外都开发生产了电火花加工专用油，它是以轻质矿物油为基础，加上一定的重质矿物油和其他添加剂加工而成，无色无味，燃点也比较高。

用水做工作液时，加工速度高，但加工表面质量稍差。有关这方面的研究尚待进一步开发完善。

工作液对加工速度影响很大，因而有必要进一步研究开发新型的工作液，以满足模具电火花加工需要。

5. 排屑条件

在电火花加工过程中，极间局部区域电蚀产物（蚀除的金属微粒、热分解而形成的气泡与碳粒）浓度过高，加之放电引起的温度升高，常会影响加工过程的稳定性，以致破坏正常的火花放电，使加工速度降低甚至无法继续加工。为此，常常采用冲油、将工具电极定期地自动抬起、以及增大脉冲停歇时间 t_{off}、降低加工平均电流等措施，改善排屑条件，限制电蚀产物浓度过大，以保证加工稳定进行。

随着加工深度、加工面积的增大，或是加工型面复杂程度的增加，都不利于排屑而影响加工稳定性，降低其加工速度，严重时将会造成结碳“拉弧”，使加工难以继续进行，甚至把工件烧伤。

如果加工面积较小而采用的加工电流较大，即使是排屑条件良好，也会使局部电蚀产物浓度过高，放电点不能分散转移，放电后的余热来不及扩散而造成局部过热，破坏加工的稳定性。

（二）影响加工精度的主要因素

影响电火花成形加工精度的因素很多，主要有机床本身的制造精度、工具电极制造精度、工具与工件的装夹定位误差以及仿形加工过程所产生的放电间隙、电极损耗等。这里主要讨论与电火花成形加工工艺有关的仿形精度，包括尺寸精度和形状精度。

1. 尺寸精度

我们知道，电火花加工时，工具电极与工件之间都存在一定的放电间隙，如果加工过程

中放电间隙能保持不变，则可以通过修正工具电极尺寸来进行补偿，也能获得较高的加工精度。然而，放电间隙的大小实际上是变化的，并可用下述经验公式来表示

$$\delta = K_u u + K_t t^{-n} + K_R W^{0.4} + A_m \tag{3-6}$$

式中 δ——单面放电间隙（mm）；

u——脉冲电压幅值（V）；

t——脉冲电压延续时间（s）；

W——单个脉冲放电能量（J）；

K_u——与工作液介电强度有关的常数（mm/V）；在煤油中约为 5×10^{-4}mm/V；

K_t——与液体介质有关的常数（mm. s）；

n——与液体介质有关的常数；对于矿物油 $n=4$；

K_R——与加工材料有关的常数（mm/J），对于 Fe 为 0.25mm/J；对于 WC 为 0.14mm/J；对于 Cu 为 0.23mm/J；

A_m——机械因素引起的放电间隙扩大量（mm），约 0.003mm 左右。

除了间隙能否保持一致性外，实际上放电间隙大小也会直接影响加工精度，尤其是在加工复杂形状的工件时，间隙愈大，棱角部位电场不均的影响也愈明显。为了提高加工精度，应该采用小规准加工，以便缩小放电间隙。这样，不但可以提高仿形精度，而且小间隙时可能产生的间隙变化量也小。

电参数对放电间隙的影响是很大的，精加工时的单面放电间隙一般只有 0.01mm，而粗加工时的单面放电间隙可达 0.5mm 以上。

工具电极损耗大小，也会直接影响加工尺寸精度。

2. 形状精度

（1）斜度　电火花加工时侧面产生斜度，使上端尺寸大而底端尺寸小。这是由于“二次放电”和电极损耗而产生的，如图 3-5 所示。

所谓“二次放电”是指已加工的表面上，由于电蚀产物的混入而使极间实际距离减小或是极间工作液介电性能降低，而再次发生脉冲放电现象，使间隙扩大。在进行深度加工时，上面入口处加工的时间长，产生二次放电的机会多，间隙扩大量也大；而接近底端的侧面，因加工时间短，二次放电的机会少，间隙扩大量也小，因而加工时侧面会产生斜度。

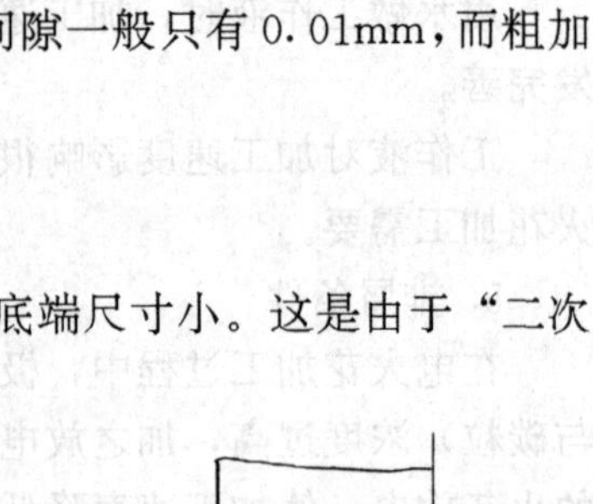

图 3-5　电火花加工时的加工斜度
1—电极无损耗时工具轮廓线　2—电极有损耗而不考虑二次放电时的工件轮廓线

工具电极损耗也会产生斜度。因为工具电极的下端加工时间长，绝对损耗量大，而上端加工时间短，绝对损耗量使电极形成一个有斜度的锥形电极。

加工冲裁模凹模时，我们可以有效地利用电火花加工形成的斜度，即电火花成形时的凹模下端为冲模刃口，而斜度正是冲裁所需的落料斜度。

（2）圆角　电火花加工时，工具电极上的尖角和凹角，很难精确地复制在工件上，而是形成一个小圆角。这是因为当工具电极为凹角时，工件上对应的尖角处放电蚀除的机率大，容易遭受腐蚀而形成圆角，如图 3-6a 所示；当工具电极为尖角时，一方面由于放电间隙的等距

离特性，工件上只能加工出以尖角顶点为圆心、放电间隙δ为半径的圆弧；另一方面工具电极尖角处电场集中，放电蚀除的机率很大而损耗成圆角，如图 3-6b 所示。

由此可知，采用高频窄脉冲进行精加工时，由于放电间隙小，圆角半径也可以很小，一般可以获得圆角半径小于 0.01mm 的尖棱。

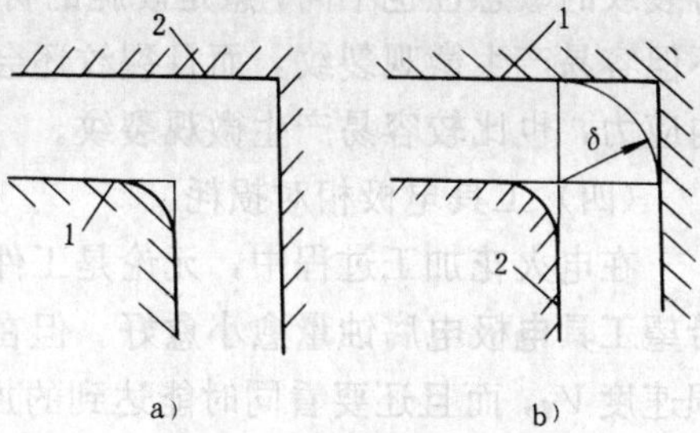

图 3-6　电火花加工时的圆角

1—工件　2—工具电极

（三）影响加工表面质量的主要因素

电火花加工的表面质量主要包括加工表面粗糙度、表面层组织变化及表面微观裂纹等三部分。

1. 表面粗糙度

电火花加工的表面是由无数的放电小凹坑组成，因而无光泽。它的润滑性能和耐磨损性能都比机械加工表面好。

电火花加工表面粗糙度通常用微观不平度的平均算术偏差R_a表示，也有用不平度的最大值R_{max}表示的。对表面粗糙度影响最大的是单个脉冲放电能量，因为脉冲放电能量大，放电小凹坑既大又深，从而使表面粗糙度恶化。不难理解，电火花加工的表面粗糙度与加工速度之间存在着很大矛盾，例如将表面粗糙度从$R_a2.5\mu m$减少到$R_a1.25\mu m$时，加工速度几乎要下降十多倍。

工件材料对加工表面粗糙度也有影响，熔点高的材料（如硬质合金），在相同的脉冲能量下加工的表面粗糙度值要比熔点低的材料（如钢）小。当然，加工速度会相应下降。此外，工件被加工的侧表面的表面粗糙度值会比底面的粗糙度值小一级。

精加工时，加工表面粗糙度还会受工具电极表面粗糙度的影响。换句话说，粗糙不平的工具电极，难以加工出良好的工件表面。

2. 加工表面层的组织变化

电火花加工过程中，在火花放电的瞬时高温和工作液的冷却作用下，工件加工表面层会发生组织变化（图 3-7）。我们可以粗略地把它分为熔融凝固层（包括新附着的松散层和急冷凝固层）、淬火层和热影响层。熔融凝固层硬度较大，淬火层硬度也较大，都具有淬火后的性能，厚度与脉冲放电能量有关，大约为 1～2 倍的R_{max}。而热影响层与基体之间没有明显的界限。由于温度场分布及冷却条件影响，热影响层硬度不及熔融凝固层，但对未淬火的材料来说，仍有一定的淬硬作用。热影响层的深度也与加工条件有关，一般为 2～3 倍的R_{max}。

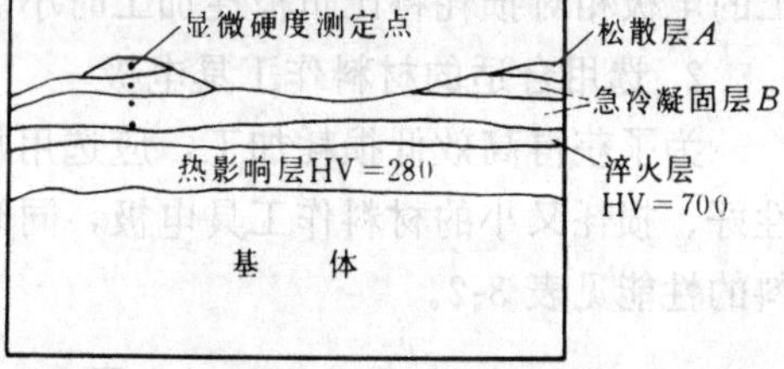

图 3-7　电火花加工表面变化层断面图解

由此可知，电火花加工后的工件表面都是比较硬的，而且整个变化层的厚度与放电规准有关，大约为 3 倍的R_{max}。可想而知，精加工时的变化层厚度是很薄的。

3. 表面微观裂纹

电火花加工表面由于受到高温作用并迅速冷却而产生拉应力，往往会出现微观裂纹。实验表明，一般微观裂纹仅在熔融凝固层内出现，只有在脉冲能量很大的情况下（用粗规准加工时）才有可能扩展到热影响层。

脉冲能量对微观裂纹的影响是非常明显的，能量愈大，微观裂纹就愈宽而深；脉冲能量很小时（如加工表面粗糙度值小于 $R_a1.25\mu m$ 时），一般都不会出现微观裂纹。不同工件材料对裂纹的敏感性也不同，愈是硬脆的材料愈容易产生微观裂纹。如加工含钴量少的硬质合金，不但容易产生微观裂纹，而且裂纹还会扩展到基体内。此外，淬过火的材料由于存在一定的内应力，也比较容易产生微观裂纹。

（四）工具电极相对损耗

在电火花加工过程中，无论是工件还是工具电极都会遭到不同程度的电腐蚀，当然我们希望工具电极电腐蚀量愈小愈好。但在评价工具电极是否耐损耗时，不仅要看工具电极的耗损速度 V_E，而且还要看同时能达到的加工速度 V_W。因此，采用工具电极相对损耗（简称电极损耗）θ 作为评价工具电极耐损耗的指标。即

$$\theta = v_E/v_W \times 100\% \tag{3-7}$$

上式中的 v_E 和 v_W 用 mm^3/min 为单位计算时，θ 为体积相对损耗；v_E 和 v_W 用 g/min 为单位计算时，θ 为质量相对损耗。

尽管影响工具电极损耗速度的因素和规律，在许多方面与加工速度相近，但为了降低工具电极相对损耗，必须强化极性效应，实现高效低损耗加工，具体途径如下：

1. 正确选择加工极性

根据电火花加工的极性效应可知，采用窄脉冲精加工时应选用正极性加工（即工件接脉冲电源正极），而用较长的脉冲进行粗、中加工时则应选用负极性加工。图 3-8 所示的试验条件是：工具电极为 $\phi25.4$mm 的石墨，工件为不淬火的标准钢板，中间冲油。从图中可以看出，采用负极性加工时，电极相对损耗将随脉冲放电持续时间的增大而降低；当 t_{on} 大于 300μs 时，电极损耗将小于 1%。当脉冲放电持续时间小于 20μs 时，正极性加工的电极相对损耗将比负极性加工时小。

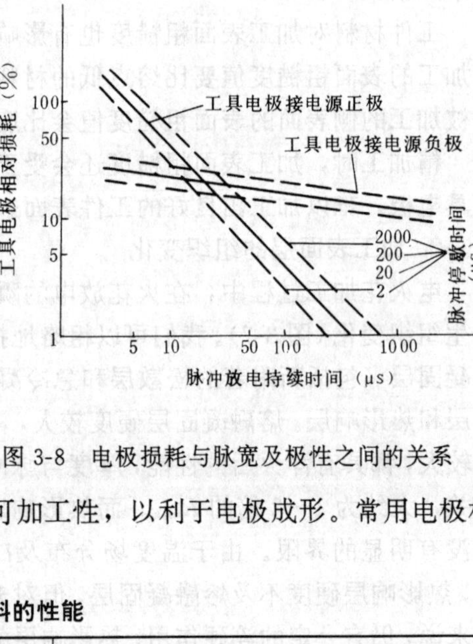

图 3-8 电极损耗与脉宽及极性之间的关系

2. 选用合适的材料作工具电极

为了获得高效低损耗加工，应选用加工稳定性好、损耗又小的材料作工具电极，同时兼顾它的可加工性，以利于电极成形。常用电极材料的性能见表 3-2。

表 3-2 常用电极材料的性能

电极材料	电火花加工性能		机械磨削的可加工性	说明
	加工稳定性	电极损耗		
紫铜	好	较小	较差	常用电极材料，但磨削加工困难
石墨	较好	较小	好	常用电极材料，但机械强度差，制造电极时粉尘较大
铸铁	一般	一般	好	常用电极材料
钢	较差	一般	好	常用电极材料

（续）

电极材料	电火花加工性能		机械磨削的可加工性	说　　明
	加工稳定性	电极损耗		
黄　铜	好	较大	一般	较少采用
铜钨合金	好	小	一般	价格较贵、材料来源少。多用于深长直壁孔、硬质合金穿孔加工等
银钨合金	好	小	一般	是较好的电极材料，但价格昂贵，只适于特殊加工要求，如用于加工精密冲模

紫铜的导热性好，损耗较小，又能制成各种精密复杂的电极，常用作中、小型腔加工用的工具电极。石墨材料不仅导热性好，而且在长脉冲粗加工时能吸附游离的碳来补偿电极的损耗，所以电极损耗很低，目前已广泛用作型腔加工电极。黄铜虽损耗较大，但加工稳定性好，多用于穿孔加工电极。

3. 建立炭黑保护层

电火花加工时，除产生大量的蚀除微粒外，还会由于工作液（碳氢化合物）的热分解而产生大量的游离碳和小气泡。游离的碳将逐渐聚集成微细碳粒，这些 $0.1\mu m$ 以下的微粒（包括蚀除微粒）分散在工作液中便形成胶体系统。中性的胶团在电场作用下有可能与其可动层（胶团的外层离子）脱离而成为带电胶粒。碳的胶粒一般带负电荷，因此在电场作用下会向正极移动，并吸附在正极表面。如果电极表面的局部持续温度高于 700℃（但低于电极材料熔点），且能保持一定时间，这些吸附在电极表面的碳粒便能从物理吸附转变成化学吸附，形成牢固的炭化层，或称黑炭保护层。黑炭保护层有很好的抗蚀作用，如果建立在工具电极表面，就可以起到保护和补偿作用，实现低损耗或无损耗加工。

为了在工具电极表面建立黑炭保护层，就必须创造形成黑炭保护层的条件；①在煤油中采用负极性加工；②尽量增大脉冲宽度，降低脉冲电流幅值；③在保证加工稳定而不产生异常放电的前提下，尽量缩短脉冲停歇时间。

根据实际生产经验，在煤油中采用负极性加工时，脉冲电流幅值与脉冲宽度比值（I_m/t_{on}）满足如下条件时，可以获得低损耗（小于1%）加工：

石墨加工钢：　　$I_m/t_{on}\leqslant 0.1\sim 0.2A/\mu s$；

铜加工钢：　　$I_m/t_{on}\leqslant 0.06\sim 0.12A/\mu s$；

钢加工钢：　　$I_m/t_{on}\leqslant 0.04\sim 0.08A/\mu s$；

4. 利用电喷镀现象

在生产实践中，人们早就采用电喷镀方法来产生金属镀层，其工艺过程是用电弧放电把作为原料的金属加以熔化，然后通过压缩空气流使其雾化，并喷镀在所要加工的工件表面，形成人们所需的喷镀层。

在放电加工时，放电凹坑中的熔融金属喷爆出来时，在一定的条件下也可以在工具电极表面形成镀层，以补偿工具电极的损耗。前人曾做过不少试验，在乳化油中进行穿孔加工试验时电极会增大；在某种条件下，线切割电极丝直径不会减少，而且会出现直径增大现象。

一般来说，采用长脉冲加工，或是脉冲电流幅值小，脉冲电流变化缓慢，都有可能形成电喷镀层。采用水质工作液或放电间隙大时，更容易出现喷镀层。

5. 利用电化学作用

用水作工作液时，由于水本身是一种弱电解质，在放电加工中容易产生阳极溶解和阴极沉积现象。因而，当采用正极性加工时，阳极溶解可以帮助提高加工速度，而阴极沉积则可以补偿工具电极耗损，均有助于实现高效低损耗加工。

三、电火花成形加工设备及附件

电火花成形加工是通过工具电极相对于工件作进给运动，把成形工具电极的形状和尺寸反拷在工件上，从而加工出所需要的零件。实现这种工艺方法的机床设备通常称为电火花成形加工设备，或称电火花成形机床（图 3-9）。一般由脉冲电源、自动控制系统、机床本体以及工作液循环过滤系统等四部分组成。

（一）脉冲电源

1. 对脉冲电源的要求

电火花加工用的脉冲电源的作用是把工频交流电转变成一定频率的单向脉冲电流，以提供电火花加工所需要的放电能量。其性能直接影响加工速度、精度、表面质量、加工过程的稳定性以及工具电极损耗等各项工艺指标。为了获得良好的工艺效果，对脉冲电源均有如下要求：

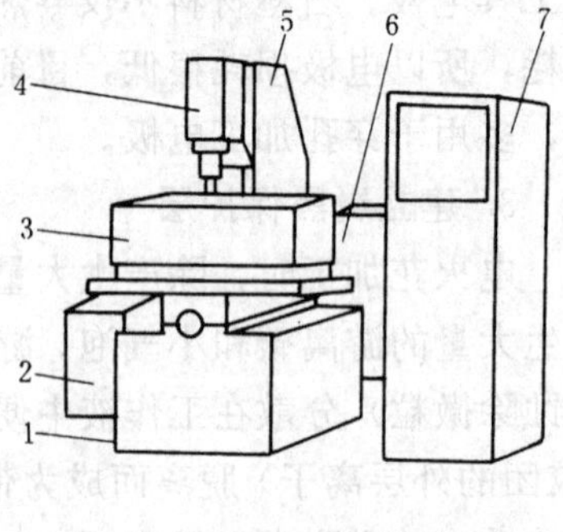

图 3-9 电火花成形加工设备

1—床身 2—液压油箱 3—加工槽

4—主轴头 5—立柱 6—工作液过滤箱

7—电源箱

1）有足够的脉冲放电能量，否则金属只能发热而不能瞬时熔化和汽化。

2）所产生的脉冲应该是单向脉冲，以便利用极性效应，提高加工速度和减少工具电极损耗。

3）脉冲主要参数（脉冲电流幅值 I_m、脉冲宽度 t_{on}、脉冲停歇时间 t_{off}等）能在一个较宽的范围内调节，以满足粗、中、精加工需要。

4）在粗、中、精规准下都有一定的加工速度和较低的电极损耗。

5）脉冲电压的前沿要陡，后沿也不能延续太长，以利于稳定单脉冲放电能量和提高脉冲放电频率。

6）性能稳定可靠，操作简单，维修方便。

2. 脉冲电源的种类及其性能特点

目前电火花加工用的脉冲电源种类很多，结构形式也各有不同，但按其原理和所用的主要元件，可分为非独立式弛张式脉冲电源和独立式脉冲电源。

弛张式脉冲电源是应用最早、结构最简单的脉冲电源。它是利用电容时而充电时而又通过放电间隙放电（一弛一张）来产生脉冲电流的，其主要脉冲参数（单脉冲能量、脉冲电压、脉冲频率等）都与放电间隙大小及其物理状态密切相关。后来又从 *RC* 电路基础上逐步改进为 *RLC*、*RLCL*、*RLC-LC* 电路，其中以 *RLC* 电路用得最多（图 3-10）。

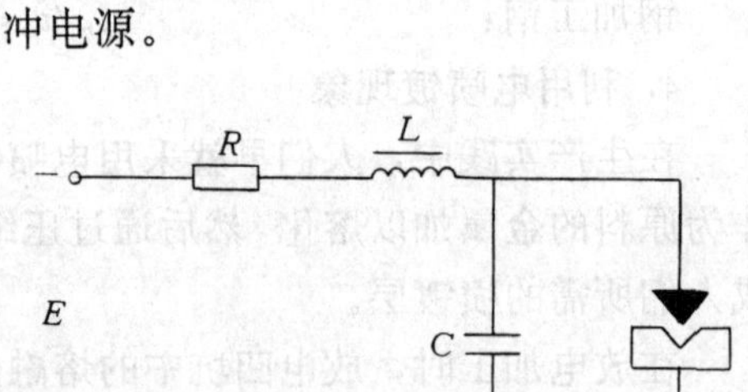

图 3-10 *RLC* 脉冲电源原理图

独立式脉冲电源则是自身可以产生脉冲，其主要脉冲参数由电源内部决定，而与放电间隙大小及其物理状态无关。按其功放级所用的开关元件不同，又可以分为电子管脉冲电源、闸流管脉冲电源、晶体管脉冲电源和晶闸管脉冲电源。电子管和闸流管电源在五六十年代曾被广泛应用，由于它们本身特性决定，只能产生窄脉宽脉冲，故适用于穿孔加工。70 年代后，逐步被晶体管和晶闸管脉冲电源所取代。由于晶体管脉冲电源具有较高的频率，脉冲参数又可以在一个较宽的范围内调节，实现自动控制极为方便，故现已成为生产中普遍使用的电源。

各种脉冲电源的性能特点见表 3-3。

表 3-3　电火花加工脉冲电源性能特点比较

名　　称	弛 张 式	电子管式	闸流管式	晶体管式	晶闸管式
种　　类	RC、RLC、RLCL、RLC-LC 等	多电子管、双电子管、四电子管等	单闸流管、双闸流管、四闸流管等	单回路、多回路、高低压、阶梯波、梳形波等脉冲	单回路、多回路、高低压、前后尖峰波回路等
主要参数	电阻一般为 20～1000Ω，电容一般为 0.005～6μF，电感一般为 0.25～0.4H，空载直流电压一般为 100～350V	频率 10～100kHz，脉冲度宽 1.5～15μs，空载脉冲电压 80～180V	频率 10～60kHz，脉冲宽度 4～20μs，空载脉冲电压 80～180V	频率 0.25～100kHz，脉冲宽度 2～2000μs，空载高压 150～350V，空载低压 60～90V，最大加工电流 150A 以上	频率 0.25～60kHz，脉冲宽度 5～1400μs，空载高压 250～300V，空载低压 60～80V，最大加工电流 300A 以上
电极损耗	>30%	30%	30%	<1%	<1%
单回路最大加工速度 (mm^3/min)	100	400	400	2000	4000
表面粗糙度最小值 R_a (μm)	0.1	0.4	0.8	0.8	1.6
最小单面间隙 (mm)	0.02	0.015	0.02	0.02	0.02
侧面斜度	30′	5′～15′	10′～20′	5′～30′	7′～15′
特点和应用	结构简单，使用和维修方便，精加工表面粗糙度值小，但电极损耗大，加工速度低。适用于要求不高的小工件加工。可用晶体管或晶闸管作开关元件组成 RC 微精加工用脉冲电源	脉冲参数调节方便，精加工加工速度较高，表面粗糙度值小，但工具电极损耗大。多用于穿孔加工	线路比较简单，但脉冲参数的调节与配合不易。操作中要注意高电压。精加工速度较高，但电极损耗较大，多用于穿孔加工，但经过适当改进后，也可用于型腔加工	脉冲参数调节范围广，易于获得低损耗，容易实现自动化控制。常用多管并联来获得大的输出功率，多用于型腔加工，也适用于穿孔加工及线切割加工	线路比较简单，易于获得低损耗，电源输出功率较大。常由粗、半精加工用和精加工用两组电源组成。适用于中、大型工件的穿孔和成形加工

3. 晶体管脉冲电源及其发展

图 3-11 为自振式晶体管脉冲电源方框原理图，主振级 Z 为一个不对称的多谐振荡器，它根据需要发出一定的脉冲宽度和停歇时间的矩形脉冲信号，经放大级 F 放大之后，推动功放

级的晶体开关管的导通或截止。当功放级晶体管导通时，脉冲电压即加在两电极间隙上，击穿极间工作液而产生火花放电；晶体管截止时，脉冲放电就结束，工作液将恢复绝缘，准备下一脉冲的到来。

为了增大脉冲电源的功率输出，并能调节粗、中、精加工规准，整个功放级实际上是由数十只大功率高频晶体管分若干组并联，精加工只用其中一组或一只功率管。为了在放电间隙短路时不致损坏晶体管，每只功放管集电极回路均串联一个限流电阻 R_C，并可以在各管之间起均流作用。

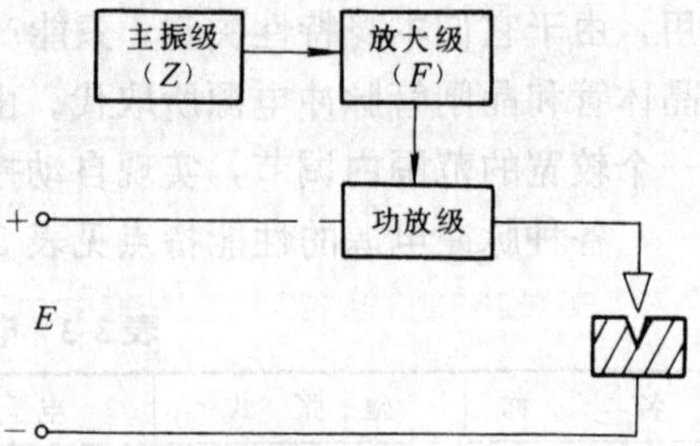

图 3-11　自振式晶体管脉冲电源方框图

在晶体管脉冲电源基础上，现已发展了不少新型电源和电路，并在生产中发挥了显著作用。新型的电源主要有以下几种：

（1）高低压复合脉冲电源　所谓高低压复合脉冲，就是在每个工作脉冲电压（60～80V）波形上再叠加一个小能量的高压脉冲（300V 左右），使极间介电液先被高压击穿引燃，然后低压进行放电加工。这样就可以大大提高脉冲利用率，并使放电间隙增大，改善排屑条件，提高加工稳定性，在“钢打钢”时显示出很大优越性。

（2）等脉冲电源　所谓等脉冲电源是指每个脉冲在极间介电液击穿后所释放的单个脉冲能量相等。对于矩形波脉冲电流来说，由于每次放电过程的电流幅值基本相同，因而等脉冲电源的每个脉冲放电电流持续时间也完全相同，其电压和电流波形如图 3-12 所示。利用等脉冲电源加工，可以保证每个脉冲放电能量都基本相等，从而可以在保证一定表面粗糙度的情况下，进一步提高生产率。

（3）自适应控制脉冲电源　自适应控制脉冲电源有一个较完善的控制系统，能够根据某一给定目标（在保证一定表面粗糙度的情况下提高生产率）来连续不断地检测放电加工状态，并与最佳模型（数学模型或经验模型）进行比较运算，然后将其计算结果控制各脉冲参数（t_{on}、t_{off}、I_m、U 等），以获得最佳加工效果（图 3-13）。目前比较好的电火花加工设备都采用了这种自适应控制脉冲电源。当然，计算处理不一定靠计算机，也有通过各种电路来实现的。

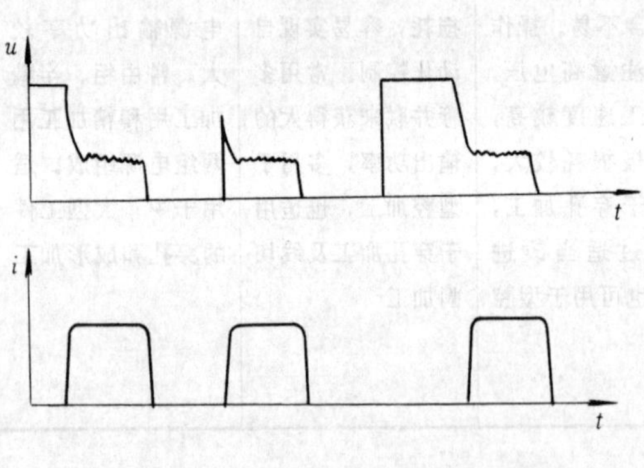

图 3-12　等脉冲电源的工作电压和电流波形

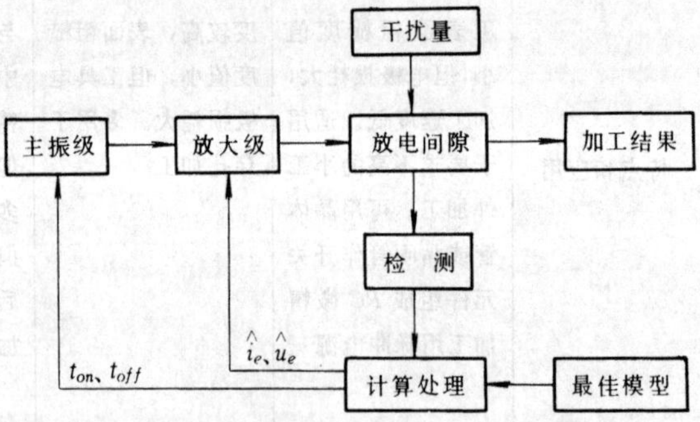

图 3-13　自适应控制脉冲电源方框图

（4）晶体管微精加工电路　图 3-14 是晶体管微精加工电路原理图。这个电路实际上是用晶体管控制 RC 电路，它不仅加工稳定性好，而且在小脉冲能量情况下，由于电容的瞬时放电，可以获得很高的能量密度，使极微小的表面金属熔化和汽化。电路中的 C 可以根据需要分档调节，线路还需采取一定措施，以减少寄生参数影响。

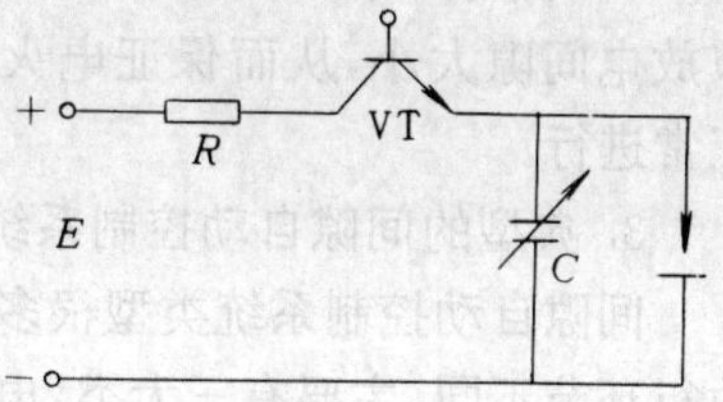

图 3-14 晶体管微精加工电路原理图

（二）自动控制系统

电火花成形加工的自动控制系统，主要是控制放电间隙大小、极间物理状态以及加工深度等。这里主要讨论与放电间隙大小有关的间隙自动调节系统。

1. 间隙自动调节系统的作用及其技术要求

在电火花成形加工时，放电间隙 δ 的大小与加工速度 v_Q 及加工表面粗糙度 R_a 密切相关（图 3-15）。当放电间隙控制在最佳放电间隙 δ_j 附近时，加工速度最高；随着间隙的增大，不仅极间介电液不能及时击穿而使脉冲利用率降低，而且会使放电通道中的能量传递到工件上的量明显减少；当间隙太小时，又会因电蚀产物难以及时排除，产生二次放电，使能量消耗在电蚀产物的重熔上，同样会使加工速度降低，甚至还会引起短路和烧伤。

间隙自动调节系统的任务是维持一定的放电间隙，保证电火花加工正常和稳定地进行，以获得较好的加工效果。为此，对间隙自动调节系统应有如下要求：

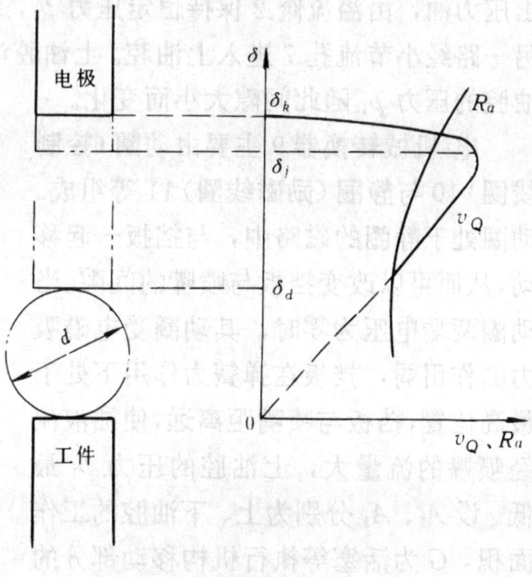

图 3-15 放电间隙与加工速度、表面粗糙度之间的关系曲线

1）有较宽的速度调节跟踪范围。在电火花加工过程中，加工规准、加工面积等条件变化，都会影响其进给速度。为适应各种加工情况，间隙自动控制系统应有较宽的调节范围。

2）有足够的灵敏度和快速性。电火花加工的频率很高，放电间隙状态瞬息万变，要求间隙自动控制系统根据间隙状态的微弱信号能相应地快速调节。为此，整个系统的不灵敏区及惯性都应小，遇到瞬间极间短路和开路能以较高的调节速度快速动作。

3）有必要的稳定性。由于电火花加工的速度一般都不高，加工进给速度很小，为此要求控制系统具有良好的低速微动特性和抗干扰能力。

4）要求整个系统结构简单可靠、体积小、操作维修方便。

2. 间隙自动控制系统的基本环节

间隙自动控制系统的种类很多，但其基本部分都是由测量、比较、放大和执行等四个基本环节组成，图 3-16 是间隙自动控制系统的基本组成方框图。

（1）测量环节　直接测量极间距离大小及其变化是很困难的，通常都是采用测量反映放电间隙大小及其物理状态的电参数（极间电压、放电电流以及击穿电压与击穿延时等）来实现。

（2）比较环节　把从测量环节得来的信号与给定值进行比较，判别间隙大小及其物理状态好坏，并以信号差值去控制加工过程。

（3）放大环节　把经过测量比较所得的信号差值，通过信号放大器（电气或电液压）放大，使之具有一定的功率以控制和带动执行环节。

(4) 执行环节　执行环节也称执行机构，它根据控制信号的大小及时地进退工具电极，调节放电间隙大小，从而保证电火花加工正常进行。

3. 典型的间隙自动控制系统

间隙自动控制系统类型很多，按其执行环节不同，主要有三大类：电磁悬浮式（目前已少见）、电液压式（喷嘴挡板式）、电动机式（伺服电动机式、步进电动机式、宽调速电机、力矩电动机式）。

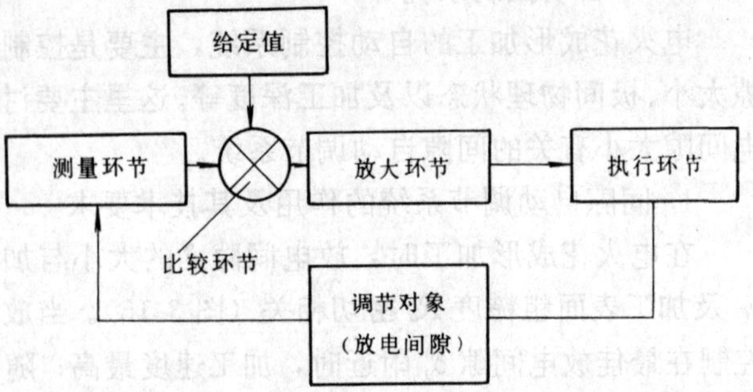

图 3-16　间隙自动控制系统的基本组成方框图

生产实践中常见的电液压式间隙自动控制系统如图 3-17 所示。执行元件是活塞，液压泵电动机 4 驱动叶片泵 3 输出压力油，由溢流阀 2 保持恒定压力 p_0，经滤油器 6 分两路，一路进入液压缸 14 的下油腔；另一路经小节流孔 7 进入上油腔。上油腔油液可从喷嘴 8 与挡板 12 的间隙中流回油箱，使上油腔的压力 p_1 随此间隙大小而变化。

电-机械转换器 9 主要由动圈（控制线圈）10 与静圈（励磁线圈）11 等组成。动圈处于静圈的磁路中，与挡板一起移动，从而可以改变挡板与喷嘴的间隙。当动圈两端电压为零时，其动圈受电磁吸力的作用弱，挡板在弹簧力作用下处于最高位置，挡板与喷嘴距离远，使油液流经喷嘴的流量大，上油腔的压力 p_1 最低。设 A_2、A_1 分别为上、下油腔的工作面积，G 为活塞等执行机构移动部分的质量，这时 $p_0A_1>p_1A_2+G$，活塞杆带动工具电极上升。当动圈电压为最大时，挡板在电磁力作用下克服弹簧力的作用而下移并处于最低位置，喷嘴的出油口全部被关闭，上、下油腔压强相等，使 $p_0A_1<p_1A_2+G$，活塞杆便带动工具电极快速下移。唯有 $p_0A_1=p_1A_2+G$ 时，活塞杆才在上、下作用力相等的情况下而处于不动的平衡位置。

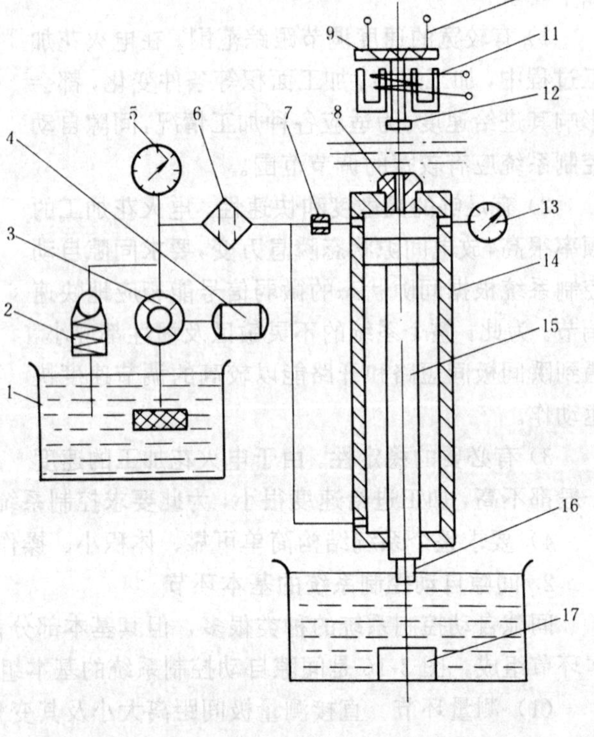

图 3-17　喷嘴挡板式电液压自动控制系统原理图

1—油箱　2—溢流阀　3—叶片泵　4—电动机　5—压力表　6—滤油器　7—节流孔　8—喷嘴　9—电-机械转换器　10—动圈　11—静圈　12—挡板　13—压力表　14—液压缸　15—活塞　16—工具电极　17—工件

由此可见，主轴的移动是由电-机械转换器中控制线圈电流大小来实现的。参见图 3-16，当极间距离减小到临近短路时，测量环节检测出的极间电压甚小，经比较放大，将输出一个很小的控制电流给动圈，此时主轴便快速上升；当极间开路时，测量出的极间电压很高，经比较放大后又会输出一个较大的控制电流给动圈，主轴又快速下移；唯有极间间隙大小及状态为最佳时，检测出的信号经比较放大后输送给动圈的控制电流，才能使主轴同步于电蚀速度，缓慢进给。

电液压自动控制系统的性能，虽然可以满足电火花加工的需要，但液压部分体积大，噪声也大，且不易稳定在某一个位置。所以，人们更重视直流力矩电动机自动控制系统的生产和应用。

直流力矩电动机控制系统是用力矩电机作为执行元件直接带动滚珠丝杠，驱动主轴头上下移动的。它反应速度快，灵敏度高，不灵敏区小，热变形及噪声小，对电火花成形加工十分有利。图 3-18 是直流力矩电动机自动控制系统原理框图。

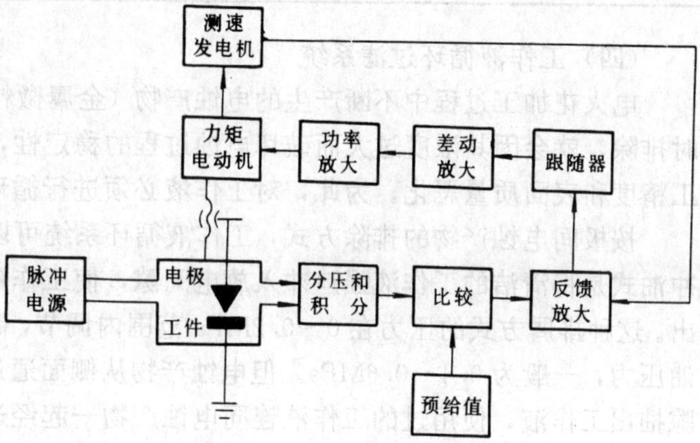

图 3-18 直流力矩电动机自动控制系统原理框图

脉冲电源将脉冲能量输送给放电间隙，进行电火花加工。测量环节将检测出反映间隙大小及状态的电压信号进行分压和积分，并传送给比较环节与给定值进行比较，所得出的偏差信号再输向反馈及放大环节，与测速发电机的负反馈信号进行比较，并将差值放大后输向跟随器环节再次放大，再输向差动放大器和功率放大环节，将信号功率放大，以控制力矩电动机进行正转或反转，并带动滚珠丝杠驱动工具电极上下移动，调节极间放电间隙。

（三）机床本体

1. 基本组成

电火花成形加工设备的机床本体，也就是它的机械部分，习惯上也称机床部分，主要包括主轴头、床身、立柱、工作台及工作液槽等部分（参见图 3-9）。

主轴头是电火花成形机床中最关键的部件，也是间隙自动控制系统的执行机构，对加工工艺指标影响很大。对主轴头的要求是：结构简单、传动链短、传动间隙小、热变形小、具有足够的精度和刚度，以适应自动控制系统的惯性小、灵敏度好、能承受一定负载的要求。

床身和立柱是机床的主要基础件，要有足够的刚度，床身工作面与立柱导轨面之间应有一定的垂直度要求，还应保证机床工作精度能持久不变，这就要求导轨具有良好的耐磨性和材料内应力的充分消除等。

工作台一般都可作纵向和横向移动，并带有坐标测量装置。常用的是靠刻度手轮来调整位置。随着机床加工精度的提高，也有采用光学读数装置和磁尺数显装置的。近年来，由于工艺水平的提高及数控技术的发展，已生产有三坐标（X、Y、Z 轴）和五坐标（X、Y、Z 轴，另加 Z 轴回转及工作台回转）数控电火花成形机床，以满足模具加工的需要。

2. 机床主要规格

根据我国机械工业部标准规定，电火花成形机床均用 D71 加上工作台台面宽度的 1/10

表示，各种型号机床的规格如表 3-4 所示。

表 3-4 电火花成形机床的型号规格

技术规格	型号							
	D7120	D7125	D7132	D7140	D7150	D7163	D7180	D71100
工作台台面宽度（mm）	200	250	320	400	500	630	800	1000
工作台台面长度（mm）	320	400	500	630	800	1000	1250	1600
主轴头升降距离（mm）	160	160	200	200	250	250	320	320
主轴头行程（mm）	125	125	160	160	200	200	250	250
夹具端面到工作台台面间最大距离（mm）	300	400	500	600	700	800	900	1000
电极最大质量（kg）	25	25	50	50	100	100	200	200

（四）工作液循环过滤系统

电火花加工过程中不断产生的电蚀产物（金属微粒、碳粒、气泡及加工余热等），如不及时排除，就会因其浓度过大而破坏电蚀过程的稳定性，降低加工速度，增大电极损耗，使加工精度和表面质量恶化。为此，对工作液必须进行循环过滤。

按极间电蚀产物的排除方式，工作液循环系统可以分为冲油式和抽油式两种（图 3-19）。冲油式是将清洁的工作液强迫冲入放电间隙，使工作液连同电蚀产物一起从电极侧面间隙排出。这种排屑方式的压力在 0～0.2MPa 范围内调节，高频精加工时因间隙小而要求更大的冲油压力，一般为 0.4～0.6MPa。但电蚀产物从侧面通过时容易形成斜度。抽油式是从电极间隙抽出工作液，使用过的工作液连同电蚀产物一起经过工件待加工面而被排出。抽油压力一般只需 $0\sim5\times10^4$Pa。利用这种抽油式排屑方法，可以获得较高的加工精度，但排屑能力比前者小。

目前生产上应用的循环系统形式很多，图 3-20 为常用的工作液循环过滤系统的一种方式，它可以冲油，也可以抽油，由阀Ⅰ和阀Ⅱ来控制。冲油时，油泵 1 把工作液打入过滤器 2，然后经管道（3）到阀Ⅰ，工作液分两路：一路经管道（5）到工作液槽 4 的侧面孔；另一路经管道（6）到阀Ⅱ再经管道（7）进入油杯 5。冲油时的流量和油压靠阀Ⅱ和阀 3 来调节。抽油时，转动阀Ⅰ和阀Ⅱ，使进入过滤器的工作液分两路：一路经管道（3）和阀Ⅰ进入管道（5）至工作液箱 4 的侧面孔；另一路经管道（4）和阀Ⅰ进入管道（9）经射流管 7 及管道（10）进入贮油箱 8。由射流管的“射流”作用将工作液从工作台油杯中抽出，经管道 7、阀Ⅱ、管道（8）到射流管 7 进入贮油箱 8。转动阀Ⅰ和阀Ⅱ还可以停油和放油。

工作液的过滤，主要有自然沉淀法和介质过滤法。前者简便，但速度慢，效果差；后者则比较好。作为介质，常用黄砂、木屑、过滤纸、活性炭等，它们各有所长，但以过滤纸效果最好，目前已有专业厂生产。

（五）机床附件

1. 电极夹具

电极夹具的作用是把工具电极装夹固定在主轴上，并能调节电极的轴线与主轴轴线重合或平行。要求夹具结构简单、刚性好、精度高、调节方便。

图 3-21 为十字铰链式通用夹具。电极对工作台面的垂度通过四个螺钉 7 调节，工具电极装夹在标准套 1 内，用紧固螺钉 2 固紧。这种夹具结构简单，调节方便，但轴向尺寸长，刚

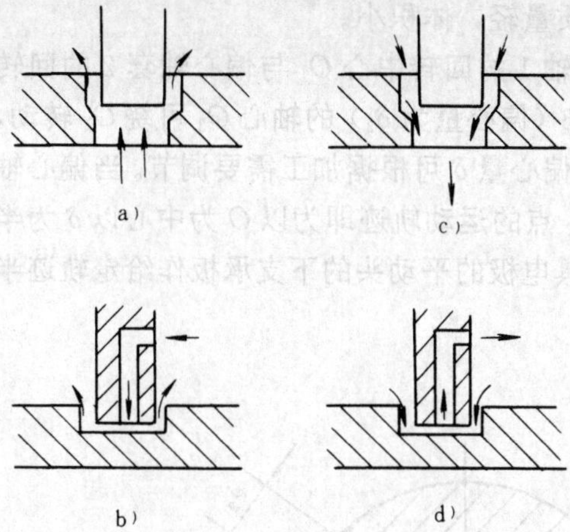

图 3-19　工作液的循环方式

a)、b) 冲油式　c)、d) 抽油式

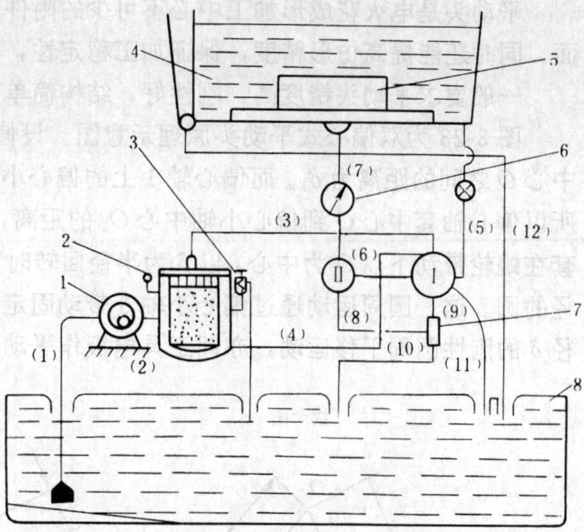

图 3-20　工作液循环过滤系统

1—液压泵　2—过滤器　3—溢流阀　4—工作液槽

5—油杯　6—压力表　7—射流管　8—贮油箱

性差，多用于精度不高的模具加工。

图 3-22 为球面铰链式调节装置。工具电极装夹在弹性夹头中，靠四个调节螺钉调节其相对工作台面的垂直度。这种夹具结构紧凑，轴向尺寸短，制造容易，调节也方便。但本身扭转刚性不足，调节力大，会引起主轴扭转。

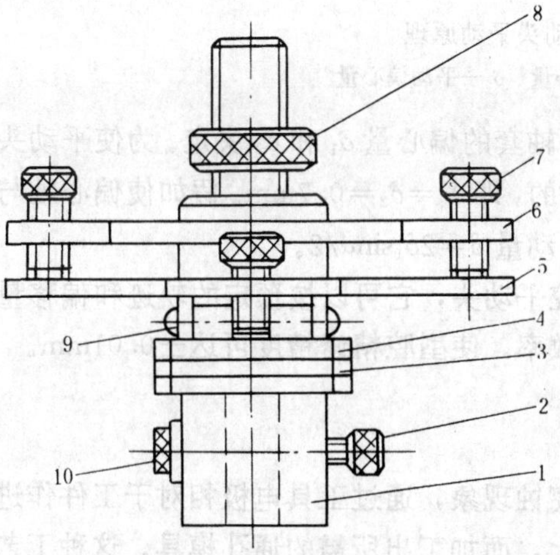

图 3-21　十字铰链式电极夹具结构图

1—电极装夹标准套　2—紧固螺钉　3—绝缘板

4—下底板　5—十字板　6—上板　7—调节螺钉

8—锁紧螺钉　9—圆柱销　10—导线固定螺钉

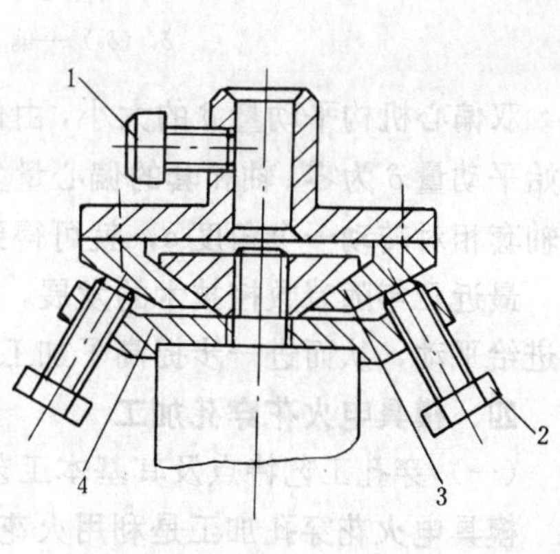

图 3-22　球面铰链式电极调节装置

1—紧固螺钉　2—调节螺钉

3—球面垫圈　4—下调节板

2. 平动头

平动头是电火花成形加工中必不可少的附件，主要用于型腔模在半精和精加工时精修侧面。同时还能提高仿形精度，保证加工稳定性，有利于间隙排屑，防止短路和拉弧等。

一般要求平动头精度高，刚性好，结构简单，质量轻，体积小。

图 3-23 为双偏心式平动头原理示意图。设偏心轴 1 的回转中心 O_1 与偏心轴套 2 的回转中心 O 之间的距离为 δ_1。而偏心轴 1 上的偏心小轴 3（偏心量为 δ_2）的轴心 O_2 可绕 O_1 转动，所以偏心轴套中心 O 到偏心小轴中心 O_2 的距离，即偏心量 δ 可根据加工需要调节。当偏心轴套在蜗轮带动下以 O 为中心，以 δ 为半径回转时，O_2 点的运动轨迹即为以 O 为中心以 δ 为半径的圆。这一圆周运动通过偏心小轴 3 带动固定工具电极的平动头的下支承板作给定轨迹半径 δ 的刚性圆周平移运动，亦即工具电极作平动。

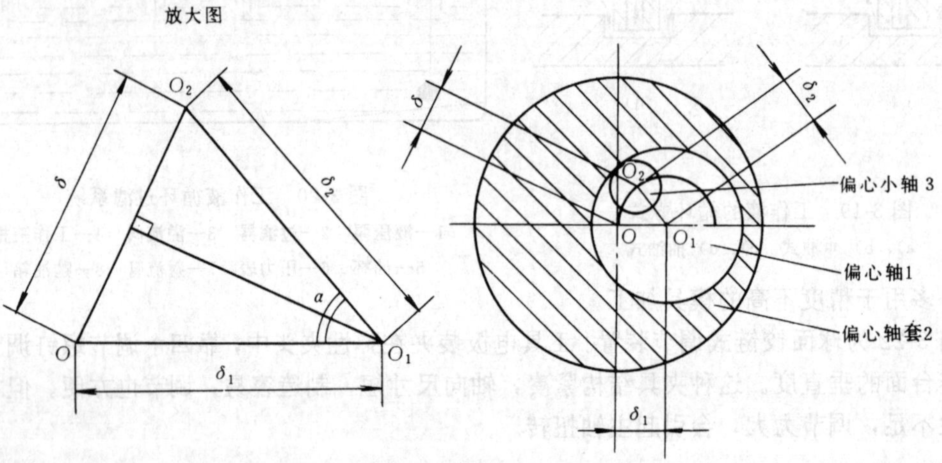

图 3-23　双偏心式平动头平动原理

δ_1（δ_2）—偏心轴（套）的偏心量　δ—平动偏心量

双偏心机构平动量 δ 的大小，由偏心轴和偏心轴套的偏心量 δ_1 和 δ_2 决定。为使平动头的起始平动量 δ 为零，轴和套的偏心量多设计成相等的，即 $\delta_1=\delta_2=0.7$mm。假如使偏心轴与偏心轴套相对转动一个角度 α，就可得到所需要的平动量 $\delta=2\delta_1\sin\alpha/2$。

最近几年随着数控技术的发展，现已出现数控平动头，它可以按预定的轨迹和偏移量微量进给平动，从而进一步提高了加工精度和精修效率，使型腔精修精度可达±0.01mm。

四、模具电火花穿孔加工

（一）穿孔工艺特点及其基本工艺路线

模具电火花穿孔加工是利用火花放电时的电腐蚀现象，通过工具电极相对于工件作进给运动而把成形电极的侧面形状和尺寸反拷在工件上，而加工出所需的通孔模具。这种工艺方法与机械加工相比较有如下优点：

1）可以在模坯淬火后进行穿孔加工，避免热处理变形影响。

2）冲模的配合间隙均匀，刃口耐磨，提高了模具质量。

3）不受材料硬度限制，可以加工硬质合金等模具，扩大了模具材料选用范围。

4）对于复杂的凹模可以不用镶拼结构，简化了模具结构，提高了模具强度。

模具电火花穿孔加工，主要用于冲裁模（包括凹模、凸模、卸料板、固定板）加工、粉末冶金模加工、拉深模和拉丝模加工等，同时还可用于螺纹加工、小孔和异形孔加工、以及其他特殊零件加工等。

模具电火花穿孔加工的基本工艺路线如图 3-24 所示。

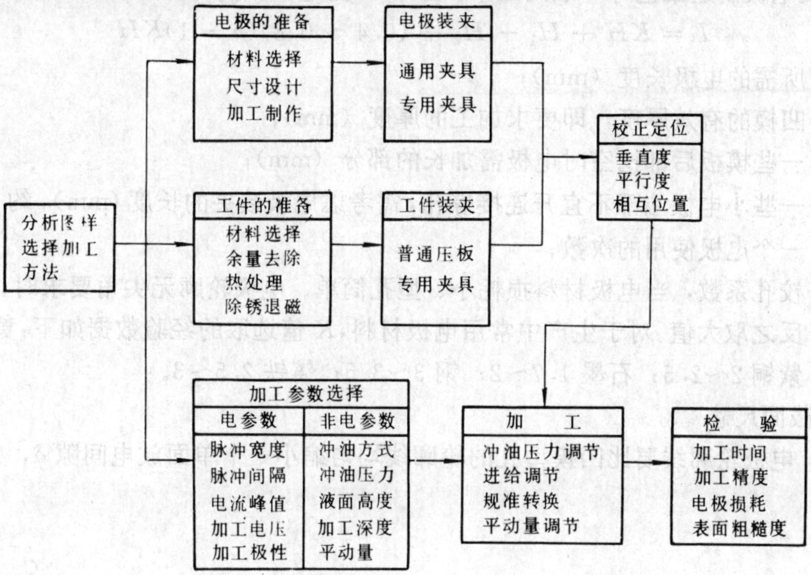

图 3-24　电火花穿孔加工的基本工艺路线

（二）工具电极设计与制造

1. 电极材料的选择

作为电火花成形加工的工具电极材料，必须是导电性能好、耗损小、加工稳定性好、加工速度高、机械加工性好以及来源丰富、价格便宜等。而穿孔加工比较注重加工稳定性，并可通过增加工具电极长度来补偿其损耗，故常常选用黄铜，或者选用紫铜、石墨、钢、铸铁、铜钨合金和银钨合金等（参阅表 3-2）。

2. 电极的结构形式

电极的结构形式应根据型孔的大小与复杂性、电极的加工工艺性等来确定。常用的电极结构形式主要有三种：

（1）整体式电极　如图 3-25a 所示是最常用的结构形式。对于较大体积电极可在端面开孔或挖空，以减轻质量。对于小体积、易变形的电极，可在有效长度上部将截面尺寸增大。

（2）镶拼式电极　如图 3-25b 所示。一般是在机械加工困难时，把一个复杂电极分解成几个几何体分别加工，然后镶拼在一起装在一块固定板上。

（3）组合电极　是将多个电极组合在一块固定板上，一次在凹模上加工若干个型孔（如加工定转子

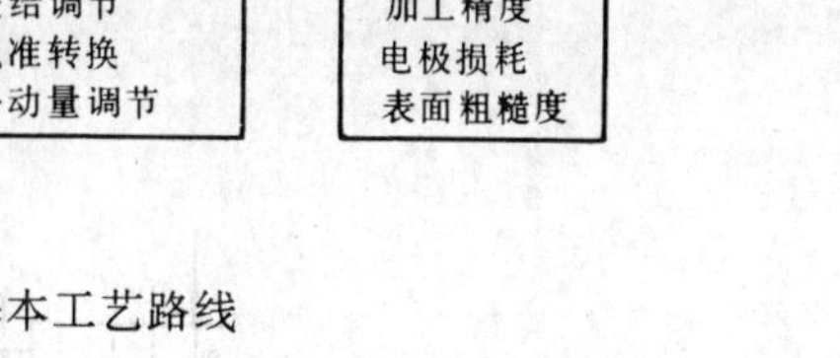

a）　b）

图 3-25　整体式与镶拼式电极结构

落料模或级进模)。只要固定垫块尺寸精确，装夹时保证各电极平行，就可以加工出精度较高的凹模。

3. 电极长度

电极的长度取决于模具的结构形式、模板厚度、电极材料、型孔的复杂程度、装夹形式、使用次数以及电极制造工艺等一系列因素。图 3-26 是电极长度计算说明图，其估算公式如下

$$L = KH + H_1 + H_2 + (0.4 \sim 0.8)(n-1)KH \qquad (3\text{-}8)$$

式中 L——所需的电极长度（mm）；

H——凹模的有效厚度，即要求加工的厚度（mm）；

H_1——一些模板后部挖空时电极需加长的部分（mm）；

H_2——一些小电极端部不宜开连接螺孔，需考虑电极装夹的长度（mm），约 10～20mm；

n——一个电极使用的次数；

K——校孔系数，当电极材料损耗小、型孔简单、电极轮廓无尖角要求时，K 取小值；反之取大值。对于生产中常用电极材料，K 值选取的经验数据如下：黄铜 3～3.5；紫铜 2～2.5；石墨 1.7～2；钢 3～3.5；铸铁 2.5～3。

4. 电极截面尺寸

实际上，电极轮廓线要比凹模型孔的轮廓线均匀缩小一个单面放电间隙 δ，如图 3-27 所示，实线为电极轮廓线，双点划线为凹模型孔轮廓线。根据凹模尺寸和放电间隙大小，便可算出电极截面尺寸。即有

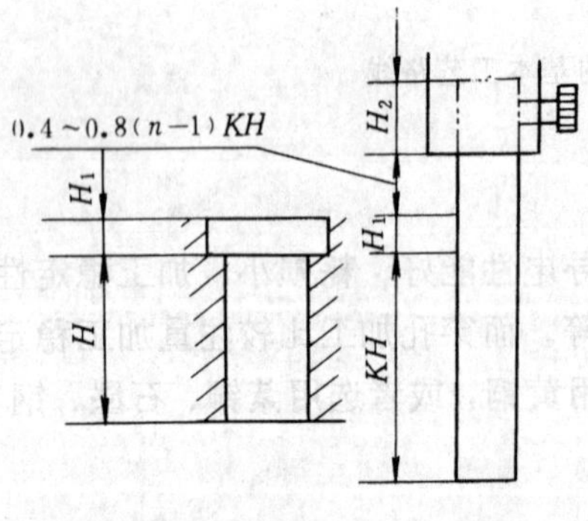

图 3-26 电极长度计算说明图

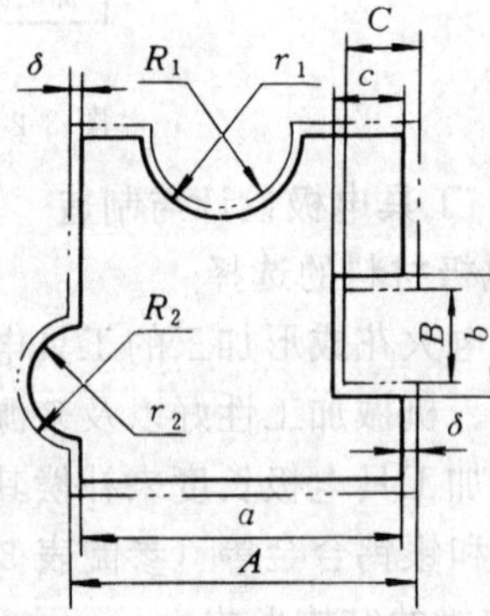

图 3-27 凹模与电极尺寸关系示意图

$$a = A \pm K\delta \qquad (3\text{-}9)$$

式中 a——电极的名义尺寸；

A——凹模的名义尺寸；

δ——单面放电间隙，即末档精规准加工时凹模下口工作部分的放电间隙；

$\pm$——电极轮廓凸起部分尺寸为“−”，凹部分为“+”；

K——单边（半径）为 1，双边（直径）为 2，无缩放的为 0。例如图 3-27 中 $b=B+2\delta$，$c=C$，$r_1=R_1+\delta$，$r_2=R_2-\delta$。

为了保证凹模的尺寸精度，电极的尺寸公差通常取凹模型孔相应尺寸公差的$\frac{1}{2}$～$\frac{1}{3}$。电极表面粗糙度一般为R_a0.8～1.6μm。

如果按凸模尺寸和公差确定电极截面尺寸，则根据凹、凸模配合间隙不同可分为下述三种情况：

1）凹、凸模的配合间隙等于放电间隙时，电极截面尺寸和凸模截面尺寸完全相同。

2）凹、凸模的配合间隙大于放电间隙时，电极的轮廓应比凸模轮廓均匀放大一个数量，但形状相似。

3）凹、凸模的配合间隙小于放电间隙时，电极的轮廓应比凸模轮廓均匀缩小一个数量，但形状相似。

电极每边放大或缩小的量为

$$a_1 = \frac{1}{2}(\Delta - 2\delta) \tag{3-10}$$

式中 a_1——单边放大或缩小量；

Δ——凹、凸模双面配合间隙；

δ——单面放电间隙。

式（3-10）计算值为正值时，属第二种情况；计算值为负值时则属第三种情况。

电极的尺寸公差取凸模尺寸公差的$\frac{1}{2}$～$\frac{1}{3}$。

5. 阶梯电极

所谓“阶梯电极”，就是将原来的电极适当加长，而加长部分的截面尺寸适当缩小，呈阶梯形状（图3-28）。在电火花穿孔加工时，先用加长部分的电极在粗规准下加工，然后用原来的电极在精规准下进行精修。这样可大大提高加工速度等工艺指标。例如，粉末冶金模、复合模及精密冲模等都要求有直壁型面，表面光洁，精度也要求较高。因此，电火花穿孔的精加工余量一定要小。采用阶梯电极可充分发挥粗规准加工速度高、电极损耗低的优点，又能使精加工余量降低到最小值。阶梯电极的阶梯部分缩小量可根据粗、精加工时的单面放电间隙差及单面精修量来确定。其长度一般为凹模加工厚度的1.5～2倍，视电极损耗而异，加工硬度合金模时，因电极损耗较大，要加长到3倍的凹模加工厚度。

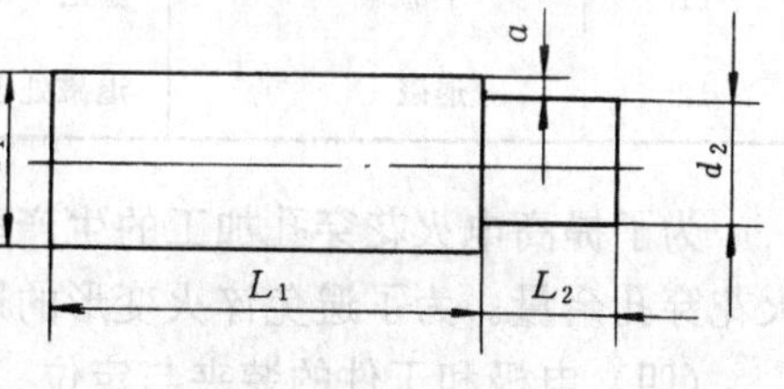

图3-28 阶梯电极

6. 电极制造

目前，一般都用电火花线切割来加工穿孔用的工具电极。但也可以用普通机械加工，然后成形磨削。

采用成形磨削法加工电极时，电极材料大多选用铸铁和钢，将铸铁电极与凸模连接在一起，而钢电极则与凸模做成一个整体进行成形磨削。

电极与凸模连接在一起成形磨削后，电极的轮廓尺寸与凸模完全相同，这只能适用于凹、凸模的配合间隙等于放电间隙的情况。如果配合间隙小于放电间隙，则应用化学腐蚀法缩小尺寸，腐蚀剂可用6%的氢氟酸＋14%的硝酸＋80%的蒸馏水，铸铁的平均腐蚀速度（单面）

为0.005mm/min；若配合间隙大于放电间隙，则可用电镀法扩大电极尺寸，一般认为，单面扩大量在0.06mm以下时采用表面镀铜，单面扩大量超过0.06mm时采用表面镀锌。

（三）凹模模坯准备

所谓凹模模坯准备是指电火花穿孔加工之前的全部工序。常用的凹模模坯准备工序见表3-5。

表3-5 常用的凹模模坯准备工序

序号	工序	加工内容及技术要求
1	下料	用锯床割断所需的材料，包括需切削的材料
2	锻造	锻造所需的形状，并改善其内部组织
3	退火	消除锻造后的内应力，并改善其加工性能
4	刨（铣）	刨（铣）四周及上下二平面，厚度留余量0.4～0.6mm
5	平磨	磨上下平面及相邻两侧面，对角尺，达 R_a0.63～1.25μm
6	划线	钳工按型孔及其他安装孔划线
7	钳工	钻排孔，除掉型孔废料
8	插（铣）	插（铣）出型孔，单边留余量0.3～0.5mm
9	钳工	加工其余各孔
10	热处理	按图样要求淬火
11	平磨	磨上下两面，为使模具光整，最好再磨四侧面
12	退磁	退磁处理（目前因机床性能提高，大多可省略）

为了提高电火花穿孔加工的生产率，模坯必须去除型孔废料，只留下很少的余量作为电火花穿孔余量。为了避免淬火变形的影响，电火花穿孔加工应在淬火之后进行。

（四）电极和工件的装夹与定位

（1）电极装夹　整体式电极大多数用通用夹具直接将电极装夹在机床主轴下端；多电极则用通用夹具加定位块装夹，或用专用夹具装夹；镶拼式电极一般采用一块连接板，将几块电极连接成所需的整体，装夹后再安装在机床上校正。

（2）工件装夹　在一般情况下，工件被安装在工作台上的油杯或垫块上，与电极互相定位之后，再用压板和螺钉压紧。

（3）校正　电极装夹后必须进行校正，使其轴心线垂直于机床的工作台面（或凹模上平面）。校正方法主要是采用精密角尺校正或百分表校正。

（4）定位　所谓“定位”，是指确定电极与工件之间的相互位置，以达到一定的精度要求。通常采用划线法和块规角尺法二种。

（五）电规准的选择与转换

在凹模电火花穿孔加工时，必须根据工件的要求以及电极与工件材料、加工工艺指标、经济效果等因素，合理选择加工电规准，并在加工过程中及时转换。

穿孔时的粗规准，主要用于蚀除加工余量大的部分。其加工速度快，电极损耗小。一般脉宽为 20～60μs，表面粗糙度为 R_a6.3μm，加工速度可达 50～100mm^3/min。

精规准用于最终实现冲模要求的各项技术指标，如配合间隙、刃口斜度、表面粗糙度等。脉宽一般为 2～6μs，加工速度为 7～10mm^3/min，表面粗糙度约为 R_a1.6μm。

中规准介于上述二种规准之间，用于从粗加工转换为精加工时，中间过渡性地加工片刻。

电规准的转换程序是：先用粗规准加工到刃口处，或者阶梯电极的台阶处进给到刃口部分，就转换成中规准过渡，加工 1～2mm 后再转换为精规准加工。

在转换规准时，其他工艺条件也要适当配合。如精规准加工时，因间隙小，排屑困难，而要求增大冲油压力；电极快穿透工件时，冲油压力又应适当降低。

（六）典型工艺实例

SYL 电机转子冲模：加工要求为①材料为 Cr12；②刃口高度为 12mm；③淬火硬度 62～64HRC；④配合间隙 0.04～0.06mm（属小间隙配合）。

1. 工具电极

因凹模上有 36 个嵌线孔，且凹、凸模配合间隙要求较高，故选用组合电极结构形式，用冲头直接作电极。电极装夹如图 3-29 所示。专用夹具由镶块 1、热套圈 2、衬圈 5、斜销 3 等组成。其中 36 块镶块 1 精度要求很高，热处理后由成形磨削加工完成。装夹时只需将电极 4 插进镶块槽内，用斜销轻轻敲入夹紧。电极装夹后检查各电极平行度。

冲头（电极）为 Cr12，长 65mm，直线度小于 0.01mm，共 36 件。它的工艺过程如下：①下料；②锻造；③退火；④铣削或刨削，按最大外形尺寸留 1～2mm 余量；⑤平磨，磨两端及侧面；⑥钳工：按图划线；⑦铣削或刨削：按图加工留成形磨削单面余量 0.3～0.5mm；⑧热处理，淬火硬度为 58～60HRC；⑨成形磨削，磨削至图样要求尺寸；⑩涂漆，冲头部位涂防护清漆；⑪浸蚀，酸腐蚀单边 0.02mm；⑫退磁。

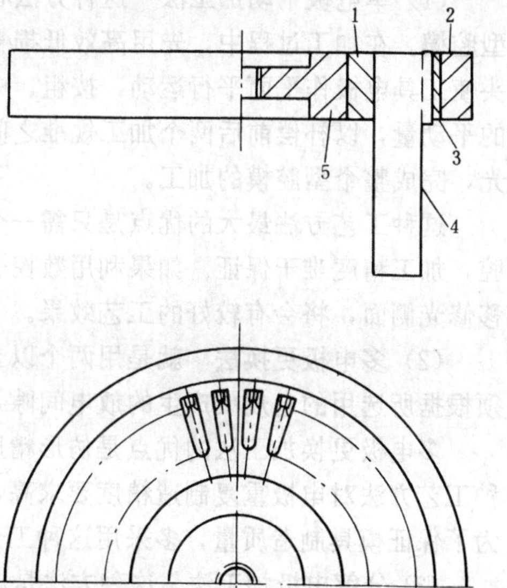

图 3-29　电极装夹

1—镶块　2—热套圈　3—斜销　4—电极　5—衬圈

2. 模块准备

①下料；②锻造；③退火；④车外圆和端面；⑤钳工：按图划型孔打排孔；⑥铣削：加工型孔并留单面电蚀余量 0.3～0.5mm；⑦钳工：按图加工其余各孔；⑧热处理，淬火硬度 62～64HRC；⑨磨削：平磨两端面；⑩退磁。

3. 电极与工件装夹

将电极吊装在主轴上，并校正电极装夹板与工件平行或者保证电极（冲头）与工件垂直。然后装夹工件模块，并校正电极与工件型孔的位置。

4. 加工规准

由于凹模刃口高度有 12mm，为提高凹模使用寿命，采用精规准一次加工成形（所留的加工余量已不多，只有 0.3～0.5mm）。所用的电规准为：$t_{on}=2\mu$s；$t_{off}=25\mu$s；高压 173V，8 管工作，电流 0.5A；低压 80V，48 管工作，电流 4A。此时单边放电间隙为 $\delta=0.05$mm。

5. 加工效果

1）加工速度 110mm^3/min。

2）凸、凹模配合间隙 $\Delta=0.06$mm。

3）加工斜度 0.04mm（双边）。

4）表面粗糙度 $R_a1.6\mu$m。

五、型腔模电火花加工

(一) 型腔模电火花加工的工艺特点与工艺方法

1. 工艺特点

型腔模电火花成形加工与型孔电火花穿孔加工的基本原理相同。但型腔模是三维曲面加工，不仅有侧面形状和尺寸精度要求，而且对其加工底面的形状和尺寸精度要求也很高。因而，型腔模电火花加工有如下特点：

1）要求电极损耗小，以保证型腔模的成形精度。

2）成形过程蚀除量大，要求加工速度快。

3）粗加工后的侧面修光较难，必须更换精加工电极或利用平动头进行侧面修光。

2. 工艺方法选择

型腔模电火花加工主要有单电极平动加工法、多电极更换加工法及分解电极加工法等。

(1) 单电极平动加工法　这种方法在我国应用最广，它是用一个成形电极加工出所需的型腔模。在加工过程中，先用高效低损耗电规准进行粗加工，使其基本成形；然后利用平动头使工具电极作平面平行运动，按粗、中、精的顺序逐级改变电规准，同时依次加大平动头的平动量，以补偿前后两个加工规准之间的放电间隙差及表面修光量，实现型腔侧面逐级修光，完成整个型腔模的加工。

这种工艺方法最大的优点是只需一个成形电极，一次装夹定位，但对于棱角要求高的型腔，加工精度难于保证。如果利用数控平动装置或数控坐标工作台按一定的轨迹进行相对平移修光侧面，将会有较好的工艺效果。

(2) 多电极更换法　就是用两个以上的电极先后加工同一个型腔。各个电极的尺寸，必须根据所选用的电规准产生的放电间隙及下一个规准加工所需的加工余量来修正。

多电极更换加工法的优点是仿形精度高，尤其适用于尖角、窄缝多的型腔模加工。但这种工艺方法对电极重复制造精度要求高，电极更换时的装夹及重复定位精度也难保证。国外为了保证模具制造质量，多采用这种工艺方法。

(3) 分解电极加工法　这种方法是以单电极平动加工为基础，根据型腔 的几何形状把电极分解成主型腔电极和副型腔电极分别制造。先用主型腔电极加工出主型腔，后用副型腔电极加工尖角、窄缝等部位副型腔。这样，可以在加工过程中使用不同的加工规准，有助于提高加工速度和加工质量，但必须注意主型腔和副型腔间的定位精度。

(二) 电极设计与制造

1. 电极材料的选择

根据型腔模电火花加工的特点，对电极材料有下列要求：①具有良好的电火花加工性能。主要是电极损耗小，加工速度高，加工稳定性好。②易于加工制造成形。③来源丰富，价格便宜。

目前应用最多的电极材料是石墨和紫铜。紫铜组织致密，适用于形状复杂、轮廓清晰、精度要求较高的塑料模、胶木模、压铸模等，但机械加工性差，难以成形磨削；由于密度大、价格贵，不宜作大、中型电极。石墨电极容易成形，密度小，所以适宜作大、中型电极，但机械强度差，电极制造精度难以保证，且精加工时损耗较大，也容易引起稳定电弧之类的非正常放电，使工件烧伤。

铜钨合金和银钨合金是较理想的电极材料，但价格贵，只用于特殊型腔加工。

2. 电极设计

(1) 结构形式的确定　整体式电极适用于尺寸大小和复杂程度都一般的型腔加工。它可以分为有固定板和无固定板两种形式。无固定板式多用于型腔尺寸小、形状简单、只用单孔冲油或排气的情况。有固定板则用于尺寸较大、形状较复杂、采用多孔冲油或排气的情况。

组合式电极适用于一模多腔的情况，可以大大提高加工速度，简化各型腔之间的定位工序，提高定位精度。

镶拼式电极适用于型腔尺寸较大，或型腔形状复杂，分块才容易制造的电极。

(2) 电极尺寸的确定　型腔模的底面和斜壁在半精和精加工时，只需要垂直进给就可以修光，相应的电极尺寸象电火花穿孔一样，比较容易确定。但在加工直壁型腔时，由于粗加工的放电间隙较大，需要修光的变质层又厚，仅靠垂直进给是难以修光侧面的，除非更换一个尺寸较大的精加工电极。而我国普遍采用的是一个电极加平动加工，这样，电极尺寸就必须考虑加上一个平动量 δ_0 来决定工具电极的缩放量。

1) 电极水平尺寸。也称电极横截面尺寸，即电极与主轴进给方向垂直的尺寸（图 3-30），

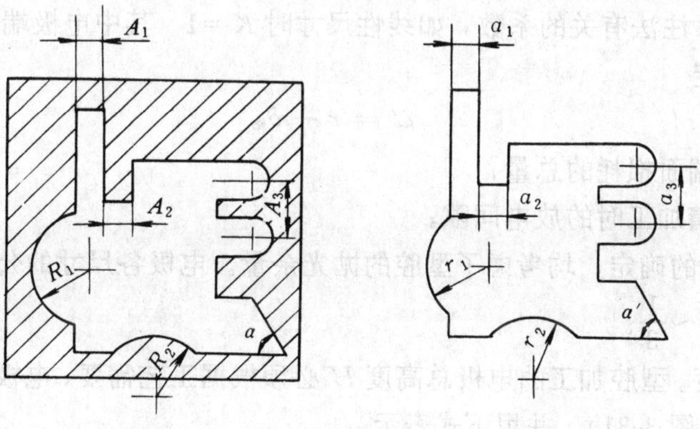

图 3-30　电极水平截面尺寸缩放示意图

a）型腔　b）电极

用下式确定

$$a = A \pm Kb \tag{3-11}$$

式中　a——电极水平方向的名义尺寸；

A——图样上型腔的名义尺寸；

K——与型腔尺寸注法有关的系数；

b——电极单边缩放量。

$$b = \delta_{粗} + R_{max} + \varepsilon - r_{侧损(粗)}$$

$$或\ b = \delta_{精} + \delta_0 - r_{侧损(精)} \tag{3-12}$$

式中 $\delta_{粗}$、$\delta_{精}$——粗、精加工时的单面放电间隙；

R_{max}——粗加工时加工表面最大不平度；

ε——修光余量（mm），与变质层深度有关，约 0.05～0.10mm 或为 $0.5R_{max}$；

$r_{侧损(粗)}$、$r_{侧损(精)}$——粗、精加工的电极侧面损耗，通常忽略不计；

δ_0——精加工时的平动量。

式（3-11）中的"±"号及 K 值按下列原则决定：

a）凡图样上型腔凸出部分，其相对应的电极凹入部分的尺寸应放大，即用"＋"号；反之，凡图样上型腔凹入部分，其相对应的电极凸出部分的尺寸应缩小，即用"－"号。

b）K 值的选择原则：当图中型腔尺寸完全标柱在边界上（即相当于直径方向尺寸）时，K 取 2，一端以中心或非边界线为基准（即相当于半径方向尺寸）时，K 取 1；对于图样上型腔中心线之间的位置尺寸以及角度值，电极上相对应的尺寸不增不减，K 取 0。对于圆弧半径，亦按上述原则确定。

2）电极垂直方向尺寸。即电极与主轴进给方向平行的剖面尺寸，可用下式确定

$$l = L \pm K'\Delta' \tag{3-13}$$

式中 l——电极垂直方向的有效加工尺寸；

L——型腔深度方向的尺寸；

Δ'——加工时的放电间隙与电极损耗要求电极端面的修正量；

K'——与尺寸注法有关的系数，如线性尺寸时 $K=1$。其中电极端面修正量 Δ' 又可由下式确定

$$\Delta' = r - \delta_{精} \tag{3-14}$$

r——电极端面损耗的总量；

$\delta_{精}$——最后精加工时的放电间隙。

上述电极尺寸的确定，均考虑了型腔的抛光余量。电极各尺寸的公差范围，取型腔相应尺寸允许公差的 $\frac{1}{2}$～$\frac{1}{3}$。

3）电极总高度。型腔加工的电极总高度 H 必须根据工艺需要、电极使用次数以及装夹要求等因素来确定（图 3-31）。并用下式表示

$$H = L + L_1 + L_2 \tag{3-15}$$

式中 H——除装夹部分之外的电极总高度；

L——电极加工一个型腔的有效高度；

L_1——当加工的型腔位于另一个型腔中时需增加的高度；

L_2——考虑加工结束时，电极夹具和固定板不与模块或压板发生碰撞而应增加的高度。

（3）排气孔与冲油孔设计　型腔模电火花加工一般均为盲孔，排气、排屑条件较为困难，并直接影响加工效率与稳定性，精加工时还会影响加工表面粗糙度。为改善排气、排屑条件，大、中型腔模加工电极都设计有排气、冲油孔。一般情况下，冲油孔要开在不易排屑的拐角、窄缝处；而排气孔则开在蚀除面积较大以及电极端部凹入的位置。冲油孔的布置需注意冲油流场，不可出现无工作液流经的"死区"。排气孔和冲油孔的直径约为平动量的 1～2 倍，一

般取 φ1～φ1.5mm。为有利于排气排屑，常把排气孔、冲油孔的上端孔径加大到 φ5～φ8mm。孔距在 20～40mm 左右，位置相对错开，以避免加工表面出现“波纹”。

3. 电极制造

制造电极的加工方法很多，主要是根据电极材料、模具型腔的形状及制造精度等来决定。

紫铜电极的制造主要采用机械加工方法，并配合钳工的修光来达到预定要求。也有采用数控线切割、电铸、精锻、挤压成形等代替机械加工，然后用钳工精修。

石墨电极的制造也是采用机械加工方法，然后进行修整抛光。目前已有商品化的电极制造专用机床，它实际上是一台小型加工中心，石墨电极放在有机玻璃箱内，用计算机控制其整个加工过程。

石墨电极制造的工艺过程如下：

（1）加工电极固定板　电极固定板可用厚度为 8～15mm 的铝板或钢板制成，形状可以是长方形或与电极上端面一致。石墨电极外形轮廓的加工及电火花成形加工时的电极安装，常以电极固定板为基准，因此对电极固定板应有一定的精度要求。

（2）准备样板　电极型体不易直接测量，对较为特殊的曲线截面应制作样板。样板通常用数控线切割加工或钳工制作。

（3）准备石墨坯料　可采用整体或镶块坯料，用沉头螺钉固定在电极固定板上。由于石墨在压制烧结时会形成一层层的纤维组织，制作时须注意纤维方向与加工方向一致（即与固定板平面垂直），以利于减少电极损耗。

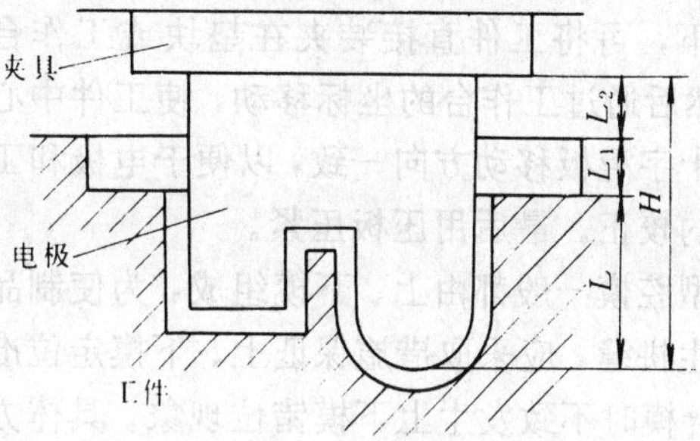

图 3-31　电极总高度确定说明

（4）划线　按电极图样尺寸在电极坯料上划好各种尺寸线。

（5）加工电极　以规定的基准面按所划的线进行机械加工或钳工制作，确保达到所需的形状和尺寸精度。

（6）加工排气孔和冲油孔。

（7）表面修整抛光。

（三）型腔电火花加工工艺

1. 加工前的准备

1）工艺方法选择。首先根据型腔加工要求及本单位的工艺条件及习惯，选择型腔电火花加工的工艺方法。目前，国内普遍采用的是单电极平动法。

2）电极准备。根据所选定的工艺方法及电极缩放量，按型腔要求设计电极图样，并制作成所需的工具电极。

3）工件准备。与冲模电火花穿孔加工类似，主要进行备料、模块机械加工及热处理等各工序。

2. 电极的装夹与校正

电极装夹与校正的目的，是把电极牢固地装夹在主轴的电极夹具上，并使电极轴线与主轴进给轴线一致，保证电极与工作台面和工件垂直；电极水平面的 X 轴轴线与工作台和工件的 X 轴轴线平行。常用的校正方法如下：

1）按电极侧面校正电极。当电极侧面面积为较大的直壁面时，可用千分表（或百分表）校正电极上下、左右（或前后）移动时的位置。

2）按电极（或固定板）的上端面作辅助基准面校正电极的垂直度；按它们的平直侧面校正电极的水平位置。见图 3-32 所示的校正方法。

3）按电极端面火花放电校正。如果电极端面为平面，可用精规准使电极与模块平面进行火花放电，通过调节使四周均匀地出现放电火花，即可完成电极的校正。

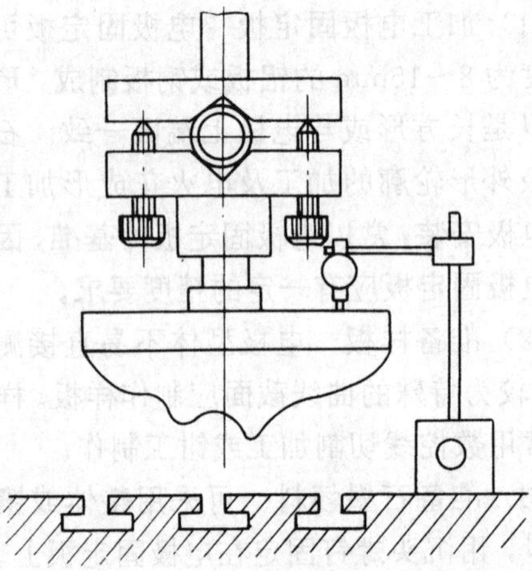

图 3-32　型腔模电极的校正

3. 工件的装夹与校正

型腔模加工的工件装夹比较简单，在一般情况下，可将工件直接装夹在垫块或工作台上，然后通过工作台的坐标移动，使工件中心线和十字滑板移动方向一致，以便于电极和工件间的校正。最后用压板压紧。

型腔模一般都由上、下模组成，为使制品不产生拼缝，应采取措施保证上、下模定位准确，合模时不致发生上下模错位现象。具体方法有如下几种：

1）十字线定位法。在电极或电极固定板二侧面划出中心十字线，同时在模块上也划出中心线，加工时保证电极与模块相应的十字线对准即可。这种方法简便易行，但精度不高，定位精度只能达到±0.3～0.5mm。

2）定位板定位法。在电极固定板和模块上分别加工出一对角尺的基准面，并在电极定位基准面上固定两块平直的定位板。定位时将模块的角尺面和相应的定位板紧贴，再将模块压紧，卸去定位板即告完成。这种定位法的精度较十字线法高。类似的定位法，也有用定位套的，主要用于小型模具。

3）块规角尺定位法。若电极侧面为直平面，也可采用与冲模电火花穿孔相同的块规角尺定位，效果较好。

4）以基准面进行数控定位。用数控电火花成形机床加工时，以模块侧面为基准，进行数值式的坐标定位，也可以自动找中心，其定位精度可达±0.01～0.02mm，是一种理想的定位方法。如果是带数显装置的普通电火花成形机床，也可以进行数值式的坐标定位。不过，定位校正过程不是自动的，而是依赖人工操作。

4. 电规准的选择与转换

（1）电规准的选择　为了获得好的工艺效果，在电火花加工过程中一般都是用粗规准加工出型腔的基本轮廓，以获得较高的加工速度和较低的电极损耗；然后用中、精规准逐级修光，以达到所需的表面粗糙度和加工精度。

1）粗规准一般选脉冲宽度（$t_{on}>400\mu s$）、脉冲电流幅值大的一组脉冲参数来进行粗加工。加工时，应根据加工面积大小及排屑条件决定其加工电流，通常平均电流密度为 $3\sim5A/cm^2$，过大则容易引起“拉弧”烧伤，影响加工表面质量。

2）中规准是粗、精规准之间的过渡参数，其脉冲宽度在 $50\sim400\mu s$ 之间，加工时应在保证加工速度的情况下，尽量降低电极损耗。加工小孔、窄槽等复杂型腔时，可直接用中规准进行粗加工成形。

3）精规准是在中规准各档加工之后用于进一步精加工，以获得所需的加工表面粗糙度和加工精度。精规准的脉冲宽度一般在 $20\mu s$ 以下，工作电流也很小。为了减少精加工时间，精加工余量不宜太大，一般都不超过 0.1～0.2mm。虽然精加工时的电极相对损耗较大（约为 10%～40%），但由于加工余量小，故其绝对损耗并不会给加工精度带来太大的影响。

近几年来广泛使用的伺服电机主轴控制系统，能够准确地控制加工深度，因而精加工余量可以小到 0.05mm 左右，加上脉冲电源上又附有精微加工电路，现在精加工都可达到 R_a 小于 $0.4\mu m$ 的良好工艺效果，而且精修时间较短。

（2）电规准转换　为了提高生产率和降低工具电极损耗，并且获得符合要求的型腔表面质量和精度，应该在电火花加工过程中合理选用电规准，并及时进行转换。

在加工开始时，应选用粗规准参数进行加工，力求实现高效低损耗加工，但加工电流应随加工面积的增大而逐步增大。粗加工时的最大加工电流，视型腔复杂程度、加工面积大小以及电极尺寸的缩放量而定。

当加工出来的型腔基本轮廓接近目标加工深度时（大约留 1mm 的余量），应减小电规准，依次转换成中、精规准各档参数加工，直至达到所需的尺寸精度和表面粗糙度。转换的原则是下一档规准加工的表面粗糙度是上一档的$\frac{1}{2}\sim\frac{1}{3}$，而所留的加工余量（或称修光余量）大约为 $3R_{max}$左右。对于电-液压放电间隙控制系统来说，由于加工深度不易控制，所留的加工余量应成倍增加。电规准转换档数越多，且所留的修光余量越少，其加工表面修光的时间也就越短，即有助于提高总体加工速度。

型腔的侧面修光，是靠调节电极的平动量来实现的。在转换电规准的同时，应相应调节电极的平动量。由于侧面修光比较困难，且尺寸控制相对较严，所以侧面所留的修光余量不宜太大，单面修光余量大约为 $2R_{max}$左右。

（四）典型工艺实例

图 3-33 所示注射模镶块，材料为 40Cr，硬度为 38～40HRC，加工表面粗糙度为 $R_a0.8\mu m$，要求型腔侧面棱角清晰，圆角半径 R 小于 0.2mm。

1. 方法选择

选用单电极平动法进行电火花成形加工，为保证侧面棱角清晰（$R<0.3mm$），其平动量应小，取 $\delta_0\leqslant0.25mm$。

2. 工具电极

1）电极材料选用锻造过的紫铜，以保证电极加工质量以及加工表面粗糙度。

2）电极结构与尺寸如图 3-34 所示。①电极水平尺寸单边缩放量取 $b=0.25mm$，根据式（3-12）可知，平动量 $\delta_0=0.25-\delta_{精}<0.25mm$。②由于电极尺寸缩放量较小，用于基本成形的粗规准参数不宜太大，根据工艺数据库所存资料（或经验）可知，实际使用的粗加工参数

会产生1%的电极损耗。因此，对应着型腔主体20mm深度与R7mm搭子及型腔6mm深度的电极长度之差，不是14mm，而是（20－6）×（1＋1%）mm＝14.14mm。而精修时尽管也有损耗，但由于二部分精修量一样，故不会影响二者深度之差。图3-34所示电极结构，其总长度无严格要求。

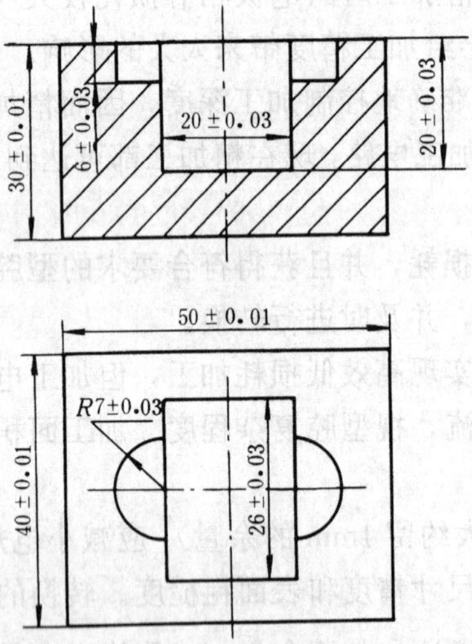

图3-33　注射模镶块

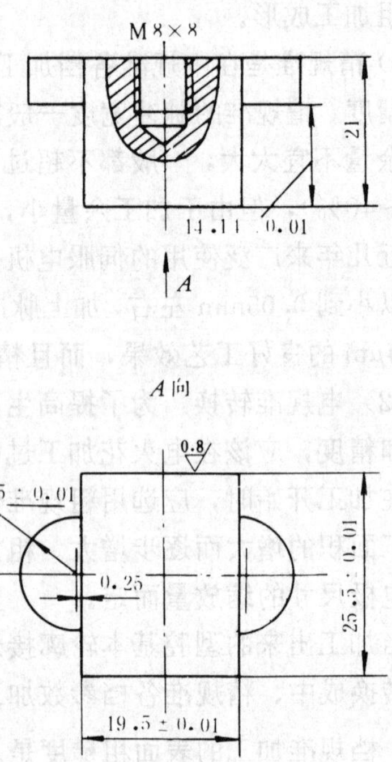

图3-34　电极结构与尺寸

3）电极制造。电极可以用机械加工方法制造，但因有二个半圆的搭子，一般都用数控线切割加工。主要工序如下：①备料；②刨削上下面；③划线；④加工M8×8的螺孔；⑤按水平尺寸用线切割加工；⑥按图示方向前后转动90°用线切割加工二个半圆及主体部分长度；⑦钳工修整。

4）镶块坯料加工。①按尺寸需要备料；②刨削六面体；③热处理（调质）达HRC38～40；④磨削镶块六个面。

5）电极与镶块的装夹与定位。

a）用M8的螺钉固定电极，并装夹在主轴头的夹具上。然而用千分表（或百分表）以电极上端面和侧面为基准，校正电极与工件表面的垂直度，并使其X、Y轴与工作台X、Y移动方向一致。

b）镶块一般用平口钳夹紧，并校正其X、Y轴与工作台X、Y移动方向一致

c）定位。即保证电极与镶块的中心线完全重合。用数控电火花成形机床加工时，可以用其自动找中心功能准确定位。

6）电火花成形加工。所选用的电规准和平动量及其转换过程如表3-6所示。

表 3-6　电规准转换与平动量分配

序号	脉冲宽度 (μs)	脉冲电流幅值 (A)	平均加工电流 (A)	表面粗糙度 R_a (μm)	单边平动量 (mm)	端面进给量 (mm)	备　注
1	350	30	14	10	0	19.90	(1) 型腔深度 20mm，考虑 1% 损耗，端面总进给量为 20.2mm (2) 型腔加工表面粗糙度为 R_a0.6μm。(3) 用 Z 轴数控电火花成形机床加工
2	210	18	8	7	0.1	0.12	
3	130	12	6	5	0.17	0.07	
4	70	9	4	3	0.21	0.05	
5	20	6	2	2	0.23	0.03	
6	6	3	1.5	1.3	0.245	0.02	
7	2	1	0.5	0.6	0.25	0.01	

第二节　电火花线切割加工

一、电火花线切割加工原理和特点

(一) 基本原理

电火花线切割加工与电火花成形加工的原理是一样的，都是基于电极间脉冲放电时的电火花腐蚀原理：极间液体介质被击穿以后形成火花放电时，会产生大量的热量使电极表面的局部金属瞬时熔化和汽化，并把熔化和汽化了的金属去除掉，以实现尺寸加工的目的。所不同的是，电火花线切割加工不需要制作复杂的成形电极，而是用不断移动的电极丝作为工具，工件则按预定的轨迹进行运动而“切割”出所需的复杂零件。这就象木工用钢线锯锯木板一样，能加工出各种复杂形状的零件。从中也不难理解，电火花线切割加工只能加工以直线为母线的曲面，而不能加工任意空间曲面。电火花线切割加工示意图如图 3-35 所示。

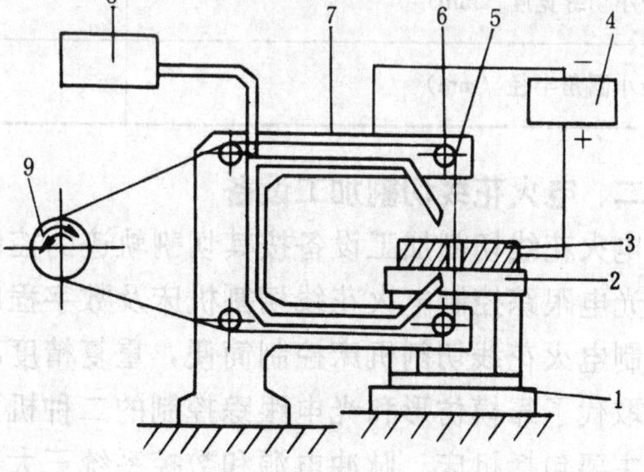

图 3-35　电火花线切割加工示意图

1—坐标工作台　2—夹具　3—工件　4—脉冲电源　5—电极丝　6—导轮　7—丝架　8—工作液箱　9—贮丝筒

(二) 电火花线切割特点

电火花线切割加工与电火花成形加工相比，有如下特点：

1) 不需要制造复杂的成形电极。

2) 工件材料被蚀除的量很少，这不仅有助于提高加工速度，而且加工下来的材料还可以再利用。

3) 能够方便地加工各种复杂的精密零件，包括各种微槽和窄缝。

4) 由于采用移动的细长电极丝进行加工，使单位长度电极丝的丝径损耗较小，因而丝径损耗对一般中小模具加工影响不大，有助于电火花线切割加工精度控制在

±0.01mm 以内。对于慢速走丝电火花线切割来说，电极丝只使用一次，电极损耗对加工精度的影响就更小。

5)电火花线切割一般采用精规准一次加工成形，在加工过程中大都不需要转换加工规准。

我国在开发电火花线切割技术方面，起步是比较早的。当国际上首台电火花线切割机床于 1957 年诞生后不到三年，我国在 1960 年也研制成了电火花线切割机床，并在以后的 30 多年中得到飞速发展和广泛应用。其加工轨迹控制从靠模仿形控制、光电跟踪控制到现在普遍应用的数字程序控制。电火花线切割机床的产量年年上升，现已达到年产量 6000 余台，全国拥有量约 3 万台，并有不少电火花线切割机床出口到世界各国。

我国的数控电火花线切割机床的显著特点是快速走丝（电极丝移动速度为 7～10m/s）和采用皂化油乳化液作工作液，这就有利于电蚀产物的排出，提高加工速度和加工厚度，也有助于工件防锈。但在加工精度和表面粗糙度方面，与国外慢速走丝电火花线切割机床（电极丝移动速度在 4m/min 以下）差距较大。它们分别所能达到的工艺指标如表 3-7 所示。

表 3-7　电火花线切割所能达到的工艺指标

项目 \ 走丝速度		快速（国内）	慢速（国外）
最大切割速度（mm^2/min）		266	200～300
$R_a=2.5\mu m$ 时切割速度（mm^2/min）		30～50	40～60
加工表面粗糙度（μm）		一般为 $R_a1.25\sim2.5$ 个别为 $R_a0.45$	多次切割 $R_{max}=0.5$
加工精度	圆　度（mm）	ϕ20 时 0.01	ϕ15 时 0.004
	直线度（mm）	0.005/40	0.0025/120
	尺寸精度（mm）	0.01～0.015	±0.003
最大加工厚度（mm）		钢 500，黄铜 610	钢 450
最小切缝宽度（mm）		/	0.035
最小圆角半径（mm）		/	0.10

二、电火花线切割加工设备

电火花线切割加工设备按其切割轨迹的控制方式不同，可分为靠模仿形电火花线切割机床、光电跟踪控制电火花线切割机床及数字程序控制电火花线切割机等三种。但由于数字程序控制电火花线切割机床控制简便，重复精度高，在生产实践中得到极为广泛的应用，几乎完全取代了靠模仿形和光电跟踪控制的二种机型。我国的数控电火花线切割设备如图 3-36 所示，主要包括机床、脉冲电源和数控系统三大部分。

（一）机床部分

机床部分是电火花线切割加工设备的主要组成部分之一，它包括床身、坐标工作台、运丝机构以及工作液循环系统等。它的结构好坏及其精度高低都会直接影响工件的加工质量。各种型号电火花线切割机床的主要规格参数见表 3-8。

表 3-8 数控电火花线切割机床型号规格

规格 \ 型号		DK7710		DK7712		DK7716		DK7720		DK7725		DK7732		DK7740		DK7750		DK7763	
工作台	横向行程（mm）	100		125		160		200		250		320		400		500		630	
	纵向行程（mm）	120	160	160	200	200	200	250	320	320	400	400	500	500	630	630	800	800	1,000
	最大承载重力（N）	10	15	20	25	40	50	60	80	120	160	200	250	320	400	500	630	960	1,200
工件尺寸	最大宽度（mm）	125		160		200		250		320		400		500		630		800	
	最大长度（mm）	200	250	250	320	320	400	400	500	500	630	630	800	800	1,000	1,000	1,250	1,250	1,600
	最大切割厚度（mm）	40、60、80、100、120、140、160、180、200、250、300、350、400、450、500、550、600																	
最大切割锥度		0°，3°，6°，9°，12°，15°，18°（18°以上按 6°一档间隔增加）																	

1. 床身

床身是支承和固定坐标工作台、运丝机构等的基体。因此，要求床身应有一定的刚度和强度，一般采用箱体式结构。床身里面安装有机床电气、工作液循环系统元器件，也有安装脉冲电源的。由于床身的体积较大，设计者都比较注意它的造型，以使机床外形美观。

图 3-36 快速走丝数控电火花线切割设备

1—贮丝筒 2—走丝溜板 3—丝架 4—纵向滑板 5—横向滑板 6—床身 7—控制箱

2. 坐标工作台

目前在电火花线切割机床上采用的坐标工作台，大多为 X、Y 方向线性运动。不论是哪种控制方式，电火花线切割机床最终都是通过坐标工作台与丝架的相对运动来完成对零件加工的，坐标工作台应具有很高的坐标精度和运动精度，而且要求运动灵敏、轻巧，一般都采用“＋”字滑板、滚柱导轨，传动丝杠和螺母之间必须消除间隙，以保证滑板的运动精度和灵敏度。

3. 运丝机构

在电火花线切割加工时，电极丝需要不断地移动，这个移动是由运丝机构来完成的。国外普遍使用的慢速走丝是靠卷丝电动机与张力电动机相互作用而使电极丝单方向移动。而国内使用的快速走丝则是将电极丝绕在贮丝筒上，并由丝筒作周期性的正反旋转，而使电极丝高速往返运动。运丝机构是单滚筒式，它结构简单、维护方便，因而应用广泛；其缺点是绕丝长度小，电动机正反转动频繁、电极丝张力不可调。采用双电动机带动双滚筒式能克服上述缺点，但结构复杂，应用极少。

运丝机构除绕丝机构外，还包括丝架。丝架的主要作用是在电极丝快速移动时，对电极丝起支撑作用，并使电极丝工作部分与工作台平面保持垂直。为获得良好的工艺效果，上、下丝架之间的距离不宜太大。为满足不同厚度工件加工需要，可采用图 3-37 所示的升降式活动丝架。如果上导轮能相对下导轮作一定的轨迹偏移，就可以实现锥度切割。上导轮的偏移是

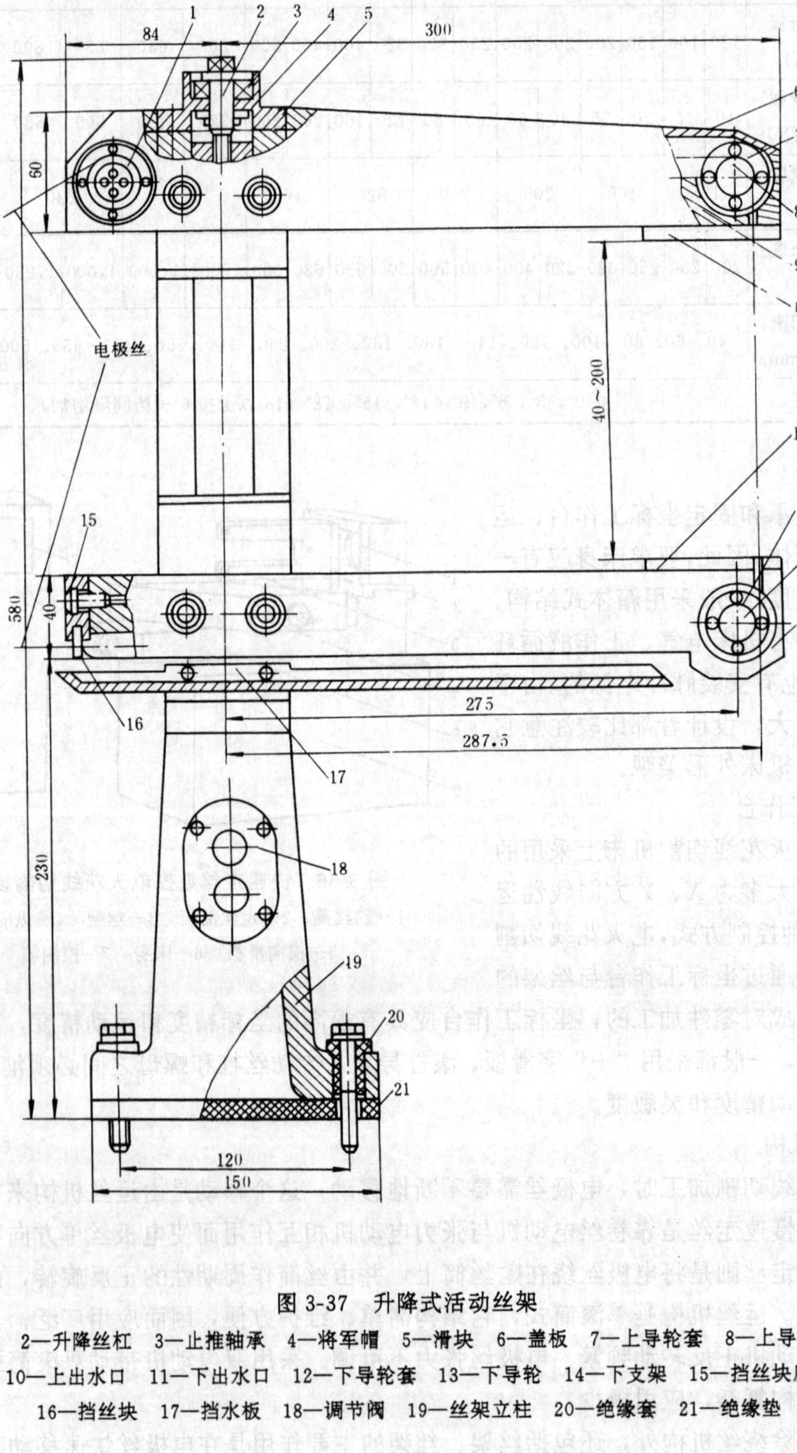

图 3-37　升降式活动丝架

1—后导轮组　2—升降丝杠　3—上推轴承　4—将军帽　5—滑块　6—盖板　7—上导轮套　8—上导轮　9—上支架　10—上出水口　11—下出水口　12—下导轮套　13—下导轮　14—下支架　15—挡丝块座　16—挡丝块　17—挡水板　18—调节阀　19—丝架立柱　20—绝缘套　21—绝缘垫

通过二个小步进电动机驱动，使上丝架固定上导轮的部分作微量坐标移动而实现的，最大位移约为 5mm。其运动轨迹（U，V）加工轨迹（X，Y）由计算机同时控制，即实现（X，Y，U，V）四轴联动。

4. 工作液及循环系统

电火花线切割对工作液的要求是：要有一定的介电能力、较好的消电离能力和灭弧能力、渗透性好、生产效率高、稳定性好、对电极丝寿命的影响小，还应有较好的洗涤性能、防腐蚀性能、润滑性能，对人体无害、价格便宜、使用安全等。最早曾采用煤油，虽煤油的介电性能好，加工表面质量及精度较高，但加工效率低，且必须浸在工作液里面加工，现已极少使用。目前快速走丝电火花线切割机床广泛使用的是乳化油水溶液，皂化油的浓度一般为 7%～15%。而慢速走丝电火花线切割机床则大多采用去离子水。

工作液循环与过滤装置是电火花线切割机床不可缺少的一部分。其作用是及时地从加工区域中排除电蚀产物，并连续地充分供给清洁的工作液，以保证脉冲放电过程稳定而顺利进行。循环装置一般由工作液泵、液箱、过滤器、管道和流量控制阀等组成。

（二）高频脉冲电源

电火花线切割机床是利用火花放电对金属的电腐蚀作用来实现切割加工的，因而在加工过程中，必须在电极丝与工件之间施加具有一定能量的脉冲电压，以产生脉冲式的火花放电。所用的高频脉冲电源性能好坏，将直接影响加工稳定性、加工表面质量及切割速度，故必须引起人们的高度重视。

目前用于电火花线切割的高频脉冲电源，主要是晶体管脉冲电源。其电气工作原理与电火花成形机床所用的脉冲电源相同（参见图 3-11），所不同的是电源的功率较小，频率较高。因为电火花线切割加工的蚀除量很少，一般都是用精规准一次切割成形。电火花线切割用的高频电源输出电压为 100V 左右，最大加工电流为 5A 左右，脉冲宽度 t_{on}小于 60μs。为适应各种加工要求需要，脉冲宽度 t_{on}、脉冲峰值电流 I_m 以及脉冲间隔 t_{off}都应可调。慢速走丝电火花线切割机床由于蚀除效率较低，所用的脉冲电源功率都比较大，最大加工电流都在 20～30A 之间。

（三）数字程序控制系统

数字程序控制电火花线切割加工是根据工件的形状与尺寸要求，按照一定的格式编写程序，然后按规定的编码把程序制成穿孔纸带，再用输入机送入专用计算机。计算机则按照所输入的加工程序进行计算，并发出进给信号来控制步进电动机驱动坐标工作台滑板移动，从而实现加工过程的自动控制。

电火花线切割机床的数字程序控制台是一台串行专用的小型电子计算机。它可以根据预定程序切割 X、Y 平面上由直线和圆弧组成的任意几何图形，对于由其他曲线函数所组成的图形，在一定精度要求下，也可用若干段直线或圆弧来近似加工。

数字程序控制台主要由下列五大部分组成。其原理方框图如图 3-38 所示。

1. 运算器

是由贮存器、全加器、变补器、延迟寄存器和若干运算控制门组成。电火花线切割机床在加工过程中，全部运算均通过运算器来完成。在输入时，它借助于三位延迟寄存器对数码进行十翻二运算。变补器主要在执行减法运算时，将减数变补后与被减数累加。

2. 控制器

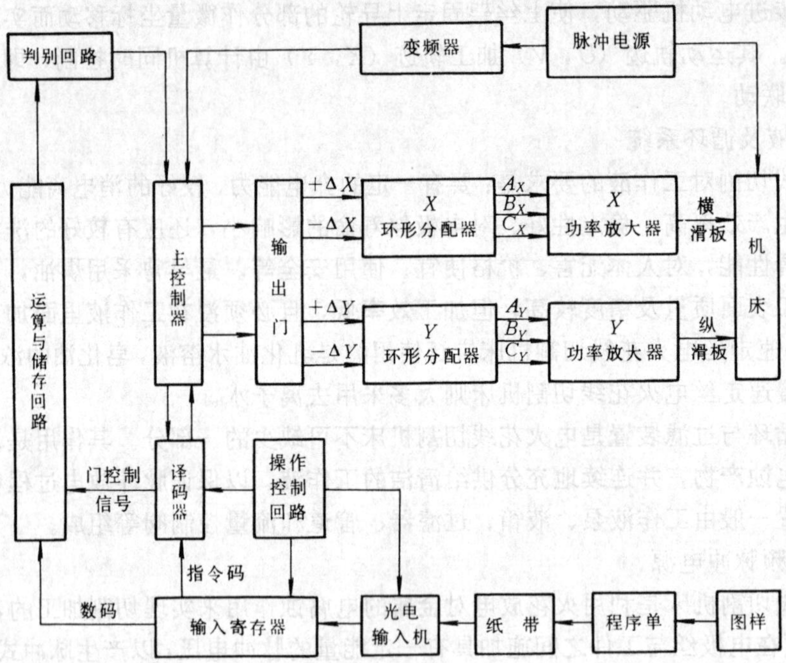

图 3-38　数字程序控制台原理方框图

它由时标脉冲发生器、操作控制、运算判别回路组成。它综合运算器、贮存器等部分有关要求，发出各种控制信息，使运算器、贮存器部分按一定顺序自动而协调地工作。

3．译码器

主要是把数码寄存器或计数器中的信息“翻译”出来，以控制其他部件的工作。

4．输入回路

它的任务是将数据、指令及某些标志信息等输送到控制器中去。

5．输出回路

它的任务是将输入的曲线类型及插补运算判别比较函数符号的结果，综合译成机床滑板的运动。

三、数字程序控制原理

电火花线切割机床的数字程序控制系统，能够控制加工同一平面上由直线和圆弧组成的任何图形的工件，这是最基本的控制系统。此外，还有带锥度切割、间隙补偿、螺距补偿、图形编程、图形显示等功能的控制。数据和指令的输入不仅可以用人工和穿孔带，也有用软盘输入的。因而，控制系统的具体组成及计算机的容量也会有所不同。本书不研究控制系统的各单元电路的工作原理及其设计方法，但为了便于理解和应用，将讨论其数字控制原理和程序编制方法。

（一）逐点比较法

快速走丝电火花数控线切割加工普遍采用的是逐点比较法。逐点比较法加工斜线的原理如图 3-39 所示，$\overline{OA}$为需要加工的斜线，坐标原点取在斜线的起点 O 上。加工开始时，先从坐标原点 O 沿 $+X$ 方向走一步到位置“1”。由图可见，加工点“1”是在$\overline{OA}$的下方，已偏离预定的加工斜线$\overline{OA}$，产生了偏差。为了靠近$\overline{OA}$，第二步应沿 $+Y$ 方向走到“2”位置。这时，因为点“2”已处在$\overline{OA}$斜线的上方，加工点也偏离了$\overline{OA}$斜线，又产生了新的偏差。为了纠正这个偏差，应使加工点向$\overline{OA}$靠拢，即沿$+X$方向走第三步至点“3”。如此继续不断地走下去，直到A点。只要每步距离很小，所走的折线就近似于一条光滑的斜线。

同理，沿逆时针方向切割圆弧（图 3-40）时，坐标原点取在圆心O上，从A点开始，每

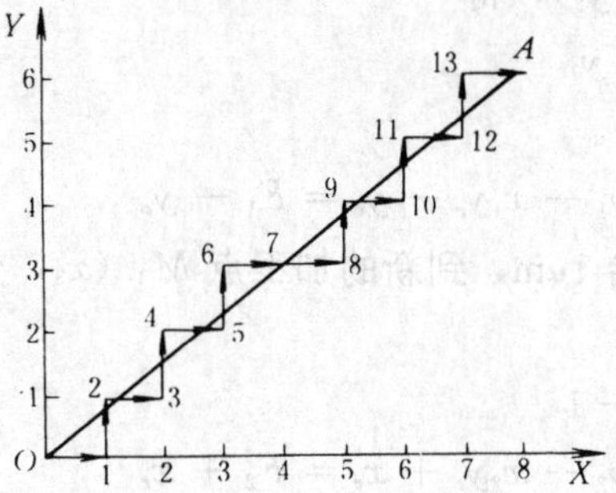

图 3-39　加工斜线的原理

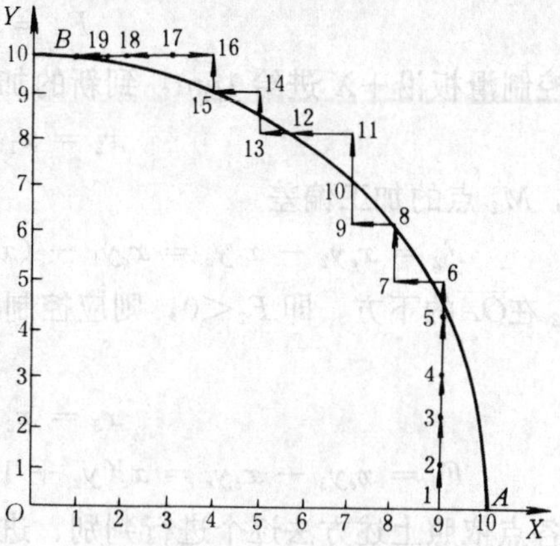

图 3-40　加工圆弧的原理

走一步，都由数控装置进行运算比较，然后发出向圆弧靠拢的步进命令。若加工点在圆弧内，应控制下一步向$+Y$方向进给，若加工点在圆外或在圆弧上，则下一步应沿$-X$方向进给。如此逐点比较逼近于预定的圆弧$\overset{\frown}{AB}$，直到终点B为止。同样，只要步距很小（实际是$1\mu m$），用这条折线代替所要加工的圆弧也是允许的。

由此可知，采用逐点比较法控制滑板的进给是步进的，它每走一步都要完成下面三个工作节拍（图 3-41）：

(1) 判别　判别加工点对预定轨迹曲线的偏离位置，由此决定滑板的走向。

(2) 进给　根据判别的结果，控制滑板X或Y方向进给一步，以使加工点向预定的轨迹曲线靠拢。

(3) 计算　计算新的加工点与预定轨迹曲线之间的偏差，以作为下一步判别的依据。

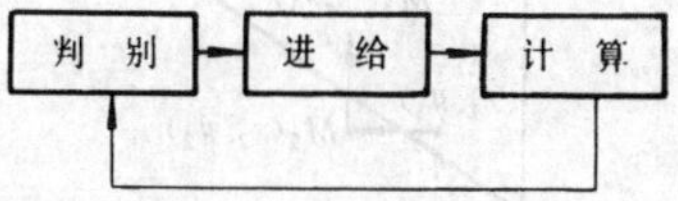

图 3-41　步进工作节拍方框图

从上面的讨论中可知，滑板的走向决定于判别的结果，而判别的依据是偏差计算。因而，问题在于如何正确地反映加工点对预定轨迹曲线的偏离位置，以及如何进行偏差的计算。下面将对加工斜线和圆弧时的情况作进一步介绍。

（二）偏差计算

1. 加工斜线$\overline{OA}$（图 3-42）

设起点O为坐标原点，终点坐标为A (x_e，y_e)。则斜线$\overline{OA}$上的任意一点都必定满足下面比例关系

$$\frac{x}{y}=\frac{x_e}{y_e} \qquad \text{即}\ x_e y = x y_e$$

所以，若用$F=x_e y - x y_e$来表示偏差的大小，则可根据偏差计算的结果判别加工点的位置，并

决定滑板的走向。即当 $F \geqslant 0$ 时，说明加工点在 $\overline{OA}$ 上方（或在线上），滑板应沿 X 轴的正方向进给一步；当 $F<0$ 时，说明加工点在 $\overline{OA}$ 下方，滑板沿 Y 轴正向进给一步。

在加工过程中，计算机是根据递推法进行偏差计算的，即滑板每走一步后，新的加工点的偏差是用前一点的加工偏差来推算的。例如，在某一时刻加工至 M_1（x_1，y_1）点，M_1 点在斜线上方，其偏差为

$$F_1 = x_e y - x_1 y_e \geqslant 0$$

则应控制滑板沿 $+X$ 进给 $1\mu m$，到新的加工点 M_2（x_2，y_2），得

$$x_2 = x_1 + 1; \qquad y_2 = y_1$$

所以，M_2 点的加工偏差

$$F_2 = x_e y_2 - x_2 y_e = x_e y_1 - (x_1 + 1) y_e = x_e y_1 - x_1 y_e - y_e = F_1 - y_e$$

设 M_2 在 $\overline{OA}$ 的下方，即 $F_2<0$，则应控制滑板沿 $+y$ 进给 $1\mu m$，到新的加工点 M_3（x_3，y_3），得

$$x_3 = x_2; \qquad y_3 = y_2 + 1$$

$$F_3 = x_e y_3 - x_3 y_e = x_e(y_2 + 1) - x_2 y_e = x_e y_2 - x_2 y_e + x_e = F_2 + x_e$$

其余各点依照上述方法逐个进行判别、进给和计算。

从上面两个偏差计算式可以看出，采用递推法推算偏差 F 时，只用到终点坐标值，所以在加工过程中不必计算加工点的坐标值（x_n，y_n）。

2. 加工圆弧 $\overset{\frown}{AB}$（图 3-43）

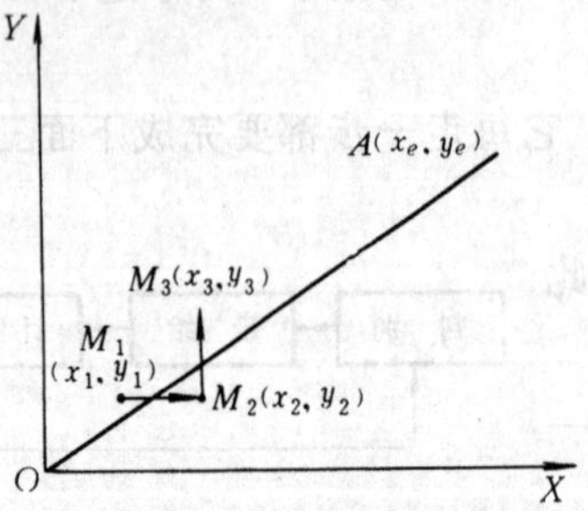

图 3-42 斜线偏差计算

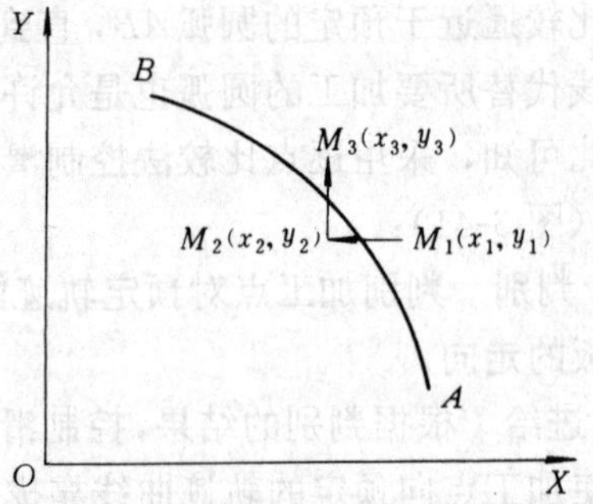

图 3-43 圆弧偏差计算

设以圆弧的圆心 O 为坐标原点，圆弧的半径为 R，则圆弧上任何一点都将满足下面关系

$$x^2 + y^2 = R^2, \text{即 } x^2 + y^2 - R^2 = 0$$

所以，可以用偏差 $F=x^2+y^2-R^2$ 的大小来判别。即当 $F \geqslant 0$ 时，说明加工点在圆弧外（或在圆弧上）；当 $F<0$ 时，说明加工点在圆弧内。假设在某一时刻加工点 M_1（x_1，y_1）在圆弧外，其偏差必然为

$$F_1 = x_1^2 + y_1^2 - R^2 > 0$$

为了减少加工误差，应控制滑板向圆内进给第一步，在图 3-43 所示情况下（以逆时针方向切割第一象限圆弧），应控制滑板沿 $-X$ 进给 $1\mu m$，到达 M_2（x_2，y_2），得

$$x_2 = x_1 - 1; y_2 = y_1$$

M_2 点的加工偏差为

$$F_2 = x_2^2 + y_2^2 - R^2 = (x_1 - 1)^2 + y_1^2 - R^2 = x_1^2 + y_1^2 - R^2 - 2x_1 + 1 = F_1 - 2x_1 + 1$$

设 M_2 点已在圆内，即 $F_2<0$，则应控制滑板沿 $+y$ 进给 1μm，到达 M_3（x_3，y_3），得

$$x_3 = x_2; y_3 = y_2 + 1$$

所以 M_3 点的加工偏差为

$$F_3 = x_3^2 + y_3^2 - R^2 = x_2^2 + (y_2 + 1)^2 - R^2 = x_2^2 + y_2^2 - R^2 + 2y_2 + 1 = F_2 + 2y_2 + 1$$

其余各点依照上述方法逐个进行判别、进给和计算

上面所述是指斜线和圆弧在第一象限的情况。当斜线和圆弧处于第二、三、四象限时，也可用同样的方法推出偏差计算公式。

（三）加工长度控制

按上述逐点比较法进行加工，从第一步开始，进给将是无止境的。但电火花线切割加工都有尺寸要求，在加工到预定尺寸后应能自动结束，因此逐点比较法还要增加一个“终点判别”的工作节拍，如图 3-44 所示。这样，滑板每走一步，计算机都要完成判别、进给、计算和终点判断等四个工作节拍，即在完成偏差计算后不是马上开始进行下一步的偏差判别，而是首先判断一下加工是否已到终点。若已到达，则结束加工；否则，需要进行下一步的四个工作节拍。

要直接控制加工曲线（斜线或圆弧）的长度不是很方便，计算机实际控制的是加工曲线在 X 轴或 Y 轴上的投影长度，称为加工曲线的计数长度，用 J 表示。在加工前将滑板在 X（或 Y）方向进给的计数长度 J 送入计数器，在加工过程中，X（或 Y）滑板每进给一步，计数器就减 1，当计数器减到零时，表示已到终点，于是该段加工结束。

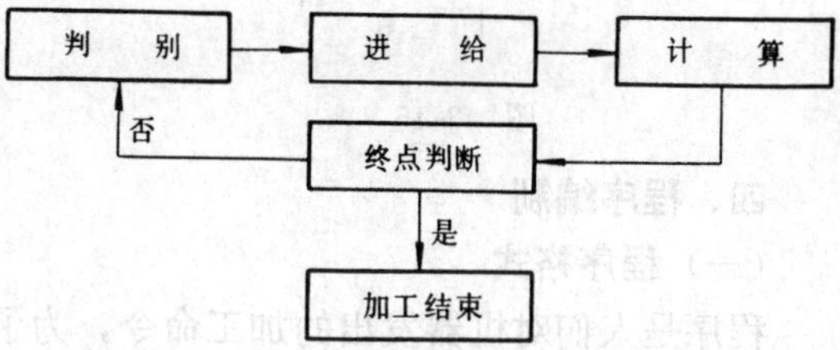

图 3-44　终点判断方框图

送入计数器的计数长度 J 究竟是加工曲线在 X 轴上的投影还是在 Y 轴上的投影，这就存在一个计数方向 G 的问题。当以 X 滑板进给的计数长度（曲线在 X 轴上的投影长度）进行计数时，用 G_x 表示；以 Y 轴滑板进给的计数长度（在 Y 轴上的投影长度）进行计数时，用 G_y 表示。在实际操作过程中，为保证加工精度，必须正确选取计数方向。

（1）斜线　设斜线段的起点为坐标原点 O（0，0），终点坐标为 A（x_A，y_A），则有

1）$x_A>y_A$ 时，计数方向取 G_x，计数长度为 $J=x_A$；

2）$x_A<y_A$ 时，计数方向取 G_y，计数长度为 $J=y_A$；

3）$x_A=y_A$ 时，计数方向取 G_x 或 G_y 均可，计数长度 $J=x_A=y_A$；

（2）圆弧　设圆弧的圆心为坐标原点 O（0，0），圆弧的终点坐标为 A（x_A，y_A），则有

1）$x_A>y_A$ 时，终点 A 靠近 X 轴，计数方向取 G_y，计数长度 J 为整个圆弧段在 Y 轴上的投影总和；

2）$x_A<y_A$ 时，终点 B 靠近 Y 轴，计数方向取 G_x，计数长度 J 为整个圆弧段在 Y 轴上的投影总和；

3）$x_A=y_A$ 时，计数方向取 G_x 或 G_y 均可，计数长度仍为在所选取方向上的投影总和。

（3）计数长度计算实例

1）已知加工线段的起点坐标为 A（0，0），终点坐标为 B（6，5）。则应取 G_x，J=6mm。

2）已知加工线段的起点坐标为 A（0，0），终点坐标为 B（2，−4）。则应取 G_y，J＝4mm。

3）已知加工圆弧如图 3-45 所示，由于终点坐标 B 的绝对值 $x_B < y_B$，计数方向应取 G_x，计数长度 $J = J_{x1} + J_{x2}$。

4）已知加工圆弧如图 3-46 所示，则由于终点坐标 B 的绝对值 $x_B > y_B$，计数方向应取 G_y，计数长度 $J = J_{y1} + J_{y2} + J_{y3}$。

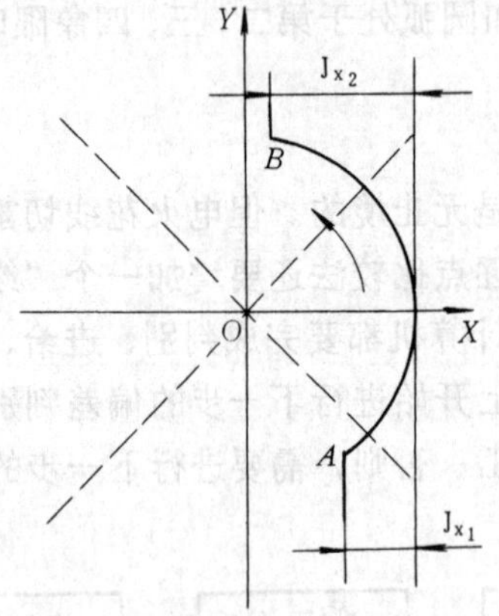

图 3-45

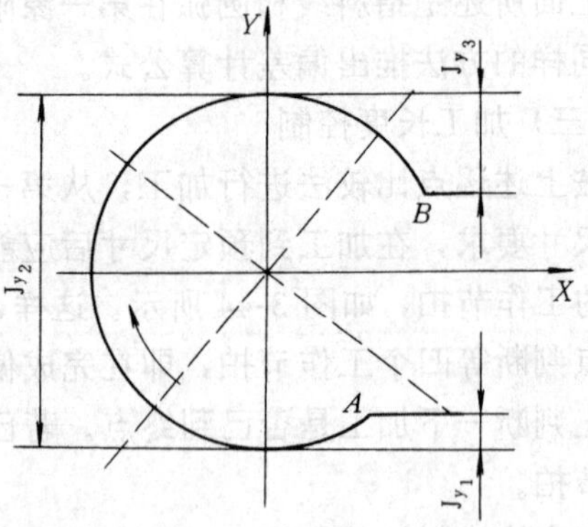

图 3-46

四、程序编制

（一）程序格式

程序是人们对机器发出的加工命令，为了使机器能够接受这种命令，编制程序时必须符合一定的格式。我国大多数数字程序控制电火花线切割机床所采用的程序格式为"3B"指令，如表 3-9 所示。

表 3-9 "3B"指令格式

B	X	B	Y	B	J	G	Z
分隔符号	x 坐标值	分隔符号	y 坐标值	分隔符号	计数长度	计数方向	加工指令

对"3B"指令格式有如下几点说明：

1）B 为分隔符号。因为 X、Y、J 均为数码，需用分隔符号将它们隔开。

2）加工圆弧时，以圆心为坐标原点，则 X、Y 为起点坐标值。加工斜线时，以起点为坐标原点，则 X、Y 为终点坐标值，并允许 x 与 y 坐标值按相同比例缩小或放大。

3）X、Y、J 数值均以微米为单位。当 X 或 Y 为 0 时，可以不写，但计数长度 J 必须写足六位数。如 J＝1970μm 时，应写成 001970。

4）在同一个工件的加工过程中，X、Y 坐标轴方向应保持不变，即 X 滑板和 Y 滑板的运动方向是不变的。加工不同的曲线时，取的坐标原点不同，坐标只能平移，不能转角。

5）对平行于坐标轴的线段，为了区别于一般斜线，可称直线，此时令 X、Y 值均为 0。

6）加工指令 Z 共有 12 种，如图 3-47 所示。

a）当被加工的斜线在Ⅰ、Ⅱ、Ⅲ、Ⅳ象限时，分别用 L_1、L_2、L_3、L_4 表示。

b）当加工顺时针圆弧，而起点在Ⅰ、Ⅱ、Ⅲ、Ⅳ象限时，分别用 SR_1、SR_2、SR_3、SR_4

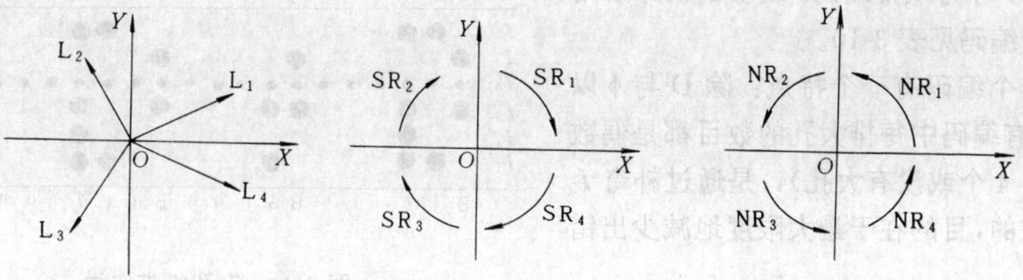

图 3-47 加工指令

表示。

c）当加工逆时针圆弧，而起点在Ⅰ、Ⅱ、Ⅲ、Ⅳ象限时，分别用 NR_1、NR_2、NR_3、NR_4 表示。

程序格式实例分别介绍如下：

1）加工一条与负 X 轴夹角为 60°、长 80mm、终点在第Ⅲ象限的斜线，其程序为

B40000　B69282　B069282　G_y　L_3

2）加工与 Y 轴正方向重合的直线，长度为 21.5mm，其程序为

B　B　B021500　G_y　L_2

3）加工线段的起点 A（−3，2.5），终点 B（2.5，−4.3），其程序为

B5500　B6800　B006800　G_y　L_4

由于斜线程序中的 X、Y 可以按比例缩小，上述程序可简化为

B55　B68　B006800　G_y　L_4

4）设圆弧的圆心在坐标原点 O（0，0），起点为 A（−5，0），终点 B（0，5），则其加工程序为

B5000　B　B005000　G_x　SR_2

如果起点坐标在 X 轴负方向上，加工的是逆时针圆弧，则加工指令应该为 NR_3。

5）加工图 3-45 所示圆弧，起点 A（3，−4），终点 B（1.5，4.77）. 由于终点 B 靠近 Y 轴取 G_x。圆弧半径 $R^2=x_A^2+y_A^2$，$R=5$mm，$J=(R-x_A)+(R-x_B)=5.5$mm。则加工程序为

B3000　B4000　B005500　G_x　NR_4

6）加工图 3-46 所示圆弧，起点 A（7，−12），终点 B（12，7）。由于终点 B 靠近 X 轴取 G_y。圆弧半径 $R^2=x_A^2+y_A^2$，$R=13.892$mm。计算长度 $J=(R-y_A)+2R+(R-y_B)=36.568$mm。其加工程序为

B　7000　B12000　B036568　G_y　SR_4

（二）纸带编码

上述程序需用穿孔形式记录在纸带上，这样才能在输入时为控制台所识别。目前，我国数控线切割机床多数采用五单位标准纸带，其实样如图 3-48 所示，“●”表示有孔，共有六排孔，其中一排小孔叫做同步孔，记为 I_0。其余五排大孔分别记为 I_1（$I_1=2^0=1$）、I_2（$I_2=2^1=2$）、I_3（$I_3=2^2=4$）、I_4（$I_4=2^3=8$）、I_5（补奇孔）。五排大孔有或没有的编排，代表不同

的信号，称为纸带编码。线切割机床所用的纸带编码见表 3-10。

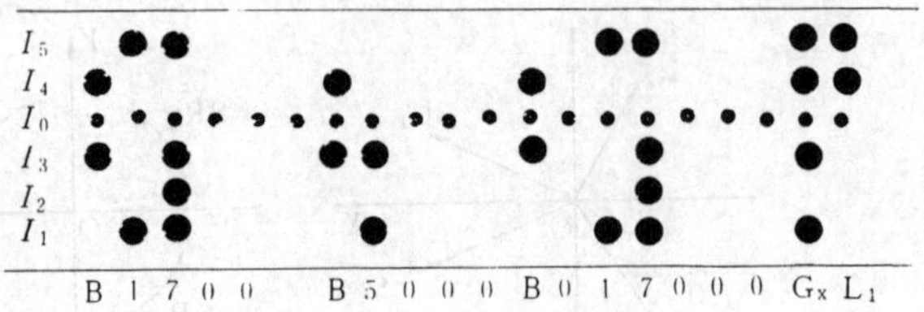

图 3-48 穿孔纸带实样

这个编码有一个特点：除 D 与 ϕ 以外，所有编码中每排大孔的数目都是偶数（2 个、4 个或没有大孔），是通过补奇 I_5 来完成的，目的在于最大限度地减少出错机率。

D 为停机码。在一个工件的整个加工过程中，每段程序都是逐段自动送入，连续不停地加工，待全部加工完毕之后，应发出停止“命令”，使机器停止工作并报警。

表 3-10 纸带编码

名称	数							码			加			工			指			令			输入指令			停机码	废码
记号	0	1	2	3	4	5	6	7	8	9	SR_1	SR_2	SR_3	SR_4	NR_1	NR_2	NR_3	NR_4	L_1	L_2	L_3	L_4	B	G_x	G_y	D	ϕ
I_5		●	●		●			●	●		●		●			●		●	●		●			●	●		●
I_4									●	●									●	●	●	●	●	●	●	●	●
I_0	•	•	•	•	•	•	•	•	•	•	•	•	•	•	•	•	•	•	•	•	•	•	•	•	•	•	•
I_3					●	●	●	●							●	●	●	●					●	●	●	●	●
I_2			●	●			●	●			●			●		●	●				●	●			●	●	●
I_1		●		●		●		●		●			●	●	●	●				●	●			●			●

ϕ 为废码。输入数控装置时不起任何作用，主要用于纸带穿孔出现错误时进行修正。如果纸带穿孔某个编码打错，可在该行打上废码并在下一行补打正确的编码。

（三）加工程序编制

数控电火花线切割加工程序编制，是根据工件图样尺寸、电极丝的粗细以及放电间隙大小等因素，在保证一定精度的条件下，求得相应的数据和指令，再按规定的程序格式编制加工程序单。为此，应该注意：

1）所要编制的加工程序单，不是工件的轮廓曲线，而是加工过程中电极丝中心相对工件的移动轨迹（如图 3-49 中单点划线所示），二者之间的垂直距离为 f。即在编程时必须根据给定的加工条件，首先求出其单边补偿量 f

$$f=\frac{1}{2}d+\delta \qquad (3\text{-}16)$$

式中 d——电极丝的直径；

δ——单边放电间隙。

2）电极丝中心的移动轨迹是由若干条子程序段组成的连续曲线，而每条子程序段都应该是光滑的直线或圆弧。不难理解，前一条子程序段的终点就是下一条子程序段的起点。

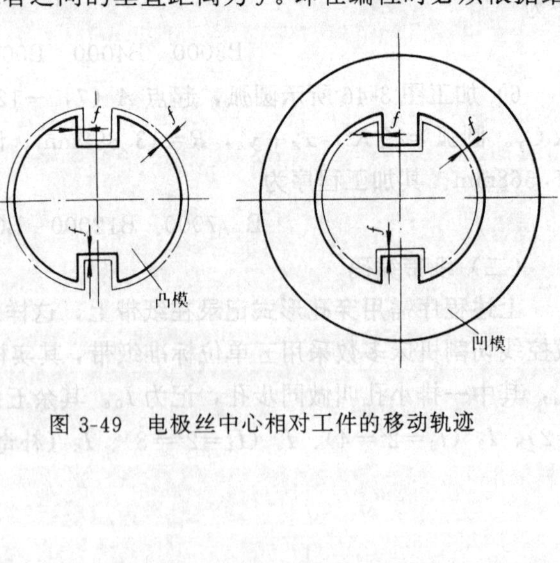

图 3-49 电极丝中心相对工件的移动轨迹

3）根据图样尺寸及加工条件，准确地

求出各线段的交点（线与线、圆弧与圆弧、圆弧与线的交点）坐标值。这些坐标值是相对于某一个直角坐标而言，为了方便计算，一般应尽量选择图形的对称轴为坐标系的坐标值。

4）工件尺寸一般都有公差要求，编程时应取其公差带的中心为编程计算尺寸。如圆弧 $R10^{+0.03}_{+0.01}$mm，编程时的圆弧半径取 $R=\left[10+\frac{1}{2}(0.01+0.03)\right]mm=10.02$mm。

5）合理选择切割起始点及方向。起始点应选在线段交点处，以避免出现接痕。起点还应接近被加工工件的重心，这样在加工临近结束时，工件自重影响会小一些。切割方向的选择，主要是为了避免工件材料内应力所产生的变形影响。加工图 3-50 所示工件时，工件材料左边被固定夹紧，若选用顺时针切割路线，就会因应力变形的影响而产生加工误差；若选用逆时针切割路线，则可避免应力变形的影响。

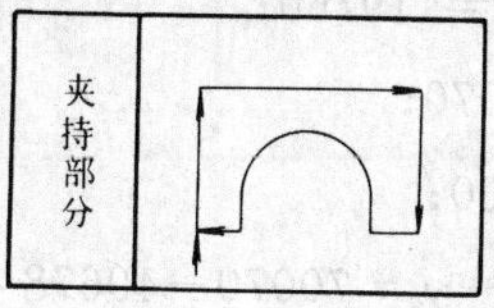

图 3-50　切割路线的确定

a）错误的切割路线　b）正确的切割路线

（四）典型零件加工程序编制举例

图 3-51 所示的凸凹模需用数控电火花线切割加工机床加工，采用的电极丝为 $\phi0.12$mm 的钼丝，单面放电间隙 $\delta=0.01$mm，其加工程序编制过程如下：

1）取坐标。由于图形的对称性，选取对称轴为坐标轴，对称轴上的圆心为坐标原点，建立平面直角坐标系。这时，只需要求出一部分交点坐标，其余各点坐标则可利用对称性得到。

2）补偿量 $f=\frac{1}{2}d+\delta=(0.06+0.01)$ mm$=0.07$mm。

3）计算坐标点。我们所计算的是电极丝中心轨迹曲线的各坐标点，它们与凸凹模尺寸相差 f 距离。

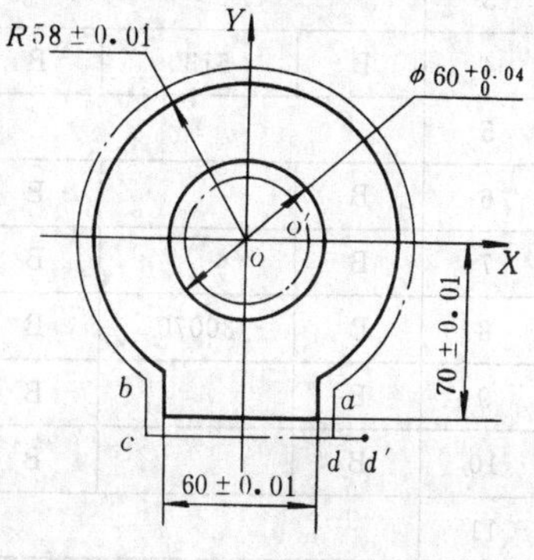

图 3-51　凸凹模编程示意图

a）圆心 o 的坐标 o（0，0）。

b）加工 $\phi60^{+0.04}_{0}$mm 圆弧的起点 o' 坐标：

$$x_{o'}=\frac{1}{2}\left[60+\frac{1}{2}(0+0.04)\right]-f=29.940\text{mm},y_{o'}=0$$

c）交点 a 的坐标

$$x_a=\frac{1}{2}\times60+f=30.07\text{mm}$$

$$y_a=-\sqrt{R^2-x_a^2}=-\sqrt{(58+0.07)^2-30.07^2}\text{mm}=-49.678\text{mm}$$

d）交点 d 的坐标

$$x_d=x_a=30.07\text{mm}\qquad y_d=-(70+f)=-70.07\text{mm}$$

e）交点 b、c 的坐标可根据对称性求得

$$b(-30.07,-49.678);\quad c(-30.07,-70.07)$$

f）工艺坐标点 d'，是在切割 $\phi60$mm 圆之后跳步到外凸部分加工的起点。为穿丝方便，以 d' 为圆心打一个 $\phi2$mm 左右的穿丝孔，d' 一般与 d 相距 3～5mm。设 $\overline{d'd}=5$mm，则有

$$x_d'=x_d+5.000=(30.07+5.000)\text{mm}=35.07\text{mm}$$

$$y_d'=y_d=-70.07\text{mm}$$

4）确定切割顺序。起点取在坐标原点。

$\overline{oo'}\rightarrow\widehat{\odot o}\rightarrow\overline{o'd'}$跳步（不需放电）$\rightarrow\overline{d'd}\rightarrow\overline{da}\rightarrow\widehat{ab}\rightarrow\overline{bc}\rightarrow\overline{cd}$

5）计数方向与长度。

a）$\overline{oo'}$：取 G_x，　　J＝29940；

b）$\widehat{\odot o}$：取 G_y，　　J＝4R＝119760；

c）$\overline{o'd'}$：取 G_y，　　J＝70070；

d）$\overline{d'd}$：取 G_x，　　J＝5000；

e）$\overline{da}$：取 G_y，　　J＝y_d-y_a＝70070－49678＝20392；

f）$\widehat{ab}$：取 G_x，　　J＝$4R-2x_a$＝172140；

g）$\overline{bc}$：取 G_y，　　J＝y_c-y_b＝20392；

h）$\overline{cd}$：取 G_x，　　J＝$2x_a$＝60140。

6）编制程序单

序号	B	X	B	Y	B	J	G	Z	备注
1	B		B		B	029940	G_x	L_1	穿丝后起步
2	B	29940	B		B	119760	G_y	NR_1	
3					D				拆卸电极丝
4	B	5130	B	70070	B	070070	G_y	L_4	空　走
5					D				重新穿丝
6	B		B		B	005000	G_x	L_3	穿丝后起步
7	B		B		B	020392	G_y	L_2	
8	B	30070	B	49678	B	172140	G_x	NR_4	
9	B		B		B	020392	G_y	L_4	
10	B		B		B	060140	G_x	L_1	
11					D				加工结束

五、间隙补偿和斜度切割的控制原理

（一）间隙补偿的控制原理

随着数控电火花线切割技术的发展，人们已在数控装置上开发了包括间隙补偿在内的许多功能，从而进一步推动了数控电火花线切割技术的广泛应用。所谓间隙补偿功能是指从已知的工件轮廓自动向外偏（或向内偏）一个数值。这样，我们只要编制一条程序便可加工凸模、凹模和固定板等零件，不仅减少了编程的工作量，而且能满意地实现凸模和凹模间隙均匀的要求。

下面以向外偏为例，说明间隙补偿原理。如图 3-52 所示，工件轮廓线为圆弧$\widehat{AB}$，其名义半径为 R，它是纸带上设定的轨迹。假设在加工凸模时需要$\widehat{AB}$向外偏某一数值 r_1，则电极丝的中心实际轨迹为$\widehat{A'B'}$。

设$\widehat{AB}$在两坐标轴上的投影长度分别为 x、y（不计方向），而$\widehat{A'B'}$在两轴上的投影长度分别为 x'、y'。根据三角形的相似关系可得

$$\frac{x}{x'}=\frac{R}{R+r_1},\qquad x'=x+\frac{r_1}{R}x$$

$$\frac{y}{y'}=\frac{R}{R+r_1},\qquad y'=y+\frac{r_1}{R}y$$

从上面两式可以看出，补偿后的进给量（即实际进给量）是由原坐标进给量与补偿量合成的。若用 U_1 和 W_1 分别表示两轴的补偿量，则

$$U_1=\frac{r_1}{R}x$$

$$W_1=\frac{r_1}{R}y$$

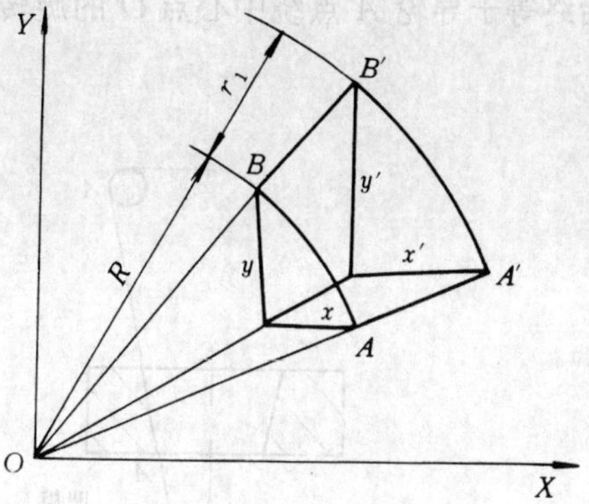

图 3-52　间隙补偿原理

实现间隙补偿的关键是求出补偿量。因为补偿量 U_1（W_1）与原坐标进给量 x（y）成线性关系，在假想的 U_1-x（W_1-y）平面上是通过原点和点（R，r_1）的斜线 L（图 3-53 和图 3-54）。所以，只要在数控电火花线切割机床上增设间隙自动补偿控制器，用逐点比较法的直线插补方法求出补偿量 U_1（W_1），分配给 U_1（或 W_1）的脉冲就是补偿脉冲，将此脉冲信号发给驱动工作台移动的步进电动机，使工作台按照实际进给量进给便可实现间隙补偿。

向内偏的原理与向外偏类似，这里不再重述。

采用间隙补偿的方法可以减少编程工作量，但它仍然是依靠人工编程。为了从根本上解决人工编程的困难，现已开发了各种各样的自动编程机（专用电子计算机），大大缩短了编程时间，特别是对于复杂图形编程，效果更为明显。

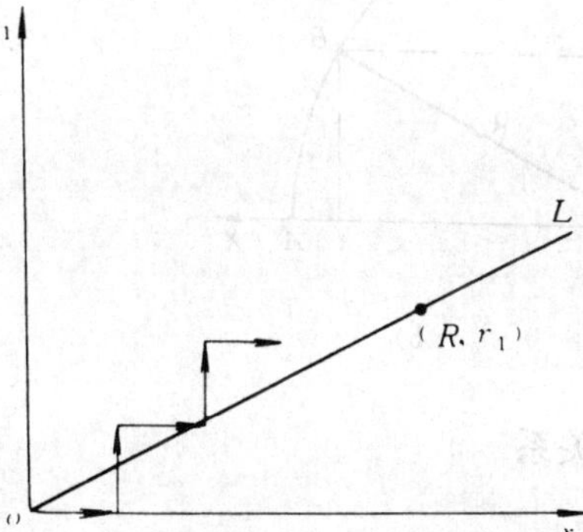

图　3-53

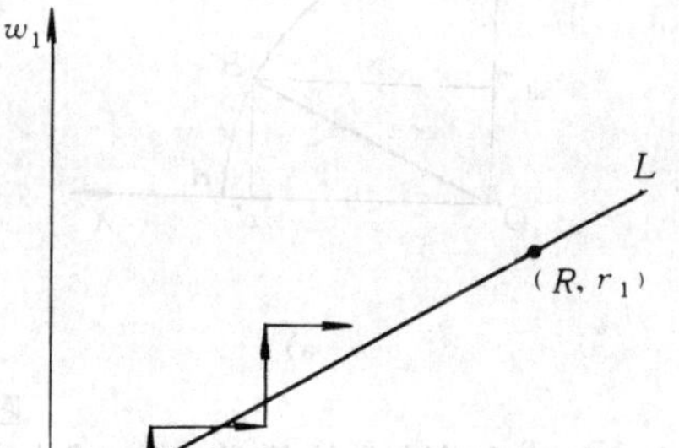

图　3-54

（二）切割带斜度工件的控制原理

大多数模具都希望侧壁有一定的斜度，冲压模的凹模要求有落料斜度，塑料模等也要求有脱模斜度。为了适应模具生产发展需要，目前在许多电火花线切割机床上都增设了斜度切割装置。

切割斜度的原理如图 3-55 所示，切割圆形凹模时，有斜度的凹模实质上是一个倒圆锥。为了切割出锥体，除了控制工作台以圆弧中心 O 为中心，R 为半径作圆周运动之外，还要使倾斜的电极丝以刃口上的 A 点为顶点，作倾斜角为 α 的圆锥运动，并使 A 点绕 O 点的旋转角度

始终等于导轮 A' 点绕中心点 O' 的旋转角度（通常称为同步）。

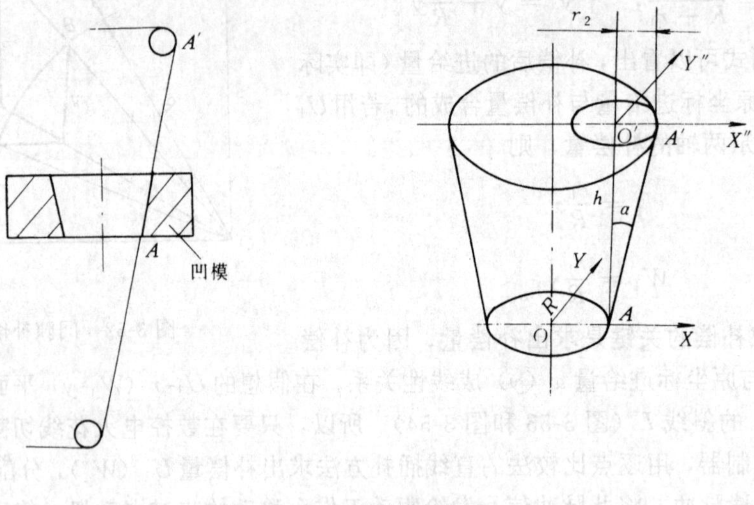

图 3-55　切割斜度的原理

设导轮 A' 点运动的两坐标轴为 X''、Y''（图 3-56a）。由于 A' 要和 A 同步，因此，当 A 点在 X-Y 平面内从 A 点走到 B 点时（图 3-56b），在 X''-Y'' 平面内 A' 也旋转相同的角度，到达 B' 点。

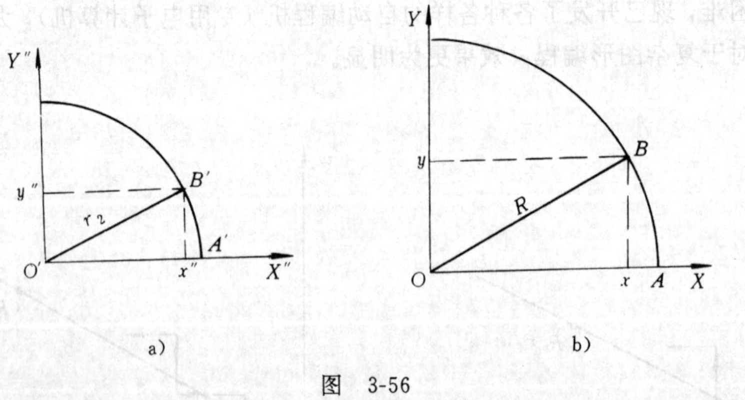

图　3-56

A' 点在 X'、Y' 两轴上的位移 x''、y'' 分别满足下列关系

$$x'' = \frac{r_2}{R}x$$

$$y'' = \frac{r_2}{R}y$$

上述两式都是比例式，故可以在电火花线切割机床上增设插补运算器，用逐点比较法的直线插补方法求得。

用于形成锥度的电极丝位移 x''和 y''是由丝架的移动来完成的。所以，切割锥度的丝架与普通丝架不同，它的上丝架能在二个安装在丝架上的步进电动机驱动下，实现 x''、y''二个坐标方向的位移。因而有人说，带锥度切割的数控电火花线切割机床可以实现四轴联动。

切割冲裁模的凹模斜度时，应控制工作台的纵、横滑板移动，以得到模具的几何形状和尺寸。同时，还要使丝架上的电极丝对应工作台的移动而运动，即应使上丝架在 x'' 和 y'' 方向分别产生 x'' 和 y'' 的位移。为此，需要通过锥度插补运算器在假想的 x''-x 平面和 y''-y 平面上按逐点比较法求出 x'' 和 y''（图 3-57），它们分配在 x''、y'' 轴上的脉冲就是丝架步进电动机在 x''、y'' 方向运动的脉冲，并将此脉冲信号相应地发给驱动丝架的两个步进电动机，使电极丝在工作台移动的同时，也产生两个位移 x'' 和 y''，实现锥度切割。

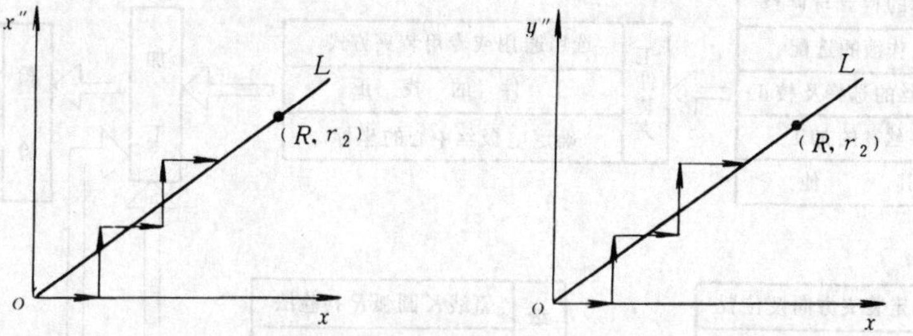

图 3-57

补偿与斜度切割的程序格式，在很大程度上取决于它所用的软件。通常是在输入"3B"指令之前，先输入一条斜度与补偿切割的指令，待一个工件加工结束之后再清除这条斜度与补偿切割的指令。指令格式如下

$$\underbrace{\text{F C } X_m \text{ C } Y_m \text{ C J G Z F}}_{\text{斜度}} \qquad \underbrace{\text{F C } X_L \text{ C } Y_L \text{ F}}_{\text{补偿}} \qquad \underbrace{\text{C C C}}_{\text{切割指令}}$$

其中　F 为斜度量和补偿量输入指令的引导和结束符号，即程序段的分隔符号；C 为数值分隔符号；X_m、Y_m 为数值（在下丝架固定，上丝架作二垂直坐标方向运动情况下，X_m、Y_m 为电极丝从垂直到倾斜时上导轮移动的距离），即倾斜电极丝在 X-Y 平面上的投影；X_L、Y_L 为数值，即补偿量在 X、Y 轴上的投影。斜度程序段中 J 为倾斜过程上导轮的移动量，当 $X_m > Y_m$ 时，取 G_x，$J = X_m$，反之亦然。

如果不需带斜度而只需补偿，则 $X_m = Y_m = J = 0$，上述带补偿的程序格式可简化为

$$\text{F F F C } X_L \text{ C } Y_L \text{ F C C C}$$

其中　"C C C"即为上节介绍的"3B"格式切割指令。

除上述指令格式外，也有在"3B"指令格式的每条程序段之前加"±R"格式的，即

$$\pm\text{R B X B Y B J G Z}$$

其中 R 为补偿半径，"+"为正补偿，"－"为负补偿。采用这类程序格式，在编程时就要计算出每条程序段的补偿半径 R，并判断是正补偿还是负补偿。当然，在斜度切割时，一般还输入一条表示锥度切割的指令，并由 $L_{锥}$ 决定其斜度的大小。

六、电火花线切割加工工艺及应用

（一）工艺应用和工艺路线

电火花线切割加工已在我国得到广泛的应用，并且愈来愈显示出它的重要作用。其主要应用有：

1）加工冲模，包括大、中、小型冲模的凸模、凹模、固定板、卸料板等。

2）加工粉末冶金模、镶拼型腔模、拉丝模、波纹板成形模、冷拔模等。

3）加工样板、成形刀具、电火花成形加工电极等。

4）加工微细孔、槽、窄缝等，如异形孔、喷丝板、射流元件、激光器件等的微孔窄缝以及微型零件。

5）加工和切割稀有贵重金属材料等。

电火花线切割加工的工艺路线如图 3-58 所示。它可以粗略地分为如下四个步骤：

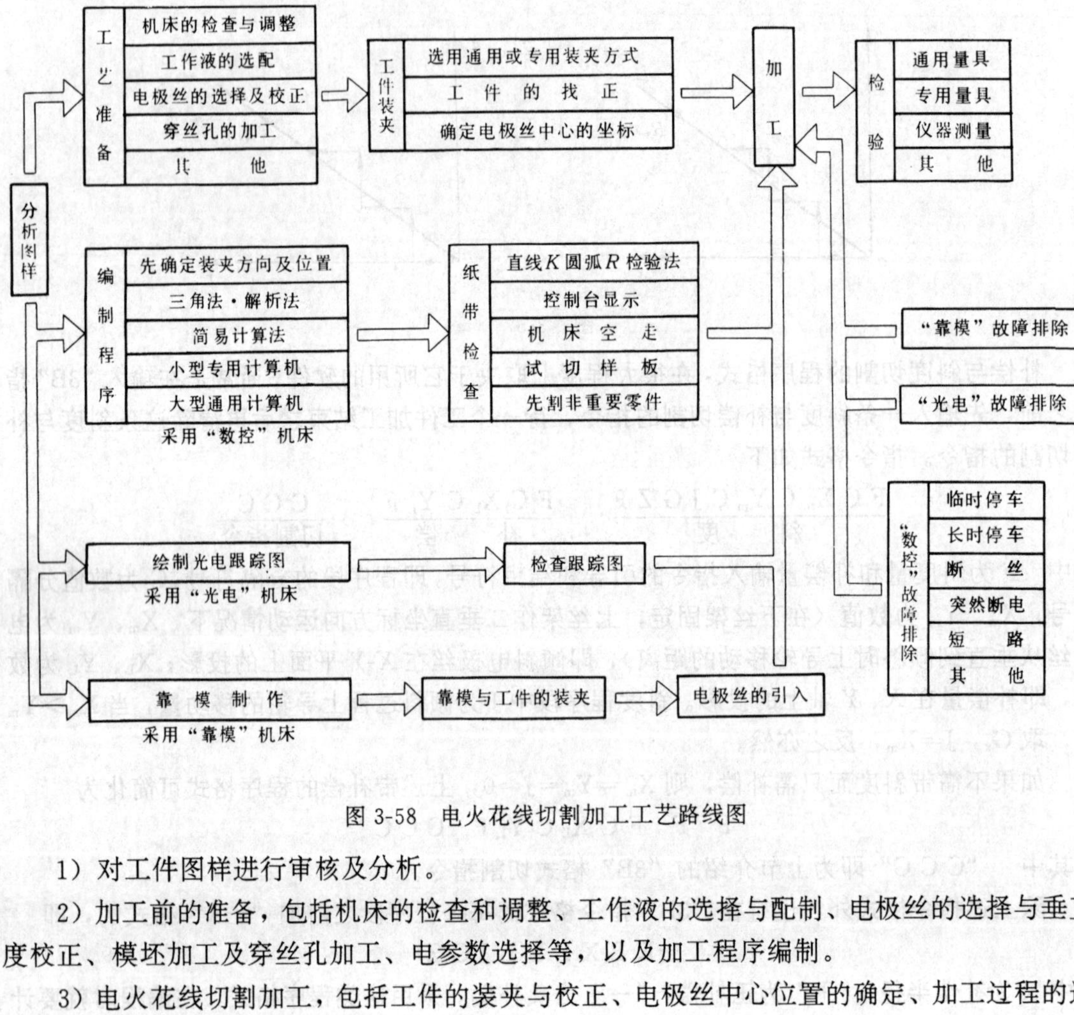

图 3-58　电火花线切割加工工艺路线图

1）对工件图样进行审核及分析。

2）加工前的准备，包括机床的检查和调整、工作液的选择与配制、电极丝的选择与垂直度校正、模坯加工及穿丝孔加工、电参数选择等，以及加工程序编制。

3）电火花线切割加工，包括工件的装夹与校正、电极丝中心位置的确定、加工过程的进给速度调整等。

4）加工质量检验。

（二）影响电火花线切割加工工艺效果的主要因素

评价电火花线切割加工工艺效果的好坏，一般都是用切割速度、加工精度及加工表面粗糙度来衡量。影响线切割工艺效果的因素很多，而且还是相互制约的（图 3-59）。下面就几个主要因素作简单讨论。

1．脉冲参数

脉冲电源的主要参数对电火花线切割工艺效果的影响如表 3-11 所示。由于线切割加工一般都选用晶体管高频脉冲电源，用单脉冲能量小、脉宽窄、频率高的脉冲参数进行正极性加

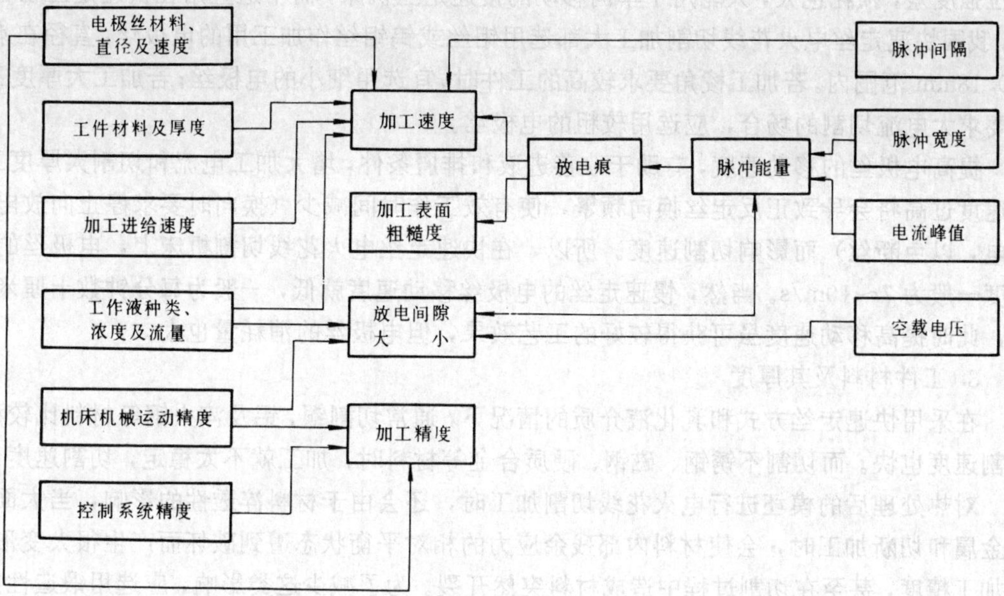

图 3-59 影响线切割工艺效果的诸因素

工。要求获得较好的表面粗糙度时，所选用的电规准要小但加工不易稳定；若要求获得较高的切割速度，脉冲参数要选大一些，但加工电流的增大仍受到排屑条件及电极丝截面积限制，过大的加工电流易引起断丝。

表 3-11 脉冲参数对工艺效果的影响[①]

主要工艺指标 / 电参数	加工速度	表面粗糙度	电极丝损耗	电参数选用范围	加工情况
空载电压幅值增加	提高	增大	增大	70～90V	加工稳定性提高，但增加不大
脉冲宽度增加（脉冲间隔不变）	提高较大	增大较多	稍有增加	精<10μs	不稳定（特别是对厚工件）
				半精 10～20μs	较稳定
				粗 20～50μs	容易稳定
脉冲间隔缩短（脉冲宽度不变）	明显增加	稍有增大	明显增大	<100μs	间隔太短，不易使加工稳定

① 在脉冲电源输出级限流电阻阻值保持不变条件之下。

加工大厚度工件时，为了改善排屑条件，应选用较高的脉冲电压、较大的脉冲峰值电流和脉宽，以增大放电间隙，帮助排屑和工作液进入加工区。在容易断丝的场合（如刚切入时电极丝抖动厉害，工作液中电蚀产物浓度过高，或是调换新钼丝时），都应该增大脉冲间隔时间，减小加工电流，待加工稳定（调节线切割的进给速度）后再缩小脉冲间隔，增大加工电流，否则将会导致电极丝的烧断。

2. 电极丝及其移动速度

进行电火花线切割加工时，电极丝的材质、直径及走丝速度都对加工有很大影响。

电火花线切割加工要求作为工具的电极丝具有良好的导电性和抗电蚀性，抗拉强度要高，材质应均匀。常用的电极丝有钼丝、钨丝、钨钼丝及黄铜丝等。钨丝虽可获得较好的切割效果，但放电加工一定时间后丝质变脆，容易断丝；而黄铜丝切割速度更高，加工也很稳定，但抗拉强度差，损耗也大，只能用于单向移动的慢速走丝机床，而不适宜用在快速走丝场合。所以，我国快速走丝电火花线切割加工大都选用钼丝或钨钼丝作加工用的电极丝，直径在 φ0.08～0.18mm 范围内。若加工棱角要求较高的工件时，宜选用细小的电极丝；若加工大厚度工件，或要求大电流切割的场合，应选用较粗的电极丝。

提高电极丝的移动速度，有助于改善进液和排屑条件，增大加工电流和切割大厚度工件。但速度过高将会导致正反走丝换向频繁，使有效工作时间减少（换向时要求停止向放电间隙供电，以免断丝）而影响切割速度。所以，在快速走丝电火花线切割机床上，电极丝的移动速度一般为 7～10m/s。当然，慢速走丝的电极丝移动速度就低，一般为每分钟数十厘米至数米，此时提高移动速度虽可获得较好的工艺效果，但电极丝的消耗量也大。

3. 工件材料及其厚度

在采用快速走丝方式和乳化液介质的情况下，通常切割铜、铝及淬火钢等材料比较稳定，切割速度也快。而切割不锈钢、磁钢、硬质合金等材料时，加工就不太稳定，切割速度也慢。

对热处理后的模坯进行电火花线切割加工时，还会由于材料淬透性的影响，当大面积去除金属和切断加工时，会使材料内部残余应力的相对平衡状态遭到破坏而产生很大变形，影响加工精度，甚至在切割过程中造成材料突然开裂。为了减少这类影响，应选用锻造性能好、淬透性好、热处理变形小的材料（如选 CrWMn、Cr12Mo 等合金工具钢作冲模材料），并正确选择热加工方法和严格执行热处理规范。或是对一些不易淬透的模坯事先进行预加工，由于切割部分都能淬透，也可减小材料内部的应力影响。此外，还应注意合理选择线切割起点及其切割路线。

工件厚度对加工效果也颇有影响。当工件薄时，工作液容易进入并充满放电间隙，对排屑和消电离十分有利，加工情况比较稳定。但工件太薄，电极丝容易产生抖动，对切割精度和表面粗糙度都有影响。工件厚，则工作液难以进入加工间隙，对排屑十分不利。但电极丝不易产生抖动，有助于切割精度和表面粗糙度的提高。

第三节　电化学加工

一、电化学加工的基本原理

（一）电化学加工过程

当两金属片（Fe 与 Cu）插入导电的溶液中时（例如水中加入少量的食盐 NaCl），二者将出现电位差，形成所谓的“原电池”。然后用导线将二金属连接起来，就会有电流从导线中通过，并出现 Fe 的加速溶解。当按原电流方向加上一个直流电源时（图 3-60），电流加大，Fe 的溶解也更快。

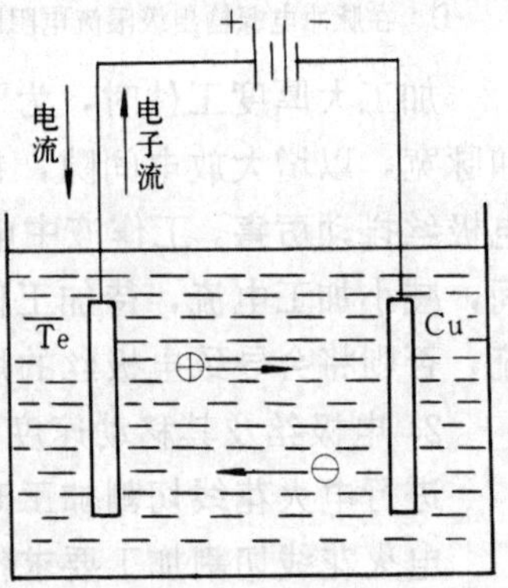

图 3-60　电化学加工原理

在上述的导电回路中，金属导体无疑是“自由电子”在外电场作用下按一定方向移动，而导电溶液则是靠溶液中的正负离子移动而导电的。那末，在金属片（电极）和溶液的界面上，必定有交换电子的反应，即电化学反应。如果接上直流电源，溶液中的正离子将移向阴极，在阴极上得到电子而发生还原反应；负离子移向阳极，在阳极表面失去电子而发生氧化反应（也可能是阳极金属原子失去电子而形成正离子进入溶液)。溶液中正、负离子的定向移动称为电荷迁移,在阳、阴电极表面发生的得失电子的化学反应称为电化学反应,以这种电化学反应为基础的加工方法(包括镀覆)即称电化学加工。

电化学加工有三种不同的类型。第Ⅰ类是利用电化学反应过程中的阳极溶解来进行加工,主要有电解加工和电化学抛光等;第Ⅱ类是利用电化学反应过程中的阴极沉积来进行加工,主要有电镀、电铸等;第Ⅲ类是利用电化学加工与其他加工方法相结合的电化学复合加工工艺,目前主要有电解磨削、电化学阳极机械加工(其中还含有电火花放电作用)。电化学加工的类别如表 3-12 所示。

表 3-12 电化学加工分类

类别	加工方法及原理	应用场合
Ⅰ	电解加工(阳极溶解) 电化学抛光(阳极溶解)	用于形状尺寸加工 用于表面加工
Ⅱ	电镀(阴极沉积) 电铸(阴极沉积)	用于表面加工 用于形状尺寸加工
Ⅲ	电解磨削(阳极溶解、机械磨削) 电解放电加工(阳极溶解、电火花蚀除) 电化学阳极机械加工(阳极溶解、电火花蚀除、机械刮除)	用于形状尺寸加工 用于形状尺寸加工 用于形状尺寸加工

(二)电解质溶液

凡溶解于水后能导电的物质称为电解质,如酸、碱、盐等溶于水后都能导电,所以都是电解质。电解质与水的溶液称为电解液。电解液中所含电解质的多少即为电解液浓度,一般以质量分数表示,即 100g 溶液中所含电解质的克数($NaCl$18%溶液中有 18g$NaCl$,82g 水)。

电解质溶于水之后,其分子即可逆地离解为正离子和负离子,例如强电解质 $NaCl$ 溶解于水中之后将 100%的电离

$$NaCl \rightarrow Na^+ + Cl^-$$

水本身也是一种弱电解质,可少量地离解为带正电的氢离子和带负电的氢氧根离子,即

$$H_2 \rightleftharpoons H^+ + OH^-$$

当上述反应处于动态平衡时,纯水中的 H^+ 和 OH^- 离子浓度保持不变。实验测得在 22℃时纯水中的 H^+ 和 OH^- 离子浓度均为 10^{-7}mol/L。由于正负离子的浓度相等,故纯水的酸碱性为中性。一般常用的酸和碱水溶液,其离子浓度〔H^+〕不等于〔OH^-〕,但 H^+ 离子和 OH^- 离子浓度的乘积仍保持不变,在 22℃时〔H^+〕·〔OH^-〕$=10^{-14}$。例如在水中加入硫酸,则溶液中〔H^+〕增加,一部分 H^+ 与 OH^- 结合生成 H_2O 分子,破坏了原来水的电离平衡,使溶液中 OH^- 离子的浓度减少,直到〔H^+〕·〔OH^-〕$=10^{-14}$为止,达到新的平衡。这时〔H^+〕$>10^{-7}$mol/L,〔OH^-〕$<10^{-7}$mol/L,溶液呈酸性。当水中加入 $NaOH$ 等碱性电解质时,〔OH^-〕>〔H^+〕,溶液呈碱性。

由此可见,只要用〔H^+〕及〔OH^-〕中的一个值就能表示水溶液的酸碱性,习惯上采用〔H^+〕。但直接用氢离子浓度值不方便,常用氢离子浓度的负对数来表示,叫做 pH 值。即规定 pH$=-\lg$〔H^+〕。在 22℃时,pH$=7$ 为中性;pH<7 时溶液呈酸性;pH>7 时溶液呈碱性。溶液的酸碱性可用 pH 值试纸检查。

电解液是离子导体，其导电能力比金属导体弱得多，电阻较大；随着温度的升高，其导电能力增强；浓度增加，在一定范围内导电能力也增强，但浓度过高又会因正负离子间相互作用力增强而导致导电能力下降。

（三）电极电位

金属原子都是由外层带负电荷的自由电子和带正电荷的金属离子所组成。当金属和电解液接触时，经常发生把电子交给反应粒子（分子或离子），或从后者获得电子。例如，铁与$FeCl_2$水溶液接触，由于铁离子在晶体中具有的能级比其在溶液中成为水化离子的能级高，较不稳定，所以晶体界面上的铁离子就与水分子作用，成为水化铁离子而溶解于水，电子则留在金属上，即

$$Fe \rightarrow Fe^{+2} + 2e \quad \text{（溶解、氧化反应）}$$

这样，金属上有多余的电子而带负电，溶液中靠近金属表面很薄的一层有多余的铁离子（Fe^{+2}）而带正电。随着从晶体进入溶液的Fe^{+2}数目增加，金属上负电荷增加，溶液中的正电荷也增加，并且由于静电引力作用，铁离子溶解速度逐渐减慢，与此同时，溶液中的Fe^{+2}亦有沉积到金属表面的趋向，即

$$Fe^{+2} + 2e \rightarrow Fe \quad \text{（沉积、还原反应）}$$

随着金属表面负电荷增多，溶液中Fe^{+2}返回金属表面的速度逐渐增加。最后这两种相反的过程达到动态平衡。对化学性能比较活泼的金属（如铁），其表面带负电，外层溶液中将有一层带正电的离子，形成所谓的双电层。金属愈活泼，这种倾向就愈大。

由于双电层的存在，在正、负电层之间，也就是铁与$FeCl_2$溶液之间形成电位差。这种产生在金属和它的盐溶液之间的电位差称为金属的电极电位。因为它是金属在本身盐溶液中的溶解和沉积相平衡时的电位差，所以又称为平衡电极电位。

若金属离子在金属上的能级比在溶液中低，即金属离子存在于金属晶体中比在溶液中更稳定。例如把铜放在$CuSO_4$溶液中，则铜表面带正电，靠近金属铜表面的溶液薄层会带负电，也形成双电层。金属愈不活泼，则这种沉积倾向也愈大，金属的电极电位将愈高。

到目前为止，还没有办法直接测得金属的绝对电极电位，只能测得两个电极的电位差。因此，人们规定以氢的电极电位（$E_H^0=0V$）作为基准来测量其他元素的电极电位。表3-13为一些元素的标准电极电位。实际电极电位还会随温度及溶液的离子浓度变化而有所不同。

表3-13　一些元素的标准电极电位（25℃）

电极反应	E^0 (V)	电极反应	E^0 (V)
$K \rightleftarrows K^+ + e$	−2.92	$Fe \rightleftarrows Fe^{3+} + 3e$	−0.036
$Na \rightleftarrows Na^+ + e$	−2.713	$H_2 \rightleftarrows 2H^+ + 2e$	0.000
$Mg \rightleftarrows Mg^{2+} + 2e$	−2.38	$ClO_3^- + 2OH^- \rightleftarrows ClO_4^- + H_2O + 2e$	+0.17
$Ti \rightleftarrows Ti^{2+} + 2e$	−1.75	$Cu \rightleftarrows Cu^{2+} + 2e$	+0.34
$Al \rightleftarrows Al^{3+} + 3e$	−1.66	$4OH^- \rightleftarrows O_2 + 2H_2O + 4e$	+0.401
$V \rightleftarrows V^{2+} + 2e$	−1.5	$Cu \rightleftarrows Cu^+ + e$	+0.522
$Mn \rightleftarrows Mn^{2+} + 2e$	−1.05	$2I^- \rightleftarrows I_2 + 2e$	+0.535
$Ti + 2H_2O \rightleftarrows TiO_2 + 4H^+ + 4e$（无定形）	−0.95	$Fe^{++} \rightleftarrows Fe^{3+} + e$	+0.771
$Zn \rightleftarrows Zn^{3+} + 2e$	−0.763	$Ag \rightleftarrows Ag^+ + e$	+0.8
$Cr \rightleftarrows Cr^{3+} + 3e$	−0.71	$HNO_2 + H_2O \rightleftarrows NO_3^- + 3H^+ + 2e$	+0.94
$Fe \rightleftarrows Fe^{2+} + 2e$	−0.44	$NO + 2H_2O \rightleftarrows NO_3^- + 4H^+ + 3e$	+0.96
$Cd \rightleftarrows Cd^{2+} + 2e$	−0.402	$ClO_3^- + H_2O \rightleftarrows ClO_4^- + 2H^+ + 2e$	+1.00

（续）

电 极 反 应	E^0（V）	电 极 反 应	E^0（V）
$Co \rightleftarrows Co^{2+}+2e$	−0.27	$2Br^- \rightleftarrows Br_2$（水溶液）$+2e$	+1.065
$Ni \rightleftarrows Ni^{2+}+2e$	−0.23	$2Cl^- \rightleftarrows Cl_2+2e$	+1.358
$Mo \rightleftarrows Mo^{3+}+3e$	−0.2	$2Cr^{3+}+7H_2O \rightleftarrows Cr_2O_7^{2-}+14H^++6e$	+1.36
$Sn \rightleftarrows Sn^{2+}+2e$	−0.140	$Cl^-+3H_2O \rightleftarrows ClO_3^-+6H^++6e$	+1.45
$Pb \rightleftarrows Pb^{2+}+2e$	−0.126	$Cl_2+6H_2O \rightleftarrows 2ClO_3^-+12H^++10e$	+1.47
$W \rightleftarrows W^{4+}+4e$	−0.05	$2F^- \rightleftarrows F_2+2e$	+1.87

（四）电极反应

电化学加工中电极反应是相当复杂的，这主要是因为工件材料一般不是纯金属，而是合金，其金相组织也不完全均匀一致。另外所用的电解液成分、温度、流速等对电化学过程也有影响。现在以铁基材料在14%～18%的NaCl溶液中进行电解加工为例，来分析电极间的反应。

由于NaCl和H_2O的离解，在电解液中存在着Na^+、Cl^-、H^+、OH^-四种离子，现分别讨论其阳极反应及阴极反应。

(1) 阳极反应　就可能性而言，我们可以列出如下反应方程，并求得现有条件下的电极电位，作为分析的依据。

1）阳极表面的铁原子失去电子而形成Fe^{+2}或Fe^{+3}溶解于电解液中。

$$Fe-2e \rightarrow Fe^{+2} \qquad E=-0.59V$$

$$Fe-3e \rightarrow Fe^{+3} \qquad E=-0.323V$$

2）负的氢氧根离子被阳极吸引，放出电子而游离出氧气。

$$4OH^- - 4e \rightarrow O_2\uparrow \qquad E=0.867V$$

3）负的氯离子被阳极吸引，放出电子而游离出氯气。

$$2Cl^- - 2e \rightarrow Cl_2\uparrow \qquad E=1.34V$$

根据电极反应过程的基本原理，电极电位最低的物质将首先在阳极反应。因此，在阳极，首先是铁发生失去电子的氧化反应，生成二价的铁离子Fe^{+2}而溶解，而不大可能以三价铁离子Fe^{+3}的形式溶解，更不可能析出氧气和氯气。溶入电解液中的Fe^{+2}又与负离子OH^-化合，生成Fe $(OH)_2$，由于它在水溶液中的溶解度很小，故生成沉淀而离开反应系统。。即

$$Fe^{+2}+2OH^- \rightarrow Fe(OH)_2\downarrow$$

Fe $(OH)_2$沉淀为墨绿色的絮状物，随着电解液的流动而被带走。Fe $(OH)_2$又逐渐为电解液和空气中的氧气氧化为Fe $(OH)_3$

$$4Fe(OH)_2+2H_2O+O_2 \rightarrow 4Fe(OH)_3\downarrow$$

Fe $(OH)_3$为黄褐色的沉淀。

(2) 阴极反应　按其可能性有

1）正的氢离子被吸引到阴极表面从电源得到电子而游离出氢气。

$$2H^++2e \rightarrow H_2\uparrow \qquad E=-0.42V$$

2）正的钠离子被吸引到阴极表面，获得电子后变成原子沉积在阴极。

$$Na^++e \rightarrow Na\downarrow \qquad E=-2.69V$$

按电极反应的基本原理，电极电位最高的物质将首先在阴极反应。因此，在阴极上首先

发生的是氢气析出，而不可能有钠的沉积。

由此可知，电解过程中，在一般情况下都是阳极的铁不断地以Fe^{+2}的形式溶解，最后生成$Fe(OH)_3$；阴极析出H_2；电解液中的水不断被消耗，而Na^+和Cl^-基本无消耗。所以，只要定期地补充水，电解液可以长期使用。

（五）极化与钝化

1. 电极的极化

前面讨论的平衡电极电位是没有电流通过时的情况。当有电流通过时，会因电子交换速度及离子迁移速度影响而使电极的平衡状态遭到破坏，使阳极电位向正移（代数值增大）、阴极电位向负移（代数值减小），这种现象称为极化。极化后的电极电位与平衡电位的差值称为超电位。电流密度增加，超电位也会随之增加。

根据极化后的电极电位，可以判断电化学加工时哪种物质首先反应。阳极过程是失去电子的氧化反应，电极电位愈低的物质电子愈容易脱离，故首先在阳极进行氧化反应。阴极过程是得到电子的还原反应，电极电位愈高的物质愈容易得到电子，故首先在阴极进行还原反应。只有当首先反应的物质由于电化学极化或浓差极化使阳极电位向正移、阴极电位向负移，并接近其他物质的电极电位时，其他物质才同时参加反应。因此，关键在于确定具体条件下电极反应的极化程度。

2. 金属的钝化

在电化学加工过程中，阳极表面会形成一层薄薄的粘膜（通常由氧化物、氢氧化物或盐组成），使阳极溶解速度减慢，电极超电位升高。这种极化现象有别于化学极化，故称阳极钝化。

使金属钝化膜破坏的过程称为活化。引起活化的因素很多，例如把溶液加热、通入还原性气体或加入某些活性离子等，也可以采用机械办法破坏钝化膜。常用的活性离子按其对钝化膜的活化能力可排列为如下顺序：Cl^-、Br^-、I^-、F^-、ClO_4^-、SO_4^{-2}、OH^-。

二、电解加工

电解加工是继电火花加工之后发展较快并得到广泛应用的一项新工艺，目前在国内外已成功地用于枪炮、航空发动机、火箭等制造工业，在汽车、拖拉机、采矿机械的模具制造中也得到了应用，并成为模具制造加工方法的一个组成部分。

（一）电解加工的基本原理与特点

1. 基本原理

电解加工是利用金属在电解液中的“电化学阳极溶解”来加工工件的。在工业生产中早已应用这种阳极溶解现象来进行电化学抛光。不过，电化学抛光时，工件与工具电极之间的距离较大（100mm 以上），电解液又静止不动，且容易在阳极表面产生钝化粘膜，所以只能对工件表面进行普遍的腐蚀和抛光，而不能进行形状尺寸加工。

电解加工是在电解抛光的基础上发展起来的。图 3-61 为电解加工示意图。加工时，工件接直流电源的正极，工具接电源负极。工具以恒速向工件缓慢进给，而具有一定压力（0.49～1.96MPa）的电解液从二极之间流过，并把阳极工件溶解下来的电解产物，以 5～50m/s 的高速冲走。

电解加工成形原理如图 3-62 所示。图中的细实线表示通过阴极（工具）与阳极（工件）间的电流，实线的疏密程度表示电流密度的大小。在加工刚开始时，阴极与阳极距离较近的地方电流密度较大，电解液的流速也高，因而阳极的溶解速度也快，而相对远一点的地方则电流密度相对较小，阳极溶解速度也慢。随着工具不断地向工件进给和电解加工不断进行，会使各处极间距离趋近一致，从而使工具上的型面“复印”在阳极工件上，加工出所需的零件（图 3-62b）。

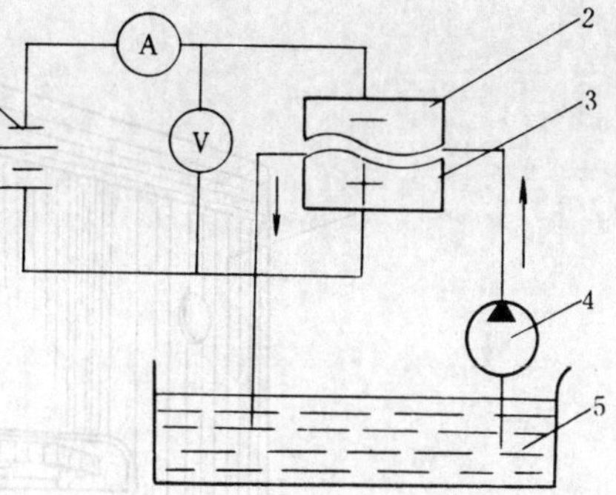

图 3-61 电解加工示意图

1—直流电源 2—工具阴极 3—工件 4—电解液泵 5—电解液

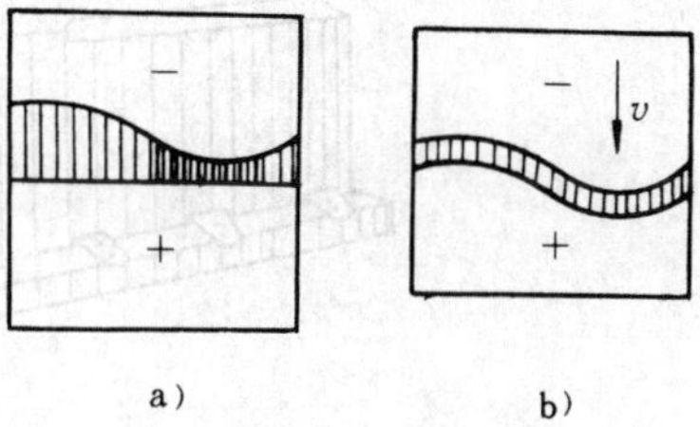

图 3-62 电解加工成形原理

2. 特点

电解加工与其他加工方法相比较，具有如下优点：

1）电解加工与被加工材料的硬度、强度、韧性等无关，故可加工任何金属材料。常用于加工高温合金、钛合金、不锈钢、淬火钢和硬质合金等难切削材料。

2）能以简单的直线进给运动，一次加工出复杂的型腔、型孔（如锻模、叶片等）。

3）电解加工的生产率较高，约为电火花加工的 5～10 倍，在某些情况下甚至比切削加工的生产率还高；而且加工生产率不直接受加工精度和表面粗糙度的限制。

4）加工表面质量好，无毛刺和变质层。表面粗糙度可达 R_a1.25～0.2μm；加工精度约为±0.1mm 左右。

5）加工过程中阴极工具在理论上不会损耗，可长期使用。

电解加工的主要弱点和局限性如下：

1）不易达到较高的加工精度和加工稳定性，也难以加工出棱角，一般圆角半径都大于 0.2mm。

2）电解加工设备投资大，占地面积大；设备的锈蚀也严重；单件小批量生产时成本比较高。

3）电解产物必须进行妥善处理，否则将污染环境。

（二）电解加工设备

电解加工设备主要包括机床、直流电源及电解液循环过滤系统等三大部分。

1. 机床

电解加工机床的主要作用是安装夹具、工件和工具电极，并实现工具电极与工件的相对运动，以及传送直流电和电解液等。加工中小型模具适宜采用立式机床（图 3-63），大型模具可采用双柱龙门式机床加工。

电解加工机床与一般加工机床基本类似，但也有其特殊性：

1）机床刚性　电解加工虽然没有机械切削力，但电解液对机床主轴、工作台的作用力也很大。例如加工一个面积为 375cm² 的机盒，如果所用电解液压力为 1MPa，将会产生约 3.7×10^7N 的液压力，实际上电解液的压力往往还要高。因此，要求机床主轴系统、工作台、床身

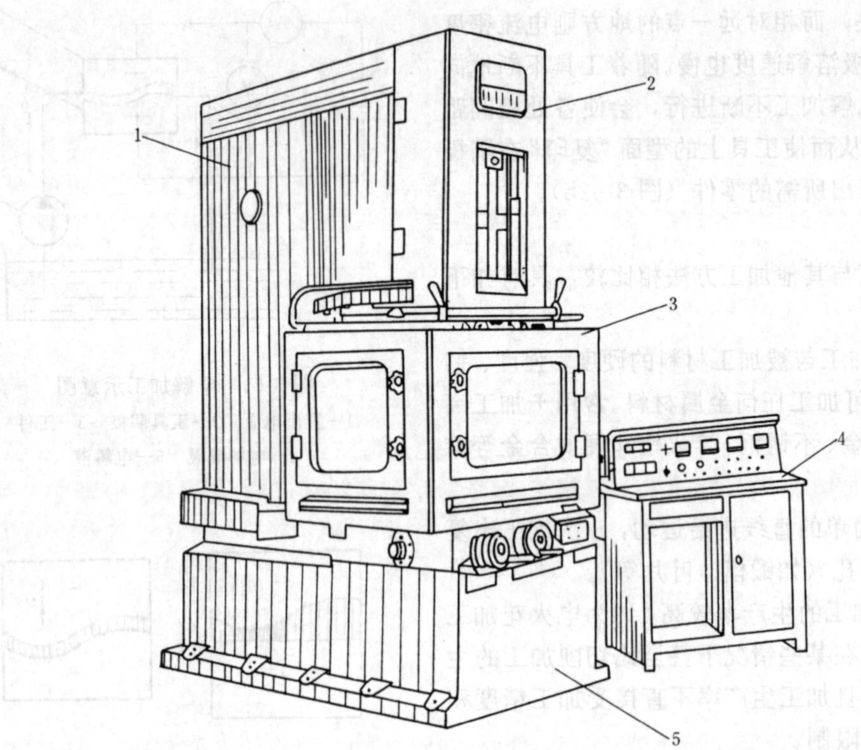

图 3-63　立式电解加工机床

1—立柱　2—主轴箱　3—工作箱　4—操作台　5—床身

及立柱等都要有足够的刚性，否则将会引起机床部件的过大变形，改变工具和工件的位置，影响加工精度，甚至造成短路烧伤。

2）进给稳定　金属的阳极溶解量是随时间的增加而增加的，进给速度不稳定，阴极相对工件各截面的电解时间就不同，从而直接影响加工精度。这对于型孔加工影响更严重，所以必须保证进给速度稳定。

3）防腐绝缘　电解加工机床经常与有腐蚀性的电解液相接触，所以外露金属表面必须采取相应的防腐措施，防止电解液渗漏或飞溅，并使通电部分与机床绝缘。

4）安全措施　由于电解加工会产生大量氢气，如不及时排除，极易产生氢气爆炸，故必须有排氢防爆措施。

2. 直流电源

电解加工用的是低电压、大电流、大功率直流电源。输出电压在 5～25V 范围内连续可调，电压太低则难于保证电解加工所需的电流密度，电压太高又有可能在极间析出较多氯气，或者引起火花放电，使加工无法正常进行。电源的输出电流一般为 1000～10000A，根据工件加工面积大小不同而异，但一般都应保证加工的电流密度在 $100A/cm^2$ 左右。同时要求电流比较稳定，并具有短路保护、火花保护及事故保护等措施。

目前常用的直流电源为硅整流电源和晶闸管整流电源。为了进一步提高电解加工精度，生产中采用了脉冲电流电解加工，所用的电源为晶闸管脉冲电源。以往用的直流发电机电源，现已逐步被淘汰。

3. 电解液循环过滤系统

电解液循环过滤系统主要由泵、电解液槽、过滤装置、管道及阀等部分组成。目前常用多级离心泵，它具有电解液压力和流量稳定，密封和防腐较容易实现等优点。电解加工过程所产生的大量电解产物，需要及时过滤净化，以免混在电解液中被带到加工区堵塞电解间隙，引起局部短路。电解液的净化方法很多，各有优缺点，在实际生产中往往几种方法同时使用，但用得较广泛的还是自然沉淀法。由于电解产物较轻，自然沉淀速度较慢，所以都设计有大面积的电解液槽。大面积槽不仅有较好的净化效果，而且有利于散热冷却。电解液槽目前多采用水泥制造，也有用塑料板制造的。电解液循环系统各部件都要求有较好的耐腐蚀性。

（三）电解加工的基本规律

1. 生产率及其影响因素

电解加工的生产率以单位时间内去除的金属量来衡量，用 mm^3/min 或 g/min 表示。它首先决定于工件材料的电化学当量，其次与电流密度、电解液等有关。

（1）金属的电化学当量　电解加工时，电极上溶解或析出的物质多少，与通过的电量成正比，其比例系数称为电化学当量。这一规律遵循法拉第定律，可用下式表示

$$m_0 = kIt \tag{3-17}$$

式中　m_0——阳极溶解或析出物的质量（g）；

I——电解电流（A）；

t——电解时间（h）；

k——工件材料的质量电化学当量（g/（A·h））。

为了应用方便，将上式两边除以工件材料的密度 ρ，上式即可得出体积蚀除量的形式

$$V_0 = \frac{m_0}{\rho} = \frac{k}{\rho}It = wIt \tag{3-18}$$

式中　V_0——被蚀除掉的金属材料体积（mm^3）；

w——工件材料的体积电化学当量（mm^3/（A·h））。

不同的材料有不同的电化学当量，如铁 $w=133mm^3/(A\cdot h)$，这个数值也可近似地用于一般碳素结构钢和低合金钢。而铬 $w=94mm^3/(A\cdot h)$；镍 $w=124mm^3/(A\cdot h)$；铜 $w=133mm^3/(A\cdot h)$；铝 $w=124mm^3/(A\cdot h)$。

实际上在电解加工中，阳极上可能还有一些气体析出，消耗一些电流。因此，再引入一个电流效率 η，即有

$$m = \eta m_0 = \eta kIt \tag{3-19}$$

$$V = \eta V_0 = \eta wIt \tag{3-20}$$

式中　m——工件的实际蚀除质量；

V——工件的实际蚀除体积；

η——电流效率；

其中

$$\eta = \frac{\text{实际蚀除量}}{\text{理论蚀除量}} \times 100\%$$

例：某厂用 15％NaCl 加工一种碳钢零件，加工余量为 $22200mm^3$，要求 5min 内电解加工完这个零件，需用多大的电流？如有 5000A 容量的直流电源，电解加工最少需要多少时间？

解　由于碳钢的 $w=133\text{mm}^3/(\text{A}\cdot\text{h})$，设 $\eta=100\%$，代入式（3-19）得

$$I=\frac{V}{tw\eta}=\frac{22200\times60}{5\times133\times1}\text{A}=2003\text{A}$$

如充分利用 5000A 的电源，则加工时间为

$$t=\frac{V}{\eta wI}=\frac{22200\times60}{1\times133\times5000}\text{min}=2\text{min}$$

（2）电流密度　因为电流 I 为电流密度 i 与加工面积 A 的乘积，故代入式（3-19）后得

$$V=wiAt\eta \tag{3-21}$$

用总的金属蚀除量来衡量生产率，在实用上有很多不便，一般都用蚀除速度来衡量。对于加工等截面的型腔，其加工速度为

$$v=V/t=wiA\eta \tag{3-22}$$

$$v_a=v/A=wi\eta \tag{3-23}$$

式中　v——体积加工速度；

v_a——深度加工速度；

i——加工电流密度；

A——工件的加工面积。

由上式可知，蚀除速度与该处的电流密度成正比，电流密度愈高，生产率也愈高。电解加工时的平均电流密度约为 $10\sim200\text{A/cm}^2$，电解液压力和流速较高时，可以选用较高的电流密度。电流密度过高，将会出现火花放电，甚至析出氯气、氧气等，并使电解液温度过高，容易造成间隙内的液体沸腾汽化而引起局部短路。

实际的电流密度决定于电源电压、电极间隙大小、电解液及其电导率。

（3）电极间隙　从实际加工中得知，电极间隙（即加工间隙）愈小，电解液的电阻也愈小，电流密度就愈大，因此蚀除速度也就愈高。在达到稳定加工的平衡间隙时，设电极间隙为 Δ，电极加工面积为 A，电解液的电导率为 σ，则电流 I 为

$$I=\frac{U_R}{R}=\frac{U_R\sigma A}{\Delta} \tag{3-24}$$

$$i=\frac{I}{A}=\frac{U_R\sigma}{\Delta} \tag{3-25}$$

将式（3-24）代入式（3-22）可得

$$v_a=\eta w\sigma\frac{U_R}{\Delta} \tag{3-26}$$

式中　σ——电解液的电导率（$1/(\Omega\cdot\text{mm})$）；

U_R——电极间隙内的电解液欧姆压降（V）；

Δ——加工间隙（mm）。

外接电源电压 U 为电解液的欧姆压降 U_R、阳极压降 U_a 与阴极压降 U_k 之和。

式（3-25）说明，蚀除速度 v_a 与电流效率、体积电化学当量 w、电导率 σ 及欧姆压降 U_R 成正比，而与电极间隙 Δ 成反比。

（4）电解液　在电解加工过程中，电解液除了传递电流和使工件进行阳极溶解外，还可破坏阳极表面上形成的钝化薄膜，并把反应产物及热量从加工区域冲走。

有关电解液的工艺参数较多，包括电解液的种类、浓度、温度、压力、流速、流向、电

导率以及电解产物含量等。

电解液可分为中性盐溶液、酸性溶液和碱性溶液三大类。中性盐溶液的腐蚀性较小，使用时较安全，故应用最普遍。最常用的有 NaCl、$NaNO_3$、$NaClO_3$ 三种电解液。NaCl 电解液价廉，电流效率高，并在相当宽的范围内不随浓度和温度变化而改变，加工过程消耗量也少。但因其杂散腐蚀较大，所以成形精度较低，同时对机床设备的腐蚀也较大。$NaNO_3$、$NaClO_3$ 经济性差，生产率较低，但成形精度较高。

1）根据不同材料和工艺要求，选用不同的电解液。加工常见金属的电解液配方见表 3-14。

表 3-14　电解液配方及电参数

加工材料	电解液配方	电压（V）	电流密度（A/cm^2）
铁基模具钢	①NaCl 10%～18%	5～15	10～200
	②NaCl 15%＋$NaNO_3$2%		
	③NaCl 10%＋$NaNO_3$30%	10～15	10～150
硬质合金	15%NaCl＋15%NaOH＋20%酒石酸	15～25	50～100
铜及其合金 铝及其合金	NH_4Cl18%或 $NaNO_3$12%	15～25	10～100

2）电解液的浓度和温度均与电导率有关。在一定范围内，电解液的浓度愈大、温度愈高，其电导率也愈高，电解速度自然也愈高。但过高的浓度和温度会大大降低加工精度。故温度一般控制在 30～40℃，不宜超过 60℃。

3）电解液流速应该与电流密度保持适当的匹配关系。电解液流速过大或过小，均会影响阳极溶解的均匀性。

4）电解液的流动方向对电解加工效果影响较大，它将直接影响加工间隙中的电解产物、浓度、电导率、压力及流速等的分布情况。一般来说，入口处的蚀除速度和间隙尺寸都比出口处大，加工精度和表面质量也比出口处好。

2. 加工精度

前面讨论蚀除速度 v_a 与加工间隙 Δ 之间的关系时，还没有涉及到工具阴极的进给速度。实际上，进给速度的大小要影响到加工间隙大小，即影响着工件尺寸和成形精度。

在恒速进给的情况下，由于工具电极表面形状复杂，各部分的法向进给速度是不一样的，因而在稳定加工的情况下，各处的实际间隙也完全不一样。端面（与电极进给方向垂直的表面）的法向速度等于工具电极的进给速度，其平衡间隙 Δ_b 完全符合式（3-24）；斜面（与端面成一斜角 θ）的法向速度 $V_n=V_b\cos\theta$，则平衡间隙可从式（3-25）求得

$$\Delta_n = \eta w\sigma U_R/(V_b\cos\theta) = \Delta_b/\cos\theta \qquad (3\text{-}27)$$

显然，斜面间隙 Δ_n 大于端面平衡间隙 Δ_b，而且与斜度的余弦值密切相关。但斜面的倾斜角 θ 较大时（$\theta \geqslant 45°$），虽不可以用式（3-26）近似计算，但倾斜角较大的斜面处的法向平衡间隙肯定比较大。直壁侧面的间隙，将随工具进给深度 $h=V_bt$ 而异，形成抛物线状的喇叭口。

由式（3-26）可知，除阴极表面的进给速度外，还有许多影响间隙大小的因素。如电解液的浓度、温度、流速等等。此外，加工间隙内的工具形状会改变电场强度的分布，从而影响电流密度的均匀性。这也是电解加工无法加工出清棱清角的原因所在。

从上面的讨论中可以知道，影响加工间隙的因素很多，而且随机性较大，技术人员很难

通过电极设计进行补偿，所以电解加工的精度难以保证。

3. 表面质量

电解加工的表面质量包括表面粗糙度和表面层物理化学性质两个方面以及电解加工中可能出现的表面缺陷（如流纹、烧伤、晶界腐蚀）等。

影响表面质量的因素如下：

（1）工艺参数　一般情况下，电流密度高，有利于阳极的均匀溶解。电解液流速过高，有可能引起流场不均匀，局部形成真空，影响表面质量；若流速过低，不能及时排除电解产物，甚至使局部温度过高而产生沸腾汽化，都会造成表面缺陷。电解液温度过高，会引起阳极表面的局部剥落；温度过低会导致阳极钝化严重，使阳极表面产生不均匀性溶解或形成黑膜。

（2）工件材料　合金成分、金相组织及热处理状态等，对表面粗糙度均有影响。合金成分多，含杂质多，金相组织不均，结晶粗大，均会造成溶解速度的差异，从而影响表面粗糙度。通常可采用高温扩散退火、球化退火等方法使组织均匀、晶粒细化，并在电解加工时提高电流密度，使多种金属成分同时溶解，以提高表面质量。

（3）工具阴极的表面质量　如表面条纹、刻痕都会相应地复印到工件表面，所以阴极表面必须光洁。阴极进给不均还会引起横向条纹。

此外，工件在加工前，都必须清除油垢、锈斑等，否则也会影响加工质量。

（四）提高电解加工精度的途径

尽管电解加工的速度很高，表面质量也好，但加工精度很难满足模具制造需要，所以必须采取有效措施来提高电解加工精度，以满足模具制造需要。

1. 混气电解加工

混气电解加工也称充气电解加工，就是将一定压力的气体与电解液混合在一起，再送入加工区进行电解加工的方法，见图 3-64。

电解液经锥形喷嘴喷出，气体在一定压力及电解液的引射作用下，经喷嘴四周进入混合区，与电解液强烈搅拌混合后，进入加工间隙进行电解加工。

混气电解加工用的气体，过去多采用氮或二氧化碳，但实践证实，混入气体主要是利用其物理性能而不是它的化学作用，故现在多采用压缩空气，因压缩空气容易获得，成本低廉。

在电解液中混入气体后，产生的作用主要表现在：

1）增加了电解液的电阻率，减少了杂散腐蚀，使电解液向非线性方面转化。由于气体是不导电的，所以电解液中混入气体后，就增加了间隙内的电阻率；而且随着压力的变化而变化。一般是间隙小处压力高，气泡体积小，电阻率低，电解作用强；间隙大处压力低，气泡大，电阻率大，电解作用弱。这就有助于使加工区的间隙迅速趋于均匀，保证加工精度。

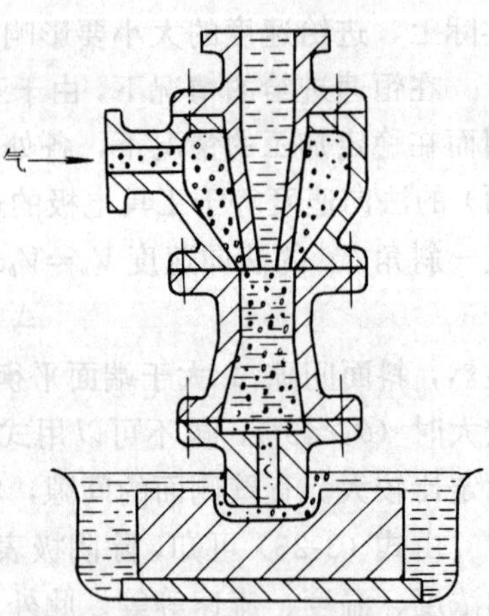

图 3-64　混气电解加工示意图

2）改变电解液的流动特性。由于气体的密度和粘度远小于液体，所以混气电解液的密度和粘度也大大下降，这是混气电解加工能在低压下达到高速流动的关键。高速流动的混气电解液，还能驱散粘附在电极表面的惰性离子，改善加工区的流场分布，消除“死水区”和“空穴”现象，提高表面质量。

混气电解加工具有成形精度高、表面质量好、阴极设计简单等许多优点，但由于混气后电解液的电阻率显著增加，在同样的加工电压和加工间隙条件下，电流密度将明显下降，生产率比不混气时将降低 1/3～1/2，并且需要增加一套附加供气设备。模具型腔混气电解加工的基本参数如表 3-15 所示。

表 3-15　模具型腔混气电解加工的基本工艺参数

项目		氯化钠混气			硝酸钠混气	
		小型腔	中型腔	大型腔	小型腔	中型腔
型腔投影面积（cm^2）		＜100	100～600	＞600	＜100	100～600
加工电压（V）		8～15	8～15	6～15	10～24	10～24
进给速度（mm/min）		2.5～0.5	1～0.3	0.8～0.15	2～0.5	1～0.2
电解液温度（℃）		35～40	30～35	30～35	＞20	＞20
电解液浓度（%）		7～12	7～12	7～12	24	24
工作压力（表压）（MPa）	电解液	0.3～0.6	0.35～0.6	0.35～0.6	0.8～1.0	0.8～1.0
	气　体	等于或稍高（0.2～1）于液压力				
气液混合比		≥3∶1	≈3∶1	≤3∶1	—	
液流密度（m^3/（h. cm^2））		＞0.01	＞0.02	＞0.03	—	—
周长面积比（cm/cm^2）		$>\frac{1}{5}$			—	

2. 小间隙电解加工

根据前面式（3-25）可知，工件材料的蚀除速度 v_a 与加工间隙 Δ 成反比，并可表示为 $v_a = c/\Delta$，C 为比例常数。

在实际加工中，由于加工余量分布不均，加工前的模坯表面也不太平整等影响，各处的加工间隙是不均匀的。为了讨论方便，假设用一个平端电极加工，而模坯表面是凹凸不平的，凸凹最大差值为 δ。也就是凸起部位加工间隙为 Δ，凹下部位的加工间隙应为 $\Delta+\delta$。凸处与凹处的蚀除速度分别为 v_a 和 v'_a

$$v_a = c/\Delta \qquad v_a' = c/(\Delta + \delta)$$

两处蚀除速度之比为

$$v_a/v_a' = \frac{c}{\Delta}\Big/\frac{c}{\Delta + \delta} = \frac{4 + \delta}{\Delta} = 1 + \frac{\delta}{\Delta} \tag{3-28}$$

如果加工间隙 Δ 小，则 δ/Δ 的比值增大，突出部位的去除速度将大大高于低凹处，提高了整平效果。而且，加工间隙愈小，愈能提高加工精度。

小间隙电解加工对提高加工精度及生产率都是有利的。但间隙愈小，对液流阻力也愈大，且容易引起极间短路。因此，减小电解加工间隙受到机床刚度、传动精度、电解液系统所能提供的压力、流速等限制。

3. 脉冲电流电解加工

采用脉冲电流进行电解加工是近几年来发展起来的新方法，可以明显地提高加工精度。

所谓脉冲电流电解加工，就是用频率不高的脉冲电流代替直流电进行电解加工，脉冲式的电流到来时，电解电流密度很高，而脉冲间隔期间，电解产物将有足够的时间迅速排除，使加工区的电解液迅速得到更新，从而能改善流场，提高加工稳定性。

正因为如此，脉冲电流可以采用更小的间隙进行电解加工，充分发挥“小间隙电解加工工艺”的优越性。而且，电流效率η一般高于直流电解加工，例如用NaCl12%加工钢时，直流电解加工的η=0.88～0.95，而脉冲电流电解加工时η=0.93～1.02。但脉冲电流电解加工的平均电流较低，因而加工速度一般都比直流电解加工时低。

4. 改善电解液

除了采用钝化性电解液（如$NaNO_3$、$NaClO_3$）外，目前正在研究采用复合电解液，即在氯化钠电解液中添加其他成分，既保持NaCl电解液的高效率，又提高加工精度。例如在NaCl电解液中添加少量的Na_2MoO_4、$NaWO_4$，加工铁基合金会有较好的效果。又如采用NaCl 5%～20%+CoCl 0.1%～0.2%的电解液，可在相对于阴极非加工表面上形成钝化层或绝缘层，从而可以避免杂散腐蚀。

还有采用低浓度电解液进行电解加工的，也可以明显地提高加工精度。例如，过去都是用$NaNO_3$20%～30%电解液进行电解加工，如果采用$NaNO_3$ 4%的低浓度电解液加工压铸模，可使间隙均匀，复制精度高，棱角清晰，侧壁基本垂直，垂直面加工后的斜度小于1°，加工表面质量也比较好。但采用低浓度电解液加工时，效率较低，加工速度不快。

（五）电解加工工艺及应用

电解加工是一种比较成熟的特种加工方法，现已广泛用于深孔扩孔、内孔来复线（膛线）以及内齿轮和叶片加工等，同时在模具制造行业也得到广泛应用，主要有锻模型腔加工、硬质合金拉丝模穿孔以及模具电解抛光等。

1. 型腔加工

多数锻模为型腔模，目前大多采用电火花成形加工，因为电火花加工的精度比电解加工容易控制，加工表面质量也比较好，能够满足型腔模的一般要求。但是，电火花加工的生产率较低，对于锻模消耗量较大，而精度要求又不太高的煤矿机械、汽车拖拉机等制造行业，现在已比较重视采用电解加工，以满足生产需要。

模具型腔电解加工所用的工艺参数如表3-16所示。对于表面形状比较复杂的型腔模，为了提高加工精度，可用成形精度较好的电解液（硝酸钠、氯酸钠等）或采用混气电解加工方法进行加工。这时，不仅阴极设计比较容易，而且还因为加工间隙比较容易控制，可用反拷法制造电极。通常情况下，只好根据平衡间隙理论来确定各处间隙大小，并在实践中反复试验和修正阴极形状尺寸，所以比较费事。

表3-16 模具型腔用氯化钠溶液非混气电解加工的工艺参数

项目	模具型腔投影面积（cm^2）				备注
	<50	50～100	100～200	>200	
加工电压U（V）	8～12 加工高碳工具钢时用14～18	10～14	12～16	14～18	型面较简单、流场设计容易者取下限。反之取上限。注意与加工速度相配合
进给速度v（mm/min）	2～3	1.5～2.5	1～2	<1	型面较简单、流场设计容易者取上限。反之取下限
泵的电解液流量Q（m^3/h）	10		20	50	—
电解液压力p（MPa）	1.0～1.6		1.4～1.8		系指加工最终压力（表压）
电解液温度（℃）	35～50				系指常用温度的范围
氯化钠电解液浓度（%）	6～8				—
起始间隙Δ_0（mm）	0.2～0.5				—

2. 拉丝模扩孔

硬质合金拉丝模的模坯，在压制烧结时已基本成形，然后加工到所需的尺寸精度和表面粗糙度。以往都是采用半机械化的人工研磨工艺，不但劳动强度大，生产率低，而且还要耗费大量的贵重磨料。用电解加工扩孔，加工表面粗糙度可达 R_a0.08～0.15μm，扩孔速度为 0.20～0.30mm/min，生产率比半机械加工可提高十倍以上，模孔的形状与尺寸精度均能达到国家标准。

扩孔时用的电解液为 $NaOH$15%＋$C_4H_6O_6$13%＋NaCl 2%＋$Cr_2O_3$0.3%。NaOH 能使硬质合金中的 Co 溶解，生成溶于酸的 Co $(OH)_2$，能使 WO_3 溶解。酒石酸（$C_4H_6O_6$）主要是对 Co $(OH)_2$ 起络合作用。NaCl 2%～5%有助于阳极表面的活化，使电解加工稳定，并获得较好的加工表面质量。铬酐（Cr_2O_3）是一种络合剂，能有效地对 Cr^{+2} 起络合作用，防止 Co 在阴极表面沉积。

实际上，影响扩孔效果的不仅是电解液，还有电解液的压力、温度以及电源电压等，都会影响扩孔速度及表面粗糙度。一般来说，电解加工的电流密度愈高，扩孔效果愈好，但要防止火花放电现象发生。

3. 电化学抛光

电化学抛光也是利用金属在电解液中发生阳极溶解现象而对工件表面进行腐蚀抛光的。电化学抛光时，阳极一方面发生溶解，另一方面又生成一层薄薄的阳极粘膜，而且工件表面微观凹陷处粘膜相对较厚，电阻较大，溶解速度慢；而凸起处粘膜较薄，电阻小，溶解速度快。于是工件表面的粗糙度便逐渐改善，并且出现较强的光泽。

电化学抛光不需成形电极，也不需作相对进给运动，工具与工件之间距离一般较大（40～100mm），这样有利于表面的均匀溶解。它主要用于改善模具表面粗糙度和表面物理性能，而不是用于形状尺寸加工。

为了获得较好的抛光效果，在电化学抛光之前都必须进行除油除锈处理；抛光之后还要水洗和干燥。电化学抛光所用的电解液及参数如表 3-17 所示。

表 3-17 常用电解液

适用金属	电解液		阴极材料	阳极电流密度 (A/dm²)	电解液温度 (℃)	持续时间 (min)
碳钢	H_3PO_4	70%	铜	40～50	80～90	5～8
	CrO_3	20%				
	H_2O	10%				
	H_3PO_4	65%	铅	30～50	15～20	5～10
	H_2SO_4	15%				
	H_2O	18%～19%				
	$(COOH)_2$（草酸）	1%～2%				
不锈钢	H_3PO_4	50%～10%	铅	60～120	50～70	3～7
	H_2SO_4	15%～45%				
	丙三醇（甘油）	12%～45%				
	H_2O	23%～5%				
	H_3PO_4	40%～45%	铜、铅	40～70	70～80	5～15
	H_2SO_4	40%～35%				
	CrO_3	3%				
	H_2O	17%				

（续）

适用金属	电解液		阴极材料	阳极电流密度 (A/dm²)	电解液温度 (℃)	持续时间 (min)
CrWMn 1Cr18Ni9T	H_3PO_4 H_2SO_4 CrO_3 丙三醇（甘油） H_2O	65% 15% 5% 12% 3%	铅	80～100	35～45	10～12
铬镍合金	H_3PO_4 H_2SO_4 H_2O	640mL 150 mL 210mL	不锈钢	60～75	70	5
铜合金	H_3PO_4（1.87）① H_2SO_4（1.84） H_2O	670mL 100mL 300mL	铜	12～20	10～20	5
铜	CrO_3 H_2O	60% 40%	铝、铜	5～10	18～25	5～15
铝及合金	H_2SO_4（1.84） H_3PO_4（1.7） HNO_3（1.4） H_2O	体积 70% 体积 15% 体积 1% 体积 14%	铝 不锈钢	12～20	80～95	2～10
	H_3PO_4（1.62） CrO_3	100g 10g	不锈钢	5～8	50	0.5

① 表示相对密度，下同

三、电解磨削

（一）电解磨削的基本原理

电解磨削是将金属的电化学阳极溶解作用和机械磨削作用相结合的一种磨削工艺。电解磨削原理如图 3-65 所示。

磨削时工件接直流电源的正极，电解磨轮（也称导电砂轮）接直流电源的负极。两极间由电解磨轮中凸出的磨料保持一定的电解间隙，并在电解间隙中注入一定量的电解液。接通直流电源后，工件（阳极）的金属表面发生电化学溶解，表面的金属原子将失去电子而变成离子溶解于电解液中；同时电解液中氧与金属离子化合而在工件表面生成一层极薄的氧化膜。这层氧化膜具有较高的电阻，使阳极溶解过程减慢，这时通过高速旋转的磨轮将这层氧化膜不断刮除，并被电解液带走。由于阳极溶解和机械磨削共同交替作用的结果，使工件表面不断被蚀除并形成光滑的表面和达到一定的尺寸精度。

电解磨削过程中，金属主要是靠电化学阳极溶解作用腐蚀下来的，电解磨轮只起磨去电解产物阳极钝化膜和整平工件表面的作用。

（二）电解磨削的特点

1）加工范围广，生产效率高。由于电解磨削主要是电解作用，因此只要选择合适的电解液就可以用来加工任何高硬度和高韧性的金属材料，例如磨削硬质合金时，与普通的金刚石砂轮磨削相比，电解磨削的加工效率要高 3～5 倍。

2）加工精度高，表面质量好。因为砂轮的作用是为了刮除氧化膜，而不是磨削金属，因而磨削力和磨削热都很小，不会产生磨削毛刺、裂纹、烧伤等现象，一般表面粗糙度可优于 R_a0.16μm，而加工精度与机械磨削相近。

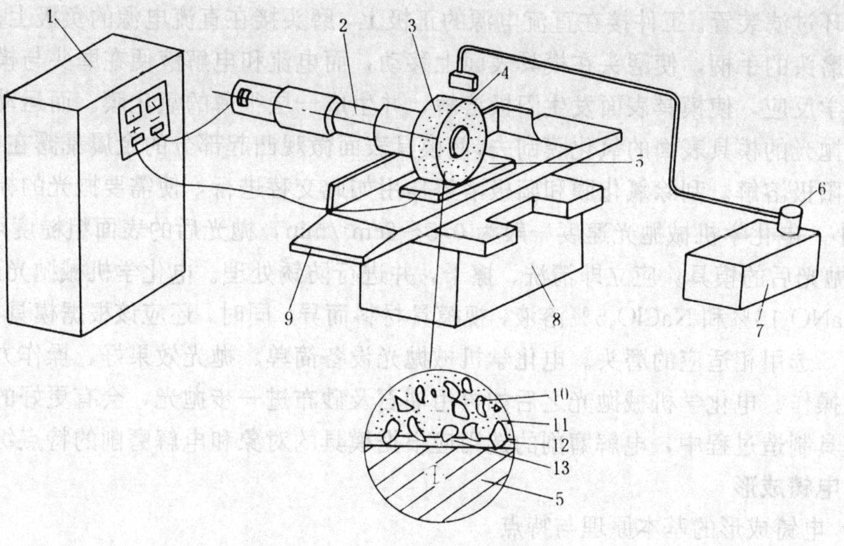

图 3-65　电解磨削原理图

1—直流电源　2—绝缘主轴　3—电解磨轮　4—电解液喷嘴　5—工件　6—电解液泵　7—电解液箱　8—机床本体　9—工作台　10—磨料　11—结合剂　12—电解间隙　13—电解液

3）砂轮的磨损量小。例如磨削硬质合金，用普通机械磨削，碳化硅砂轮的磨损量大约为磨削掉的硬质合金重量的400％～600％；用电解磨削，砂轮的磨损量只有硬质合金磨除量的50％～100％。砂轮磨损量小，有助于提高加工精度。

尽管电解磨削所用的电解液都是腐蚀能力较弱的钝化性电解液（如 $NaNO_3$、$NaNO_2$ 等），但机床和夹具等仍需采取防蚀防锈措施，而且，用电解磨削加工模具（冲裁模）刃口时不易磨得非常锋利。

（三）电解磨削在模具加工中的应用

电解磨削在模具加工中主要应用于下列几个方面：

1）磨削难加工材料。电解磨削与工件硬度无关，所以用来加工高硬度的难加工材料效果显著。如硬质合金模具平面用立式电解平面磨床加工，不但生产率高，而且加工质量好。

2）减少加工工序，保证磨削质量。以往制造各种拼块模时，须按拼块形状进行粗加工，热处理后进行平面磨削和成形精磨，工序较多。而且，为了防止热变形，往往都留有较大的精磨余量。在磨削硬质合金模具时，还要消耗大量的金刚石砂轮，使模具成本增加并影响硬质合金模具的推广和使用。采用电解磨削不会产生磨削热、裂纹、烧伤和变形等，并可省略或减少热处理前的粗加工，从而可以减少工序，并保证加工质量。

3）提高加工效率。机械成形磨削一般都采用单片砂轮（或成形砂轮）用成形磨床或光学曲线磨床进行切入磨削。如果采用普通砂轮则由于砂轮磨损大而需要经常修整，砂轮修整成形时间往往要占整个磨削时间的1/10，因而延长了加工时间。采用电解磨削不但可同时磨削所有需要磨削的部位，而且随着磨削部位的增多以及采用较大的“吃刀深度”使电流增大，都可以获得较高的加工效率。此外，用导电成形砂轮进行切入式磨削时，由于砂轮耗损极小，磨轮的修整时间很短，这也有助于提高其加工效率。

4）模具抛光。利用电解磨削原理进行电化学机械抛光（也称电解修磨）是一种抛光效果较好的模具抛光方法。电化学机械抛光装置包括手枪式磨头（导电砂轮）、低压直流电源以及电解液循环过滤装置。工件接在直流电源的正极上，磨头接在直流电源的负极上。加工时，握住手枪式磨头的手柄，使磨头在模具表面上移动，而电流和电解液便在磨头与模具表面之间发生电化学反应，使模具表面发生阳极溶解，并生成一层很薄的氧化膜。而运动着的磨头则会把需要抛光的模具表面的氧化膜刮去，使模具表面微观凸起部分的金属暴露在电解液里，并继续发生阳极溶解。刮除氧化膜和阳极溶解作用如此交替进行，使需要抛光的模具表面粗糙度 R_a 减小。电化学机械抛光速度一般为 0.5～2cm²/min，抛光后的表面粗糙度可达 R_a0.8～0.4μm。抛光后的模具，应立即清洗、擦干，并进行防锈处理。电化学机械抛光用的电解液，一般为 $NaNO_3$15％和 $NaClO_3$5％溶液，视模具材料而异。同时，还应该根据模具型腔的形状、抛光部位，选用相适应的磨头。电化学机械抛光设备简单、抛光效果好、操作方便灵活，但仍是手工操作。电化学机械抛光之后如再用油石及砂布进一步抛光，会有更好的效果。

在模具制造过程中，电解磨削的选用应根据模具的对象和电解磨削的特点综合考虑。

四、电铸成形

（一）电铸成形的基本原理与特点

1. 基本原理

电铸成形是利用电化学过程中的阴极沉积现象来进行成形加工的，也就是在原模上通过电化学方法沉积金属，然后分离以制造或复制金属制品。电铸原理与电镀基本相同，所不同的是，电镀时要求得到与基体结合牢固的金属镀层，以达到防护、装饰等目的。而电铸则要求电铸层与原模分离，其厚度也远大于电铸层，厚度约为 0.05～8mm。

电铸的原理如图 3-66 所示，用可导电的原模作阴极，用作电铸材料的金属板作阳极，金属盐溶液作电铸溶液，即阳极金属材料与金属盐溶液中的金属离子的种类必须相同。在直流电源的作用下，电铸溶液中的金属离子在阴极还原成金属，沉积于原模表面，而阳极金属则源源不断地变成离子溶解到电铸液中进行补充，使溶液中金属离子的浓度保持不变。当阴极原模的电铸层逐渐加厚到所要求的厚度时，电铸结束，并使其与原模分离，即获得与原模型面相反的电铸件。

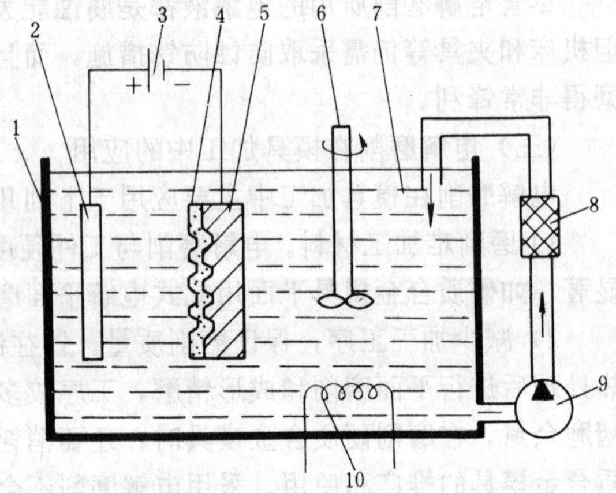

图 3-66　电铸原理图

1—电铸槽　2—阳极　3—直流电源　4—电铸层　5—原模（阴极）　6—搅拌器　7—电铸液　8—过滤器　9—泵　10—加热器

2. 电铸的特点

1）复制精度高。可以制出机械加工不可能加工的细微形状（微细花纹、刻度、复杂形状等）以及难以加工的型腔，其细密度及尺寸精度可达微米级，电铸后的型面一般不需作修正加工。

2）重复精度高。可以用一只标准的原模制出很多形状一致的型腔或电铸电火花成形加工用的电极。

3）原模的材料不一定是金属。可采用其他材料或制品零件本身，经导电化处理后直接作为原模。

4）电铸镍具有一定的抗拉强度和硬度，因此铸成之后不需热处理。

5）不需特殊设备，操作简单。

但是，电铸速度很慢，生产周期长（需几十小时甚至几百小时）；尖角和凹槽部分铸层不均；铸层存在一定的内应力，不能承受冲击负荷。所以，电铸难于在大、中型模具制造中推广应用。

（二）电铸设备

电铸设备主要由直流电源、电铸槽、搅拌和循环过滤系统、加热和冷却系统等部分组成，参见图 3-66。

（1）直流电源　电铸通常采用低电压、大电流的直流电源。电压一般在 12V 以下并可调节。电铸电流密度一般为 $15\sim30A/dm^2$。直流电源一般采用硅整流器，也有采用晶闸管整流的。

（2）电铸槽　电铸槽的材料，应以不受电铸液腐蚀为原则。一般用钢板焊接，内衬铅板或聚氯乙烯薄板等。也有用较厚的聚氯乙烯硬板焊接或用聚树脂和玻璃纤维粘合而成的。小型电铸槽可用陶瓷、玻璃或搪瓷制品；大型的可用耐酸砖衬里的水泥槽。

（3）搅拌和循环系统　为了降低电铸液的浓差极化，加大电流密度，减少工作时间，提高生产速度，最好在阴极运动的同时，加速溶液的搅拌。搅拌的方法有循环过滤法、超声波或机械搅拌等。循环过滤法不仅可以使溶液搅拌，而且在溶液不断反复流动时进行过滤。

（4）加热器和冷却器　电铸时间很长，为了在电铸期间对溶液进行恒温控制，需要加热或冷却。加热可用电炉、加热玻璃管，冷却则用冷水或冷冻机。

（三）电铸工艺过程

阴极电沉积操作只不过是模具电铸工艺过程的一部分，模具的整个电铸工艺过程，一般应该包括如下工序：

1. 在分析产品图样的基础上设计制造原模

在设计原模时，除了合理选用材料外，还应注意：

1）在确定原模尺寸时应考虑制品材料的收缩率及 $15'\sim30'$ 的脱模斜度。

2）承受电铸的部分，应按制品要求放长 3～5mm，以备电铸后端部粗糙而割除。

3）原模表面粗糙度要好，并尽量避免尖角。

2. 电铸前处理

目的在于原模能电铸及顺利脱模。

1）用金属制成的原模，首先要在去油去锈处理的基础上（清洗处理），在重铬酸盐溶液中进行钝化处理，使金属原模表面形成一层钝化膜。

对于深型腔而脱模较困难时，可在原模表面先喷上一层聚乙烯醇感光胶，经曝光烘干后再进行镀银处理。

2）用非金属制成的原模，一般先用浸石蜡或浸漆方法进行防水处理（也有不需要的情况）后，再在其表面镀一层导电膜。常采用的方法有化学镀银（铜）、喷镀银（铜）、涂刷铜粉等。

3. 电铸成形

选择电铸金属时，应虑模具的具体要求。常用的电铸金属有铜、镍和铁。为了提高模具的硬度和耐磨性，电铸之前先在原模上镀一层0.008～0.01mm厚的硬铬。

电铸时所采用的电铸液种类很多，电铸镍时常用的电铸液配方之一如下

硫酸镍180g，氯化铵20～25g，硼酸30g，萘二磺酸钠盐1g，十二烷基硫酸钠0.5g，蒸馏水1000mL。

硫酸镍是金属镍离子的来源，在电铸过程中镍离子在阴极获得电子而变成原子沉积，形成电铸层。氯化铵可防止镍阳极钝化。硼酸是缓冲剂，使pH值稳定。萘二磺酸钠盐能促使电铸层光亮，但过量会使电铸层变脆。十二烷基硫酸钠为润滑剂，有助于电铸液中的杂质浮起。

电铸层达到所要求的厚度后，取出加以清洗、擦干。

4. 衬背

某些电铸模具，在电铸成形之后还需用其他材料衬背加固，然后再进行机械加工，使其达到一定的尺寸要求。衬背的方法有浇铝或铅锡合金以及热固性塑料等。对于结构零件可以在外表面包覆树脂进行加固。

5. 脱模

电铸成形的模具，加衬背进行机械加工后，一般都镶入模套内加固使用。脱模是最后一道工序，通常在镶入模套后进行，这样可以避免电铸件在机械加工中产生变形或损坏，也有助于加力脱模。

脱模方法有锤打、加热或冷却，用脱模架拉出等，要视原模材料不同合理选用。图3-67所示为金属原模及电铸脱模架，拧转脱模架的螺钉，就可以将原模从电铸件中取出。

（四）电铸成形实例

1. 型腔模电铸

型腔模电铸工艺过程根据原模材料不同而有差别。常用的原模材料为碳钢、铝、有机玻璃等。

（1）钢制原模的电铸工艺过程

①制造原模，原模长度应比型腔深度长5～8mm；②原模清洗钝化处理后镀铬；③电铸；④机械加工。⑤电铸型腔与模套组合；⑥脱模。

图3-67所示的电铸模，首先应把电铸型腔上端加长部分加工掉，再以顶面为基准面加工底面和四周，底面最好采用平面磨削加工。然后将电铸型腔外形和模套内腔分别涂上一层很薄的无机粘结剂，并将电铸型腔连同原模一起装入模套内，清除掉多余的粘结剂，待粘结剂干燥后，再用脱模架将原模取出，即获得所需的电铸模具。

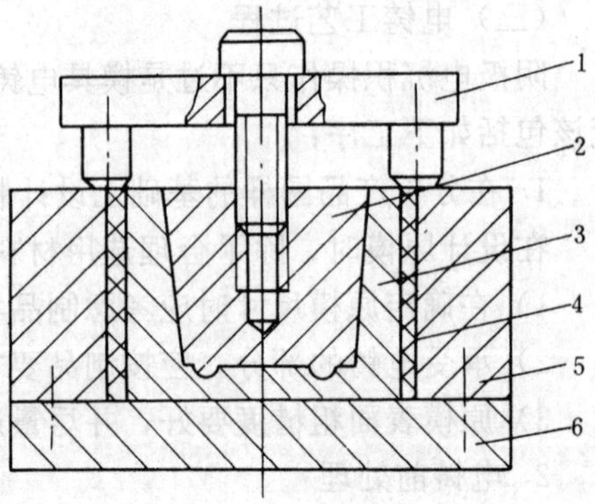

图3-67 电铸模结构与脱模架

1—脱模架 2—原模 3—电铸型腔 4—无机粘结剂 5—模套 6—垫板

（2）铝制原模的电铸工艺过程

①制造原模：采用锻造毛坯，经机械加工后再用砂纸打光。原模长度应比型腔深度长5～8mm。②铝原模镀锌和镀铜。由于铝在空气中容易氧化，所以铝原模在电铸前必须镀一层锌，因锌层薄（只有1μm），故还需镀2～3μm的铜层，作为电铸镍的底层。如果是电铸铜，则化学镀锌后即可直接电铸铜。③电铸。④型腔模机械加工。⑤型腔与模套组合。⑥脱模（用NaOH溶液蚀除原模）。

(3) 有机玻璃原模的电铸工艺过程

①原模制作。因有机玻璃在开水中泡煮后就会软化，所以制作原模比较容易成形，脱模也方便，但容易损坏。②化学镀银。在原模上应镀上一层导电性能良好的银层，然后再镀一层铜，这样更有利于电铸。③电铸。④脱模（热水煮）。⑤型腔机械加工。⑥型腔与模套组合。

2. 电铸电极

电火花加工用的工具电极，也可以采用电铸方法制造。一般采用铸铜电极。用电铸电极进行电火花加工时，因为局部过热，铜层容易从基体上崩落下来。为了保证导热良好，铜层厚度一般都需大于 2mm。

3. 精密电铸

对于尺寸精度和表面质量要求都很高的微细孔或断面复杂的异形孔，用“除去”加工非常困难，而采用精密电铸法加工就比较容易。常用的喷嘴电铸工艺过程如图 3-68 所示。①用切削加工制作铝合金型芯。②电铸金属镍。③机械切削外圆。④去型芯：将加工好的电铸件插入基盘中，磨削基盘上下面，最后用对镍无损伤的 NaOH 溶液溶解型芯，即可得到所需的型孔。

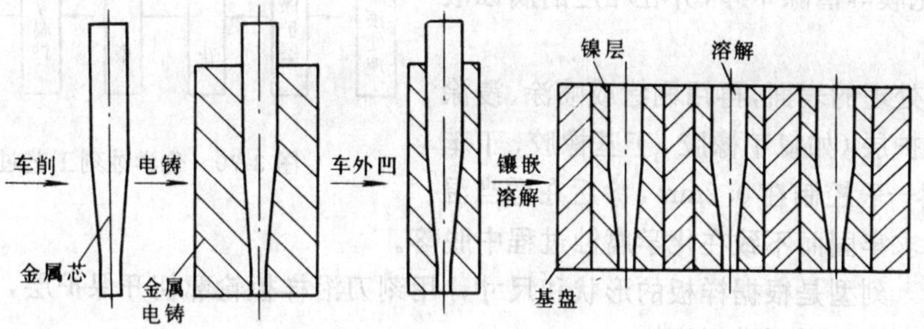

图 3-68 喷嘴电铸过程

五、化学加工

化学加工是利用酸、碱、盐等化学溶液与金属产生化学反应，使金属腐蚀溶解，改变工件尺寸和形状的一种加工方法。化学加工过程没有电化学作用，所以它不属于电化学加工研究的范畴。

化学加工的应用形式很多，但属于模具成形加工的主要有化学蚀刻和照相化学腐蚀法。

（一）化学蚀刻加工

1. 基本原理与特点

化学蚀刻加工又称化学铣削，它的原理如图 3-69 所示，先把工件非加工表面用耐腐蚀性涂层保护起来，需要加工的表面露出来，浸入到化学溶液中进行腐蚀，使金属按特定的部位溶解除去，达到加工的目的。

金属的溶解作用，不仅在垂直于工件表面的深度方向进行，而且还会在保护层下面的侧向进行溶解，并呈圆弧状，如图 3-69 中的 H 与 R。

金属的溶解速度与工件材料的种类及化学溶液的成分、浓度和温度等有关。

化学蚀刻的特点：

1）可加工任何金属材料，而不受其硬度和强度限制，如铝合金、钼合金、钛合金、模具钢及不锈钢等。

2）适于大面积加工，可以同时加工多件。

3）加工过程不会产生应力、裂纹、毛刺等缺陷，表面粗糙度可达 $R_a2.5 \sim 1.25\mu m$。

4）因刻型及腐蚀条件限制，加工精度不高，也不宜加工深而细小的窄槽和型孔、尖角等。

5）腐蚀液及蒸气对人体和设备有危害，需有适当的保护性措施。

化学蚀刻主要用于较大工件的金属表面厚度减薄加工，如电火花穿孔电极的尺寸缩小；还可以用于蚀刻文字标志或是型腔表面的简单花纹。

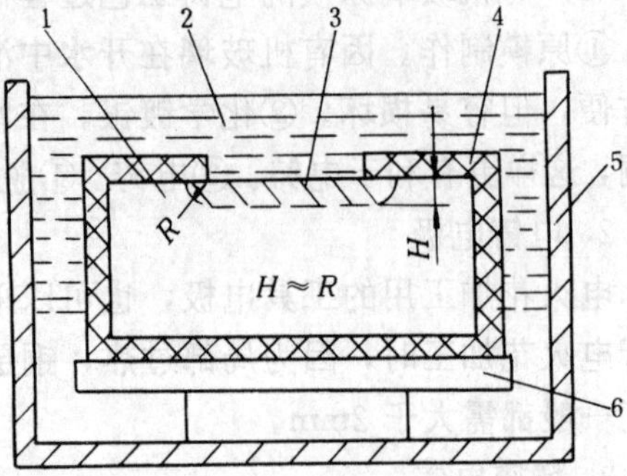

图 3-69　化学蚀刻加工原理

1—工件材料　2—化学溶液　3—化学腐蚀部分　4—保护层　5—溶液箱　6—工作台

2. 工艺过程

图 3-70 为化学蚀刻的主要工艺过程，其中最主要的工序是涂保护层、刻型和化学腐蚀。

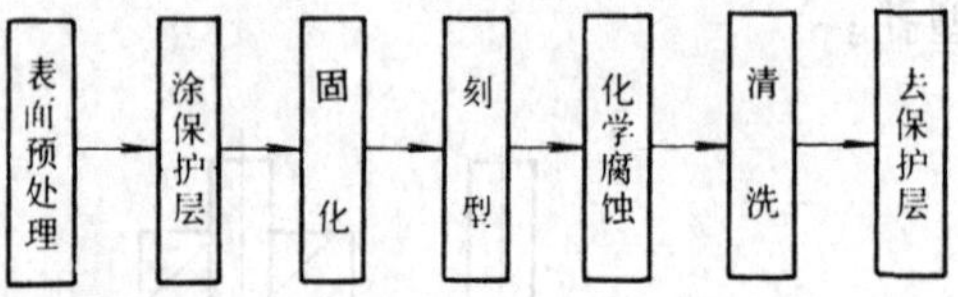

图 3-70　化学蚀刻工艺过程

（1）涂覆　在涂保护层之前，必须把工件表面的油污、氧化膜等清除干净，并在相应的腐蚀液中进行预腐蚀。

经表面预处理的表面，再用刷涂或喷涂、浸涂等方法涂上保护层（如氯丁橡胶、丁基橡胶、丁苯橡胶等），厚度一般控制在 0.2mm，涂后在适当温度下固化。要求牢固而不致在化学腐蚀过程中脱落。

（2）刻型　刻型是根据样板的形状和尺寸，用刻刀沿样板轮廓切开保护层，并把需蚀刻部分的保护层剥掉，以便进行腐蚀。

（3）腐蚀　腐蚀是根据被加工材料选定适当的腐蚀溶液，然后将工件浸入该溶液中，并不断加以搅拌，以保证腐蚀均匀。腐蚀深度一般根据腐蚀速度由腐蚀时间来控制。例如：用 $HNO_3 20\% + H_2SO_4 5\% + H_3PO_4 5\%$ 溶液，在 55～70℃温度条件下腐蚀碳钢或合金钢，腐蚀速度约为 0.018～0.025mm/min；用 300～400g/L 的 $FeCl_3$ 溶液在 50℃温度下腐蚀铜及其合金，腐蚀速度约为 0.025mm/min。

（二）照相化学腐蚀加工

模具型腔表面往往需要加工文字、商标图案、花纹（如皮纹）等。如用人工雕刻当然比较困难，就是用化学蚀刻，也很难达到要求。采用照相化学腐蚀（简称照相腐蚀）方法，则可以满意地达到目的。

1. 照相腐蚀原理

照相腐蚀是把所需的文字图象，摄影到照相底片上，然后经光化学反应，把图象转移（或称复制）到涂有感光胶的金属表面，再经坚膜固化处理，使感光胶具有一定的抗蚀能力，最后经过化学腐蚀，即可获得所需图形的模具或金属表面。

照相腐蚀不仅直接用于模具型腔表面文字图案及花纹加工，而且也可用来加工电火花成形用的工具电极。

2. 工艺过程

图 3-71 所示为照相腐蚀工艺过程方框图。其主要工序包括原图、照相、涂感光胶、曝光、

显影、固膜、腐蚀等。

（1）原图和照相 原图是将所需图形按一定比例放大描绘在纸上，形成黑白分明的文字图案。为确保原图质量，一般都需放大几倍。然后通过照相，将原图按需要的尺寸大小缩小在照相底片上。照相底片一般采用涂有卤化银的感光底片。

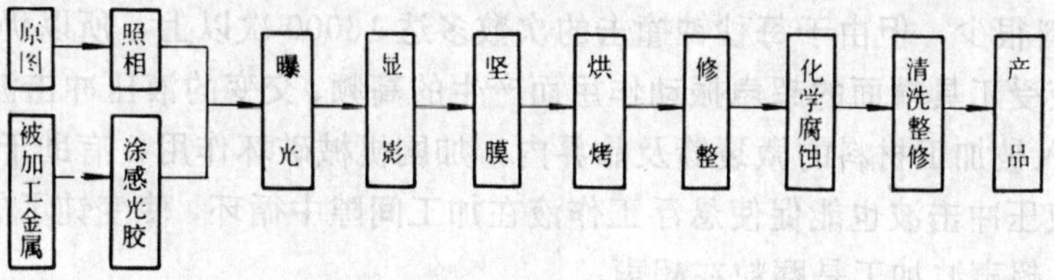

图 3-71 照相腐蚀工艺过程

（2）感光胶的涂覆 首先将需要加工的模具（或其他工件）表面进行去氧化层及去油污处理，然后涂上感光胶（如聚乙烯醇、骨胶、明胶等），待干燥后就可以贴底片曝光。

（3）曝光、显影与坚膜 曝光是将原图照相底片贴在涂有感光胶的工件表面，并用真空方法使其紧紧密合。然后用紫外光照射，使工件表面上的感光膜按图象感光。照相底片上的不透光部分，由于挡住了光线照射，胶膜未参与光化学反应，仍是水溶性的；照相底片上的透光部分，由于参与了光化学反应，使胶膜变成不溶于水的络合物。此后经过显影，把未感光的胶膜用水冲洗掉，使胶膜呈现出清晰的图象。为了提高显影后胶膜的抗蚀性，可将其放在坚膜液中（10%的铬酸酐溶液）进行处理。

上述贴底片及曝光过程，对于平整的模具表面或电极表面是十分方便的。但模具型腔多为曲面，贴底片及曝光就不容易，一般需采用软膜感光材料作底片，并在图案及软膜上作一定的技术处理后，就可以在曲面型腔上进行照相腐蚀加工。

（4）固化 经感光坚膜后的胶膜，抗蚀能力仍不强，必须进一步固化。聚乙烯醇胶一般在 180℃下固化 15min，即呈深棕色。固化温度及时间随金属材料而异，铝板不超过 200℃，铜板不超过 300℃，时间为 5～7min，直至表面呈深棕色为止。

（5）腐蚀 经固化的工件，放在腐蚀液中进行腐蚀，即可获得所需图像。腐蚀液成分随工件材料而异，为了保证加工的形状和尺寸精度，应在腐蚀液中添加保护剂，防止腐蚀向侧向渗透，并形成直壁甚至向外形成坡度。腐蚀铜时用乙烯基硫脲和二硫化甲脒组成保护剂。也有用松香粉刷嵌在腐蚀露出的图形侧壁上的。

腐蚀成形结束后，经清洗去胶，然后擦干即加工结束。去胶一般采用氧化去胶法，即使用强氧化剂（如硫酸与过氧化氢的混合液）将胶膜氧化破坏而去除。也有用丙酮、甲苯等有机溶剂去胶的。

第四节 超声波加工与激光加工

一、超声波加工

（一）基本原理与特点

超声波加工也称超声加工，是利用工具端面作超声频振动，并通过悬浮液中的磨料加工脆硬材料的一种加工方法。加工原理如图 3-72 所示。加工时，在工具 2 和工件 1 之间加入液体（水或煤油）和磨料混合的悬浮液 3，并使工具以很小的力 F 轻轻压在工件上。超声换能器 6 产生 16000Hz 以上的超声频纵向振动，并借助于变幅杆把振幅放大到 0.05～0.1mm 左右，驱动工具端面作超声振动，迫使工作液中的悬浮磨粒以很大的速度和加速度不断撞击、抛磨被加工表面，把加工区的工件局部材料粉碎成很细的微粒，并从工件上撞击下来。虽然每次打击下来的材料很少，但由于每秒钟撞击的次数多达 16000 次以上，所以仍有一定的加工速度。同时工作液受工具端面的超声振动作用而产生的高频、交变的液压冲击波和空化作用，将促使工作液钻入被加工材料的微裂缝及晶界内，加剧机械破坏作用，有助于提高去除材料的效果。此外，液压冲击波也能促使悬浮工作液在加工间隙中循环，使变钝了的磨粒不断更新。

由此可见，超声波加工是磨粒在超声振动作用下的机械撞击和抛磨作用以及空化作用的综合结果，其中磨粒的撞击作用是主要的。

既然超声波加工是基于高速撞击原理，因此愈是硬脆材料，受冲击破坏作用也愈大，而韧性材料则由于它的缓冲作用而难以加工。

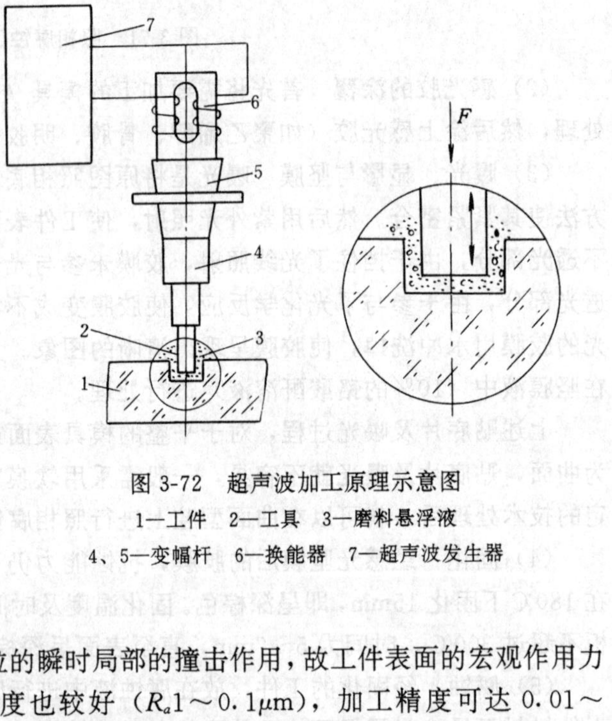

图 3-72　超声波加工原理示意图

1—工件　2—工具　3—磨料悬浮液

4、5—变幅杆　6—换能器　7—超声波发生器

超声波加工具有如下特点：

1）适于加工各种硬脆材料，特别是不导电的非金属材料（如陶瓷、玻璃、宝石、金刚石等），扩大了模具材料的选用范围。

2）工具可用较软的材料做成较复杂的形状，不需要工具相对于工件作复杂的运动，机床结构也就简单，操作也方便。

3）由于去除加工材料是靠极细小磨粒的瞬时局部的撞击作用，故工件表面的宏观作用力很小，不会引起变形和烧伤，表面粗糙度也较好（R_a1～0.1μm），加工精度可达 0.01～0.02mm，而且可以加工薄壁、窄缝、低刚性工件。

（二）超声波加工设备

超声波加工设备如图 3-73 所示。尽管它们的功率大小及结构形式各有不同，但都是由超声波发生器、超声振动系统（声学部件）、机床本体及磨料工作液循环系统等部分组成。

1. 超声波发生器

超声波发生器是将工频交流电转变为有一定功率输出的超声频交流电，为工具端面振动及去除被加工材料提供能量。其基本要求是输出功率和频率在一定范围内连续可调，并希望具有对共振频率自动跟踪和自动微调的功能。

超声波加工用的超声波发生器有电子管和晶体管两种类型。电子管式的不仅功率大，而且频率稳定，在大中型超声波加工设备中用得较多。另一类是晶体管式的，它体积小，能量损耗小，因而发展较快，并有取代电子管的趋势。

2. 声学部件

声学部件的作用是把高频电能转换成机械振动，并以波的形式传递到工具端面。声学部件是超声波加工设备中的重要部件，主要由换能器、振幅扩大棒及工具组成。

换能器的作用是将高频电振荡转换成机械振动，目前实现这一目的是利用“压电效应”和“磁致伸缩效应”分别制成压电陶瓷换能器和磁致伸缩换能器。前者能量转换效率高，体积小；后者则功率较大。

振幅扩大棒也称变幅杆。无论是压电陶瓷换能器还是磁致伸缩换能器，它们的伸缩变形量都是很小的，即使在共振的条件下，其振幅也只有 0.005～0.01mm，不能直接用于加工。超声波加工需 0.01～0.1mm 的振幅，因此必须通过一个上粗下细的杆子将振幅加以放大，此杆称为振幅扩大棒。它之所以能扩大振幅，是因为通过任一截面的能量是守恒的，因此，截面愈小，能量密度愈大，而波的能量密度正比于振幅 A 的平方，因此振动的振幅也就愈大。

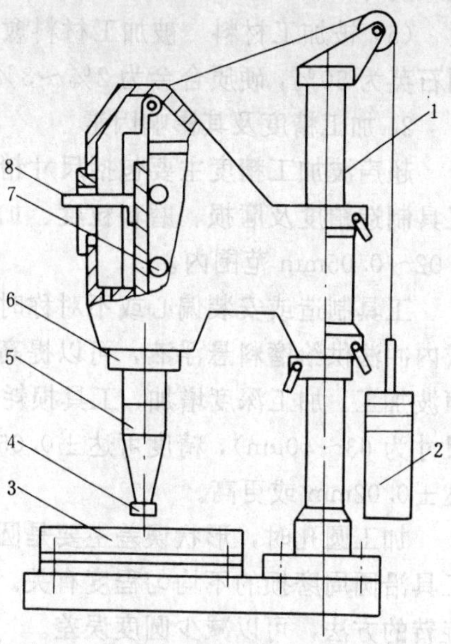

图 3-73　CSJ-2 型超声波加工机床

1—支架　2—平衡重锤　3—工作台　4—工具　5—振幅扩大棒　6—换能器　7—导轨　8—标尺

工具安装在振幅扩大棒的细小端。机械振动经扩大棒放大之后即传给工具，而工具端面的振动将使磨粒和工作液以一定的能量冲击工件，并加工出一定的形状和尺寸。因而工具的形状和尺寸决定于被加工表面的形状和尺寸，二者只相差一个加工间隙。为减少工具损耗，宜选有一定弹性的 45 钢作工具材料。工具长度要考虑声学部分半个波长的共振条件。

3. 机床及磨料工作液

超声波加工机床一般比较简单，包括支撑声学部件的机架、工作台面，以及使工具以一定压力作用在工件上的进给机构等，如图 3-73 所示。平衡锤是用于调节加工压力的。

工作液一般为水，为了提高表面质量，也有用煤油的。磨料常用碳化硼、碳化硅或氧化铝。简单的机床，其磨料是靠人工输送和更换的。

（三）基本工艺规律

1. 加工速度及其影响因素

加工速度是指单位时间内去除材料的多少，常用 g/min 或 mm^3/min 表示。影响加工速度的主要因素有：工具振动频率与振幅、工具对工件的进给压力、磨料的种类与粒度、磨料悬浮液的浓度与供给方式、工具与工件材料、加工面积与深度等。

（1）工具的振幅与频率　提高振幅和频率，可以提高加工速度。但过大的振幅和过高的频率会使工具和振幅扩大棒承受很大的内应力，降低其使用寿命。因此一般振幅在 0.01～0.1mm，频率在 16～25kHz 之间。实际加工时应调节到共振频率，以获得最大振幅。

（2）进给压力　加工时工具对工件应有一个适当的压力，过小时加工间隙大，磨粒撞击作用弱而降低生产率；过大的压力又会使间隙过小而不利于磨粒循环更新，也会降低生产率。

（3）磨粒　磨粒硬度高和颗粒大都有利于提高加工速度。使用时应根据加工工艺指标的要求及工件材料合理选用。

(4) 磨料悬浮液浓度　浓度低，加工速度也低；随着浓度增加，加工速度也增加。但浓度太高将不利于磨粒的循环和撞击运动而影响加工速度。

(5) 被加工材料　被加工材料愈脆，加工速度愈快。如以玻璃的可加工性100%为标准，则石英为50%，硬质合金为2%～3%，淬火钢为1%，而锗、硅半导体单晶为200%～250%。

2. 加工精度及其影响因素

超声波加工精度主要包括尺寸精度、形状精度等。其影响因素除了机床精度外，主要有工具制造精度及磨损、磨料粒度、加工深度以及被加工材料性质等。一般尺寸精度可控制在0.02～0.05mm范围内。

工具制造或安装偏心或不对称时，加工将产生偏振，使加工精度降低。利用真空抽吸法或内冲法供给磨料悬浮液，可以提高加工精度，尤其能减少锥度；外浇法只适用于一般的超声波加工。加工深度增加，工具损耗也增加，使精度下降。当采用240#～280#磨料时（磨粒尺寸为63～40μm），精度可达±0.05mm；采用W_{28}～W_7时（磨粒尺寸为28～5μm），精度可达±0.02mm或更高。

加工圆孔时，形状误差主要是圆度和锥度误差。圆度误差的大小与工具横向振动大小和工具沿圆周磨损的不均匀程度有关。锥度大小与工具磨损和加工深度有关。采用工具或工件旋转的方法，可以减少圆度误差。

3. 表面质量及其影响因素

超声波加工具有较好的表面质量，不会产生表面烧伤和表面变质层。

超声波加工的表面粗糙度也较好，一般可达到R_a1～0.1μm，取决于每粒磨料撞击工件表面后留下的凹痕大小，它与磨粒的直径、被加工材料性质、超声振幅以及工作液成分有关。当磨粒尺寸较小、工件材料硬度较大、超声振幅小时，则加工表面粗糙度将得到改善，但加工速度也随之下降。工作液的性能对表面粗糙度影响比较复杂，实践表明，用煤油或润滑油代替水可使表面粗糙度有所改善。

(四) 超声波加工的应用

超声波加工的生产率虽然比电火花加工和电化学加工等低，但其加工精度和表面粗糙度都比较好，而且能加工半导体、非导体的硬脆材料，如玻璃、石英、陶瓷、宝石及金刚石等。即使是电火花加工后的一些淬火钢、硬质合金冲模、拉丝模和塑料模，最后也常用超声波抛磨和光整。

1. 型孔、型腔加工

超声波加工在模具制造行业可用于在脆硬材料上加工圆孔、型孔、型腔、套料及微细孔等，如图3-74所示。

2. 切割加工

超声波切割可以加工单晶硅片、陶瓷模块（图3-75）。

3. 超声波抛磨

电火花成形加工及电火花线切割加工后的模具表面是硬脆的，经超声波抛磨以后，可以提高其表面粗糙度，一般可达R_a0.4～0.8μm。

二、激光加工

(一) 激光加工原理与特点

在日常生活中，人们经常发现，太阳光经凸透镜可以聚焦成一个很小的光点（图3-76），

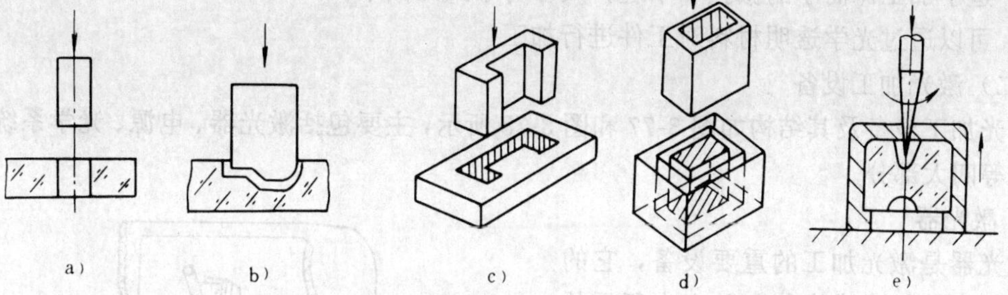

图 3-74　超声波加工的应用

a）加工圆孔　b）加工型腔　c）加工异形孔　d）加工套料　e）加工微细孔

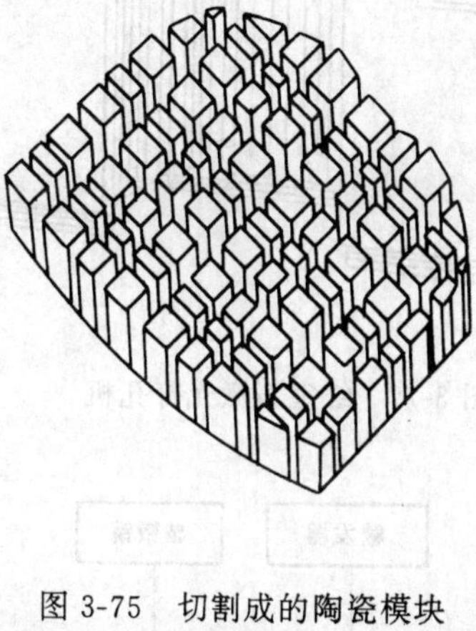

图 3-75　切割成的陶瓷模块

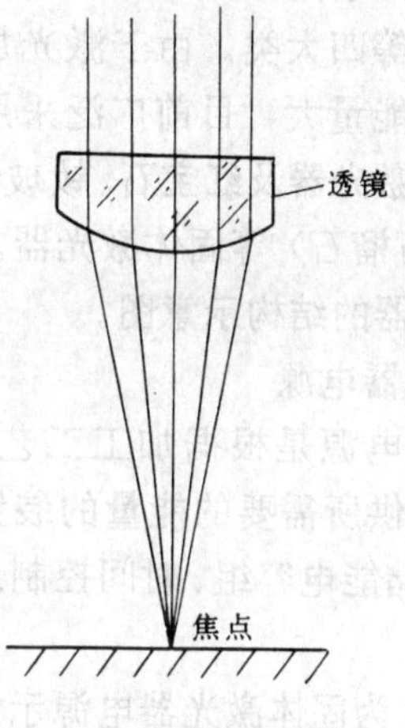

图 3-76　太阳光聚焦

如果把纸张或火柴等易燃物放在凸透镜下焦点的地方，很快就会冒烟燃烧，这说明光本身就是一种能量，经过聚焦之后，在焦点附近集中，使温度达到 300℃以上。然而，直接利用太阳光聚焦进行机械加工是困难的，因为照射到地面上的太阳光能量密度不大，再说，照射到地面上的太阳光虽近似于平行光，但因它是各种波长组合的非单色光，通过透镜时的折射率各不相同，焦距各不相同，很难聚焦成很细的光束，更不能聚焦成直径只有几十微米的小光点。这样就不可能在焦点附近获得很大的能量密度和极高的温度来加工工件。

激光则不同，它是一种强度高、方向性好、单色性好的相干光。由于激光的发散角小和单色性好，理论上可以聚焦到尺寸与光的波长相近的（微米甚至亚微米级）小斑点上，加上它本身强度就高，故可以使其焦点处的功率密度达到 $10^7 \sim 10^{11} W/cm^2$，温度可高达 10000℃以上。在这样的高温下，任何材料都将瞬时急剧熔化和汽化，并爆炸性地高速喷射出来，同时产生方向性很强的冲击波。工件材料就是在高温熔融蒸发和冲击波的同时作用下实现打孔和切割的。

激光加工具有如下特点：

1）激光加工不需要加工工具，所以不存在工具损耗问题，很适于自动化连续加工。

2）由于它的功率密度高，几乎能加工所有的材料。

3）加工速度快，效率高，热影响区小。

4）适于加工深而小的微孔和窄缝，尺寸可小到几微米。

5）可以透过光学透明材料对工件进行加工。

（二）激光加工设备

激光加工设备及其结构如图 3-77 和图 3-78 所示，主要包括激光器、电源、光学系统及机械系统等四大部分。

1．激光器

激光器是激光加工的重要设备，它的任务是把电能转变成光能，并产生所需的激光束。

激光器按其工作物质的种类可以分为固体激光器、气体激光器、液体激光器及半导体激光器等四大类。由于激光加工要求输出功率与能量大，目前广泛采用的是二氧化碳气体激光器及红宝石、钕玻璃、YAG（掺钕钇铝石榴石）等固体激光器。图 3-79 为固体激光器的结构示意图。

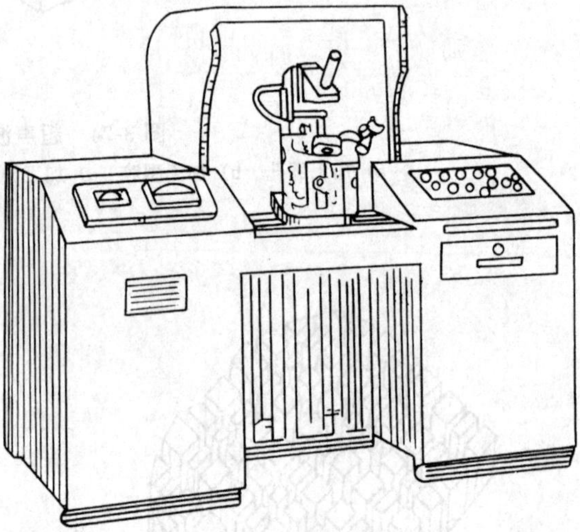

图 3-77　红宝石激光打孔机

2．激光器电源

激光器电源是根据加工工艺的要求，为激光器提供所需要的能量的装置，包括电压控制、储能电容组、时间控制及触发器等。

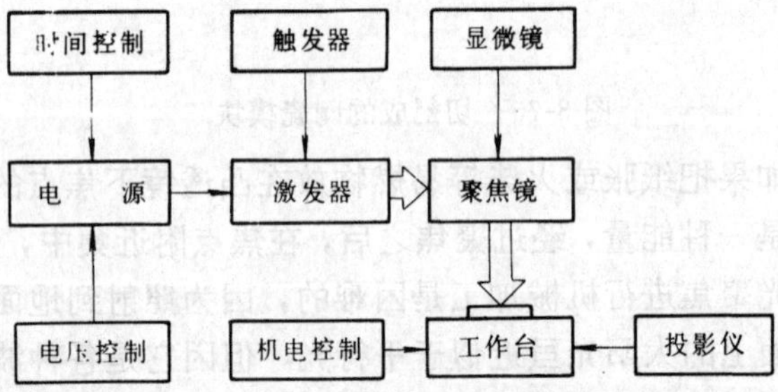

图 3-78　激光加工设备结构方框图

图 3-80 为固体激光器电源示意图，它的工作原理是：电源经晶闸管加到升压变压器 T_1 上，再经高压整流后将直流电压通过 R 向储能电容 C 充电。电容器上的电压除加到氙灯电极外，还经分压电阻取出一部分电压作为控制信号，当电容器上的电压升到某一选定值时，控制信号经放大后使晶闸管调压切断，高压电源便不再向储能电容器充电。高压触发器对氙灯触发后，氙灯管中的气体电离，储存在电容器上的电能便在极短的时间内通过氙灯放电，产生强烈闪光，激励工作物质。之后，被激励的工作物质在激光器内又产生极强的受激辐射，输出一束激光并聚焦在加工点。当电容器放电结束后，晶闸管调压部分又接通，高压电源再次向电容 C 充电，重复上述过程。

3．光学与机械系统

光学系统的作用在于把激光引向聚焦物镜并聚焦在加工工件上。为使激光束准确地聚焦在加工位置，要有焦点位置调节及其观察显示系统。

机械系统主要包括床身、能在三坐标范围内移动的工作台及机电控制系统等。此外，也有采用计算机来控制工作台的移动，以实现激光加工的连续操作。

激光加工是一种精密加工，其精度问题是一个主要矛盾，在设计制造和使用时千万不可忽视。

（三）激光加工工艺规律

激光加工虽然也有生产率和表面粗糙度的要求，但主要的还是加工精度，如孔和窄缝大小、深度及其几何形状等。由于工艺对象的最小尺寸只有几十微米，因而其尺寸误差就必然在微米级。为了达到这样高的精度要求，除了保证光学和机械系统方面的精度外，还必须根据激光加工的一般原理和激光的特点，分析影响激光加工的几种主要因素。

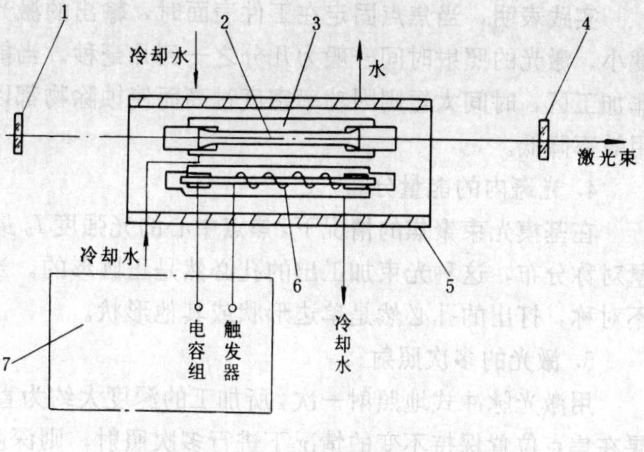

图 3-79 固体激光器的结构示意图

1—全反射镜 2—工作物质 3—玻璃套管 4—部分反射镜
5—聚光器 6—氙灯 7—激光器电源（包括电容组及触发器等）

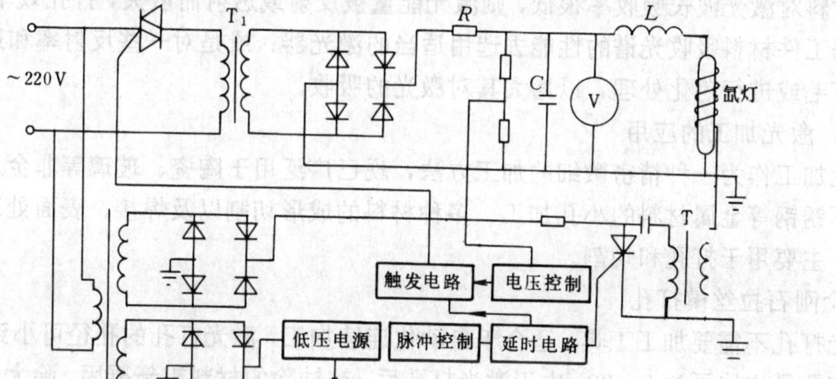

图 3-80 固体激光器电源示意图

1. 焦距与发散角

发散角小、焦距短时，在焦面上可以获得更小的光斑及更高的功率密度。光斑直径小，所打的孔也小；而且，由于功率密度大，激光束对工件的穿透力也大，打出的孔不仅深，而且锥度小。所以，要千方百计减小激光束的发散角，并尽可能地采用短焦距物镜（约 20mm 左右）。

2. 焦点位置

焦点位置对加工孔的形状和深度都有很大影响，一般焦点落在工件表面或略微低于工件表面为宜，过高或过低都会导致工件表面的光斑面积增大而影响加工深度，并产生很大的锥度（即形成喇叭口）。

3. 输出能量与照射时间

实践表明，当焦点固定在工件表面时，输出的激光能量越大，所打的孔就大而深，且锥度小。激光的照射时间一般为几分之一到几毫秒。当能量一定时，时间太长会使热量传散到非加工区，时间太短则因功率密度过高而使蚀除物都以高温气体喷出，二者都会使能量的使用效率降低。

4. 光斑内的能量分布

在基模光束聚焦的情况下，焦点中心的光强度 I_0 最大，而远离中心点的地方逐渐减弱，能量对称分布，这种光束加工出的孔必然是正圆形的。当激光束不是基模输出时，其能量分布不对称，打出的孔必然是单边形状或其他形状。

5. 激光的多次照射

用激光脉冲式地照射一次，所加工的深度大约为直径的五倍左右，而且会有较大锥度。如果在焦点位置保持不变的情况下进行多次照射，则深度可以增加，锥度相应减小，而直径几乎不变。但是，孔的深度不是与照射次数成比例增加。由于孔内壁的反射、透射以及激光的散射或吸收等，会使能量密度不断减小，排屑困难，加工量逐渐减小，以致不能继续加工下去。

6. 工件材料

经透镜聚焦后的激光束功率密度很高，如果都能被工件吸收，打孔效率肯定很高。但如果工件材料对激光波长吸收率很低，则激光能量被反射或透射而散失，打孔效率就低。因此，必须根据工件材料吸收光谱的性能去选用适当的激光器；或是对一些反射率和透射率高的工件表面打毛或进行色化处理，以增大其对激光的吸收。

（四）激光加工的应用

激光加工作为一种精密微细的加工方法，现已广泛用于陶瓷、玻璃等非金属材料和硬质合金、不锈钢等金属材料的小孔加工、多种材料的成形切割以及焊接、表面处理等。在模具制造中，主要用于打孔和切割。

1. 金刚石拉丝模打孔

激光打孔不需要加工工具，适合于自动化连续加工。激光打孔的孔径可小到 10μm 左右。且深度与孔径之比可达 5～30。由于激光打孔后，被蚀除的材料重新凝固，除大部分飞溅出来变为小颗粒外，还有一部分会粘附在孔壁，甚至有的还要粘附到聚焦物镜及工件表面。所以，大多数激光加工机都采用了吹气或吸气措施，以帮助排除蚀除物。有的还在聚焦物镜上装有一块透明的保护膜，以免聚焦物镜损坏。

2. 确定试制坯料的形状

在进行三维异形件拉深加工时，很难确定坯料的形状。要根据制造的拉深模进行多次修正，才能决定坯料的形状。

以往用钳子和电动工具或电火花线切割裁剪坯料，现在用数控激光切割，不仅形状正确，而且切断速度很快。

3. 确定拉深加工后的工件切边尺寸

拉深加工后的切边若为三维形状的冲切，则比加工平面坯料形状要困难。若切边后凸缘需要弯曲，则须对切边尺寸进行检验后再进行修正。进行这类操作要求有熟练的技巧和耗费大量工时，如使用三维激光加工机，则可以进行数值处理，这样不仅可以缩短加工时间，还可以减少试加工的次数（图 3-81）。

4. 制造冲裁模

小批量生产使用的冲裁模可用激光加工制造。由于激光加工的特点是不能加工厚板，因而常采用由几块薄板叠层的结构。根据不同激光加工机的能量，可加工的板材厚度为 2～8mm。功率大的激光机可用于加工厚板，而功率小的激光加工机可将几块板分别加工后再叠合起来。

同时加工出凸模和凹模，因存在精度问题而无法实现，但割下的余料可以用作顶件板、卸料板和垫板。

5. 制作拉深模

将激光加工机切割的薄板叠合起来形成三维形状，可用作拉深模。具体方法是，在各块板上同时加工出外形和固定孔，并确定装配时的销钉位置，用螺钉加以固定，即可使它们结合在一起（图 3-82）。然后，用精加工方法去除这一拼合体上各板厚度所形成的台阶，便制成所需的拉深模。

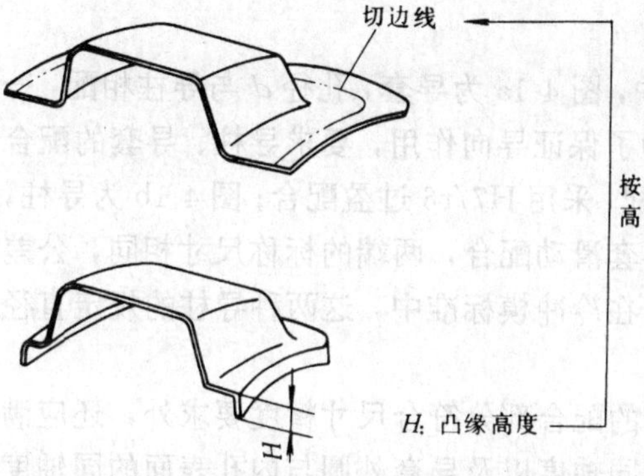

图 3-81　确定三维形状的切边线和获得形状信息

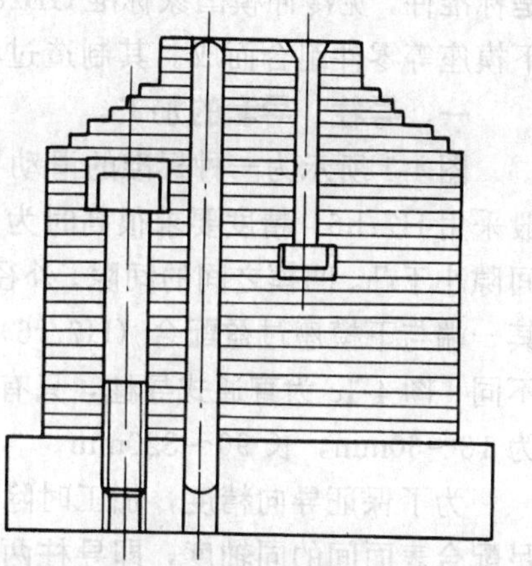

图 3-82　用平板叠合的拉深凸模实例

6. 制作其他模具

同理，用激光加工切割薄板，然后叠合成复杂的三维曲面，这一方法可用于制造塑料注射模、压铸模、橡胶模等。

但激光加工用于模具制造，目前尚处于开发和试用推广阶段，还有不少技术及经济效益问题有待我们去解决。

第四章　典型模具制造工艺

第一节　模 架 制 造

模架是模具的主体结构。冷冲模的主要零件都要通过螺钉、销钉等连接到模架上，以构成一副完整的冲模。模架在起连接作用的同时，还用于保证凸模和凹模具有正确的位置，即起导向作用。

模架的结构形式，按导柱在模座上的固定位置不同，可分为对角导柱模架、后侧导柱模架、中间导柱模架和四导柱模架；按导向形式不同，有滑动导向模架和滚动导向模架。模架是标准件，见冷冲模国家标准GB2851.1—81～GB2583.2—81。模架一般由导柱、导套和上、下模座等零件组合而成。其制造过程包括零件加工、模架装配和检测等。

一、导柱、导套的加工

图4-1所示为一种标准的滑动导柱、导套。其中，图4-1a为导套，孔径d与导柱相配，一般采用H7/h6，精度要求很高时为H6/h5配合。为了保证导向作用，要求导柱、导套的配合间隙小于凸、凹模之间的间隙。外径D与上模座相配，采用H7/r6过盈配合；图4-1b为导柱，其一端与下模座过盈配合（H7/r6），另一端则与导套滑动配合，两端的标称尺寸相同，公差不同；图4-1c为直通式导柱，只有一个尺寸公差。在冷冲模标准中，这两种导柱的规定直径为16～60mm，长90～320mm。

为了保证导向精度，加工时除了使导柱、导套的配合部分符合尺寸精度要求外，还应满足配合表面间的同轴度，即导柱两个外圆表面间的同轴度以及导套外圆与内孔表面的同轴度要求。为了使导柱、导套的配合表面硬而耐磨，而中心部分具有良好的韧性，常用20钢渗碳淬火，渗碳深度为0.8～1.2mm，表面硬度为58～62HRC。

导柱、导套加工的工艺路线如下：毛坯（棒料）→车削加工（内外圆配合部分留磨量0.2～0.3mm）→热处理（淬火或渗碳淬火）→内外圆磨削→精磨至要求尺寸。对于精度要求高的模架，导柱外圆和导套内孔在精磨时应留研磨余量0.01～0.015mm，精磨后再进行研磨，以提高其尺寸精度和减小表面粗糙度。

导柱在热处理后修复中心孔，最后进行磨削时，可利用两端的中心孔进行装夹，并应在一次装夹中将导柱的两个外圆磨出，以保证两表面间的同轴度。

导套磨削加工时，可夹持非配合部分，在万能磨床上将内外圆配合表面在一次装夹中磨出，以达到同轴度要求（图4-2a）。用这种方法加工时，夹持力不宜过大，以免内孔变形。或者是先磨内圆，再以内圆定位，用顶尖顶住芯轴磨外圆（图4-2b）。这种加工方法不仅可保证同轴度要求，且能防止内孔的微量变形。

导柱、导套端部转弯处必须圆滑，以防止在运动中将配合表面划伤。因此，全部精磨后，必须用油石将圆弧处磨圆滑，消除磨削后在圆弧处出现的棱带。

在要求模架精度高、寿命长的情况下，例如硬质合金冲模、薄料的冲裁模以及高速精密

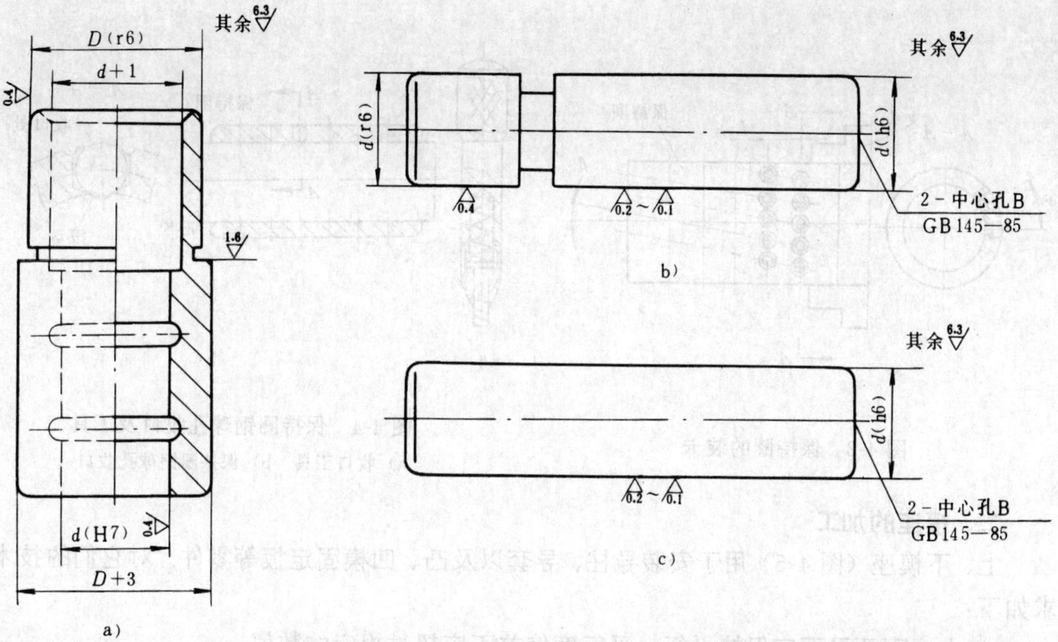

图 4-1 导柱和导套

a) 导套 b)、c) 导柱

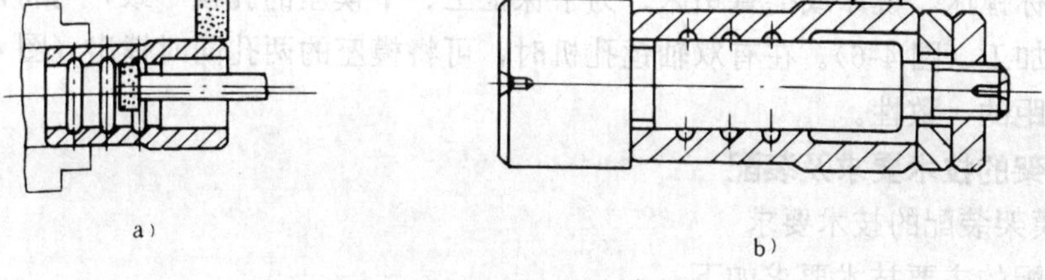

图 4-2 导套的磨削加工

a) 一次加工内外圆 b) 以内孔定位磨外圆

级进模等，常常采用滚动式导柱、导套。这种模架除了具有滑动导向模架的零件外，还增加了保持圈和钢球（或滚柱）两种零件。对于滚动导向模架来说，导柱、导套及模座的加工方法均与滑动导向模架相同，但其加工精度要求较高。制造滚动导向模架时，关键在于保证导柱、导套和模座的加工精度和装配质量，其次是钢球保持圈的加工问题。

钢球是外购的成品。为了保证均匀接触，钢球尺寸须经严格挑选，其直径公差应小于0.002mm，圆度误差应小于0.0015mm。保持圈常用黄铜或硬铝制作，也可用塑料制成。加工保持圈时，先将黄铜或硬铝毛坯车成套筒状，然后在铣床上利用分度头分度，钻出圆周上的各孔，孔径比钢球直径大0.2～0.3mm。钻孔时必须控制钻孔深度，以保证各孔大小一致。孔加工完毕后，在车床上夹紧保持圈（图 4-3），将钢球放入孔内，用收口工具把孔收小（铆进三点或一圈），使钢球既不掉出，又能灵活转动。为了防止保持圈在收口时变形，可在圈内垫入一根芯模（图 4-4）。

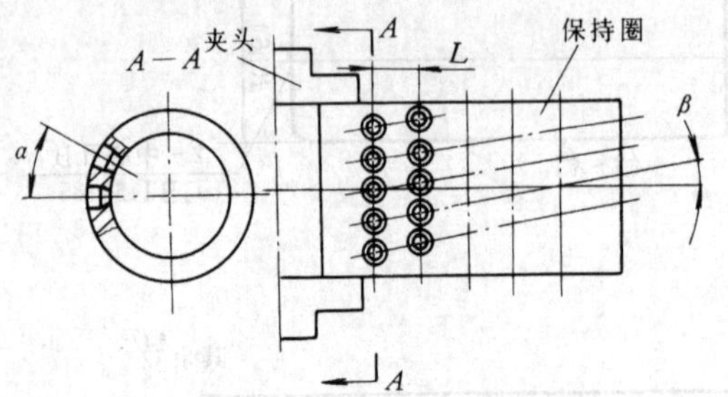

图 4-3　保持圈的装卡

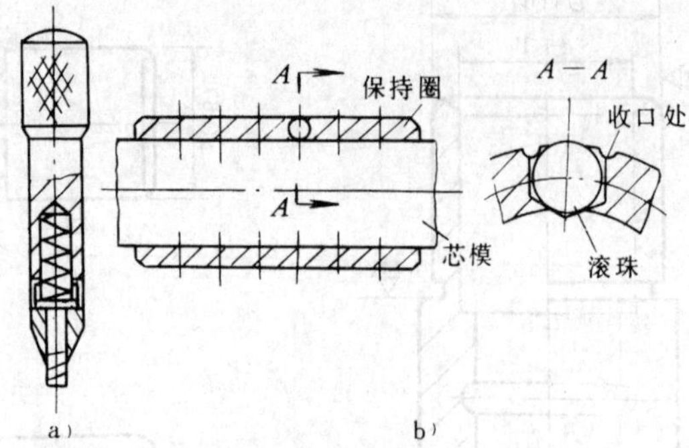

图 4-4　保持圈钢球孔收口及工具

a）收口工具　b）保持圈钢球孔收口

二、模座的加工

上、下模座（图 4-5）用于安装导柱、导套以及凸、凹模固定板等零件。对它们的技术要求如下：

1）上、下两平面应保持平行，平行度偏差不应超过规定的数值。

2）安装导柱、导套的孔，位置应该一致，而且要求孔与底面垂直。

上、下模座通常用铸铁或铸钢（HT200、QT400-18 或 ZG310-570）作为毛坯，经时效处理后在铣（或刨）床上粗加工上、下两平面，留精加工余量，最后在平面磨床上精磨到符合图样要求。为了保证导柱、导套的垂直度，孔的加工应在磨好上、下两平面后才进行。孔的加工常用坐标镗床、铣床或摇臂钻床。为了保证上、下模座的孔位一致，可将两块模座装夹在一起同时加工（图 4-6）。在有双轴镗孔机时，可将模座的两孔同时镗出（图 4-7）。这样更容易保证孔距的一致性。

三、模架的技术要求及装配

（一）模架装配的技术要求

模架装配的主要技术要求如下：

1）组成模架的各零件均应符合相应的技术标准和技术条件。其中，特别重要的是，每对导柱、导套间的配合间隙应符合表 4-1 规定的要求。

表 4-1　导柱和导套的配合要求　（mm）

配合形式	导柱直径	配合精度 H6/h5	配合精度 H7/h6	配合后的过盈
		配合后的间隙值		
滑动配合	≤18	0.003～0.01	0.005～0.015	
	＞18～28	0.004～0.011	0.006～0.018	
	＞28～50	0.005～0.013	0.007～0.022	
	＞50～80	0.005～0.015	0.008～0.025	
	＞80～100	0.006～0.018	0.009～0.028	
滚动配合	＞18～35	—	—	0.01～0.02

2）装配成套的模架，三项技术指标（上模座上平面对下模座下平面的平行度、导柱轴心

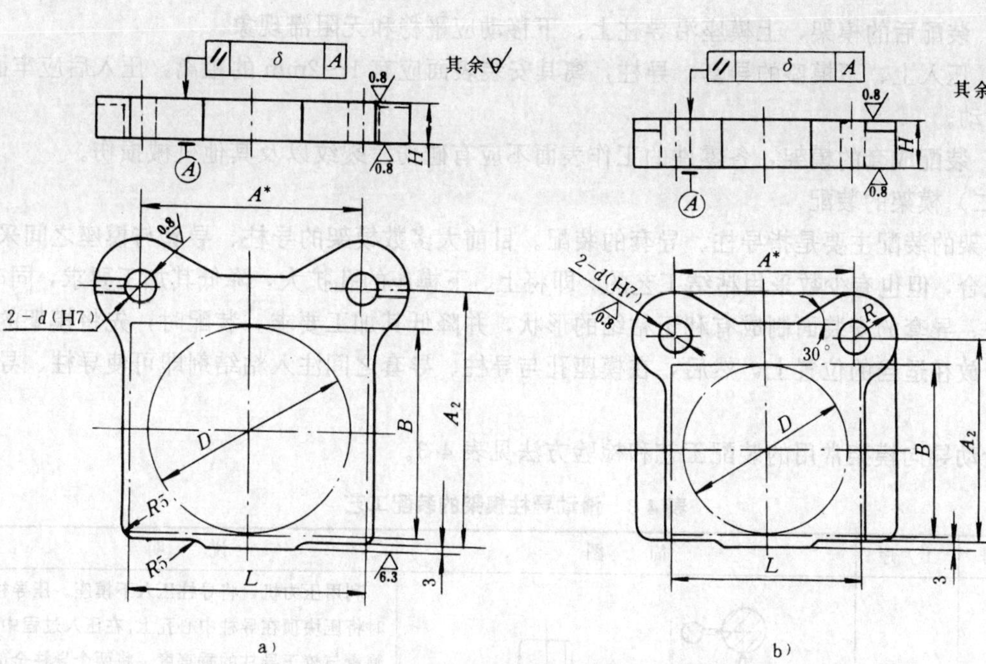

图 4-5　上模座和下模座

a）上模座　b）下模座

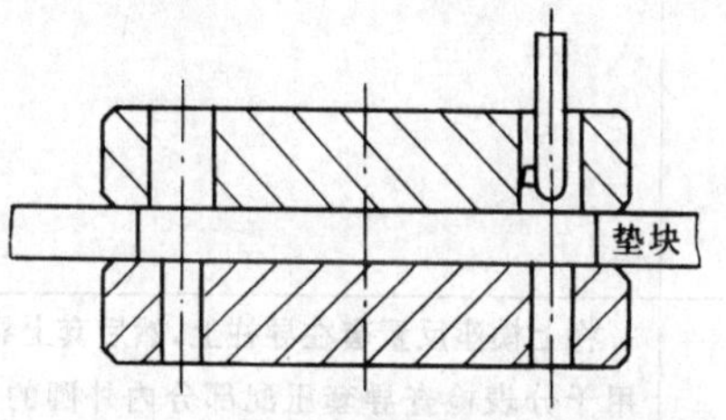

图 4-6　两块模板一起镗孔

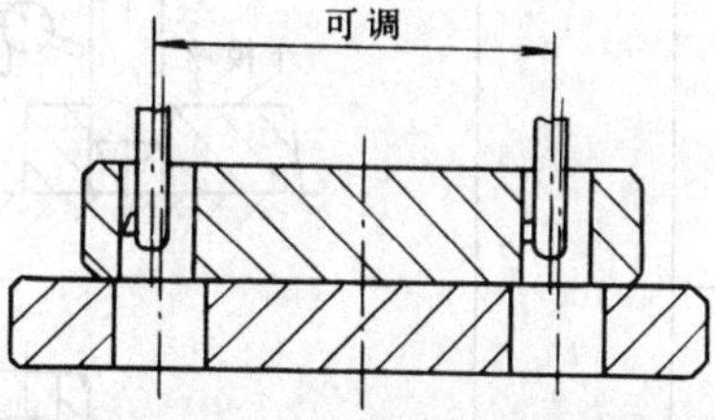

图 4-7　双轴镗床同时镗孔

线对下模座下平面的垂直度和导套孔轴心线对上模座上平面的垂直度）应符合相应精度等级的要求，见表 4-2。

表 4-2　模架分级技术指标

项	检 查 项 目	被测尺寸（mm）	滚动导向模架		滑动导向模架		
			精 度 等 级				
			0 级	01 级	Ⅰ 级	Ⅱ 级	Ⅲ 级
			公 差 等 级				
A	上模座上平面对下模座下平面的平行度	≤400	4	5	6	7	8
		＞400	5	6	7	8	9
B	导柱轴心线对下模座下平面的垂直度	≤160	3	4	4	5	6
		＞160	4	5	5	6	7
C	导套孔轴心线对上模座上平面的垂直度	≤160	3	4	4	5	6
		＞160	4	5	5	6	7

注：1. 被测尺寸是指：A——上模座的最大长度尺寸或最大宽度尺寸；B——下模座上平面的导柱高度；C——导套孔延长芯棒的高度。

2. 公差等级：按 GB1184-80《形状和位置公差未注公差的规定》。

3）装配后的模架，上模座沿导柱上、下移动应平稳和无阻滞现象。

4）压入上、下模座的导套、导柱，离其安装表面应有1～2mm的距离，压入后应牢固、不可松动。

5）装配成套的模架，各零件的工作表面不应有碰伤、裂纹以及其他机械损伤。

（二）模架的装配

模架的装配主要是指导柱、导套的装配。目前大多数模架的导柱、导套与模座之间采用过盈配合，但也有少数采用粘结工艺的，即将上、下模座的孔扩大，降低其加工要求，同时，将导柱、导套的安装面制成有利于粘结的形状，并降低其加工要求。装配时，先将模架的各零件安放在适当的位置上，然后，在模座孔与导柱、导套之间注入粘结剂即可使导柱、导套固定。

滑动导向模架常用的装配工艺和检验方法见表4-3。

表4-3　滑动导柱模架的装配工艺

序　号	工　序	简　　图	说　　明
1	压入导柱	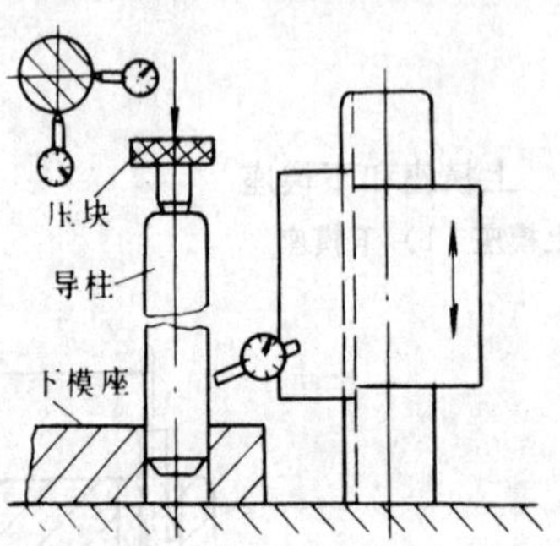	利用压力机，将导柱压入下模座。压导柱时将压块顶在导柱中心孔上。在压入过程中，测量与校正导柱的垂直度。将两个导柱全部压入
2	装导套	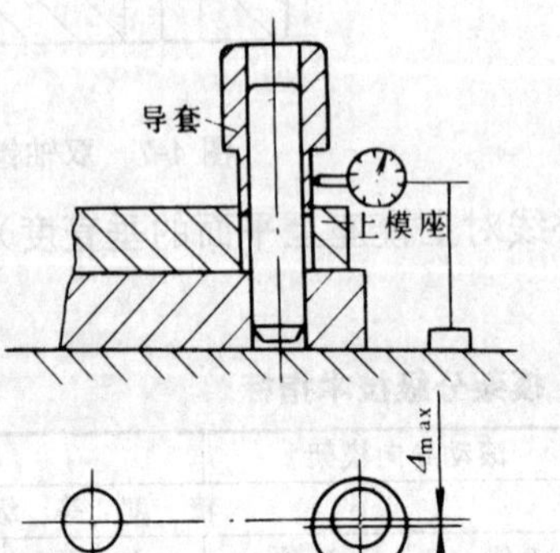	将上模座反置套在导柱上，然后套上导套，用千分表检查导套压配部分内外圆的同轴度，并将其最大偏差Δ_{max}放在两导套中心连线的垂直位置，这样可减少由于不同轴而引起的中心距变化
3	压入导套	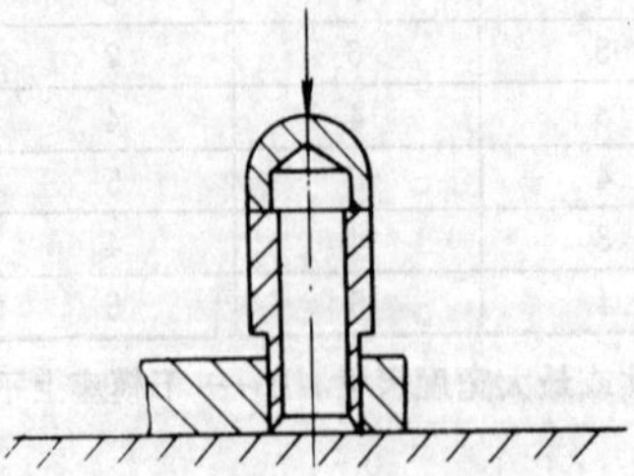	用帽形垫块放在导套上，将导套压入上模座一部分 取走模座及导柱，仍用帽形垫块将导套全部压入上模座

（续）

序号	工序	简图	说明
4	检验	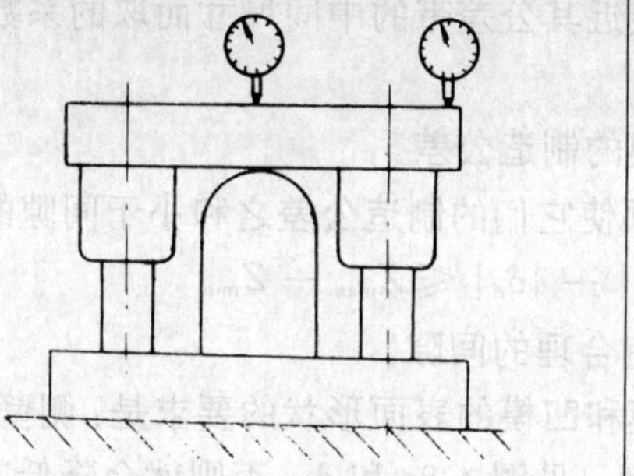	将上、下模座对合，中间垫以垫块，放在平板上测量模架平行度

第二节 冷冲模制造

冷冲模包括冲裁模、弯曲模、成形模和冷挤压模等。现以冲裁模为例介绍如下。

一、冲裁模制造的技术要求

（一）制造冲裁模的主要技术要求

1）组成模具的各零件的材料、尺寸公差、形位公差、表面粗糙度和热处理等均应符合相应图样的要求。

2）模架的三项技术指标：上模座上平面对下模座下平面的平行度，导柱轴心线对下模座下平面的垂直度和导套孔轴心线对上模座上平面的垂直度均应达到规定的精度等级要求。

3）模架的上模沿导柱上、下移动应平稳，无阻滞现象。

4）装配好的冲裁模，其封闭高度应符合图样规定的要求。

5）模柄的轴心线对上模座上平面的垂直度公差，在全长范围内不大于 0.05mm。

6）凸模和凹模之间的配合间隙应符合图样要求，周围的间隙应均匀一致。

7）模具应在生产的条件下进行试验，冲出的零件应符合图样要求。

（二）冲裁模凸模和凹模的主要技术要求

1）尺寸精度。凸模和凹模的尺寸是根据冲件尺寸和公差大小、凸模与凹模之间的间隙及制造公差计算而得，其计算公式如下

冲孔时

$$d_p = (d + x\Delta)_{-\delta_p}^{\ 0}$$

$$d_d = (d + x\Delta + Z_{\min})^{+\delta_d}_{\ 0}$$

落料时

$$D_d = (D - x\Delta)^{+\delta_d}_{\ 0}$$

$$D_p = (D - x\Delta - Z_{\min})_{-\delta_p}^{\ 0}$$

式中 d_p、d_d——分别为冲孔凸模和凹模的尺寸；

D_d、D_p——分别为落料凹模和凸模的尺寸；

d、D——分别为冲孔和落料件的标称尺寸；

Δ——冲件公差；

Z_{min}——最小合理间隙（双面）；

x——系数，这是考虑到模具的磨损一般不可能达到冲件公差 Δ 之值，为了使冲件实际尺寸尽量接近其公差带的中间尺寸而取的系数。$x=0.5\sim1$，与冲件精度有关；

δ_p、δ_d——分别为凸模和凹模的制造公差。

当凸模和凹模分别加工时，必须使它们的制造公差之和小于间隙的公差，即

$$|\delta_p| + |\delta_d| \leqslant Z_{max} - Z_{min}$$

只有这样才能保证制成的模具有合理的间隙。

2）表面形状和位置精度。对凸模和凹模的表面形状的要求是：侧壁应该平行或稍有斜度，见图 4-8a 和 b，决不允许有反向斜度，见图 4-8c 和 d，否则就会降低冲件的质量和模具的使用寿命，甚至造成模具的损坏。

对凸模和凹模的位置精度要求如下：圆形凸模的工作部分对装合部分的同轴度误差，不得超过工作部分公差的一半；凸模的端面应与中心线垂直；级进模、复合模和冲裁模的多孔凹模，都有位置精度要求，其公差的大小根据冲件的位置精度而定。

3）表面光洁、刃口锋利。要求刃口部分的表面粗糙度为 $R_a0.4\mu m$，装合表面的粗糙度为 $R_a0.8\mu m$，其余为 $R_a6.3\mu m$。

刃口部分表面光洁有利于获得锋利的刃口，因而提高了冲件质量。如果刃口不锋利，冲件就会产生毛刺，甚至可能发生显著的弯曲。

4）硬度。为了使冲压工作顺利进行，凸模和凹模的工作部分应具有较高的硬度和耐磨性以及良好的韧性。通常要求凹模工作部分的热处理硬度为 60～64HRC，凸模的热处理硬度为 58～62HRC。铆式凸模（图 4-9）多用高碳钢制造，装合部分不要求淬硬，从工作部分到装合部分硬度逐渐降低。

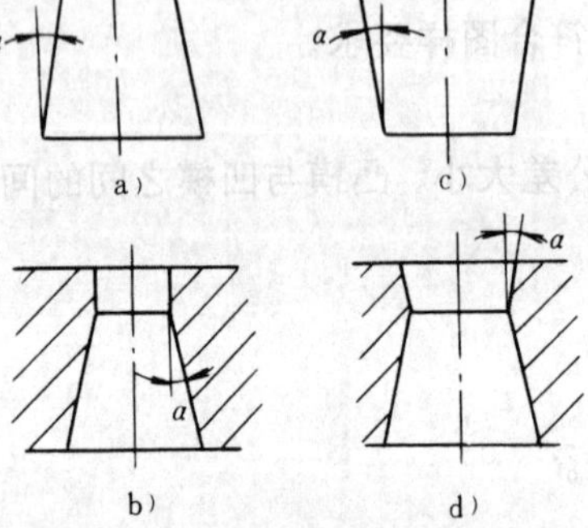

图 4-8

a）、c）凸模 b）、d）凹模

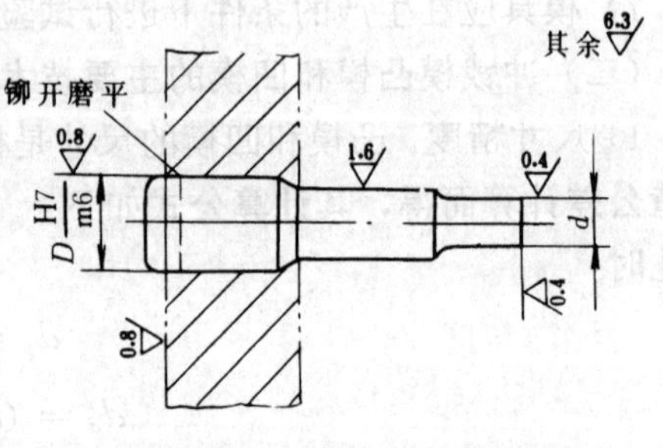

图 4-9 铆式凸模

二、模具工作表面的加工

（一）凸模工作表面的加工

凸模工作表面的加工方法与其形状有关。圆形凸模（图 4-10）的制造比较简单，在车床上加工毛坯，经热处理后，用外圆磨床精磨，最后将工作部分抛光及刃磨即成。对于非圆形

凸模，传统的加工方法有压印加工和仿形刨削。这两种方法是在热处理前进行的，凸模的加工精度必然会受到热处理变形的影响。但若选用热处理变形小的材料，并改进热处理工艺，热处理后凸模尺寸的微小变化可由钳工修整，因此这两种工艺仍有较普遍的应用。凸模工作表面的先进加工方法是电火花线切割加工和成形磨削，它们是在凸模热处理后才进行精加工的，尺寸精度容易保证。

1. 用凹模压印后锉修成形

压印前，先在车床或刨床上预加工凸模毛坯的各面，在凸模上划出工作表面的轮廓线，然后，在立式铣床上按照划线加工凸模的工作表面，留压印后的锉修余量 0.15～0.25mm（单面）。

压印时，在压床上将凸模 1 压入事先加工好的、已淬硬的凹模 2 内（图 4-11），此时，凸模上多余的金属被凹模挤出，在凸模上出现了凹模的印痕。钳工根据印痕把多余的金属锉去。锉削时，不允许碰到已压光的表面；锉削后留下的余量要均匀，以免再压时发生偏斜。锉去多余的金属后再压印、再锉削，反复进行，直至压印的深度达到所要求的尺寸为止。压印完毕后，根据图样规定的间隙，再锉小凸模，留有 0.01～0.02mm（双面）的钳工研磨余量，热处理后钳工研磨工作表面到规定的间隙。

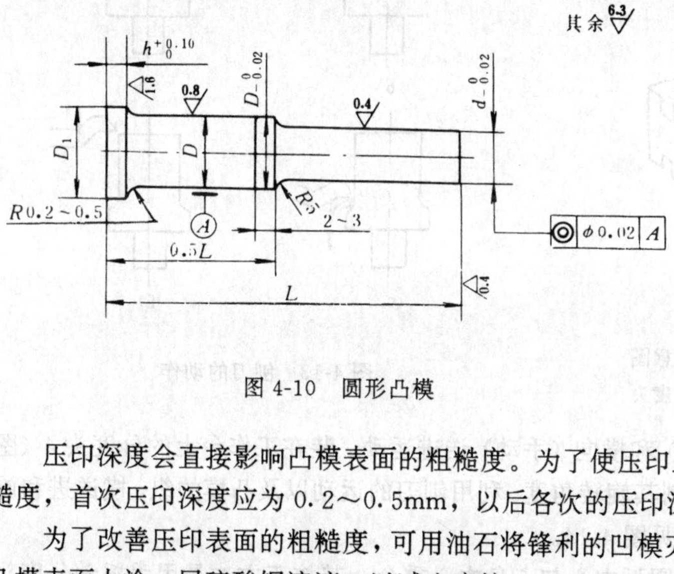

图 4-10　圆形凸模

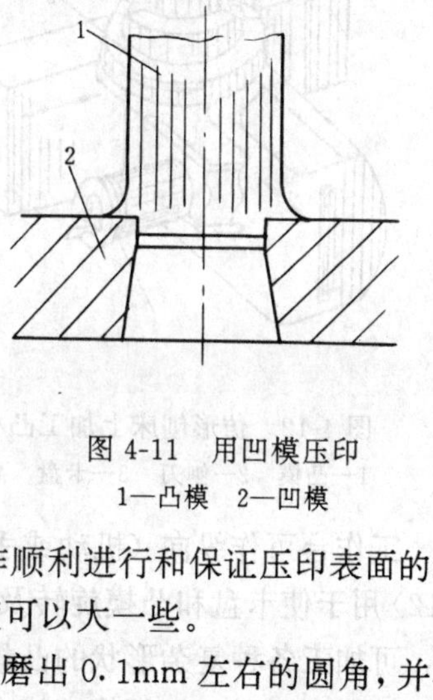

图 4-11　用凹模压印
1—凸模　2—凹模

压印深度会直接影响凸模表面的粗糙度。为了使压印工作顺利进行和保证压印表面的粗糙度，首次压印深度应为 0.2～0.5mm，以后各次的压印深度可以大一些。

为了改善压印表面的粗糙度，可用油石将锋利的凹模刃口磨出 0.1mm 左右的圆角，并在凸模表面上涂一层硫酸铜溶液，以减少摩擦。

压印法是模具钳工经常应用的一种方法，它最适宜于加工无间隙冲模。在缺乏模具加工设备的情况下，采用压印法加工普通冲裁模也是十分有效的。

2. 用仿形刨床加工

仿形刨床用于加工由圆弧和直线组成的各种形状复杂的凸模。其加工精度为±0.02mm，表面粗糙度可达 R_a1.6～0.8μm。

精加工前，凸模毛坯需要在车床、铣床或刨床上预加工，并将必要的辅助面（包括凸模端面）磨平，然后在凸模端面上划线，并在铣床上加工凸模轮廓，留有 0.2～0.3mm 的单面精加工余量，最后用仿形刨床精加工。在精加工凸模之前，若凹模已加工好，则可利用它在凸模上压出印痕，然后按此印痕在仿形刨床上加工凸模。

在仿形刨床上精加工凸模时（图 4-12），凸模 1 固定在工作台的卡盘 3 上，刨刀 2 除了作垂直的直线运动外，切削到最后时还能产生摆动，因而能在凸模根部刨出一段圆弧来。

图 4-13a　所示为刨刀在最高位置（高于工件顶面），开始垂直向下作直线运动。

图 4-13b　所示为刨刀在中间位置，继续向下作垂直运动对工件进行切削。

图 4-13c　所示为刨刀在工件根部位置，刨刀作圆弧摆动，开始切削工件根部圆角。

图 4-13d　所示为根部圆角切削结束（刨刀的摆动角度可以在 0°～90°之间进行调节）。

图 4-13e、f　所示为刨刀返回原始位置。

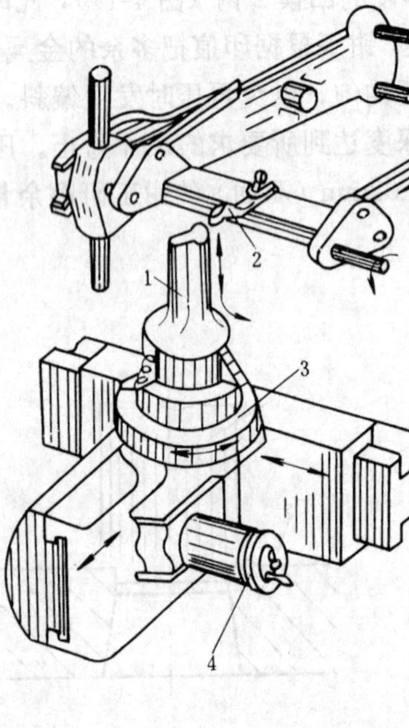

图 4-12　仿形刨床上加工凸模示意图
1—凸模　2—刨刀　3—卡盘　4—分度头

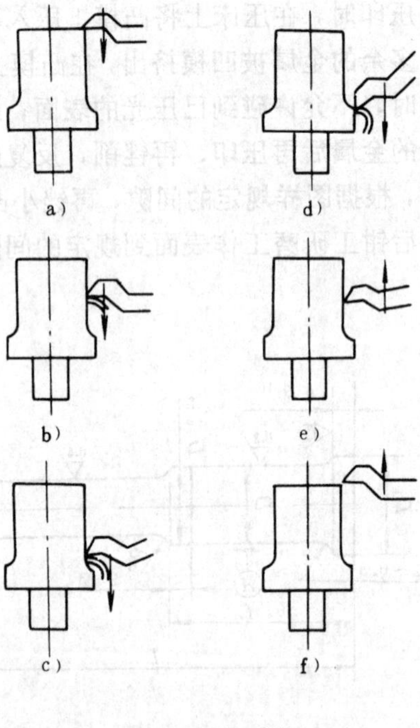

图 4-13　刨刀的动作

工作台可作纵向（机动或手动）和横向（手动）送进运动。装在工作台上的分度头 4（图 4-12）用于使卡盘和凸模旋转及控制其旋转角度。利用刨刀的运动以及凸模的纵、横送进和旋转，可加工各种复杂形状的凸模，见图 4-14。

加工圆弧时，必须使凸模上的圆弧中心与卡盘中心重合，其校正方法是用手摇动分度头手柄，使凸模旋转，同时按照凸模上已划出的圆弧，用划针进行校正，并调整凸模的位置，直至圆弧各点均与划针针尖重合为止。仿形刨床上附有 30 倍的放大镜，校正时，可用放大镜观察划针针尖与圆弧间的位置。当凸模上有几个不同心的圆弧时，需要多次进行装夹和调整，逐次使各圆弧中心与卡盘中心重合，以便分别进行加工。

采用仿形刨床加工时，凸模的根部应设计成圆弧形，并要求与加工尺寸一致；凸模的装合部分则设计成圆形或方形，可增加凸模的刚性。凸模固定板的孔也设计成圆形或方形，这样比较容易加工。

经仿形刨床加工的凸模应与凹模配修，热处理后还需要研磨和抛光工作表面，以保证凸模与凹模的间隙适当而均匀。

仿形刨床加工凸模的生产率较低，凸模的精度受热处理变形的影响。因此，它已逐渐为电火花线切割加工和成形磨削所代替。

3．电火花线切割加工

电火花线切割加工的应用不仅提高了自动化程度，简化了加工过程，缩短了生产周期，而且提高了模具的质量。为了便于进行线切割加工，一般应将凸模设计成直通式，且其尺寸不宜超过线切割机床的加工范围。电火花线切割加工时，应考虑工件的装夹、切割路线等。例如，图 4-15 所示凸模的加工工艺如下：

1）毛坯准备。用圆形棒料锻成方形毛坯，并进行退火处理。

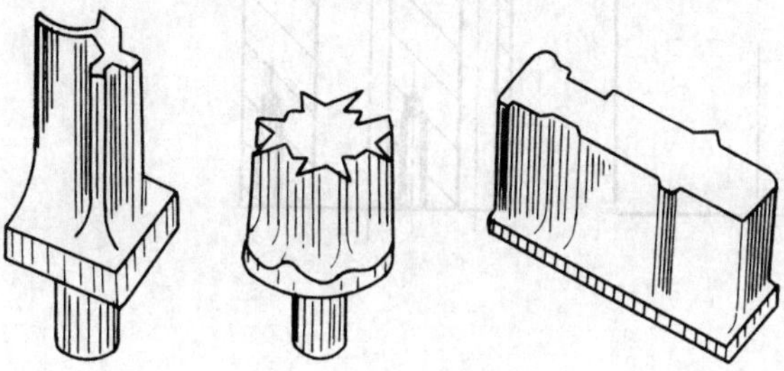

图 4-14　用仿形刨床加工的各种复杂形状的凸模

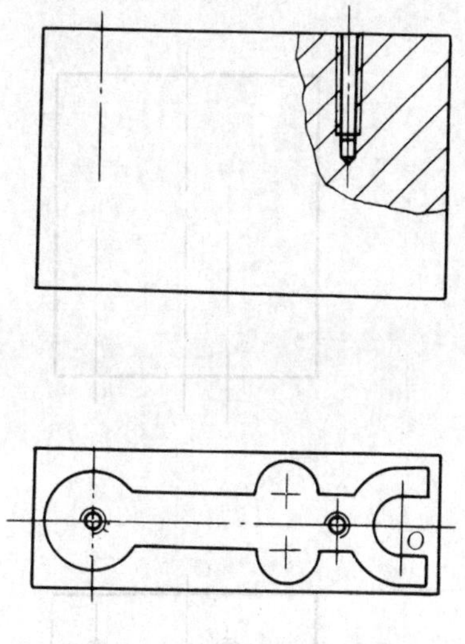

图 4-15　线切割加工凸模

2）刨六个面。将毛坯刨成六面体。

3）钻出穿丝孔。在程序加工起点（图 4-15 中的 O 点）处钻出直径为 2～3mm 的穿丝孔。

4）加工螺孔。加工固定凸模用的两个螺孔（钻孔、攻螺纹）。

5）热处理：淬火、回火，并检查硬度。

6）磨上下两平面，表面粗糙度值应小于 $R_a0.8\mu m$。

7）电火花线切割凸模。电火线线切割加工的步骤是，按图样编制切割程序，并将程序打成穿孔纸带，将纸带输入计算机；装夹工件，使工件的基准面与机床滑板的 x 或 y 方向平行，装夹位置应适当，工件的切割范围应在机床滑板的许可行程内；穿入电极丝并进行找正，使电极丝中心与预加工孔中心重合；开动机床进行线切割加工。

8）研光。钳工对凸模工作部分进行研磨，使表面光洁。

4．成形磨削

如前所述，成形磨削具有高精度、高效率等优点。为了便于成形磨削，凸模一般设计成直通式；对于半封闭式的凸模，则应设计成镶拼结构，即将凸模分解成几件，分别进行磨削，最后装配成一件完整的凸模。

成形磨削前，首先要了解机床的特性，并有效地利用各种工夹具和成形砂轮，然后，根据凸模的形状选择合理的基准面及工艺孔基准，并进行工艺尺寸换算，最后，制定磨削程序。

选择基准和制定磨削程序时应考虑如下几点：

1）当凸模有内形孔时，先加工内形孔并以其为基准加工凸模外形。

2）选择大平面作为基准面，先磨基准面及有关平面，以增加加工的稳定性并易于测量。如无大平面时，可添加工艺平面。

3）先磨削精度要求高的部分，后磨削精度要求低的部位，以减少加工中的积累误差。

4）先磨平面后磨斜面及凸圆弧，先磨凹圆弧后磨平面及凸圆弧，先磨大圆弧后磨小圆弧。用这样的程序便于加工成形及达到精度要求。

5）最后磨去添加的工艺基准及装夹部分。

图 4-16 所示为带有内形孔的凸模（称为凸凹模），其加工程序如下：

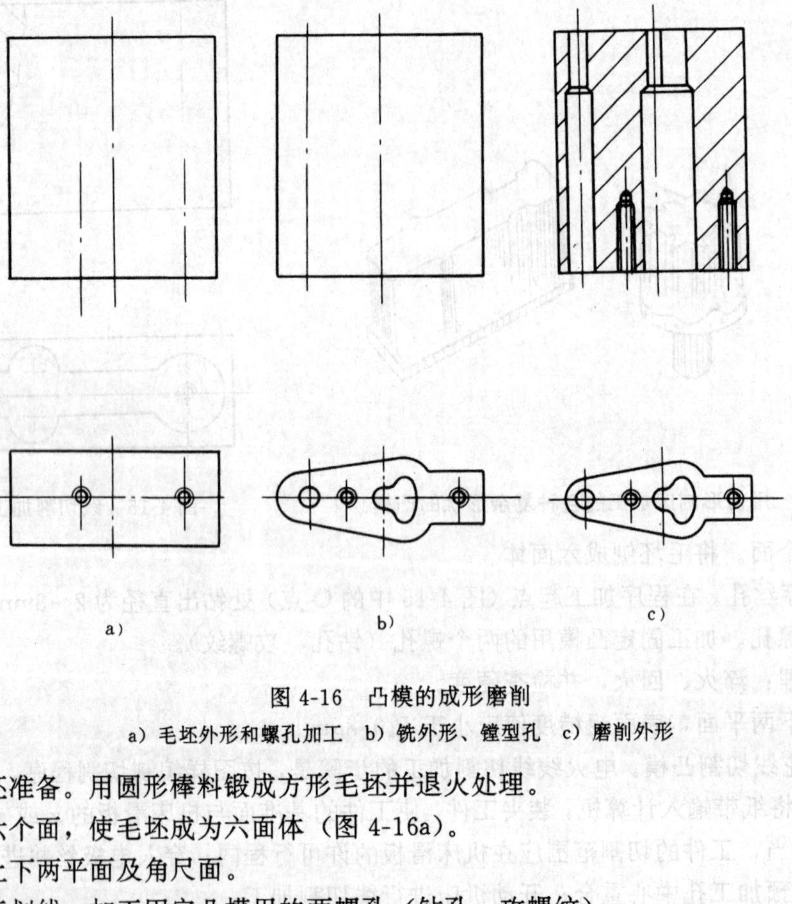

图 4-16　凸模的成形磨削

a）毛坯外形和螺孔加工　b）铣外形、镗型孔　c）磨削外形

1）毛坯准备。用圆形棒料锻成方形毛坯并退火处理。

2）刨六个面，使毛坯成为六面体（图 4-16a）。

3）磨上下两平面及角尺面。

4）钳工划线，加工固定凸模用的两螺孔（钻孔、攻螺纹）。

5）用坐标镗床加工内形圆孔和非圆孔的预制孔，铣床加工毛坯外形（放余量），（见图 4-16b）。

6）钳工锉修非圆形孔到要求。

7）热处理：淬火、回火，并检查硬度。

8）磨上下两平面。

9）钳工研磨内孔。

10）成形磨削。按一定的磨削程序磨削凸模外形（图 4-16c）。

（11）精修。内形孔按冲孔凸模修出间隙，或在冲孔凸模头部修出间隙；凸模外形与凹模配间隙。

（二）凹模型孔的加工

凹模型孔的加工亦与其形状有关。按凹模型孔的不同，型孔的加工可有如下三种情况：

1．型孔为圆形

型孔为圆形时，凹模的制造比较简单。毛坯经锻造和退火后，在车床上粗、精加工底面、顶面及钻、镗工作洞口，车完后由钳工划线并在钻床上钻出所有固定用的孔，攻螺纹、铰定位销孔，然后进行淬火、回火。热处理后，磨削底面、顶面和型孔即成。磨削型孔时，可在万能磨床或内圆磨床上进行，磨孔的精度可达IT5～IT6级，表面粗糙度为R_a0.8～0.2μm。当型孔直径小于5mm时，多半是在淬火前进行钻孔和铰孔精加工，热处理后用砂布抛光型孔。

2．型孔为一系列圆孔

在多孔冲裁模或级进模中，凹模往往带有一系列圆孔，各孔的尺寸及其相对位置都有一定的要求，这些孔称为孔系。孔系的加工方法如下：

(1)立式铣床加工　在缺乏精密加工机床而且型孔的位置精度要求又不太高的情况下，可在立式铣床上用坐标法加工孔系。加工时，若直接利用工作台纵、横方向的移动来确定孔的位置，则孔距精度较低，一般为0.06～0.08mm。当铣床工作台纵、横方向移动均带有数显装置时，其孔距精度一般可达±0.02mm，有的可达±0.01mm。

（2）坐标镗床或坐标磨床加工　当型孔的孔距精度要求高时，需用坐标镗床。坐标镗床是专门用于加工孔系的精密机床，孔距精度高，加工表面也比较光洁。但由于此机床是在凹模热处理前利用钻头、镗刀、铰刀等刀具进行加工的，因此，其加工精度将受到热处理变形的影响。当模具型孔精度要求很高（如精冲凹模）时，为了保证加工精度，往往把坐标镗床（或线切割）加工作为预加工工序，热处理后用坐标磨床精加工型孔。

3．型孔为非圆形

非圆型孔的加工比较困难。传统的加工方法有锉削加工和压印法。作为目前较先进的加工方法主要有电火花线切割加工和电火花成形加工。此外，尺寸较大的型孔常用数控铣床进行平面轮廓仿形加工，而精度要求特别高的型孔，则需用坐标磨床进行精密磨削。若将凹模设计成镶拼结构的话，还可应用成形磨削方法加工型孔。

非圆形型孔的凹模通常采用矩形锻件作为毛坯，型孔精加工之前，首先要去除工作洞口中心的余料。去除中心余量的方法有如下两种：

（1）沿洞口轮廓钻孔（图4-17）　先沿洞口轮廓划出一系列孔，孔间保留0.5～1mm余量，并在各孔中心钻中心眼，然后在钻床上顺序钻孔。钻完孔后凿通整个轮廓，敲出中间一块废料。这种方法生产率低，劳动强度大，而且残留的加工余量大。

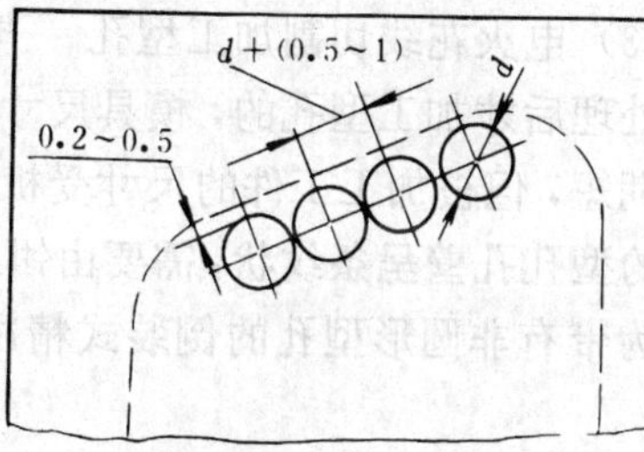

图4-17　沿洞口轮廓钻孔

（2）用带锯机切除废料　带锯机的加工效率高，精度也较高，图4-18所示为带锯机结构。机床的动力从电动机1通过无级变速机构3传给带轮19，并带动锯条和空转轮9运动。切除废料之前，先在型孔转折处钻出圆孔，然后将工件放在工作台16上，将已剪断的锯条（有些带锯机本身带有切断装置）穿入预钻孔，利用电阻对焊装置 6 将锯条焊接，并进行退火、磨平焊缝，调节锯条张紧手柄 14，使锯条张紧在空转轮 9 和带轮 19 上。工作台的上下部都有导正锯条的导块，用于防止锯条在工作时发生偏移。加工时，操纵工件使锯条沿型孔轮廓进行切削，去除中间废料。

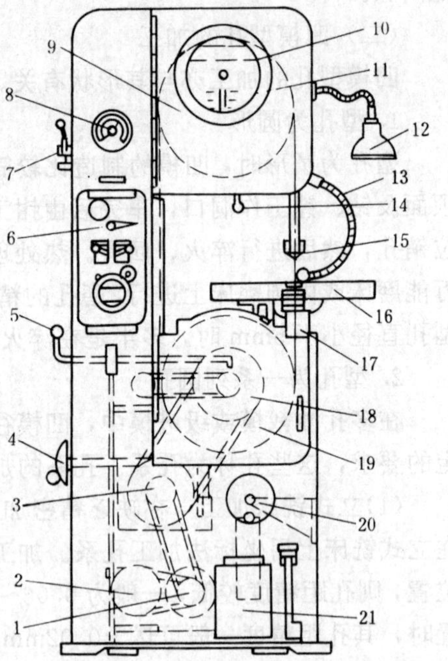

图 4-18　带锯机结构

1—电动机　2—气泵　3—无级变速机构　4—无级变速手柄　5—变速离合器　6—电阻对焊装置　7—切断器　8—转速表　9—空转轮　10—刻度盘　11—机床罩　12—灯　13—软管　14—锯条张紧手柄　15—导向装置　16—工作台和升降台　17—排屑挡板　18—变速箱　19—带轮　20—自动进给装置　21—排屑箱

工作台可在前后、左右方向倾斜（通常可倾斜 5°～15°），以适应型孔内壁斜度的加工。

带锯机除了用于除去凹模的中间废料外，还可直接加工出落料模（图 4-19）和弯曲模（图 4-20）的凸模和凹模。

为了提高生产率，并使操作方便，目前国外已制成自动带锯机。加工前，将工件夹紧在工作台上，沿着型孔的划线轮廓把白线带贴在模具表面上，以此作为模型。加工时，用光电跟踪装置控制工作台沿 X、Y 坐标移动和回转，从而锯出所需的型孔。

切除余量后，在缺少精密加工机床的情况下，可用锉削加工或压印法进行型孔的精加工。

（1）锉削加工　锉削前，先根据凹模图样制作一块凹模样板，并按照样板在凹模表面划线，然后用各种形状的锉刀加工型孔，并随时用凹模样板校验，锉至样板刚好能放入型孔内为止。此时，可用透光法观察样板周围的间隙，判断间隙是否均匀一致。锉削完毕后，将凹模热处理，然后用各种形状的油石研磨型孔，使之达到图样要求。

（2）压印加工　此方法是利用已加工好的凸模对凹模进行压印的，其压印方法与凸模的压印加工基本相同。压印时，第一次压印深度为 0.2～0.5mm，以后各次的压印深度可以大些，每次压印都要锉去多余的金属，直至压印深度达到图样要求为止。

加工大间隙的冲裁凹模时，为了减少修间隙的困难，可以制造一件与凹模型孔尺寸相近的样冲，用它对凹模进行压印。

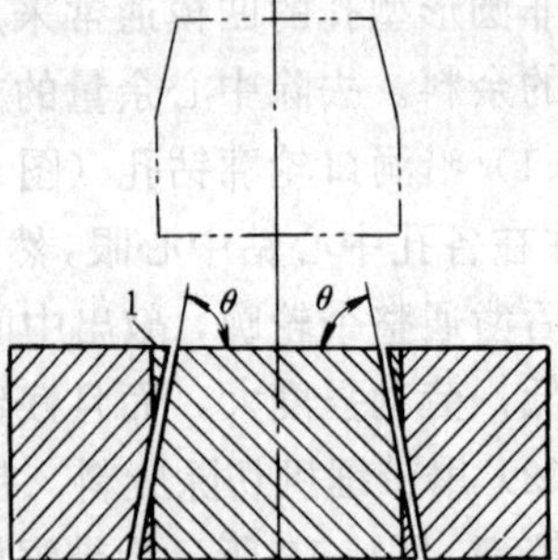

图 4-19　冲模的凸模、凹模同时加工

1、3—锉刀加工余量　2—凹模　4—凸模

（3）电火花线切割加工型孔　电火花线切割是在凹模热处理后才加工型孔的，模具尺寸精度高、质量好，制造周期短，但被加工工件的尺寸受机床的限制，而且，加工出的型孔孔壁呈条纹状，需要由钳工进行研光。图 4-21 所示为带有非圆形型孔的倒装式精冲凹模，其加工过程如下：

1）毛坯准备。用圆形棒料锻成方形毛坯，并进行退火处理。

2）刨六个面。将毛坯刨成六面体。

3）磨六个面。

4）划线，并加工四个小导柱孔、螺孔和埋头孔。

5）铣型孔后部、扩孔及钻线切割用的穿丝孔（在型孔左边圆弧的中心上）。

6）热处理：淬火、回火，检查硬度。

7）磨上下两平面及角尺面。

8）电火花线切割型孔。线切割加工的步骤与凸模的线切割加工相似。

9）将切割好的凹模进行稳定回火。

10）用油石研磨凹模型孔（研磨量为0.01mm），并与凸模相配。

11）用坐标磨床磨小导柱孔（无坐标磨床时也可用电火花线切割加工）。

12）研磨小导柱孔并配上小导柱，要保证配合要求。

13）磨凹模的角尺面及外形尺寸。

14）精研凹模刃口（精研量为0.01mm），改善凹模刃口粗糙度并达到间隙要求。

（4）电火花加工型孔　电火花加工型孔也是在凹模热处理后进行的。所加工出的型孔表面成颗粒状麻点，有利于润滑，能提高冲件质量和延长模具寿命。但由于电极的损耗使型孔产生斜度。在冲裁模电火花加工时可利用此斜度作为落料斜度。电火花加工前，必须根据电火花机床的特性及凹模型孔的加工要求设计、制造电极。凹模电火花穿孔加工有直接法、间接法、混合法和二次电极法（表4-4）。加工方法的选择主要根据凸、凹模的间隙而定（表4-5）。

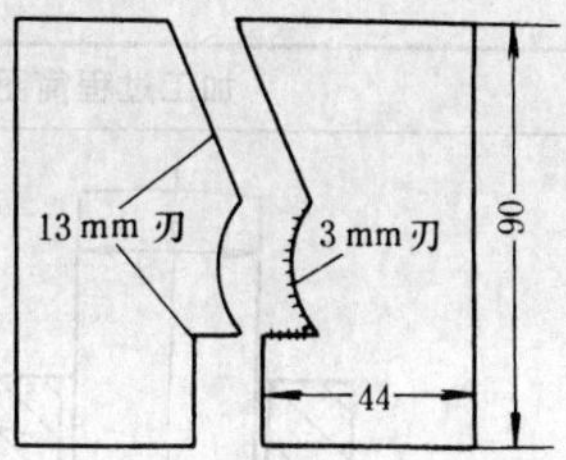

图4-20　弯曲模锯切加工

材料：SK5，厚度38mm

切断长度：110mm

切断速度：30m/min

锯条宽度：13和3mm

切断时间：13mm部分为10min，
3mm部分为15min

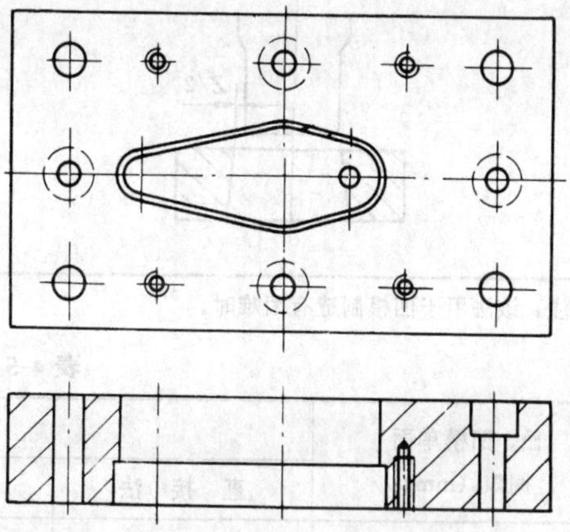

图4-21　凹模的电火花线切割加工

表4-4　一次电极为凸形的二次电极法

加工过程简图	说　明
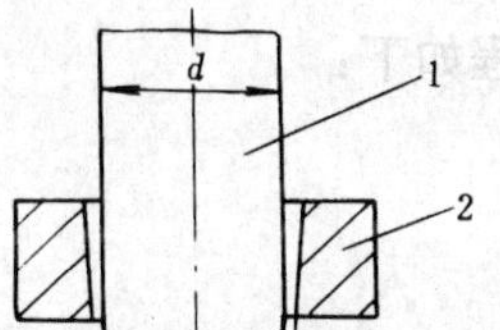	1. 用凸形一次电极1加工凹模2（间隙为g_1） 2. 凹模尺寸为$d+2g_1$

（续）

加工过程简图	说明
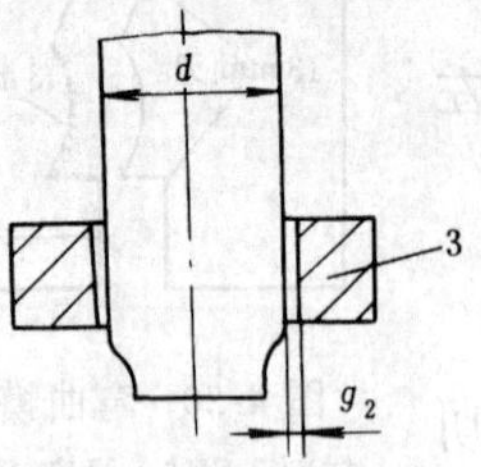	1. 用凸形一次电极加工凹形二次电极 3（间隙为 g_2） 2. 二次电极尺寸为 $d+2g_2$
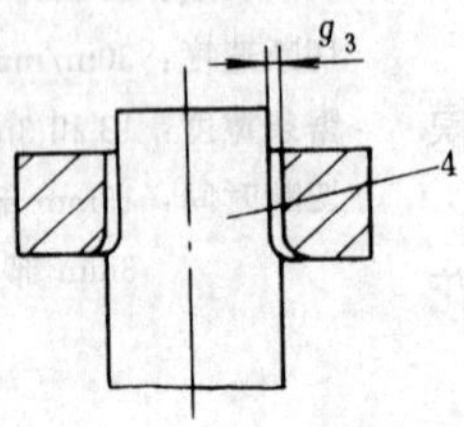	1. 用凹形二次电极反拷贝加工凸模 4（间隙为 g_3） 2. 凸模尺寸为 $d+2g_2-2g_3$
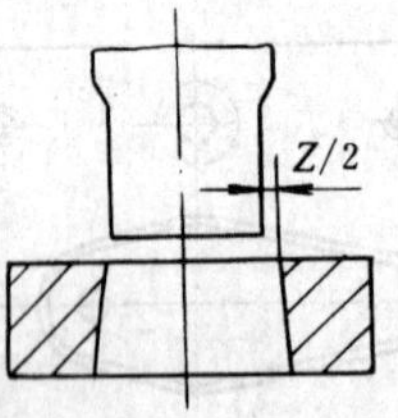	凸模与凹模达到配合要求，凸、凹模单面间隙为 $g_1-g_2+g_3$

注：该法用于凹模制造有困难时。

表 4-5　加工方法选择

凸、凹模单面间隙（mm）	加工方法			
	直接法	间接法	混合法	二次电极法
>0.20	×	△	×	
0.1～0.2	×	×	×	×
0.1～0.15	△		△	
0.05～0.15		×		△
<0.05		×		△

注：×—尚可；△—最适宜。

图 4-22 所示为电火花加工凹模型孔的例子。其加工过程如下：

1）毛坯准备。用圆棒料锻成方形毛坯，退火。

2）刨六个面。

3）磨上下两平面和角尺面。

4）划线。划出型孔轮廓及螺孔、销孔位置。

5）切除中心余料。先在型孔适当位置钻孔，然后用带锯机去除中心余量。

6）加工四个螺孔（钻孔、攻螺纹）和两个销钉孔（钻孔、铰孔）。

7）热处理：淬火、回火，检查硬度。

8）磨上下两平面。

9）退磁处理。

10）电火花加工型孔。用加长的凸模（或电极）加工型孔，保证凸、凹模间的间隙。

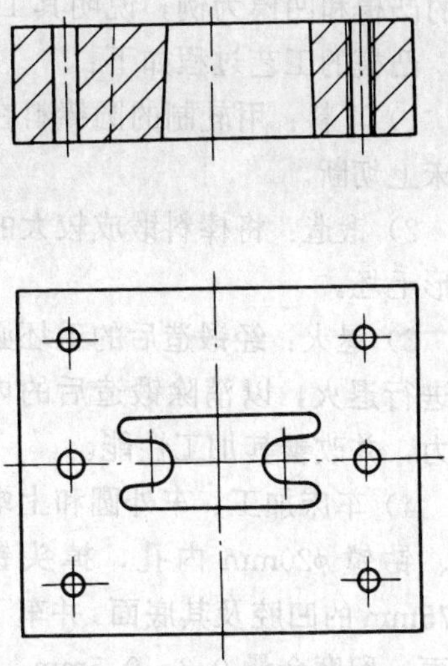

图 4-22　电火花加工型孔

三、制造凸模和凹模的工艺过程

模具由各种零件组成，其制造过程包括零件的加工、钳工装配以及模具的试冲和调整。毛坯经过车、铣、刨、磨、热处理和钳工等加工，改变其形状、尺寸和材料性能，使之变为符合图样要求的零件的过程，称为工艺过程。

对于同一个零件，由毛坯制成零件的途径是多种多样的，也就是说，一个零件可以有几种不同的工艺过程。工艺过程不同，则生产率、成本以及加工精度往往也有显著的差别。为了保证零件质量、提高生产率和降低成本，在制订工艺过程时，应根据零件图样的要求和工厂的实际生产条件，制订出一种最合理的工艺过程。若将其内容以一定的格式写成文件，用于指导生产，则此文件称为该零件的工艺规程。

工艺规程一般是以表格的形式写在卡片上，此卡片称为工艺卡。卡片的格式和内容根据各工厂的具体情况而定。

模具制造属于单件或小批生产。模具零件的工艺卡一般都订得比较简单，其内容大致包括工种、施工说明及工时定额等。

必须指出，工艺规程并不是一成不变的，随着模具制造技术的发展和提高，它也必须作相应的修改，把新的技术成果反映到工艺规程中，使其不断完善。

凸模和凹模是冷冲模的主要零件，其技术要求较高。制造时应注意保证质量。由于凸模和凹模的形状是多种多样的，各工厂的生产条件也各不相同，因此，不可能列出适合于任何形状的凸模和凹模的工艺过程。现以图 4-23 和图 4-24 所示的自行车花盘复合

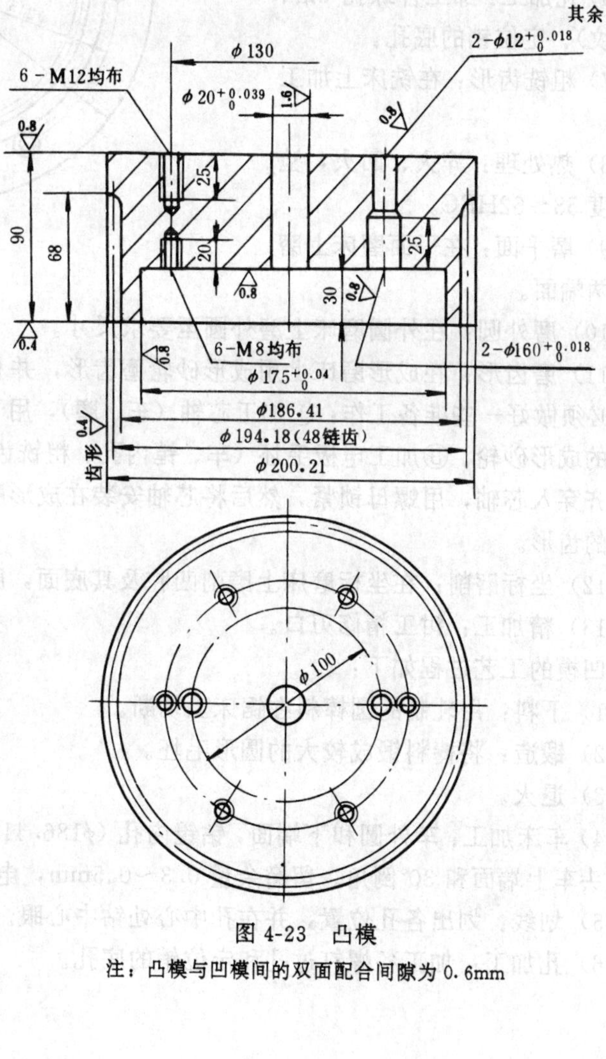

图 4-23　凸模

注：凸模与凹模间的双面配合间隙为 0.6mm

模的凸模和凹模为例，说明其工艺过程。

凸模的工艺过程如下：

1）下料：用轧制的圆棒料在锯床上切断。

2）锻造：将棒料锻成较大的圆形毛坯。

3）退火：经锻造后的毛坯必须进行退火，以消除锻造后的内应力，并改善其加工性能。

4）车床加工：车外圆和上端面、钻镗 ϕ20mm 内孔，掉头镗 ϕ175mm 的凹腔及其底面，并车下端面。留磨余量 0.3～0.5mm。

5）划线：划出各孔位置，并在孔中心处钻中心眼。

6）孔加工：加工各螺孔（钻、攻螺纹）、定位销的底孔。

7）粗铣齿形：在铣床上加工齿形。

8）热处理：淬火、回火，检查硬度 58～62HRC。

9）磨平面：在平面磨床上磨上下两端面。

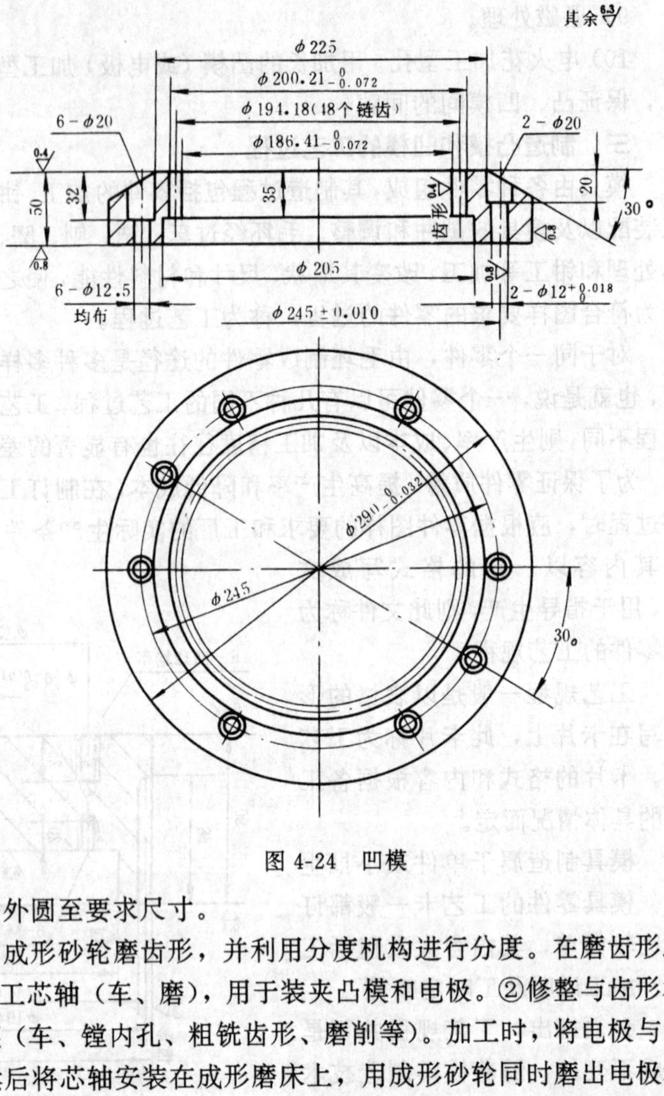

图 4-24 凹模

10）磨外圆：在外圆磨床上磨外圆至要求尺寸。

11）磨齿形：在成形磨床上用成形砂轮磨齿形，并利用分度机构进行分度。在磨齿形之前，必须做好一些准备工作：①加工芯轴（车、磨），用于装夹凸模和电极。②修整与齿形相吻合的成形砂轮。③加工电极毛坯（车、镗内孔、粗铣齿形、磨削等）。加工时，将电极与凸模一齐穿入芯轴，用螺母锁紧，然后将芯轴安装在成形磨床上，用成形砂轮同时磨出电极和凸模的齿形。

12）坐标磨削：在坐标磨床上磨削凹腔及其底面，磨定位销孔。

13）精加工：钳工精修刃口。

凹模的工艺过程如下：

1）下料：用轧制的圆棒料在锯床上切断。

2）锻造：将棒料锻成较大的圆形毛坯。

3）退火。

4）车床加工：车外圆和下端面，钻镗内孔（ϕ186.41mm 处），精镗 ϕ205mm 的让刀孔，然后掉头车上端面和 30°倒角。留磨余量 0.3～0.5mm，电火花加工余量 1mm。

5）划线：划出各孔位置，并在孔中心处钻中心眼。

6）孔加工：加工各螺钉过孔和定位销的底孔。

7）热处理：淬火、回火，检查硬度 60～64HRC。

8）磨平面：在平面磨床上磨上下两端面。

9）磨外圆：在外圆磨床上磨外圆至要求尺寸。

10）磨内孔：在坐标磨床上磨基准面（$\phi186.41^{0}_{-0.072}$mm）和两个定位销孔。

11）电火花加工齿形。粗加工电极用石墨，精加工电极用铜制成。电极加工方法与凸模齿形的磨削相同。电火花加工时，根据基准面和定位销孔找正。

12）精加工：手工研磨刃口。

四、冷冲模结构的工艺性

机器及其零件的结构工艺性是指其结构是否便于加工、装配和维修等，这就具体反映了设计工艺性的优劣，故通常又把结构工艺性称为设计工艺性。结构工艺性良好是指机器及其零件的结构在某一生产规模下，以完全满足其使用特性为前提，能够采用生产成本低、生产效率高的工艺过程。

冷冲模结构的工艺性，除了与一般机器结构工艺性有相同之处外，还要特别注意简化成形表面的加工，提高模具精度和寿命等。由于不同的制造方法对于模具结构有不同的要求，因此，我们说某一种模具结构的工艺好是有条件的、相对的。例如，某种结构在使用传统的加工方法时工艺性是好的，但对新的加工工艺来说，其结构就不一定合理了。

冷冲模设计与制造工艺有着密切的联系。设计模具时，不仅要保证冲压工艺的要求，而且要考虑制造工艺方面的要求，也就是说，应把冲压工艺、模具结构以及所采用的工艺方法、设备工具等问题作为一个系统来考虑。只有这样才能使所设计的模具具有良好的工艺性，经得起从加工制造到装配维修等各个方面的综合考验。为了达到这一要求，设计人员必须具备较强的模具制造工艺基本理论和有关知识。

为了提高模具结构工艺性，设计模具时必须考虑如下几个主要原则：

1）在保证模具使用性能的前提下，尽可能减少不必要的零件，使模具结构趋于简单。

2）在结构中应设置必要的补偿环节，如易损零件的调节或更换等。

3）尽可能采用标准化零部件。

4）模具零件，特别是凸模和凹模应具有良好的工艺性，如尽量选用加工性能较好的材料，合理确定零件的加工精度和表面粗糙度，使零件便于加工，有利于提高模具的精度和寿命等。

5）模具应便于装配。

在采用钳工压印锉修成形或仿形刨床等机械加工方法制造模具时，为了提高模具结构的工艺性，凸模、凹模和凸凹模常常采用镶拼结构。从制造的角度来看，镶拼结构具有如下几个优点：

1）便于加工。采用镶拼结构可以把复杂的成形表面简化成容易制造的形状，减少了钳工手工操作，有利于提高模具的制造精度。例如，图 4-25 所示的凸凹模，因其刃口尖角处加工困难，而且淬火时容易开裂，故将工作部分作成由数块拼接而成的镶拼结构；图 4-26a、b、c 所示的凹模，因其刃口狭小或局部形状复杂，不便加工，故采用镶拼结构。

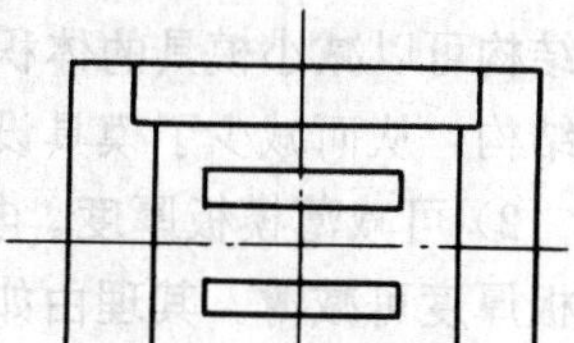

图 4-25　镶拼凸凹模

2）既可避免整体模热处理变形，又节约了贵重钢材。如图 4-27 所示的多孔凹模，刃口部分做成多个镶件，然后镶入普通钢制成的固定板内。

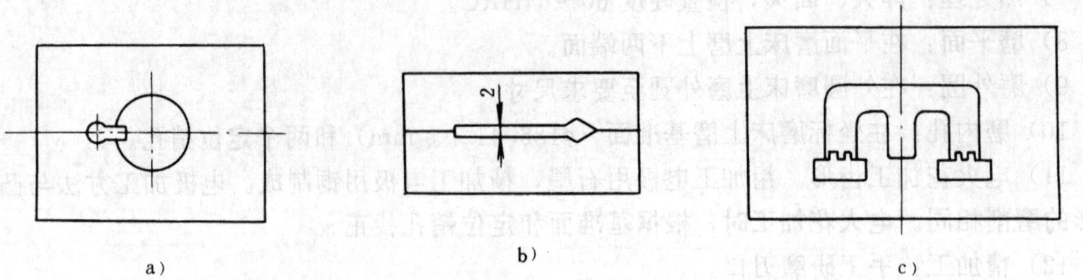

图 4-26 镶拼凹模

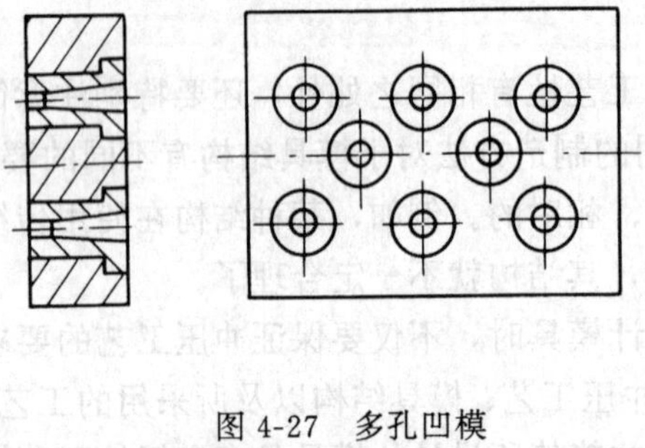

图 4-27 多孔凹模

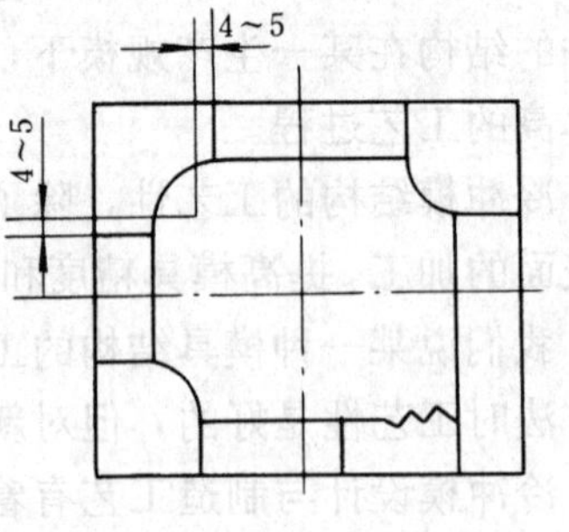

图 4-28 镶拼凹模

3）便于更换易磨损的部分。如图 4-28 所示的凹模，将个别凹入或凸出的、容易磨损的部分单独做成一块，便于加工和更换。

镶拼结构虽有上述优点，但并不是在所有情况下都适宜采用，特别是采用电加工工艺后，引起了模具结构的一系列变化，中小型模具整体结构比镶拼结构更为有利。

电火花加工与机械加工不同，因此，在设计模具时，应根据电火花加工的特点，对模具结构等方面作相应的改革。这不仅能使模具便于加工，而且有利于提高模具质量。电火花加工凹模的特点如下：

1）采用整体模具结构。可把许多原来用镶拼结构的模具改为整体结构，如图 4-29 所示，这是因为钳工加工困难，甚至无法加工的某些狭槽、尖角等，对电火花加工来说，并不十分困难；采用整体结构可以减小模具的体积，提高模具的刚性，简化结构，从而减少了模具设计和制造的工作量。

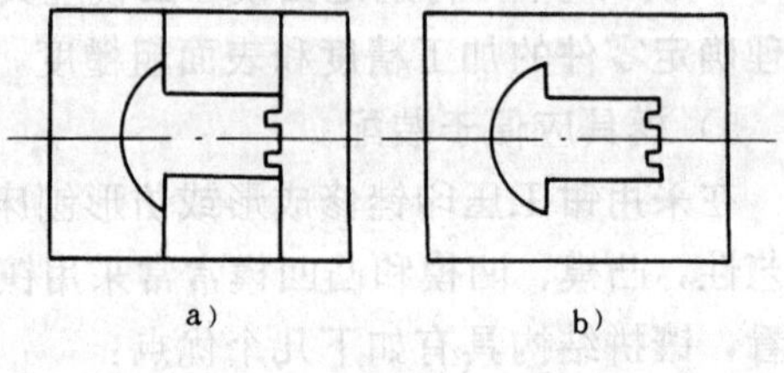

图 4-29 镶拼结构改为整体结构
a）镶拼结构 b）整体结构

2）可减薄模板厚度。电火花加工的模具，其模板厚度可减薄。其理由如下：

a）电火花加工避免了热处理变形的影响，原来考虑为了减小变形而增加的厚度已无必要。

b）电火花加工后的模具，刃口平直，间隙均匀，耐磨性提高，模具寿命较长，减少了刃磨次数。

c）从电火花本身来说，减薄模板厚度可以减少每副模具的加工工时，缩短模具制造周期。

d）可以节省模具钢材。

根据工厂使用情况，电火花加工模具的模板厚度一般比原来的厚度薄$\frac{1}{5}$～$\frac{1}{3}$；或者是采用凹模背部挖一台阶的办法来减小型孔的高度。台阶的高度约为凹模厚度的30%～50%。

挖台阶时最好沿着型孔的周边挖，以使台阶的形状与型孔相似，其周边扩大量约为1～2mm，不可过大，否则模具的强度和刚度会大大降低，影响模具寿命。挖台阶的办法，可以大大缩短电火花加工工时，但也增加了一道铣削工序（挖台阶），同时带来了电加工时定位不方便等问题。

3）型孔尖角改用小圆角。电火花加工的模具，其型孔的尖角在无特殊要求的情况下最好改用小圆角。这是因为在电火花加工时尖角部分总是腐蚀较快，即使将电极的尖角磨得很尖，加工出的凹模也会有一小圆角，其半径约为0.15～0.25mm。此外，对一般模具来说，小圆角对减少应力集中，提高模具寿命也有好处。

4）刃口及落料斜度小。采用电火花加工的模具，刃口形式变成如图4-30所示的几种情形（其中α_1为刃口斜度；α_2为落料斜度）。

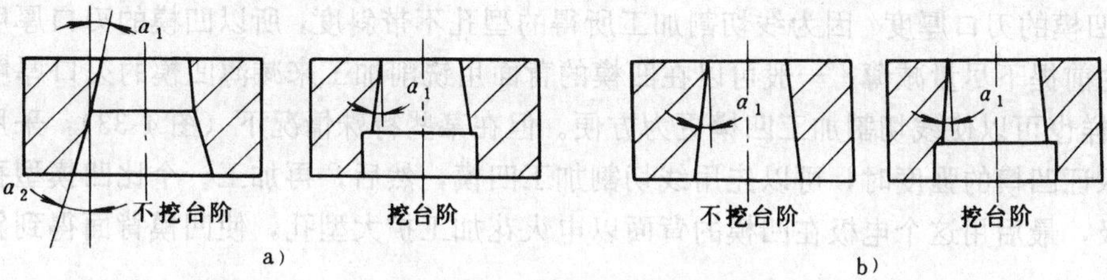

图4-30　电火花加工模具的斜度

a）落料模　b）复合模

电火花加工的落料斜度一般为30′～50′；落料模的刃口斜度在10′以内，复合模的刃口斜度为5′左右。对落料模而言，斜度均比手工做的小（手工做的$\alpha_1=15'$或30′，$\alpha_2=1°\sim3°$），但因电火花加工的斜度在各个方向都比较均匀，故仍能顺利落料。

5）标出凸模的名义尺寸和公差。电火花加工的模具，在图样上应标注出凸模的名义尺寸和公差，以适应电火花加工和成形磨削配套工艺的需要。

6）刃口表面粗糙度要求可适当加大。采用电火花加工的模具，刃口的表面粗糙度可比原设计要求稍为增大一些。这是因为电火花加工的表面和机械加工的表面不同，它是由无数小坑和光滑的小硬突起组成，特别有利于保存润滑油，在相同的表面粗糙度下其耐磨和耐蚀性能均比机械加工的表面好。

采用电火花线切割加工模具时，在模具材料的选用和模具结构方面，都应考虑线切割加工工艺的特点，以保证模具的加工精度，提高模具的使用寿命。

1）应注意模具材料的选用。电火花线切割加工是在整块模坯热处理淬硬后才进行的，如果采用碳素工具钢（如T8A、T10A）制造模具，由于其淬透性很差，线切割加工所得的凸模或凹模刃口的淬硬层较浅，经过数次修磨后，硬度显著下降，模具的使用寿命就短。另一方面，由于线切割加工时，加工区域的温度很高，又有工作液不断进行冷却，相当于在进行局部热处理淬火，会使切割出来的凸模或凹模的柱面产生变形，直接影响工件的线切割加工精度。

为了提高线切割模具的使用寿命和加工精度，应选用淬透性能良好的合金工具钢或硬质合金来制造。由于合金工具钢淬火后，钢块表面层到中心的硬度没有显著的降低，因此，切割时不会使凸模或凹模的柱面再产生变形，而且凸模的工作型面和凹模的型孔基本上全部淬硬，刃口可以多次修磨而硬度不会明显下降，故模具的使用寿命较长。常用的合金工具钢有Cr12、CrWMn、Cr12MoV 等。

2）对于精密细小、形状复杂的模具，不必采用镶拼结构。图 4-31 所示的固体电路冲件，在未采用线切割时，其凸、凹模采用镶拼结构，工时多，精度要求高，需要熟练技工制造。应用线切割加工后，采用整体结构，强度好，工时短，质量完全达到要求。

3）线切割模具所具有的结构特点。如果线切割机床不带切割斜度的功能，则切割出的凸模或凹模上下尺寸一样，不带斜度。为了适应这个特点，模具结构设计应作相应的改变。

a）凸模或凸凹模与固定板的配合：为了确保凸模或凸凹模与固定板紧密配合，在模具使用过程中，凸模或凸凹模不被拔出，一般应使凸模或凸凹模与固定板成 0.01～0.03mm（双边）过盈配合。而在凸模型面较大的情况下，则应用螺钉把凸模固定在固定板上，以防止凸模被拔出。

b）凹模的刃口厚度：因为线切割加工所得的型孔不带斜度，所以凹模的刃口厚度应在保证强度的前提下尽量减薄，一般可以在凹模的背面用铣削加工来减薄凹模的刃口厚度（图 4-32）。这样也可以使线切割加工凹模更为方便。但在某些特殊情况下（图 4-33），采用上述方法不能保证凹模的强度时，可以先用线切割加工凹模，然后，再加工一个比凹模型孔稍大的紫铜电极，最后用这个电极在凹模的背面以电火花加工扩大型孔，使凹模背面得到斜度。

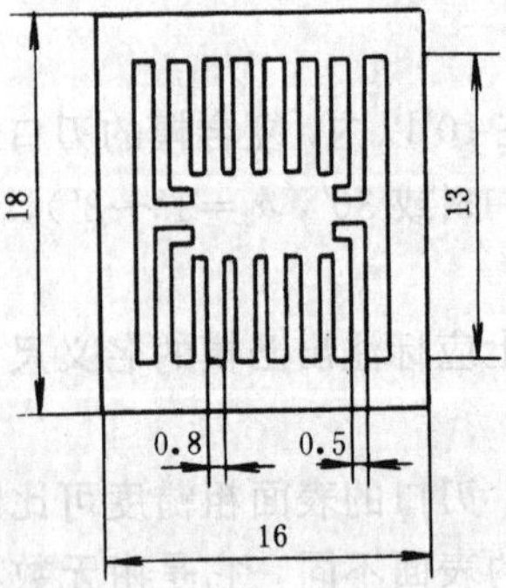

图 4-31　固体电路冲件

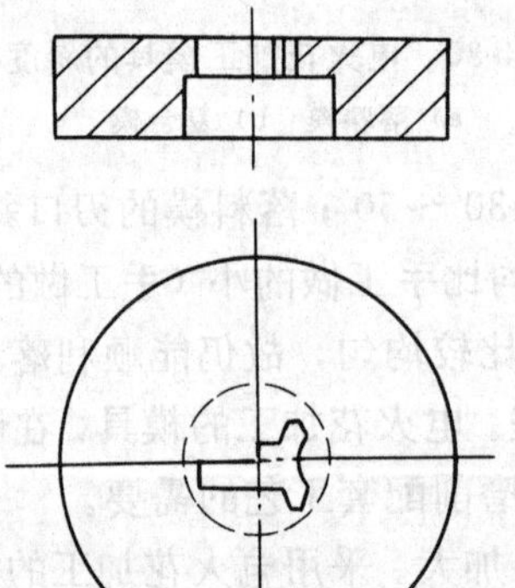
图 4-32　铣削台阶

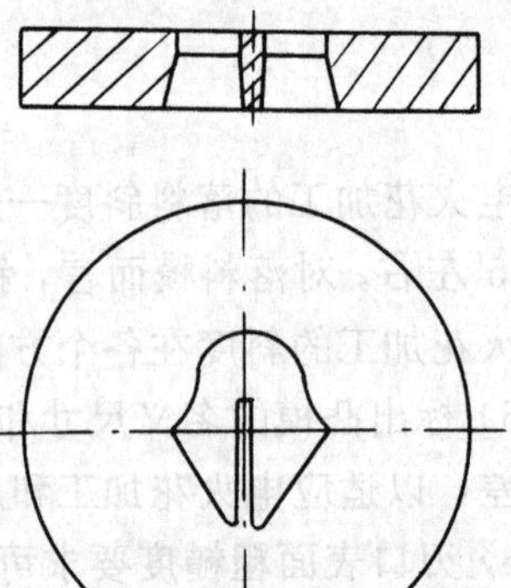
图 4-33　电火花加工凹模背面

五、冷冲模的装配和调整

要制造出一副合格的冷冲模，除了保证模具零件的加工精度外，还必须做好装配工作。装配就是按照规定的技术要求把所有零件连接起来，使之成为合格的模具。装配是模具制造过程的一个重要环节，装配质量的好坏将直接影响冲件的质量和模具的使用寿命。例如，在加工时凸模和凹模的尺寸已达到要求，但是，如果装配时调整不好，将造成间隙很不均匀，甚至冲制出不合格的冲件。

（一）冷冲模的装配

现以图 4-34 所示的冲孔模为例，说明冷冲模的装配方法。

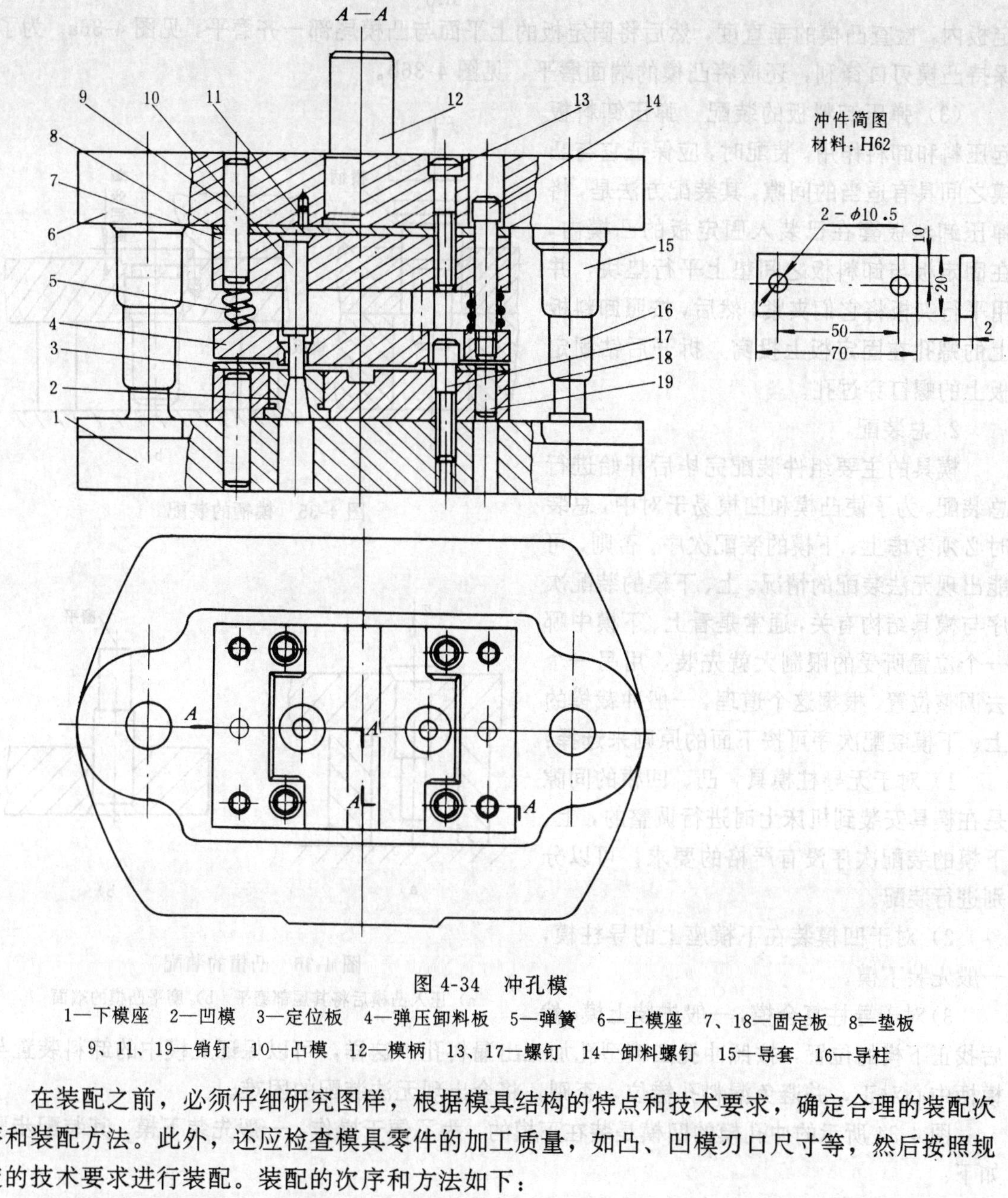

图 4-34　冲孔模

1—下模座　2—凹模　3—定位板　4—弹压卸料板　5—弹簧　6—上模座　7、18—固定板　8—垫板　9、11、19—销钉　10—凸模　12—模柄　13、17—螺钉　14—卸料螺钉　15—导套　16—导柱

在装配之前，必须仔细研究图样，根据模具结构的特点和技术要求，确定合理的装配次序和装配方法。此外，还应检查模具零件的加工质量，如凸、凹模刃口尺寸等，然后按照规定的技术要求进行装配。装配的次序和方法如下：

1. 主要组件的装配

（1）模柄的装配　因为这副模具的模柄 12 是从上模座 6 的下面向上压入的，所以，在安装凸模固定板 7 和垫板 8 之前，应先把模柄装好。

模柄与上模座的配合要求是$\frac{H7}{m6}$。装配时，先在压力机上将模柄压入，见图 4-35a，再加工定位销钉孔或螺纹孔。然后，把模柄端面突出部分锉平或磨平，见图 4-35b。安装好模柄后，用角尺检查模柄与上模座上平面的垂直度。

(2) 凸模的装配　凸模与固定板的配合要求为$\frac{H7}{m6}$。装配时，先在压力机上将凸模压入固定板内，检查凸模的垂直度，然后将固定板的上平面与凸模尾部一齐磨平，见图 4-36a。为了保持凸模刃口锋利，还应将凸模的端面磨平，见图 4-36b。

(3) 弹压卸料板的装配　弹压卸料板起压料和卸料作用。装配时，应保证它与凸模之间具有适当的间隙，其装配方法是，将弹压卸料板套在已装入固定板的凸模内，在固定板与卸料板之间垫上平行垫块，并用平行夹板将它们夹紧，然后，按照卸料板上的螺孔在固定板上投窝，拆开后钻固定板上的螺钉穿过孔。

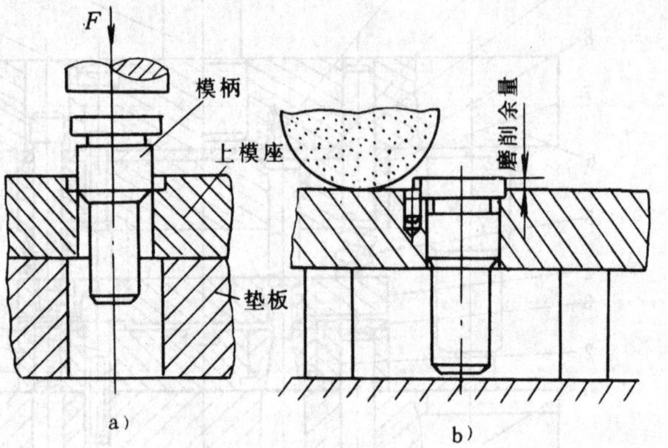

图 4-35　模柄的装配

2. 总装配

模具的主要组件装配完毕后开始进行总装配。为了使凸模和凹模易于对中，总装时必须考虑上、下模的装配次序，否则，可能出现无法装配的情况。上、下模的装配次序与模具结构有关，通常是看上、下模中哪一个位置所受的限制大就先装，用另一个去调整位置。根据这个道理，一般冲裁模的上、下模装配次序可按下面的原则来选择：

1) 对于无导柱模具，凸、凹模的间隙是在模具安装到机床上时进行调整的，上、下模的装配次序没有严格的要求，可以分别进行装配。

2) 对于凹模装在下模座上的导柱模，一般先装下模。

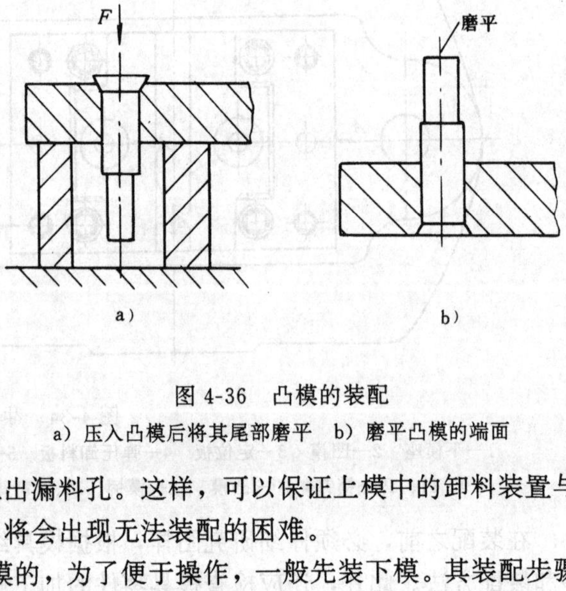

图 4-36　凸模的装配

a) 压入凸模后将其尾部磨平　b) 磨平凸模的端面

3) 对于导柱复合模，一般先装上模，然后找正下模的位置，按照冲孔凹模型孔加工出漏料孔。这样，可以保证上模中的卸料装置与模柄中心对正，并避免漏料孔错位，否则，将会出现无法装配的困难。

图 4-34 所示的冲孔模的凹模是装在下模的，为了便于操作，一般先装下模。其装配步骤如下：

1) 把凹模 2 装入固定板 18 中，磨平底面。

2) 在凹模上安装定位板 3。

3) 把固定板 18 安装在下模座 1 上。找正固定板位置后，先在下模座上投窝，加工螺纹孔，然后加工销钉孔，装入销钉，拧紧螺钉。

4) 把已装入固定板 7 的凸模 10 插入凹模内。固定板与凹模之间垫上适当高度的平行垫铁，再把上模座放在固定板上，将上模座和固定板夹紧，并在上模座投卸料螺孔窝和紧固螺钉过孔窝，拆开后钻孔。然后，放入垫板，拧上紧固螺钉。

5）调整凸、凹模的间隙。

调整间隙可用透光法，即将模具翻过来，把模柄夹在虎钳上，用手灯照射，从下模座的漏料孔中观察间隙大小和是否均匀。

调整间隙也可用切纸法进行，即以纸当作零件，用手锤敲击模柄，在纸上切出冲件的形状来。根据纸样有无毛刺和毛刺是否均匀，可以判别间隙大小和均匀性。如果纸样的轮廓上没有毛刺或毛刺均匀，说明间隙是均匀的。如果局部有毛刺，说明间隙不均匀。

当凸、凹模的形状复杂时，用上述两种方法调整间隙比较困难，可采用凸模镀铜等方法获得所需的间隙。

调整间隙时，用手锤轻轻敲击固定板 7 的侧面，使凸模的位置改变，以得到均匀的间隙。

6）调好间隙后加工销钉孔，装入销钉 9。

7）将弹压卸料板 4 装在凸模上，并检查它是否能灵活地移动，检查凸模端面是否缩在卸料板孔内（0.5mm 左右），最后安装弹簧。

8）安装其他零件。试冲合格后，淬硬定位板。

9）试冲与调整。

10）打标记交付生产使用。

3. 冲裁模试冲的缺陷和调整

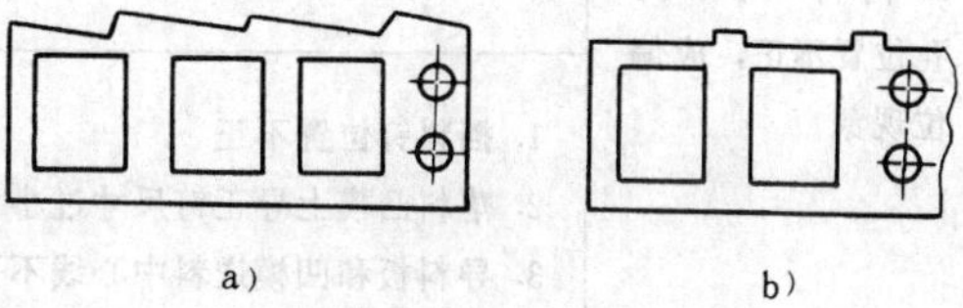

a）　　b）

图 4-37　条料卡死

a）导料板的工作面和侧刃不平行

b）侧刃与侧刃挡块不密合

模具装配以后，必须在生产条件下进行试冲。冲出的工件按冲压零件产品图或试样进行检查验收。在检查验收过程中，如发现各种缺陷，则要仔细分析，找出原因，并对模具进行适当的调整和修理，然后再试冲，直到模具正常工作并得到合格的冲件为止。表 4-6 为冲裁模试冲时常见的缺陷、产生原因及调整方法。表 4-7 和表 4-8 所示分别为弯曲模和拉深模试冲时的缺陷和调整方法。

表 4-6　冲裁模试冲时的缺陷和调整

冲裁模试冲时的缺陷	产　生　原　因	调　整　方　法
送料不畅通或料被卡死	1. 两导料板之间的尺寸过小或有斜度	根据情况锉修或重装导料板
	2. 凸模与卸料板之间的间隙过大，使搭边翻扭	减小凸模与卸料板之间的间隙
	3. 用侧刃定距的冲裁模，导料板的工作面和侧刃不平行，使条料卡死（图 4-37a）	重装导料板
	4. 侧刃与侧刃挡块不密合形成方毛刺，使条料卡死（图 4-37b）	修整侧刃挡块消除间隙
刃口相咬	1. 上模座、下模座、固定板、凹模、垫板等零件安装面不平行	修整有关零件，重装上模或下模
	2. 凸模、导柱等零件安装不垂直	重装凸模或导柱
	3. 导柱与导套配合间隙过大使导向不准	更换导柱或导套
	4. 卸料板的孔位不正确或歪斜，使冲孔凸模位移	修整或更换卸料板

（续）

冲裁模试冲时的缺陷	产生原因	调整方法
卸料不正常	1. 由于装配不正确，卸料机构不能动作。如卸料板与凸模配合过紧，或因卸料板倾斜而卡紧	修整卸料板、顶板等零件
	2. 弹簧或橡皮的弹力不足	更换弹簧或橡皮
	3. 凹模和下模座的漏料孔没有对正，料不能排出	修整漏料孔
	4. 凹模有倒锥度造成工件堵塞	修整凹模
冲件质量不好： 1. 有毛刺 2. 冲件不平 3. 落料外形和打孔位置不正，成偏位现象	1. 刃口不锋利或淬火硬度低 2. 配合间隙过大或过小 3. 间隙不均匀使冲件一边有显著带斜角毛刺	合理调整凸模和凹模的间隙及修磨工作部分的刃口
	1. 凹模有倒锥度	修整凹模
	2. 顶料杆和工件接触面过小	更换顶料杆
	3. 导正钉与预冲孔配合过紧，将冲件压出凹陷	修整导正钉
	1. 挡料钉位置不正	修正挡料钉
	2. 落料凸模上导正钉尺寸过小	更换导正钉
	3. 导料板和凹模送料中心线不平行，使孔位偏斜	修整导料板
	4. 侧刃定距不准	修磨或更换侧刃

表 4-7　弯曲模试冲时的缺陷和调整方法

出现问题	产生原因	调整方法
弯曲角度不够	1. 凸、凹模的回弹角制造过小	加大回弹角
	2. 凸模进入凹模的深度太浅	调节冲模闭合高度
	3. 凸、凹模之间的间隙过大	调节间隙值
	4. 试模材料不对	更换试模材料
	5. 弹顶器的弹力太小	加大弹顶器的弹顶力
弯曲位置偏移	1. 定位板的位置不对	调整定位板位移
	2. 凹模两侧进口圆角大小不等，材料滑动不一致	修磨凹模圆角
	3. 没有压料装置或压料装置的压力不足和压板位置过低	加大压料力
	4. 凸模没有对正凹模	调整凸、凹模位置
冲件的尺寸过长或不足	1. 凸、凹模之间的间隙过小，材料被挤长	调整凸、凹模间隙
	2. 压料装置压力过大，将材料拉长	减小压料力
	3. 设计时计算错误或不准确	改变坯料尺寸
冲件外部有光亮的凹陷	1. 凹模的圆角半径过小，冲件表面被划痕	加大圆角半径
	2. 凸、凹模之间的间隙不均匀	调整凸、凹模间隙
	3. 凸、凹模表面粗糙度太大	抛光凸、凹模表面

表 4-8　拉深模试冲时的缺陷和调整方法

缺　陷	产 生 原 因	调 整 方 法
起　皱	1. 压边装置的压力不足或压力不均匀 2. 凸、凹模之间的间隙过大或不均匀 3. 凹模圆角半径过大或不均匀	调整压边力 调整凸、凹模间隙 修磨圆角半径
破　裂	1. 毛坯材料质量不好，塑性低，金相组织不均匀，表面粗糙 2. 压边圈的压力过大，弹顶器的压缩比不合适 3. 凸模和凹模的圆角 半径过小 4. 凸模和凹模之间的间隙过小或不均匀 5. 拉深次数太少，材料变形程度过大 6. 润滑不良，规定的中间退火工序没有进行	更换毛坯材料 减小压边力 加大圆角半径 调整凸、凹模间隙 增加拉深次数 加润滑油，进行毛坯中间退火
尺寸过大或过小	1. 毛坯尺寸设计计算错误 2. 凸、凹模之间的间隙过大使冲件侧壁鼓肚；间隙过小使材料变薄 3. 压边圈的压力过大或过小	改变毛坯尺寸 调整凸、凹模间隙 调整压边力
表面质量不好	1. 模具工作表面、毛坯材料或润滑剂不清洁 2. 凹模淬火硬度低，表面粗糙度太大 3. 圆弧与直线衔接不好，有棱角或突起	清理工作表面等 对凸、凹模进行抛光 修磨凸、凹模
高度不一	1. 凸、凹模之间的间隙不均匀 2. 定位板位置不对	调整凸、凹模间隙 重新调整定位板
底部凸起	凸模上无出气孔	在凸模上做出排气孔

（二）环氧树脂等粘结剂的应用

为了简化固定板型孔的加工，并使装配时易于控制凸、凹模的配合间隙，在模具制造中常用环氧树脂、低熔点合金和无机粘结剂固定凸模或导柱、导套等零件。

环氧树脂在硬化状态下对各种金属的和非金属表面的附着力非常强，而且在硬化时收缩率小，粘结时不需要附加压力，因此，在冷冲模制造中得到广泛的应用。例如，用来固定凸模，浇注卸料板、胶合导柱、导套等。

采用环氧树脂固定凸模可以大大降低对固定板型孔的机械加工的要求，同时，也减少了模具装配的困难，提高了装配质量。对于形状复杂的以及多孔的冲模，其优越性更加显著。

用环氧树脂固定凸模时，把凸模固定

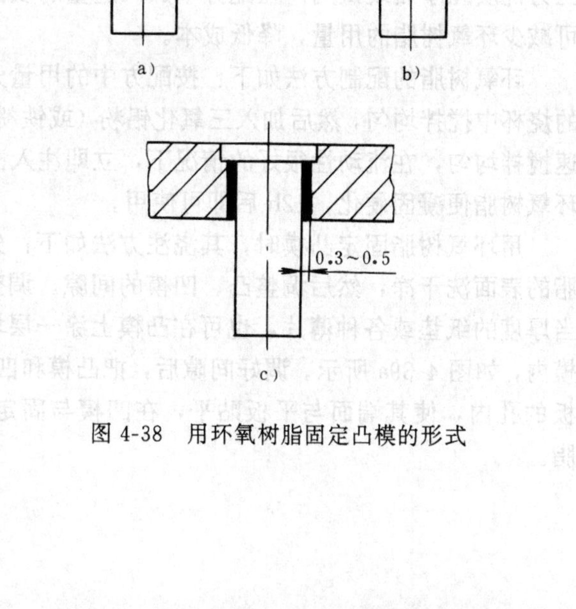

图 4-38　用环氧树脂固定凸模的形式

板的型孔做大一些，通常比凸模大 1mm 左右（单边），此间隙不宜过大，否则会使粘结处的强度降低，而孔壁则应粗糙些（$R_a \geqslant 6.3\mu m$），以便粘结。用环氧树脂固定凸模的形式如图 4-38 所示，图 a 和图 b 的固定方法适用于冲制厚度小于 0.8mm 的材料；图 c 的固定方法适用于冲制厚度大于 0.8mm 的材料。

用于固定凸模时，常用的环氧树脂配方见表 4-9。

表 4-9 环氧树脂粘结剂的配方

组成成分	名　称	配方（按质量分数表示）	说　明
粘结剂	环氧树脂 6101 环氧树脂 634 环氧树脂 637	100 100 100	任选一种
填充剂	铁粉 200 目（0.075mm） 三氧化铝 200 目（0.075mm） 石英粉 200 目（0.075mm）	250 40 } 合用 50、20 } 合用	任选一种
增塑剂	邻苯二甲酸二丁酯	15～20	
固化剂	β 羟乙基已二胺 聚酰胺 200# 间苯二胺 邻苯二甲酸酐 α-甲基咪唑	16～18 50～100 12～16 40～50 5～10	任选一种

环氧树脂是黄色稠粘的物质。其粘性很大，是最基本的粘结剂。

磷苯二甲酸二丁脂是无色的液体。它在配方中作为增塑剂，主要是使环氧树脂的塑性增加，粘度降低，以便操作，同时还可提高环氧树脂的冲击强度和抗弯强度。

乙二胺是无色的液体，有特殊的刺激气味。它在配方中作为硬化剂，使环氧树脂凝固硬化。硬化剂的用量对环氧树脂的力学性能（尤其是抗剪强度）影响很大，在配制时，必须严格控制其用量。

三氧化铝和铁粉在配方中作为填充剂。三氧化铝是白色粒状粉末，160 目（0.09mm）以上为优质纯净瓶装试剂。在配方中加入适量的填充剂可增加环氧树脂的机械强度。此外，还可减少环氧树脂的用量，降低成本。

环氧树脂的配制方法如下：按配方中的用量先将环氧树脂和磷苯二甲酸二丁脂放在干净的烧杯中搅拌均匀，然后加入三氧化铝粉（或铁粉）充分搅匀，过 2～3min 后加入乙二胺，迅速搅拌均匀，在流动性很好的情况下，立即注入凸模与固定板之间的间隙内，经过 4～6h 后环氧树脂便凝固硬化，12h 后即可使用。

用环氧树脂固定凸模时，其浇注方法如下：先用丙酮将凸模和固定板上需要浇注环氧树脂的表面洗干净，然后调整凸、凹模的间隙。调整方法是根据间隙的大小，在间隙中加上适当厚度的纸垫或各种薄片，也可在凸模上涂一层均匀的油漆或焊锡等，使凸模垂直地装在凹模内，如图 4-39a 所示。调好间隙后，把凸模和凹模一齐翻过来，见图 4-39b，凸模放在固定板的孔内，使其端面与平板贴平，在凹模与固定板之间垫入等高的垫块，最后浇注环氧树脂。

环氧树脂除了用来固定凸模外，还可用来浇注卸料板的型孔，其结构形式如图 4-40a、b、c 所示。图 a 是比较简单的一种，卸料板型孔比凸模约大 1.5mm；图 b 的结构比图 a 牢固；图 c 采用卸料板直壁部分定位，可用挤压的方法调整凸模的垂直度。

用环氧树脂固定导套、导柱的结构，如图 4-41 和图 4-42 所示。

在冷冲模制造中应用环氧树脂是一项新工艺，它具有许多优点，但是，在采用这一工艺时，应该合理地考虑模具的修理问题。用环氧树脂固定的凸模经过一段时间的使用后，如发现松动或损坏等现象，需要返修或局部拆除时，可将环氧树脂粘结部分局部加热，热至环氧树脂稍微软化时，用凿子凿去树脂，并把粘结的凸模打出来，完全清除残余的树脂后再粘结。考虑到模具修理等问题，对于下列情况不能采用或只能局部采用环氧树脂。

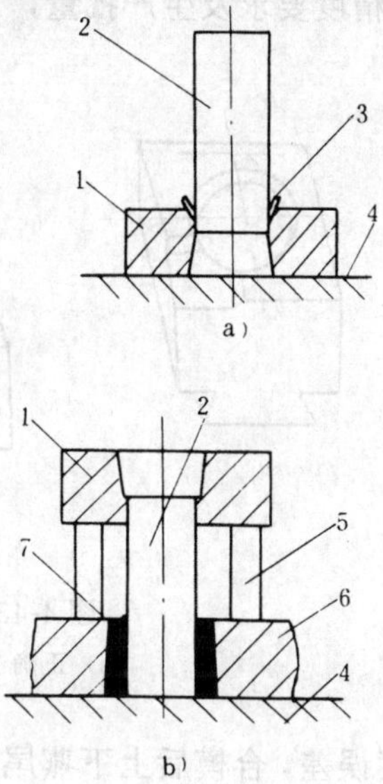

图 4-39　用环氧树脂固定凸模
a）装模　b）固定模
1—凹模　2—凸模　3—纸垫　4—平板
5—等高垫块　6—固定板　7—环氧树脂

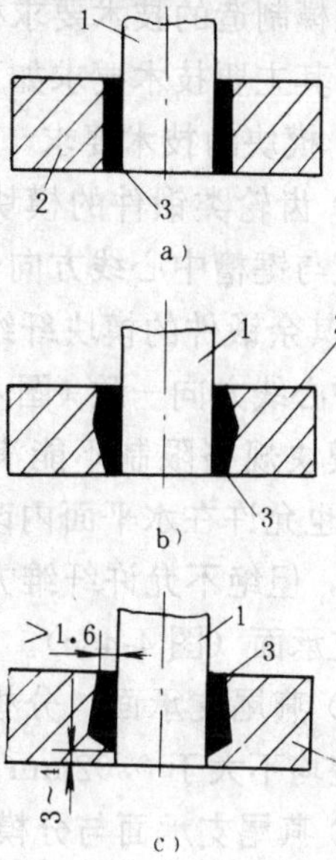

图 4-40　用环氧树脂浇注卸料板的几种结构
1—凸模　2—卸料板
3—环氧树脂

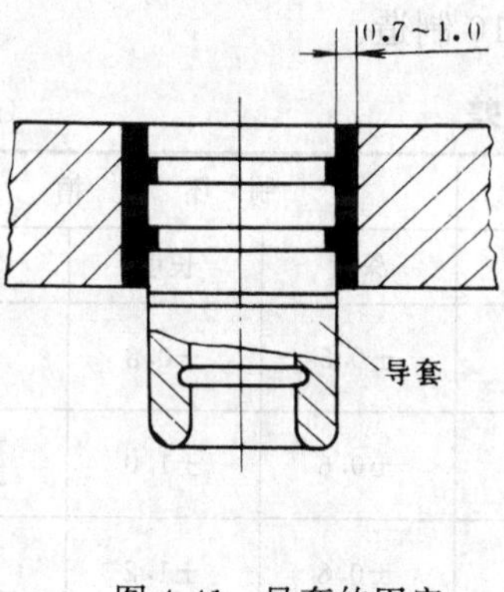

图 4-41　导套的固定

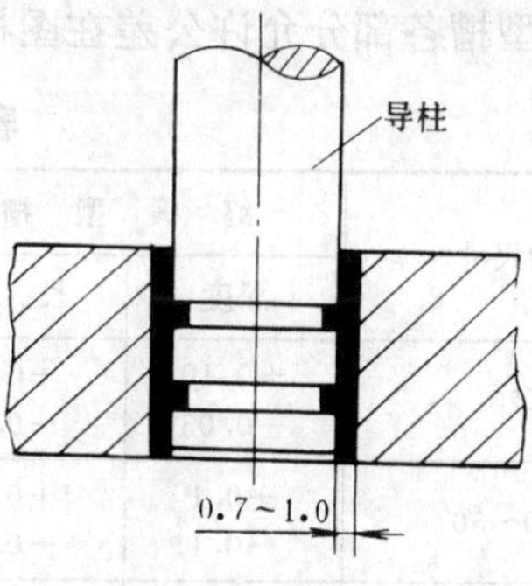

图 4-42　导柱的固定

1）对于多工序的连续拉深落料模，必须经常将其凸模敲出来刃磨，故不宜采用。

2）多孔冲模中的个别小凸模容易折断，应考虑用压配合。其余的冲头则可采用环氧树脂固定。

3）冲件厚度大于 2mm 的冲模不宜采用。

第三节 锻模制造工艺

一、锻模制造的技术要求

锻模制造的技术要求根据锻件的精度要求及生产批量，工厂的设备条件、技术水平等来确定。其主要技术要求如下：

1. 模块的技术要求

1）齿轮类锻件的模块，其纤维方向应与键槽中心线方向一致（图 4-43a)，其余锻件的模块纤维方向应与燕尾中心线方向一致（图 4-43b)。当受到模块规格限制不能满足这一要求时，也允许在水平面内改变纤维方向 90°，但绝不允许纤维方向垂直于燕尾支承面（图 4-43c)。

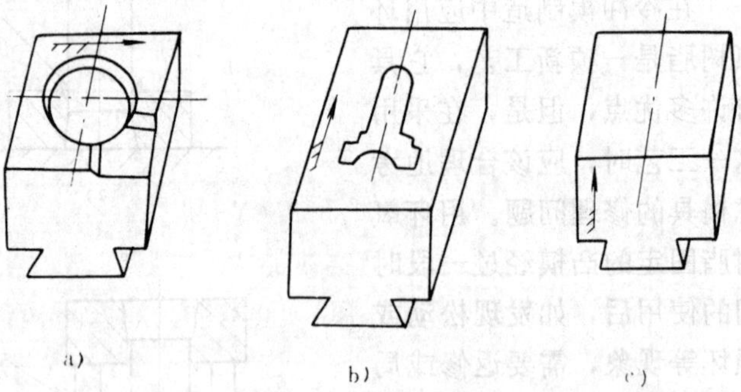

图 4-43 模块纤维方向
a）正确 b）正确 c）错误

2）燕尾支承面、分模面的平面度误差均不大于 0.02mm。

3）燕尾支承面与分模面的平行度误差，合模后上下燕尾支承面间的平行度误差均不大于规定的数值。

4）纵向与横向基准面间的垂直度公差为 100：0.03；燕尾侧面与纵向基准面的平行度不大于规定的数值。

5）由横向基准面到键槽中心线距离的公差不大于±0.2mm；合模后由横向基准面到键槽中心线的距离，上下模相差不大于 0.4mm。

2. 型槽（又称为模膛或型腔）加工精度的要求

1）型槽各部分允许公差在图样中未注明的均按表 4-10 制造。

表 4-10 锤锻模型槽制造公差 (mm)

型槽尺寸	终锻型槽		预锻型槽		制坯型槽		
	深度	长、宽	深度	长、宽	深度	长度	宽度
≤20	+0.10 −0.05	+0.2 −0.1	+0.2 −0.1	+0.4 −0.2	±0.5	±0.8	—
>20～50	+0.1 −0.1	+0.3 −0.1	+0.2 −0.1	+0.5 −0.2	±0.6	±1.0	+3.0 −1.0
>50～80	+0.2 −0.1	+0.3 −0.2	+0.3 −0.2	+0.5 −0.3	±0.8	±1.2	+3.0 −1.5
>80～160	+0.3 −0.2	+0.4 −0.2	+0.4 −0.2	+0.6 −0.3	±1.0	±1.5	+4.0 −2.0
>160～260	—	+0.5 −0.3	—	+0.6 −0.4	—	±1.8	+5.0 −2.0
>260～360	—	+0.6 −0.3	—	+0.7 −0.4	—	±2.0	—

（续）

型槽尺寸	终锻型槽		预锻型槽		制坯型槽		
	深度	长、宽	深度	长、宽	深度	长度	宽度
>360～500	—	+0.7 −0.4	—	+0.8 −0.4	—	±2.5	—
>500	—	+0.8 −0.4	—	+0.8 −0.5	—	±3.0	—

注：深度尺寸公差按单块锻模规定。

2）将上下模检验角对齐后，型槽错移量不应超过表 4-11 规定的数值。

表 4-11　分模面上允许的错移量　（mm）

设　　备	终 锻 型 槽	预 锻 型 槽	制 坯 型 槽
1 t 模锻槽	0.1	0.2	1.0
2 t 模锻槽	0.15	0.3	1.0
3 t 模锻槽	0.2	0.4	2.0
5 t 模锻槽	0.25	0.5	2.0

3．锻模加工的粗糙度要求

预锻型槽、分模面、燕尾支承面等部分经过精铣、精刨或磨后，使其表面粗糙度达 R_a1.6μm；终锻型槽及毛边槽桥部还需加以抛光，使表面粗糙度达 R_a0.8μm；毛边槽仓部、起重孔及钳口槽等非工作表面，用钻或铣削加工达到 R_a12.5μm 即可。锻模各表面的粗糙度要求可参考图 4-44 规定。

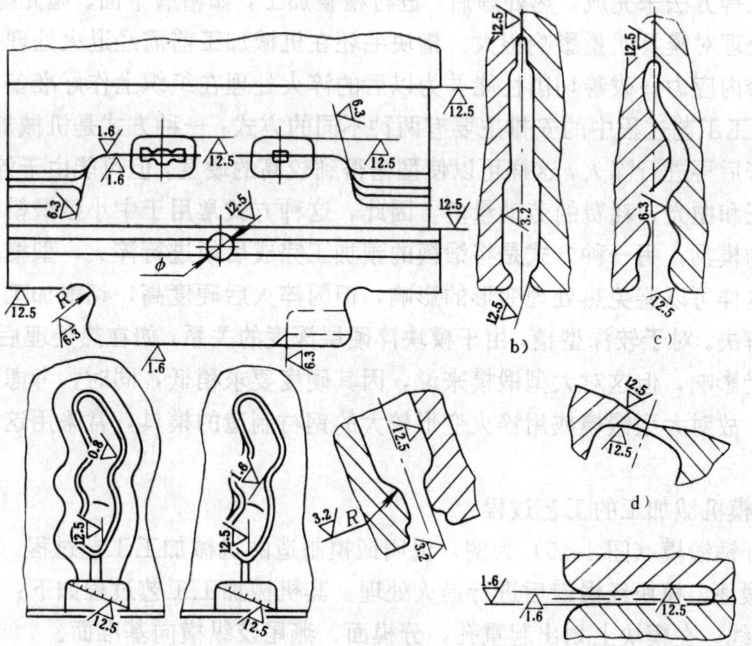

图 4-44　锤锻模的表面粗糙度

a）拔长型槽　b）滚压型槽　c）弯曲型槽　d）切断型槽　e）毛边槽

4. 锻模硬度要求

锻模经过热处理后，应在分模面上检查其工作部分的硬度，并在燕尾支承面上检查燕尾部分的硬度。一般锻模的硬度要求是以锻锤的吨位来确定的，具体数值可参考表 4-12。

表 4-12　锤锻模的硬度要求

设备及模具	工作部分		燕尾部分	
	HBS	d	HBS	d
1 t、2 t 模锻锤用锻模	360～413	3.01～3.21	302～341	3.30～3.50
3 t 模锻锤用锻模	341～385	3.11～3.30	283～318	3.41～3.61
5 t 模锻锤用锻模	318～360	3.21～3.41	283～318	3.41～3.61

注：表中的压痕直径 d 是在负荷为 30000N、球径为 10mm 时的试验值。

二、锻模制造的程序和工艺过程

（一）锻模制造的程序

锻模制造的程序一般是：①熟悉图样后，首先制订出加工工艺过程。②进行一些工艺准备工作，如用薄钢板作出型槽截面形状不同的样板；作仿形铣床用的靠模或电火花加工用的电极；选定模块等。③根据实际情况安排生产。

锻模的加工工艺过程大致包括：模块的预加工；型槽的加工；热处理以及精整加工等阶段。对一副锻模的加工，可将钻起重孔，钳工划线，铣或刨基准面、燕尾、分模面等的加工视为锻模的预加工，然后进行型槽的加工。型槽形状一般都比较复杂，型槽的加工是锻模加工中要解决的主要问题。根据型槽的形状、尺寸及生产技术条件，型槽加工可用机械加工、电加工或压力加工等方法来完成。热处理后，进行精整加工，如精磨平面、抛光型槽及检验等。

锻模的热处理对模具质量影响很大。槽块毛坯在机械加工前需经退火处理，目的是降低硬度，消除残余内应力，改善切削性能并为以后的淬火处理在组织上作好准备。至于淬火与回火处理，在加工工艺过程中的安排主要有两种不同的方式：一种方式是机械加工基本完成，型槽也加工出来后再进行淬火，这样可以使型槽得到较高的硬度，但可能由于淬火引起变形，型槽需进行修正和抛光，耗费的劳动量多。因此，这种方式常用于中小型锻模或淬火变形较小的钢材制造的模具；另一种方式是将锻模的预加工完成后便进行淬火，型槽加工则在淬火处理后进行，这样可以避免热处理变形的影响，但因淬火后硬度高，切削加工有困难，这可以用电加工来解决。对于较深型槽，由于模块淬硬层深度的关系，如在热处理后加工型槽，则其表面硬度会受影响，但这对大型锻模来说，因其硬度要求稍低，同时，考虑到淬火变形过大将难以修正，故对大型锻模或用淬火变形较大的钢材制造的模具，常采用这一方式安排加工。

（二）锤锻模机械加工的工艺过程

现以一连杆锤锻模（图 4-45）为例，说明锻模制造的机械加工工艺过程。

毛坯采用锻件，模块经锻造后进行退火处理，其机械加工工艺过程如下：

1）钳工划线，在模块上划出起重孔，分模面、燕尾及纵横向基准面。

2）钻起重孔，根据模块的大小每块钻 2～6 个起重孔 3。

3）刨分模面、燕尾及基准面，模块一般是在龙门刨床或龙门铣床上成对加工的，可先将分模面 4 预加工，然后翻面刨或铣燕尾达到尺寸要求，并完成纵向基准面 9 的加工，最后将模块旋转 90°，把横向基准面 2 及打印用的槽 11 加工好。

4）磨分模面，在平面磨床上分别把上下模块的分模面 4 磨好。

5）钳工划线，划出各型槽的轮廓线、钳口、键槽尺寸线，并打印好模具号码。

6）加工型槽，可用仿形铣床或电加工来完成，如在仿型铣床上加工，可先加工好预锻及终锻型槽，留出 0.1～0.5mm 的余量，然后加工拔长型槽及滚挤型槽达到尺寸要求。有时为了减轻仿形铣床的加工量，可先在立式铣床上粗铣型槽，然后再在仿形铣床上进行精铣。如用电加工则可直接加工到所要求的尺寸。

7）钳工修整型槽，主要是修刮机械加工时难以加工到的狭窄沟槽、边角及小圆弧等部位。将锐角磨圆，可防止淬火中出现裂纹。然后进行初步的校样检验。

8）铣钳口、键槽及毛边槽等部分到所要求的尺寸。

9）热处理、进行淬火、回火处理，使锻槽的工作面及燕尾部分达到要求的硬度。

10）精加工型槽，用风动砂轮打磨型槽，用样板检验各型槽，并合模浇样检查制件，再修整型槽，使之达到要求。

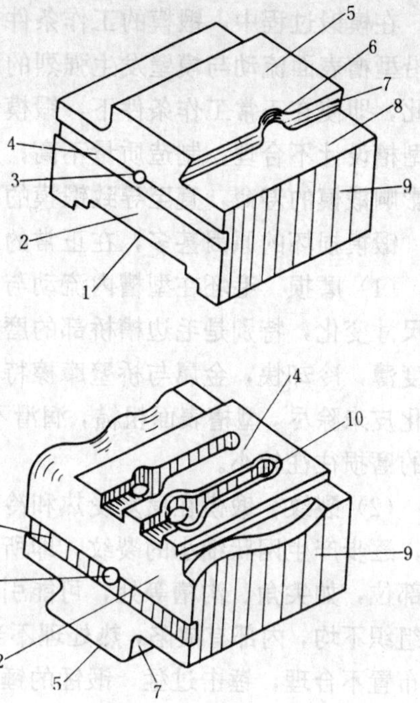

图 4-45 连杆锤锻模

1、4—分模面 2—横向基准面 3—起重孔 5—燕尾支承面 6—键槽 7—燕尾 8—燕尾肩部平面 9—纵向基准面 10—毛边槽 11—打印用的槽

11）修磨毛边槽桥部及主型槽周边倒角，并抛光各型槽表面。

12）平磨燕尾支承面及分模面。

整副锻模的加工到此即告完成。

三、锻模的检验和维修

（一）锻模的检验

锻模的检验主要是对型槽的检验。型槽的形状一般比较复杂，而且型槽表面间往往是光滑的圆角过渡，没有明显的棱线。在加工过程和加工结束时，通常不能用通用量具（如游标卡尺、千分尺等）进行测量，而是用样板、检验棒、浇铅等方法进行检验，要进一步确定型面精度是很困难的。

目前国内较普遍的是使用截面样板进行检测。这种方法在精度要求不太高（公差值大于±0.05mm）时，仍然是一种有效而又方便的测量方法，只是制作样板的劳动量较大。这种方法用于测量高精度型面时不太可靠，因观察透光间隙含有人为的因素在内。

近年来，由于锻造技术的发展，一些型面复杂、机械加工量特别大的零件，例如，锥齿轮、航空发动机叶片等，都采用无余量精密锻造加工，因此，对锻模型槽表面加工精度要求大大提高。要获得高精度的模具，首先必须做到检验计量正确可靠。在这方面，国内外都有较大的进展，已使用三坐标测量仪等先进仪器（见附录C）。这种测量仪的应用，不仅免除了制作样板的工作，而且大大提高了型面的检测精度。

（二）锻模的维修与翻新

在模锻过程中，锻模的工作条件非常恶劣，除了承受巨大的冲击载荷外，加热的金属毛坯沿型槽表面流动与模壁发生强烈的摩擦，同时，锻模承击面与型槽表面还反复受热和冷却。因此，即使在正常工作条件下，锻模也是容易损坏的。此外，锻模材料选择不当；锻模结构与型槽设计不合理；制造质量不高；热处理工艺不恰当；锻模的安装、使用、维护不善，均将影响锻模的寿命，直至导致锻模的损坏。

锻模损坏的原因甚多，在正常的工作条件下，常见的原因有如下几种：

（1）磨损　毛坯在型槽内流动与型槽壁产生激烈的摩擦，造成型槽表面的磨损，以致引起尺寸变化，特别是毛边槽桥部的磨损最快，因为金属变形填满型槽后流入毛边槽时，桥部厚度薄，冷却快，金属与桥壁摩擦特别剧烈。如果锻模回火温度太高，硬度不够，或者毛坯氧化皮未除尽，型槽表面粗糙，润滑不良等，都将加速锻模磨损。在坯料变形困难的部位，产生的磨损往往较小。

（2）裂纹　锻模在反复受热和冷却的条件下工作，使材料内部受到交变的拉伸、压缩应力，逐步产生网状细小的裂纹，即所谓龟裂。在热应力和机械应力同时作用下，锻模受力较大部位，如尖角、沟槽等处，可能引起微裂纹的扩展而导致锻模的开裂。此外，由于锻模材料组织不均，内部有缺陷，热处理不当，韧性较差，锻造前锻模预热不够，终锻温度过低，型槽布置不合理，锤击过猛，锻锤的锤头与锻模的燕尾接触不良等原因，都会引起锻模产生裂纹。

（3）变形　由于外载荷过大或锻模局部温度过高，使锻模产生塑性变形而造成局部压塌或压堆的现象，如图 4-46 所示。锻模材料的红硬性不好，或因锻模回火时温度过高而造成硬度太低，也会产生锻模的局部变形。

图 4-46　锻模的局部变形

（4）焊合　在锻打过程中，由于型槽表面的损坏，在型槽表层会出现非氧化、非润滑表面。这种表面很容易和毛坯表面粘合在一起，发生“粘模”现象，从而造成锻件出模困难，加剧型槽表面的剥落。

1. 锻模的维修

锻模在使用过程中发现有局部的损伤时，应及时进行维修，以防止其扩大。例如型槽表面出现有毛刺、裂纹、圆角处隆起、局部塌陷或开裂、磨损及变形等情况时，可在车间或工位上，用风动砂轮、凿、扁铲等工具及时修理。

锻模发生局部断裂时，可用焊补的方法进行修复，图 4-47 所示的模具比较长，由于预热不好或砧座不平等原因，使锻模从中打断，这时可在两侧加夹板，然后焊接起来。又如图 4-48 所示，由于锻模的宽度 B 不够，圆角半径偏小，R 处强度不足，当楔子与燕尾角度不适合，强行打入楔子时，使 R 处开裂，同样可以用侧面加板焊补的办法加以修复。

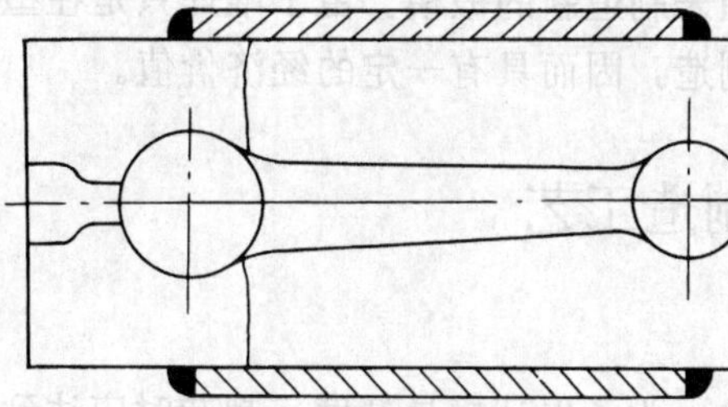

图 4-47　两侧加板焊接修复锻模

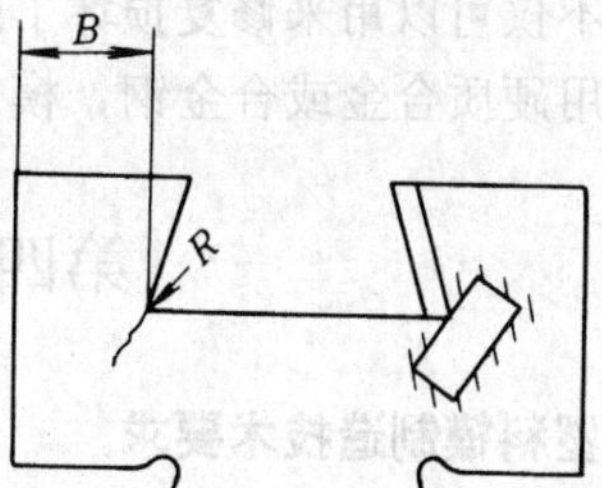

图 4-48　锻模圆角 R 处开裂后加板焊接修复

锻模局部缺陷还可采用堆焊的方法进行修复。焊前应将需要焊补的地方彻底清洗干净，不允许有油污或其他脏物，堆焊部位若是尖角应加工成圆角，垂直面应加工成斜面，若有裂纹应先清洗后加工成“V”形坡口。焊后用砂轮打磨复原，即可继续使用。

2. 锻模的翻新

锻模使用一段时间后，当出现有严重的磨损，型槽边缘或凸起部分塌陷，出现大量热疲劳裂纹或型槽尺寸涨大，以致不能保证锻件形状尺寸合格时，应停止使用进行翻新。锻模的翻新一般在模具加工车间进行，翻新的方法有两种：

1）将模具退火后从分模面削掉一层金属，同制造新模具一样用机械加工或电加工方法，将型槽加深达到要求，经检验合格后便可继续使用。

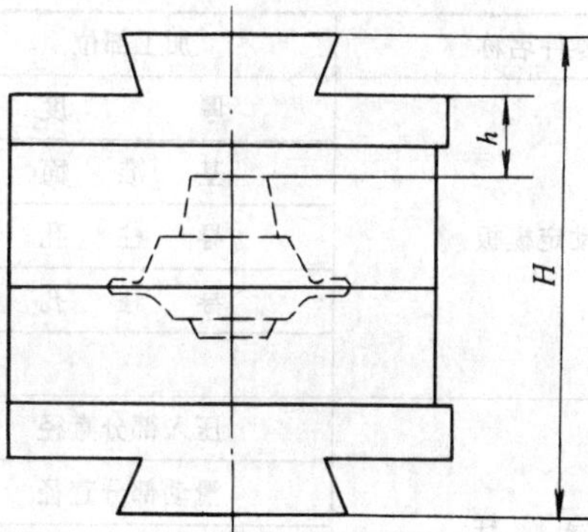

图 4-49　锻模翻新的最小壁厚示意图

一副锻模翻新后，上下模的总高度不得小于锤锻所允许的最小高度，型槽最深处至燕尾肩部平面的最小壁厚不得小于锻锤所允许的最小壁厚。见图 4-49。其数值见表 4-13。翻新锻模时必须留有 50mm 高度的最小检验面。

表 4-13　锻模最小高度和最小壁厚（mm）

使用设备	最小高度 H_{min}	最小厚度 h_{min}
1 t 模锻锤	320	40
2 t 模锻锤	360	50
3 t 模锻锤	480	60
4 t 模锻锤	580	70

2）当锻模削掉一层金属后，或模具出现较大的磨损时，可采用气体保护焊、电渣焊或手工电弧焊进行堆焊的方法翻新。堆焊时需将锻模退火，彻底清洗其损坏部位，对裂纹部位必须去掉足够的深度，下塌及龟裂部位必须铲除 5mm 以上的疲劳层厚度，焊前需预热锻模，根据模具大小，预热温度为 350～450℃。若工作量大，堆焊时间过长，温度降低到 200～250℃以下时，还应重新预热。采用手工电弧焊堆焊

时，焊条成分与模块相近，烘干后才能使用。若用直流电弧焊机则应用反接法（焊条接正极），一般电弧电压为20～30V，电流大小可按焊条直径每毫米30～40A选用，堆焊时电弧应尽量缩短，以免焊缝中出现气孔。堆焊完后应立即退火，若不退火则在堆焊时应用干石棉粉把堆焊层及其附近部位覆盖好，使其缓慢冷却，以免发生裂纹，以后再进行加工。堆焊翻新后的锻模寿命可同原来的相近。一般可多次进行堆焊修复翻新。

堆焊不仅可以用来修复损坏了的锻模，还可以用来制造新的锻模。由于堆焊只是在型槽表面上使用硬质合金或合金钢，模体可用一般钢材制造，因而具有一定的经济价值。

第四节　塑料模制造工艺

一、塑料模制造技术要求

模具精度是影响塑料成型件精度的重要因素之一。为了保证模具精度，制造时应达到如下主要技术要求：

1）组成塑料模具的所有零件，在材料、加工精度和热处理质量等方面均应符合相应图样的要求。

2）组成模架的零件应达到规定的加工要求（表4-14），装配成套的模架应活动自如，并达到规定的平行度和垂直度等要求（表4-15）。

表4-14　模架零件的加工要求

零件名称	加工部位	条　件	要　求
动定模板	厚　　度	平　行　度	300：0.02以内
	基　准　面	垂　直　度	300：0.02以内
	导　柱　孔	孔径公差	H7
	导　柱　孔	孔距公差	±0.02mm
		垂　直　度	100：0.02以内
导　柱	压入部分直径	精　　磨	k6
	滑动部分直径	精　　磨	f7
	直　线　度	无弯曲变形	100：0.02以内
	硬　　度	淬火、回火	55HRC以上
导　套	外　　径	磨削加工	k6
	内　　径	磨削加工	H7
	内外径关系	同　轴　度	0.01mm
	硬　　度	淬火、回火	55HRC以上

表4-15　模架组装后的精度要求

模架组装后的精度	浇口板上平面对底板下平面的平行度	300：0.05
	导柱导套轴线对模板的垂直度	100：0.02
	固定结合面间隙	不允许有
	分型面闭合时的贴合间隙	＜0.03mm

3）模具的功能必须达到设计要求。

a）抽芯滑块和推顶装置的动作要正常。

b）加热和温度调节部分能正常工作。

c）冷却水路畅通且无漏水现象。

4）为了鉴别塑料成型件的质量，装配好的模具必须在生产条件下（或用试模机）试模，并根据试模存在的问题进行修整，直至试出合格的成型件为止。

二、塑料模型腔的加工和抛光

（一）塑料模型腔的加工

型腔的形状往往比较复杂，而且要求尺寸精度高和表面粗糙度小，因此，型腔的加工是塑料模具制造中的难点。

根据型腔是否进行热处理，塑料模具的加工程序可分为两种：型腔需要进行热处理的模具，其加工程序为铣加工→热处理→平面磨削→坐标磨削→电加工→抛光→组装；型腔不需要进行热处理的模具，其加工程序为铣加工→（电加工）→抛光→组装。

型腔的加工方法甚多，可归纳为如下三种：

1. 用通用机床加工

圆形的型腔可在车床上加工；方形或与其类似的型腔可在立式铣床上用各种形状的铣刀加工。通用机床加工型腔的生产效率低，成本高，质量也难以保证。

2. 用仿形铣床加工

仿形铣床利用靠模仿形或数控方式对型腔进行加工，生产效率高，但是，加工表面并不十分光滑，有些刀痕及型腔凹角及狭窄沟槽等部位尚需钳工加以修整。这种加工方法仅当型腔形状较简单或是精度要求不太高的情况下使用。当模具型腔精度要求高时，仿形铣床加工仅作为粗加工工序，最后用电火花加工进行精加工。

3. 采用各种型腔加工新工艺

由于型腔加工的难度大，因此人们一直在寻求各种高效率、高质量的加工新工艺。目前，模具行业已采用型腔冷挤压、电加工、精密铸造等新工艺，这对于缩短制造周期，提高模具精度和降低制造成本都起着重要的作用。

（1）型腔冷挤压　型腔冷挤压是在室温下，利用装在压力机上的冲头以很大的压力挤入模坯，使模坯产生塑性变形，从而形成与冲头形状和大小一致的凹穴，经适当的加工后就成为所需的型腔。型腔冷挤压的形式有两种：

1）开式挤压：将一定形状的模坯2放在冲头1下面加压，如图4-50所示。模坯未受限制，挤压时金属向四周自由流动而形成型腔，这种方法较简单，但因模坯受挤压的平面有向下凹陷的现象，所以，挤压后尚需进行适当的机械加工。此法适合于加工精度要求不高的浅型腔或多型腔。

2）闭式挤压：如图4-51所示，将模坯5放入淬硬的钢圈3内，外加钢套4，模坯下面有垫板6。冲头1沿导套2向下挤压时，模坯金属的变形受钢圈3的限制，只能沿冲头向上流动，使模坯金属与冲头吻合，型腔轮廓清晰，型腔的尺寸精度可达IT6～IT7，表面粗糙度为R_a0.2～0.1μm，但所需的挤压力比开式挤压时大。此法适用于精度要求高的型腔或深型腔的挤压。

显而易见，型腔冷挤压的优点是，可压制出机械加工难以成形的复杂型腔，而且生产率

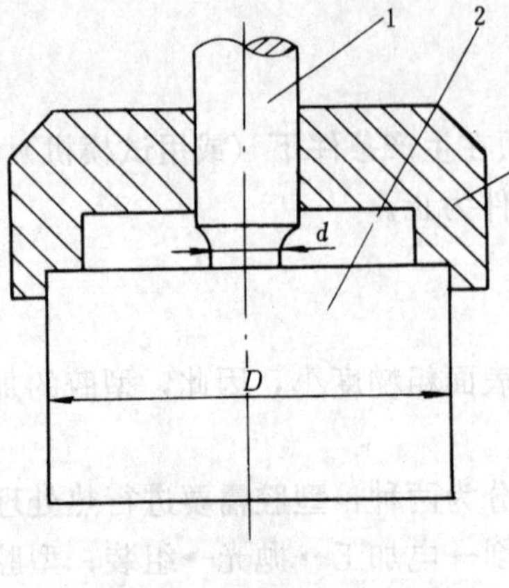

图 4-50　开式挤压法示意图

1—冲头　2—模坯　3—导套

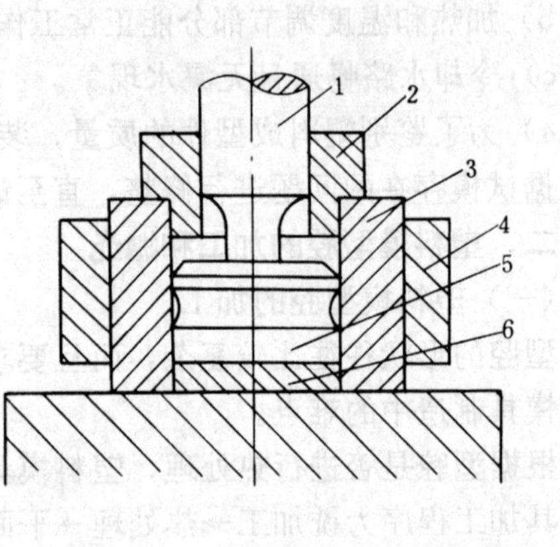

图 4-51　闭式挤压法示意图

1—冲头　2—导套　3—钢圈　4—钢套

5—模坯　6—垫板

高；压制出的型腔精度高，表面光洁；经挤压后的型腔组织更加致密，硬度和耐磨性亦有所提高。

由于冷挤压工艺的发展和大吨位专用液压机的出现，目前已有许多种材料可以进行冷挤压，包括铝和铝合金、铜和铜合金、低磷铜、中碳钢以及部分工具钢，例如 T8A、T10A、3Cr2W8V 等。在塑料模中，目前应用最多的是低碳钢和中碳钢。

型腔冷挤压工艺对模坯的准备工作要求较高。在冷挤压前模坯需进行一次退火处理，以提高其塑性和减小挤压力；考虑到模坯的变形程度为 35%～50%时挤压力最小，模坯直径 D 应为（1.4～1.7）d 左右（图 4-52a），考虑到其他因素，取 $D=2d$ 亦已足够。而模坯高度则取 $H=$（2～3）h。

有时为了减小挤压力，可在模坯底部做减荷穴（图 4-52b），其直径取 0.7d，高度取 1.2h，使凹穴体积约为型腔体积的 60%。型腔带有文字或图案时，为保证图案清晰，可将模坯表面作成球面，或在挤压时在模坯底部垫一块与图案大小一致的垫块（图 4-53）。

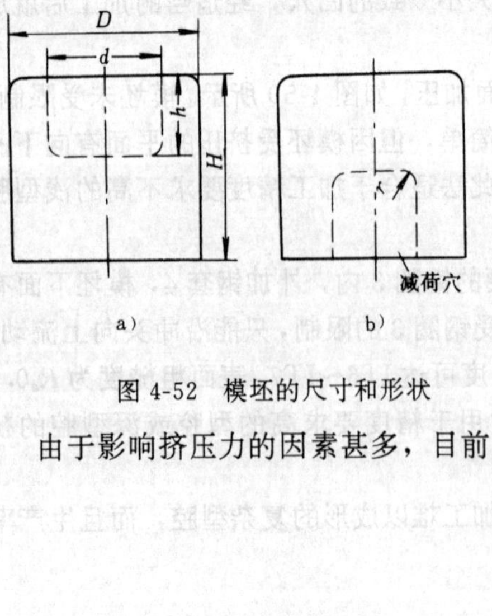

图 4-52　模坯的尺寸和形状

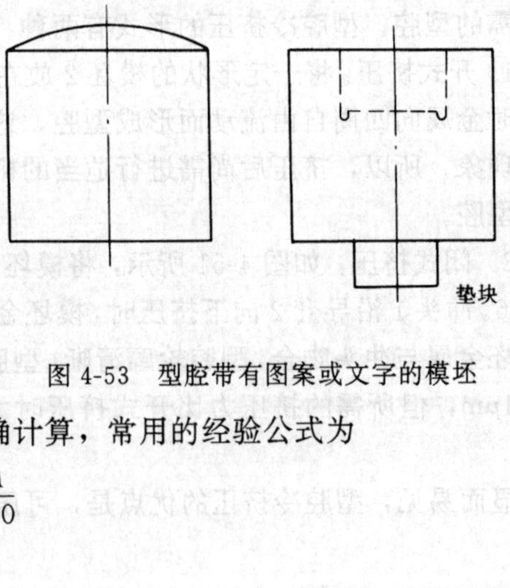

图 4-53　型腔带有图案或文字的模坯

由于影响挤压力的因素甚多，目前尚无法精确计算，常用的经验公式为

$$F=\frac{pA}{1000}$$

式中 F——所需挤压力（kN）；

p——单位挤压力（MPa）；

A——型腔投影面积（mm^2）。

由于各厂的条件不同，因此 p 值亦有出入，大致如下：

10 钢～20 钢　HBS＜130　p＝2200～2400　MPa

40 钢～45 钢　HBS＜160　p＝2400～2600　MPa

T8A　HBS＜200　p＝2600～3200　MPa

铜及铜合金　HBS＜60　p＝1300　MPa

为了提高型腔表面质量和便于脱模，挤压前可在冲头表面涂上一层很薄的硫酸铜溶液作为润滑剂。

图 4-54 所示为瓶盖的型腔冷挤压的实例。

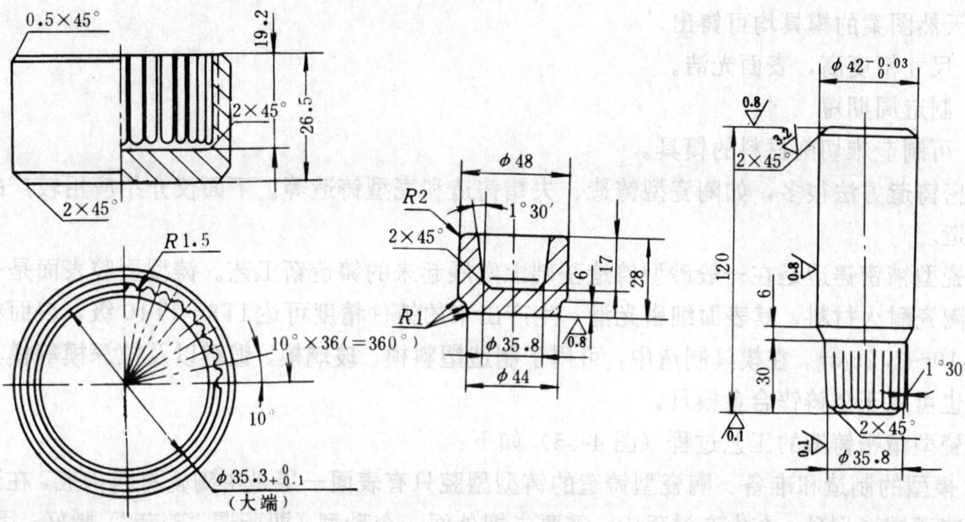

图 4-54　瓶盖的型腔、坯料和挤压凸模

（2）电加工　用于型腔加工的电加工主要有三种：

1）电火花加工：电火花加工可用于加工整个型腔，也可加工型腔的某一部分，如机械加工困难的深槽、窄槽或带有文字花纹等部位，其加工精度高，但在应用此工艺时必须考虑，加工出的型腔带有微小的斜度，轮廓转折处存在小圆角；加工后的型腔表面呈粒状麻点，当塑料成型件的精度要求较高时，经电火花加工的表面还必须进行手工抛光或机械抛光。由于加工表面上有一层硬化层，抛光工作比较费时。

2）电火花线切割加工：电火花线切割加工只能加工通孔，需要加工型腔时，必须将型腔设计成镶拼结构。线切割的加工精度一般可控制在±0.01mm，但加工表面较粗糙，表面粗糙度 R_a 小于 2.5μm。这样的表面粗糙度对脱模虽无妨碍，但当成形件要求表面光滑时，线切割加工的表面必须经过抛光才能达到要求。

3）电铸加工：电铸是一种电化学加工方法，其特点是复映性能良好，尺寸稳定。电铸件（模具型腔）的好坏取决于母模的加工精度和表面粗糙度。如果母模为镜面，则电铸件无需进行加工即可作镜面使用；如果母模表面为木纹或皮纹，则电铸加工可将天然的花纹照原样复映出来。目前，国内已较为广泛地应用电铸工艺，主要用于搪塑玩具、吹塑制品、工艺制品、唱片以及较小的注射模具，如螺旋齿轮、笔杆和笔套模具等。

（3）精密铸造法　随着塑料材料和成形技术的进步，要求模具材料具有更加优良的耐腐蚀性。解决这一问题的趋向是在模具材料中添加铬、镍及钴等多种元素，以改善钢材的性能。但由于这类钢材的切削性能较差，其加工工时多而且成本高，因此，对于难切削的模具材料来说，采用精密铸造是一种极为有效的方法。从另一方面来看，用电加工等特种加工完全可解决难切削材料的加工问题，然而，若从节约模具材料和减少加工工时的方面考虑，精密铸造仍具有很大的实用价值。

精密铸造模具的材料有锌、铝等低熔点合金、铍铜合金、合金钢和高温合金等。精密铸造模具的特点如下：

1）适于制造形状复杂的模具。机械加工难以制作的复杂型腔或深型腔，或是带有木、皮及布等天然图案的模具均可铸出。

2）尺寸精度高，表面光洁。

3）制造周期短。

4）可制造难切削材料的模具。

精密铸造方法很多，如陶瓷型铸造、失蜡铸造和壳型铸造等。下面仅介绍应用较广的陶瓷型铸造。

陶瓷型精密铸造是在一般砂型铸造基础上发展起来的铸造新工艺。铸型型腔表面是一层特殊的陶瓷耐火材料，其表面细密光滑，生产出来的铸件精度可达IT8～IT10级，表面粗糙度为R_a10～1.25μm。在模具制造中，可用于制造塑料模、玻璃模、锻模以及拉深模等模具的型腔，也可用于浇铸锌合金模具。

陶瓷型精密铸造的工艺过程（图4-55）如下：

1）模型的制造和准备　陶瓷型铸造的铸型型腔只有表面一层是由陶瓷材料构成，在这层以外是普通铸造型砂。在生产过程中，需要先把外面一个砂型（即所谓“砂套”）制好，因此，精铸需要的模型有两种，一种是灌浆时用的母模（精模），另一种是造砂套用的模子（粗模）。显然，粗模的尺寸比精模大一层陶瓷层厚度。通常精模用金属材料、金属镀铬或非金属材料，如石膏、木材、塑料、橡胶、石蜡等材料制成。精模表面的粗糙度要求一般比铸件小。收缩率按型腔放2%左右，起模斜度一般为17′～34′。精模的表面应均匀地涂上一层分型剂，如石蜡、石蜡和石墨的混合物、凡士林油或上光蜡等，以防粘模。分型剂在酒精或硅溶胶中的溶解度要小，以便易于在精模上形成薄膜，而不需减小精模的表面粗糙度。粗模可在精模外面包复一层等厚度的湿粘土或橡皮泥而制成，或用木材、石膏等材料另制一只粗模，其外形比精模均匀地放大5～8mm，表面粗糙度要求可较大，起模斜度则应大一些。

2）砂套制造：造砂套的型砂一般用水玻璃砂，其方法同一般的水玻璃砂造型方法相似。造型后需吹入二氧化碳进行硬化后才能起模。要求砂箱和砂套的热变形小，强度高，除在砂型底部开一个灌浆孔外，还需开若干个排气小孔，使砂型有足够的透气性。为了避免铸件产生缩孔等缺陷，需设计合理的冒口，以保证铸件补缩。

3）灌浆：陶瓷型浆料由耐火材料、粘结剂、催化剂和透气剂等按一定比例配成。耐火材料主要含Al_2O_3和SiO_2粒度要粗细配搭适当。粘结剂是硅酸乙酯$(C_2H_5O)_4Si$进行水解而得到

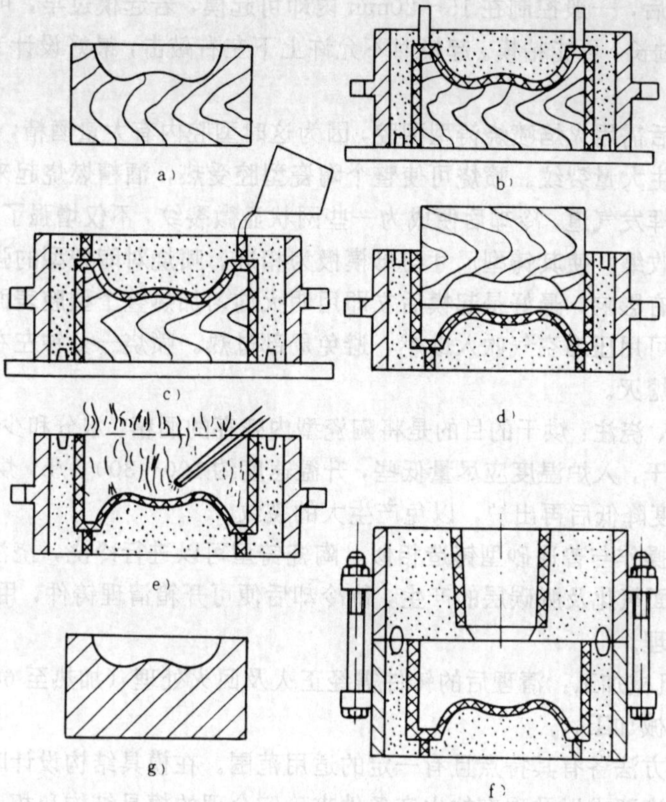

图 4-55　陶瓷型精密铸造工艺过程示意图

a）制造母模　b）砂套造型　c）灌浆　d）起模　e）喷烧　f）烘干、合箱、浇注　g）铸件

的含硅酸的胶体溶液，简称水解液。

所谓水解，就是溶质硅酸乙酯和水在溶剂酒精或丙酮中，通过盐酸催化作用所发生的反应。其化学反应式如下

$$(C_2H_5O)_4Si + 2H_2O \xrightarrow{\text{盐酸催化}} SiO_2 + 4C_2H_5OH$$

水解液中，有时尚需加些甘油、硫酸等附加物，以增加陶瓷型的韧性、强度、防止铸型开裂、减少杂质对铸件的影响。

耐火材料与粘结剂的胶结成型时间往往较长，所以需要加催化剂以缩短其胶结时间。在催化剂的作用下，经过十几分钟即可胶固成型。常用的催化剂有氢氧化钙、氧化镁、氢氧化钠、氧化钙及碳酸钠等。一般固体催化剂作成粉状混入耐火材料中，液体催化剂与水解液混合后立即同耐火材料混合使用。

陶瓷型组织细密，透气性较差，需要加入一些透气剂以增加透气性，加入的透气剂有两种类型，一种是在喷烧或烘干时能烧掉而形成细微孔隙的材料，如松香、糊精、糖浆、酚醛树脂等；另一种是在分解时能放出气体，而在陶瓷浆中形成小气孔的材料，如碳酸钡、双氧水等。

灌浆需注意掌握时机，灌浆太早，浆料太稀容易粘模，灌浆过晚，浆料太稠，不易充满铸型。

4）起模：结胶后，一般控制在15～20min内即可起模，若起模过早，可能因陶瓷层强度不够而损坏，时间过长，可能粘模。起模时不允许上下左右敲击，最好设计专用起模机构，使母模平稳取出。

5）喷烧：起模后需用火焰喷烧铸型型腔，因为这时型腔内有大量酒精，若让其慢慢挥发，陶瓷层收缩后将产生大量裂纹。喷烧可使整个陶瓷型腔受热，酒精燃烧起来，在陶瓷层中形成均匀密布的酒精挥发气道，冷却后便成为一些网状显微裂纹，不仅增强了陶瓷层的透气性，而且弥补了铸型的收缩，使其铸型尺寸与母模极为相近。喷烧对陶瓷型的强度、变形、收缩率和裂纹状态等均有影响，最好是起模后立即用明火均匀加热整个型腔表面，对空气不易进入燃烧的部位，还可用压缩空气吹入助燃，避免局部过热。喷烧一分钟左右即可让其自行燃烧，直至火焰自行熄灭。

6）烘干、合箱、浇注：烘干的目的是将陶瓷型内残存的酒精、水分和少量的有机物清除。放在砂型烘炉内烘干，入炉温度应尽量低些，升温速度约100～300℃/h，烘干温度约450℃，保温4～6h，待温度降低后再出炉，以免产生大的裂纹。

合箱、浇注等操作与普通砂型铸造相似。陶瓷铸型可以进行冷浇，浇注后可通以氮气保护，以减少铸件表面氧化及脱碳层的产生，待冷却后便可开箱清理铸件，用氧-乙炔焰切割冒口，并进行喷砂处理。

7）热处理、机械加工：清理后的铸件需经正火及回火处理（加热至680℃，保温24h），然后进行适当的机械加工。

上述各种加工方法各有其特点且有一定的适用范围。在模具结构设计时，必须根据塑料成型件的形状、精度要求以及现有的生产条件来确定合理的模具结构和相应的加工方法，使型腔便于加工，而且有利于提高模具精度。关于这点，从以下数例也许可得到启发。

例1　图4-56所示为用于卸料式通用模架上的挤塑模（一模四件），右侧为制品图。其型

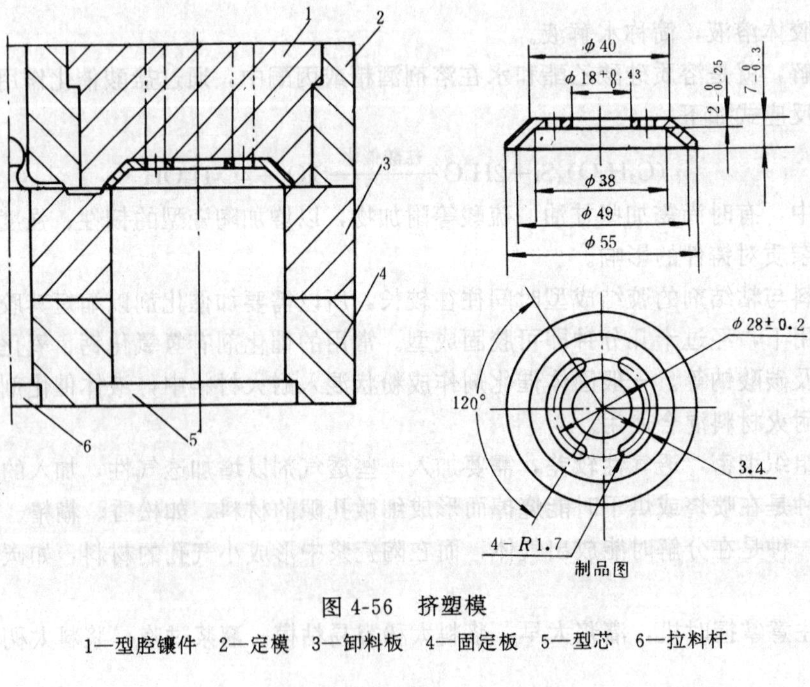

图4-56　挤塑模

1—型腔镶件　2—定模　3—卸料板　4—固定板　5—型芯　6—拉料杆

腔镶件 1 为整体结构，加工时可先用车床加工出外圆和整个环形凸台，用平面磨床磨平上下两端面后，在立式铣床上铣出 4-R1.7mm，最后经钳工抛光即可。若对塑料件环形槽 4-R1.7mm 的精度要求高的话，则需将该处设计成镶拼结构（如图中的双点划线所示），以便采用电火花线切割加工，提高模具精度。

例 2　图 4-57 所示为中央带有箭头形凸肋的型腔。这种型腔难以进行机械加工，为了便于加工，需将型腔设计成镶拼式，采用电火花线切割加工可方便地将箭头状的镶件及相应的型孔割出。

例 3　图 4-58 所示为带有深槽的型腔，其加工精度要求高，机械加工极为困难，此时，可采用电火花加工，但加工后的槽形难以进行抛光。为此，若将槽形改成镶拼结构，由 C、D 两拼块组成（如图 4-58a 中的双点划线所示），则对电火花加工有利，又便于抛光。图 4-58b 为电火花加工拼块 D 的情形。

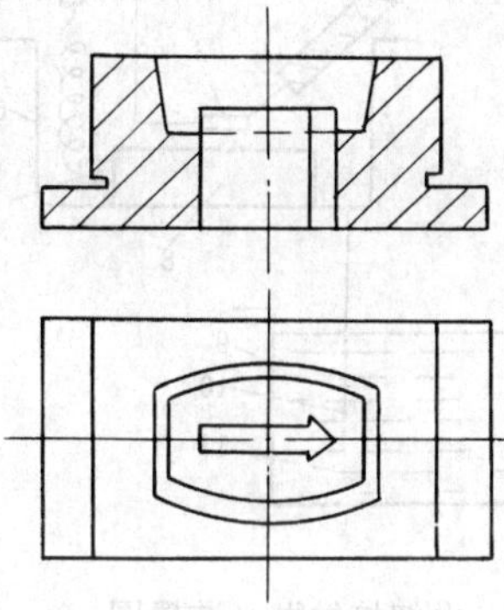

图 4-57　电火花线切割加工型腔

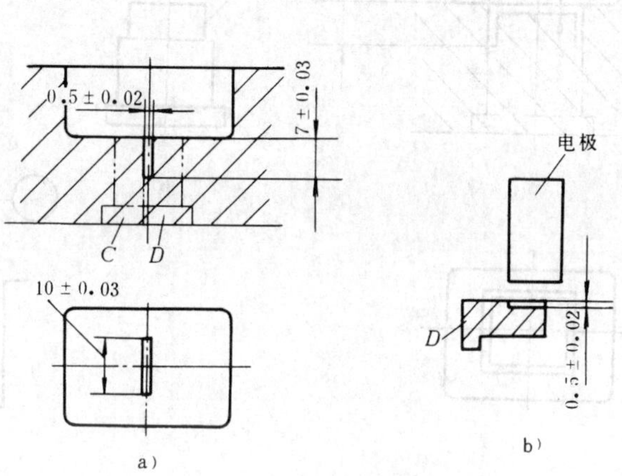

图 4-58　电火花加工深槽

a）型腔　b）拼块

例 4　图 4-59 所示为带有环形细窄槽的型腔。为了便于加工和保证加工精度，需将型腔改为镶拼式（如图 4-59a 中双点划线所示）。这样，可用磨削方法加工拼块（图 4-59b），其加工精度高，而且可加工出四边清角。

（二）型腔的抛光

模具型腔的抛光是模具制造过程中的最后一道工序。抛光工作的好坏，不仅对模具寿命有影响，而且对加工出的成品表面光泽、尺寸精度等都有很大的影响。

经机械加工或电火花加工后的模具型腔，在表面留有刀痕或硬化层，需以抛光去除。目前，这项工作大多数仍然是依靠钳工来完成，如使用锉刀、砂布、砂纸、油石，或用电动软轴磨头等工具。随着现代技术的发展，抛光加工中引用了电解、超声波加工等技术，出现了电解抛光、超声波抛光以及机械-超声波抛光、电解-机械-超声波抛光等复合新工艺。应用这些新工艺，可以减轻劳动强度，提高抛光速度和质量。下面对电解接触抛光和超声波抛光作一介绍。

1. 电解接触抛光

电解接触抛光（或称电解修磨）是电解抛光的形式之一，它是利用通电后的电解液在工件（阳极）与金刚石抛光工具（阴极）间流过，发生阳极溶解作用来进行抛光的一种表面加工方法。

图 4-60 所示为电解接触抛光装置示意图。被加工的工件 8 由一块与直流电源正极相连的永久磁铁 7 吸附在上面，修磨工具由带有喷嘴的手柄 2 和磨头 3 组成，磨头连接负极。电源 4 供应低压直流电，输出电压为 30V，电流为 10A，外接一可调的限流电阻 5。离心式水泵 13 将电解液箱 9 内的电解液通过控制流量的阀门 1 输送到工件与磨头两极之间。电解液可将电解产物冲走，并从工作槽 6 通过回液管 10 流回电解液箱中，箱中设有隔板 12 起到将电解液过滤的作用。

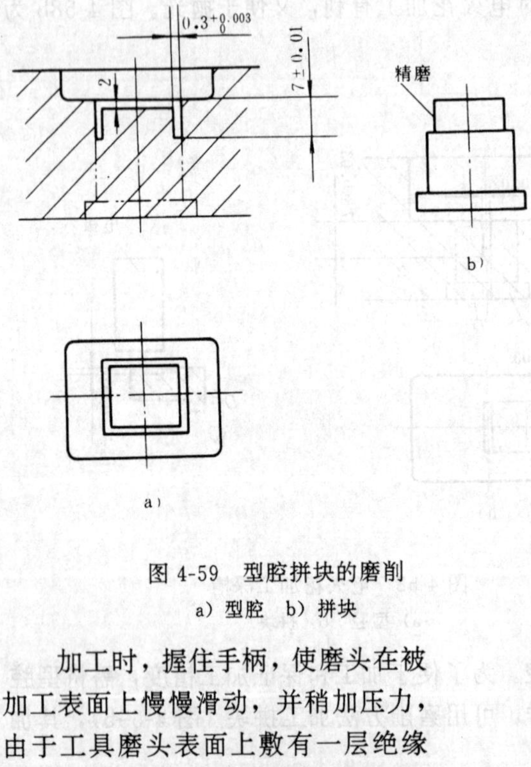

图 4-59 型腔拼块的磨削

a）型腔 b）拼块

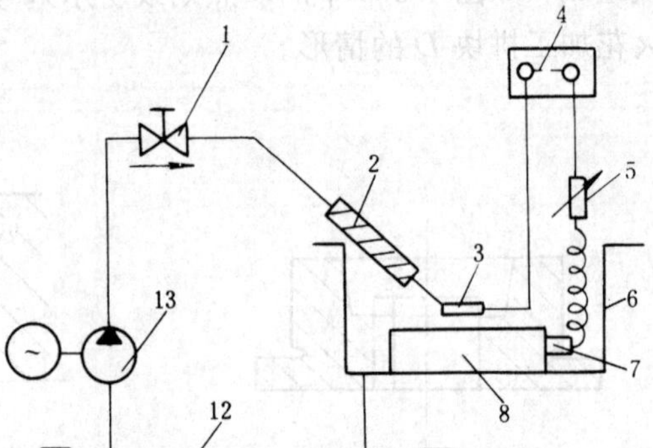

图 4-60 电解接触抛光装置图

1—阀门 2—手柄 3—磨头 4—电源 5—电阻 6—工作槽 7—磁铁 8—工件 9—电解液箱 10—回液管 11—电解液 12—隔板 13—泵

加工时，握住手柄，使磨头在被加工表面上慢慢滑动，并稍加压力，由于工具磨头表面上敷有一层绝缘的金刚石磨粒，防止两电极接触时发生短路（图 4-61），当电流及电解液在两极间通过时，工件表面发生电化学反应，溶解并生成很薄的氧化膜，这层氧化膜被移动着的工具磨头上的磨粒所刮除，使工件表面露出新的金属表面，并继续被电解。刮除氧化膜和电解作用如此交替进行，达到抛光表面的目的。抛光速度为 0.5～2 cm^2/min，抛光后的工件应立即用热水冲洗，如再用油石及砂布加工，表

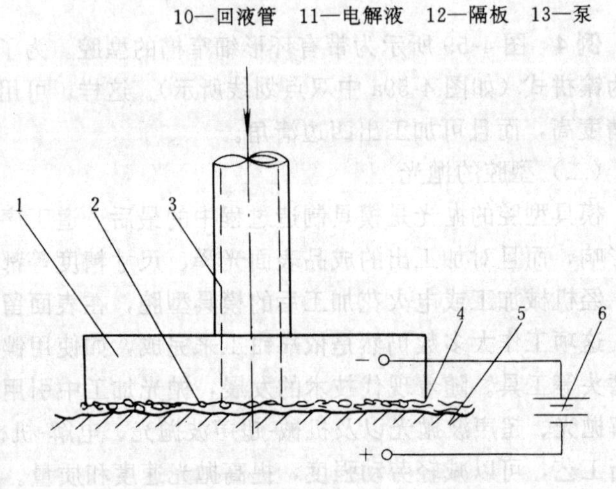

图 4-61 电解接触抛光示意图

1—工具（阴极） 2—磨料 3—电解液管 4—电解液 5—工件（阳极） 6—电源

面粗糙度能较容易地达到 R_a0.63～0.32μm。

电解液常选用每立升水中溶入 150g 硝酸钠（$NaNO_3$）、50g 氯酸钠（$NaClO_3$）制成。

电解接触抛光不会使工件引起热变形或产生应力；工件表面的硬度不影响溶解速度；对模具型腔不同的部位及形状可选用相适应的磨头，操作灵活；工作电压低，电解液无毒，生产安全。但仍是手工操作，去除硬化层后，一般还需手工抛光达到要求；人造金刚石寿命高，刃口锋利，去除电加工硬化层效果很好，但容易使表面产生划痕，对减小加工表面粗糙度不利。

2. 超声波抛光

超声波抛光是超声加工的一种形式，超声加工是利用超声振动的能量，通过机械装置对工件进行加工。

超声波抛光装置如图 4-62 所示，由超声波发生器、换能器、变幅杆、工具等部分组成。

超声波发生器是将 50Hz 的交流电转变为有一定功率输出的超声频电振荡，以提供工具振动能量。换能器将输入的超声频电振荡转换成机械振动，并将其超声机械振动传送给变幅杆（又称振幅扩大器）加以放大，再传至固定在变幅杆端部的工具，使工具产生超声频的振动。

图 4-62a 的形式称为散粒式超声波抛光，在工具与工件之间加入混有金刚砂、碳化硼等磨料的悬浮液，在具有超声频率振动的工具作用下，颗粒大小不等的磨粒将产生不同的激烈运动，大的颗粒高速旋转，小的颗粒产生上下左右的冲击跳跃，对工件表面均起到细微的切削作用，使加工表面平滑光整。

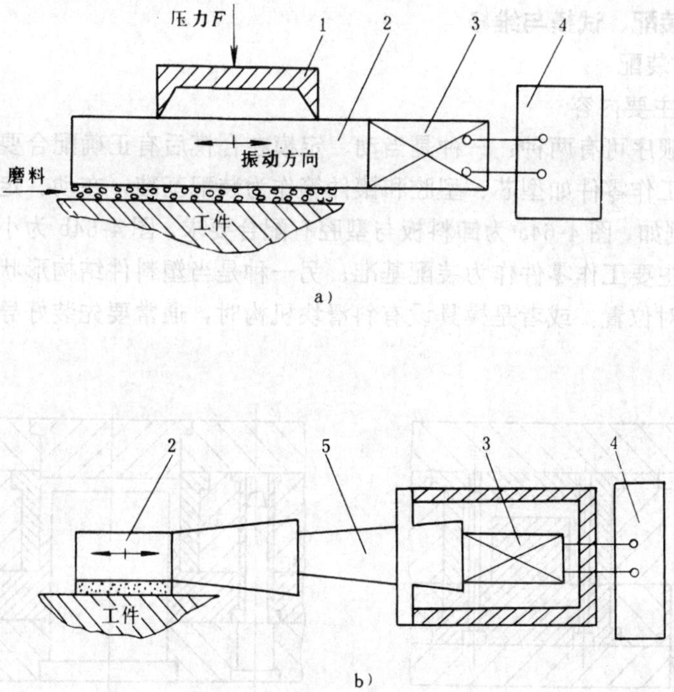

图 4-62　超声波抛光装置示意图

1—固定架　2—工具　3—换能器　4—超声波发生器　5—变幅杆

图 4-62b 的形式称为固着磨料式超声波抛光，这种方法是把磨料与工具制成一体，就如使用油石一样，用这种工具抛光，不需另添磨剂，只要加些水或煤油等工作液，其效率比手工用油石抛光高十多倍。为什么会有如此高的效率呢？这是由于振动抛光时，工具上露出的磨料都在以每秒二万次以上的频率进行振动，也就是露出的每一颗磨粒都在以如此高的频率进行微细的切削，虽然振幅仅有 0.01～0.025mm，但每秒钟都切削几万次，切除的金属量还是不少的。因为工具的振幅很小，所以，加工表面的切痕均匀细密，能达到抛光目的。这种形式较散粒式节约研磨剂，使磨剂利用率提高，并提高了抛光效率。图 4-63 所示为这种形式的超声波抛光机。

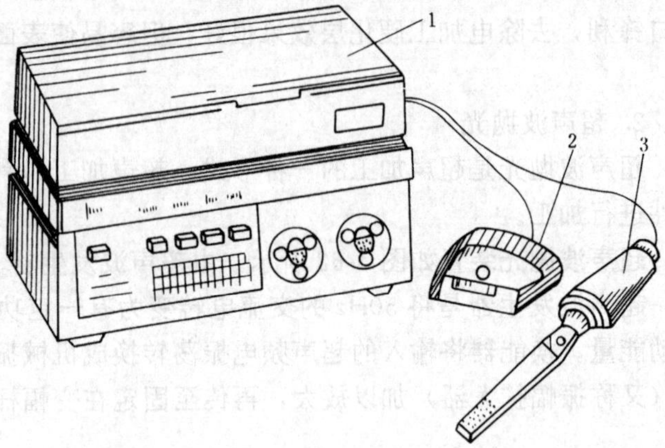

图 4-63　超声波抛光机

1—超声波发生器　2—脚开关　3—手工具

超声抛光前，工件表面粗糙度应不大于 R_a1.25～2.5μm，经抛光后可达 R_a0.63～0.08μm 或更小，抛光精度与操作者的熟练程度和经验有关。

超声波抛光具有如下优点：效率高，能缩短模具制造周期；适应性好，能抛光狭缝、深槽、不规则的圆弧及棱角等；适用于不同材质；能减轻劳动强度等。

三、塑料模的装配、试模与维修

（一）塑料模的装配

1. 装配顺序和主要内容

塑料模的装配顺序可有两种：一种是当动、定模在合模后有正确配合要求，互相间易于对中时，以其主要工作零件如型芯、型腔和镶件等作为装配基准，在动、定模之间对中后才加工导柱、导套。例如，图 4-64a 为卸料板与型腔有配合要求，图 4-64b 为小型芯穿入定模镶块孔中，故可以其主要工作零件作为装配基准；另一种是当塑料件结构形状使型芯、型腔在合模后很难找正相对位置，或者是模具设有斜滑块机构时，通常要先装好导柱、导套、作为模具的装配基准。

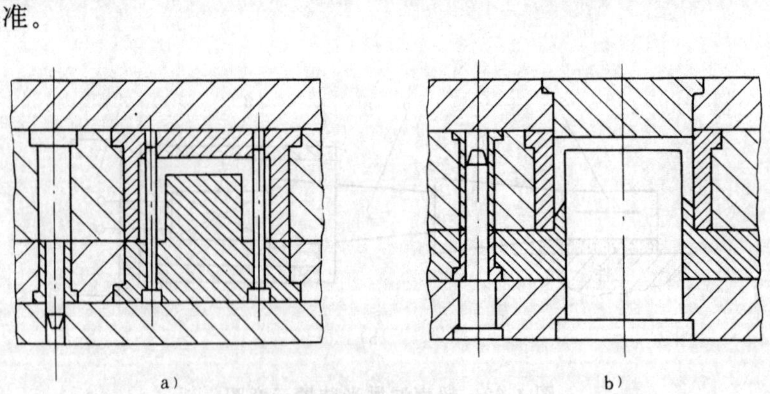

图 4-64　动、定模间有正确配合要求的结构

塑料模装配的主要内容如下：

（1）型芯（凸模）的装配　将型芯装入固定板的方法与其连接方式有关。型芯与固定板通常采用过渡配合，或采用埋入式，对于大面积的型芯，一般是用螺钉、销钉直接与固定板连接。此外，在热固性塑料压模中，型芯与固定板常用螺纹连接方式。型芯与固定板的组装工艺要点见表 4-16。

表 4-16　型芯（凸模）与固定板的组装工艺要点

装 配 简 图	工 艺 要 点
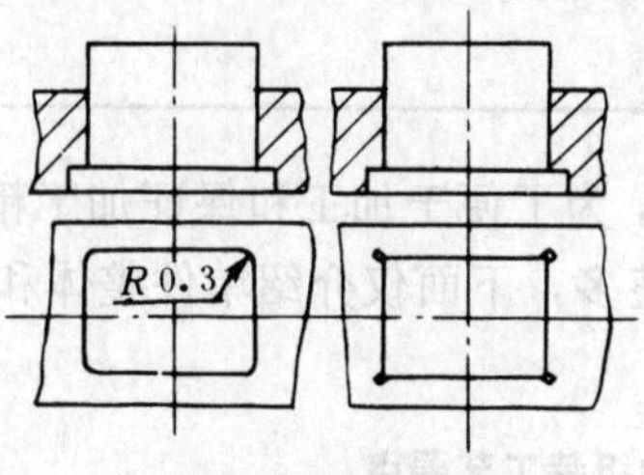 型芯与通孔固定板的组装	1. 型芯压入前，通常在固定板的孔口加工出工艺倒角或引入锥度，这样有利于型芯压入组装和保证型芯垂直度 2. 对于尖角部位，可将型芯尖角部位修成 R0.3mm 的圆弧或将固定板孔角部用锯条修出窄槽 3. 型芯压入过程中，要经常检查型芯的垂直度和方位
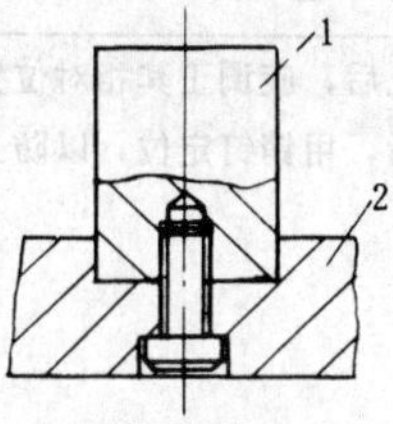 埋入式型芯的组装	1. 型芯 1 的装配端应倒角 2. 当固定板 2 的沉孔与型芯配合端尺寸有偏差时，要按合模的相对位置确定修整方向和修整量，一般都修整型芯，这样较为方便
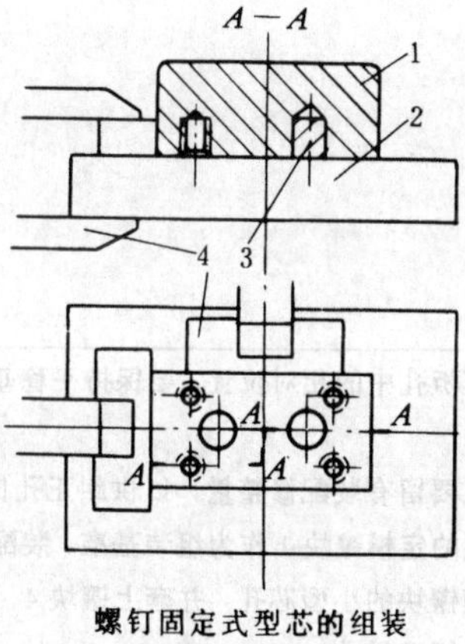 螺钉固定式型芯的组装	1. 大面积型芯 1 与固定板 2 的连接，采用螺钉、销钉 2. 型芯的相对位置，可以导柱导套作为基准或以模板侧面基准来确定。具体方法可按装配简图用定位块 4 粗定型芯位置，并用红粉将型芯上的螺孔位置复印到固定板上，然后钻、锪孔 3. 对淬硬型芯上的销钉孔，则在型芯上的销钉位置孔中压入不淬硬的销钉套 3。待型芯准确定位后，则可按固定板上相应的销钉位置钻、铰到销钉套上，即完成销钉孔的加工。销钉与销钉套的长度仅需 3～5mm
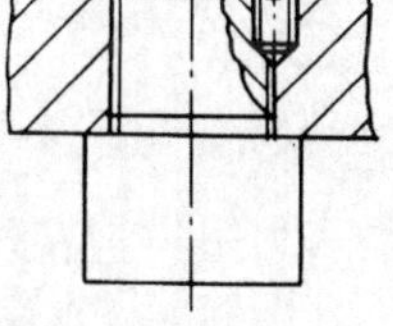 螺纹连接式型芯的组装	1. 适用于圆形小尺寸型芯的固定，具有工艺简单的特点 2. 不对称型芯的螺纹旋到终点时，型芯和固定板往往有角度偏差，此时可采用修磨固定板平面厚度或修磨型芯固定台肩平面的方法进行调整，或在型芯固定好后再加工型芯的不对称型面 3. 型芯固定好后，要用骑缝销钉定位，防止型芯转动

（续）

装 配 简 图	工 艺 要 点
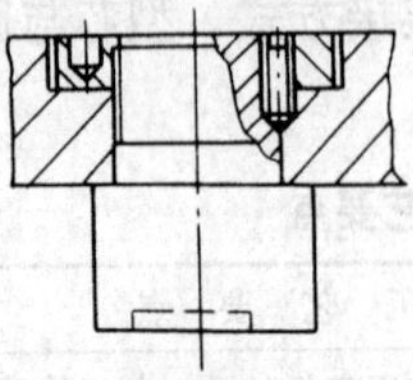 螺母连接式型芯的组装	1. 型芯上设有间隙配合段，起型芯定位作用，具有较高的组装精度 2. 型芯的不对称型面在调整好方位后，即用螺母紧固，销钉定位，具有组装方便可靠的特点 3. 组装完后，型芯尾部和固定板装配平面一起磨平

(2) 型腔（凹模）的装配　除了形状简单的塑料模外，为了便于加工和保证加工精度，塑料模的型腔部分均使用镶嵌或拼块形式。由于镶拼形式甚多，下面仅介绍单件整体和多件型腔（凹模）的装入法以及型腔拼块的镶入法，见表 4-17。

表 4-17　型腔（凹模）与动、定模板的组装工艺要点

装 配 简 图	工 艺 要 点
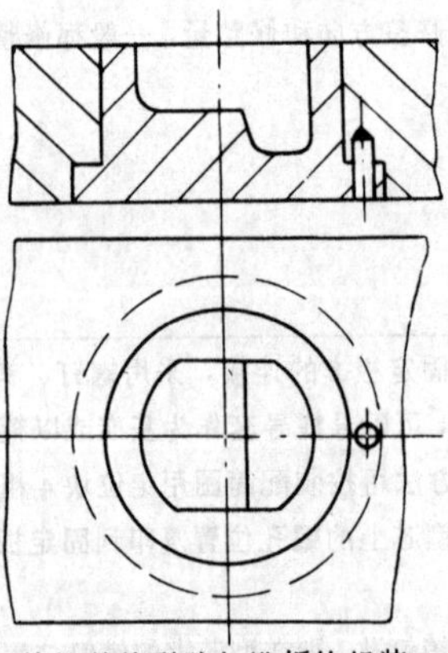 单件整体型腔与模板的组装	1. 圆形型腔镶入模板孔后，应调正其相对位置。 2. 相对位置调整正确后，用销钉定位，以防止转动。
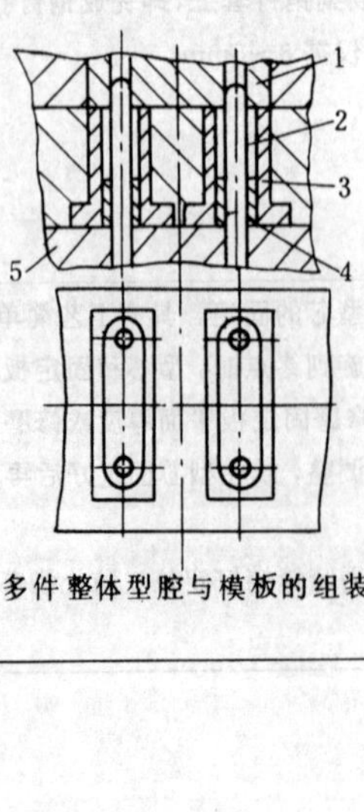 多件整体型腔与模板的组装	1. 圆形型腔镶入模板孔中的相对位置，要保持平稳垂直，并用销钉防止转动 2. 多型腔的模板孔要留有装配修整量，以供纠正孔位偏差 3. 小型芯 2 以淬硬的定模镶块 1 作为组装基准，装配时用工艺销钉插入定模镶块的小型芯孔，并套上镶块 4、型腔 3，确定型腔位置的修正尺寸 4. 小型芯固定板 5 上的小型芯孔是在压入型腔、镶块后，从镶块孔中引钻

（续）

装 配 简 图	工 艺 要 点
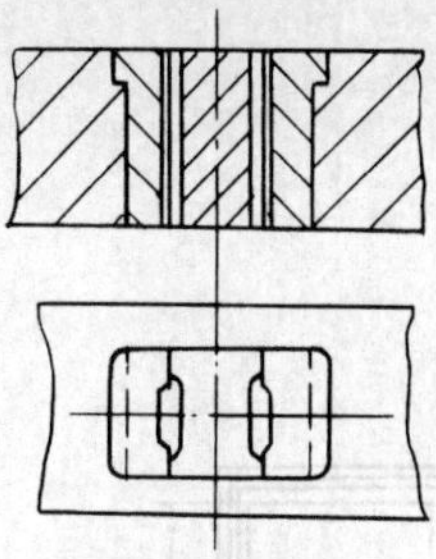 型腔拼块的镶入	1. 所有拼合面要用红粉对研，检查密合程度，在压入模板后应尽量避免再加工 2. 模板上的拼块型腔固定孔一般要留有余量，并用按拼块拼合的最后尺寸制成的压印工具进行修整，借以获得垂直的模板固定孔，使型腔拼块的镶入有足够的过盈量 3. 拼块压入模板固定孔时，须加平垫铁，保持平稳压入，压入的拼块要用平行轧头夹紧，并随时检查压入的垂直度

（3）导柱、导套的装配　为了保证导向作用，动、定模的导柱、导套孔的孔距精度应控制在0.01mm以内。因此，必须使用坐标镗床对动、定模镗孔。在缺少坐标镗床的情况下，较普遍采用的方法是将动、定模合在一起（用工艺定位销钉），在车床、铣床或镗床上进行镗孔。

对于淬硬模板上的导柱、导套孔，可用坐标磨床磨孔。

将导柱、导套压入动、定模板后，要求保持导柱的垂直度，并使启模和合模时导柱、导套间滑动自如。

2. 塑料模装配实例

图4-65所示为热塑性注射模，其装配的主要要求如下：

1）模具上下平面的平行度偏差不大于0.05mm，分模面处需密合。

2）推件时推杆和卸料板动作要保持同步。

3）上、下模型芯必须紧密接触。

装配时以分型面密合作为该模具的装配基准，装配顺序如下：

1）装配前按图检验主要工作零件及其他零件的尺寸。

2）镗导柱、导套孔。将定模17、卸料板18和支承板6叠合在一起，使分模面紧密接触并夹紧，镗导柱、导套孔，在孔内压入工艺定位销后，加工侧面的垂直基准。

3）加工定模。用定模侧面的垂直基准确定定模上型腔中心的实际位置L和L_1（图4-66），并以此作为加工基准，分别镗小型孔ϕ7.1mm和线切割用的穿丝孔2-ϕ10mm，锪台肩ϕ10mm×6mm，铣矩形台肩57.5mm和30mm，以两个ϕ10mm孔为基准，线切割矩形孔50.5mm×87.4mm和23mm×87.4mm。

4）加工卸料板。按定模实际中心L与L_1的尺寸在卸料板18上镗线切割用的穿线孔ϕ10mm，并以穿线孔为基准，切割型孔。

5）压入导柱、导套。在定模、卸料板和支承板上分别压入导柱、导套，使导向可靠，滑动灵活。

6）装配型芯。先将支承板6与卸料板18合拢，把型芯放入卸料板型孔内，用螺孔复印法和压销钉套法使型芯9紧固在支承板6上。

7）通过型芯9引钻支承板6上的推杆孔。

8）通过支承板6引钻推杆固定板23上的孔。

9）在推杆固定板23和支承板6上加工限位螺钉孔和复位杆孔。

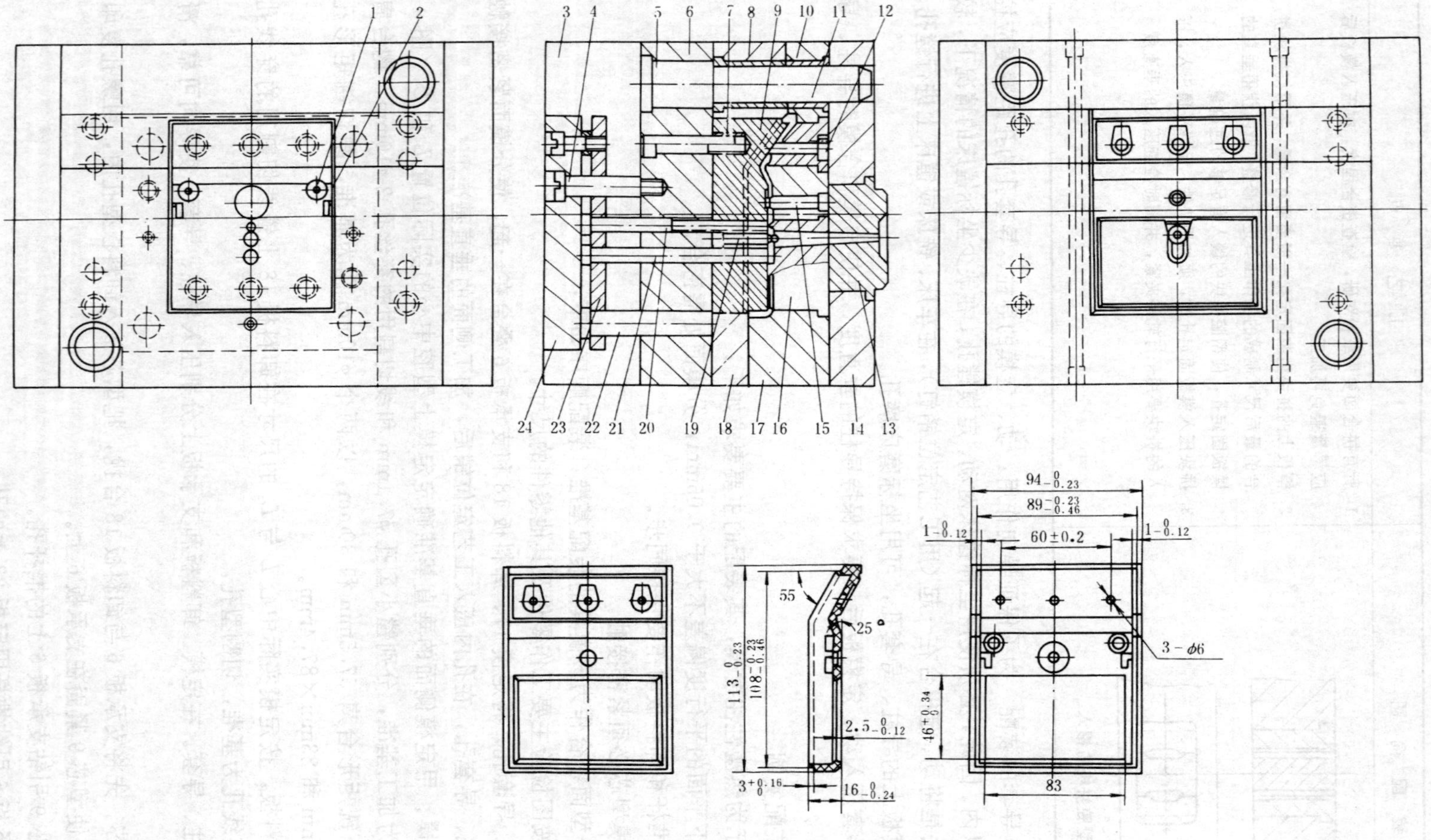

图 4-65　热塑性塑料注射模

1—嵌件螺杆　2—矩形推杆　3—模脚　4—限位螺钉　5—导柱　6—支承板　7—销套　8、10—导套　9、12、15—型芯　11、16—镶块　13—浇口套　14—定模座板　17—定模　18—卸料板　19—拉料杆　20、21—推杆　22—复位杆　23—推杆固定板　24—推板

10）组装模脚 3 和支承板。

11）将镶块 11、16 装入定模。先将型芯 9 装入镶块 16 内，然后才将镶块 16 装入定模内。

12）加工定模座板。加工螺孔、销钉孔和导柱孔，并将浇口套压入定模座板。

13）定模和定模座板的装配。用平行夹头把它们夹紧（浇口套的浇道孔应与镶块上的浇道口对中）。通过定模座板的孔引钻在定模上，拆开后，在定模上钻、攻螺孔，然后用螺钉和销钉将定模和定模座板紧固。

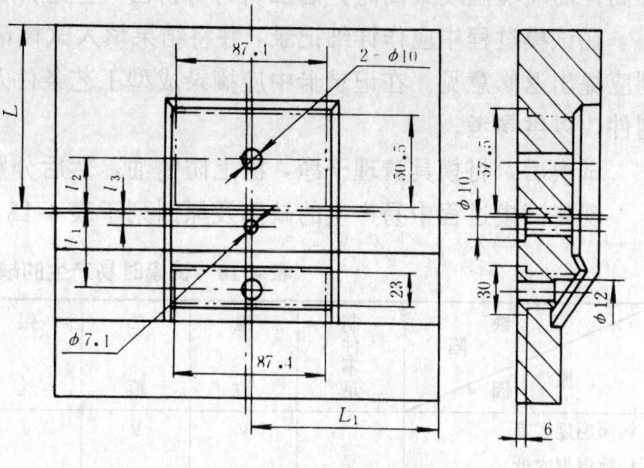

图 4-66　镗线切割用穿线孔及型芯孔

14）装配动模部分，修正推杆和复位杆长度。

15）完成装配后进行试模，并交验入库。

（二）试模

1）试模前，必须对设备的油路、水路以及电路进行检查，并按规定保养设备，作好开机前的准备。

2）原料应该合格。根据推荐的工艺参数将料筒和喷嘴加热。由于制件大小、形状和壁厚的不同，以及设备上热电偶位置的深度和温度表的误差也各有差异，因此资料上介绍的加工某一塑料的料筒和喷嘴温度只是一个大致范围，还应根据具体条件试调。判断料筒和喷嘴温度是否合适的最好办法，是在喷嘴和主流道脱开的情况下，用较低的注射压力，使塑料自喷嘴中缓慢地流出，以观察料流。如果没有硬块、气泡、银丝、变色，而是光滑明亮者，即说明料筒和喷嘴温度是比较合适的，这时就可开始试模。

3）在开始试模时，原则上选择在低压、低温和较长的时间条件下成型，然后按压力、时间、温度这样的先后顺序变动。最好不要同时变动二个或三个工艺条件，以便分析和判断情况。压力变化的影响，马上就可从制件上反映出来，所以如果制件充不满，通常首先是增加注射压力。当大幅度提高注射压力仍无显著效果时，才考虑变动时间和温度。延长时间实质上是使塑料在料筒内受热时间加长，注射几次后若仍然未充满，最后才提高料筒温度。但料筒温度的上升以及塑料温度达到平衡需要一定的时间，一般约 15min 左右，不是马上就可以从制件上反映出来，因此必需耐心等待，不能一下子把料筒温度升得太高，以免塑料过热甚至发生降解。

4）注射成型时可选用高速和低速两种工艺。一般在制件壁薄而面积大时，采用高速注射，而壁厚面积小者采用低速注射，在高速和低速都能充满型腔的情况下，除玻璃纤维增强塑料外，均宜采用低速注射。

5）对粘度高和热稳定性差的塑料，采用较慢的螺杆转速和略低的背压加料和预塑，而粘度低和热稳定性好的塑料可采用较快的螺杆转速和略高的背压。在喷嘴温度合适的情况下，采用喷嘴固定的形式可提高生产率。但当喷嘴温度太低或太高时，需要采用每成型周期向后移动喷嘴的形式（喷嘴温度低时，由于后加料时喷嘴离开模具，减少了散热，故可使喷嘴温度升高；而喷嘴温度太高时，后加料时可挤出一些过热的塑料）。

在试模过程中应作详细记录，并将结果填入试模记录卡，注明模具是否合格。如需返修，则应提出返修意见。在记录卡中应摘录成型工艺条件及操作注意要点，最好能附上加工出的制件，以供参考。

试模后，将模具清理干净，涂上防锈油，然后分别入库或返修。

现将试模过程中易产生的缺陷及原因列于表 4-18，以供参考。

表 4-18　试模时易产生的缺陷及原因

原因＼缺陷	制件不足	溢边	凹痕	银丝	熔接痕	气泡	裂纹	翘曲变形
料筒温度太高		V	V	V		V		V
料筒温度太低	V				V		V	
注射压力太高		V					V	V
注射压力太低	V		V		V	V		
模具温度太高			V					V
模具温度太低	V		V		V	V	V	
注射速度太慢	V							
注射时间太长				V	V		V	
注射时间太短	V		V					
成型周期太长		V		V	V			
加料太多		V						
加料太少	V		V					
原料含水分过多			V					
分流道或铸口太小	V		V	V	V			
模穴排气不好	V			V		V		
制件太薄	V							
制件太厚或变化大			V			V		V
成型机能力不足	V		V	V				
成型机锁模力不足		V						

注：V 表示所存在的缺陷。

（三）模具的维修

模具在使用过程中，会产生正常的磨损或不正常的损坏。不正常损坏绝大多数是由于操作不当所致，例如嵌件没放稳就合模，致使型腔打缺；或是型芯较细，当制件脱不下时用手锤重力敲击而使型芯弯曲。总的说来，大致有以下几种情况：

1）型芯或导向柱碰弯。

2）型腔局部损坏，大部分仍是好的。

3）由于型腔材料硬度太低或制件精度太差，使用一段时期后分型面不严密，以致溢边太厚，影响制件质量。

在这些情况下，并不需要将整个模具报废，只需局部修复即可。局部修复应由专门的模具工进行。修模以前，应研究模具图样，以了解模具结构、材料和热处理状态。对于零件损坏的，可将坏的拆下，另外加工一个新零件装上。型腔打缺的，当其为未经热处理硬化时，可用铜焊或镶嵌的方法来修复。

还有一种情况是由于大多数是日用品制件模具，而这些制件尺寸精度要求不高，因此往往可用平头錾子挤压分型面，使其产生局部塑性变形而使相互配合严密。但使用一段时间后又会“旧病复发”。所以根本途径是改用强度较高的材料和提高模具的制造精度。

模具应注意经常检查维修，不要等到损坏严重了才来修复。

此外，应注意使设备具有良好的工作状态。当设备维修不好或导轨磨损严重时，都易使模具在合模时发生不应有的冲击而损坏。在这种情况下，应将设备进行维修。

第五节　压铸模的制造

一、概述

压铸的原理是用高压将金属熔液注入压铸模型腔中，获得与型腔相符的压铸件。压铸的生产率高，所生产的压铸件精度高（可达IT8～IT12）、尺寸一致而且表面光洁，是生产各种零件的一种经济的方法，其应用甚为广泛。

目前，可用压铸方法生产零件的金属材料有低熔点合金（铅合金、锡合金和锌合金）、高熔点轻合金（铝合金和镁合金）和高熔点重合金（铜合金、银合金和铁合金）。

常用的压铸机有两类：冷室压铸机和热室压铸机。前者用于压铸熔点较高的铝、镁、铜基合金等，其主要特点是压室不加热，压铸机和熔化锅是分开设置的，如图4-67所示，这是用勺把金属液装入压料室内的一种压铸方法，压铸用的活塞设置在模具内，并能进到压料室的顶端。后者用于压铸熔点较低的锌、锡、铅等合金，其特点是压铸机上并无熔化锅，而是通过压力室液面上压缩空气的作用，使熔化的合金自动流入料筒内，如图4-68所示。

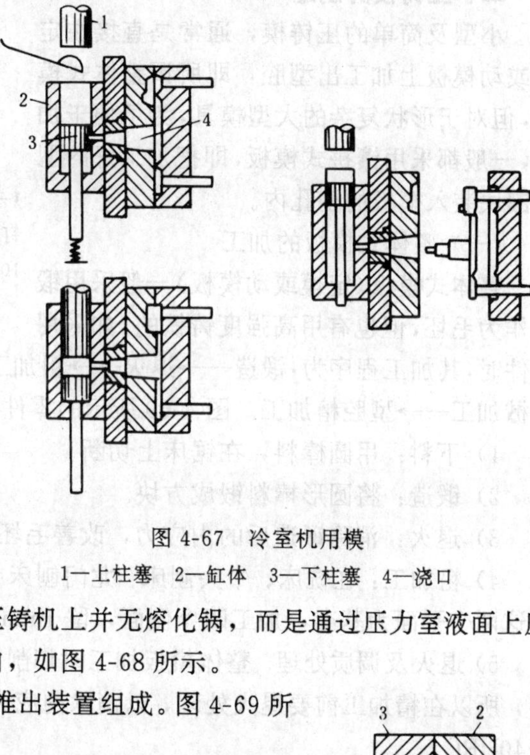

图4-67　冷室机用模

1—上柱塞　2—缸体　3—下柱塞　4—浇口

压铸模始终由两个半模（动模和定模）和推出装置组成。图4-69所示为热压铸机制作铝合金零件的压铸模。

定模与压铸机的料筒连接，开有铸口，横浇道设在定模或动模上均可。

动模在压铸时与定模闭合，压铸完毕后，压铸机带动动模、制件和卸料板一起离开定模。为了取出制件，在动模上带有推出装置。此外，若制件带有侧向凹凸形状，则模具还应设置活动型芯和抽芯机构。压铸时，为了排除型腔内的空气，应设有排气槽，此外在远离主浇口处还设有溢流槽，其作用是便于排气，同时可防止熔液紊流，使模具各部分保持一定的温度。

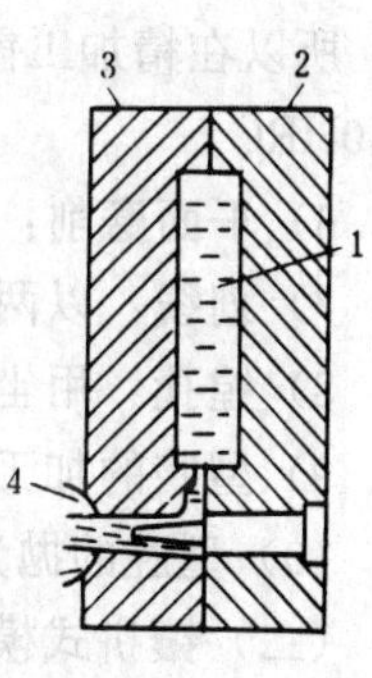

图4-68　热室机用模

1—金属液　2—动模

3—定模　4—喷口

压铸模在压铸过程中，由于液体金属以高压力和高速度喷入型腔，使模具主要零件（型芯、型腔及推杆等）受到复杂的交变应力的作用，因此，压铸模具材料除了应具有塑料模具材料的特性外、还应具有较高的高温强度、硬度、抗氧化性、抗回火稳定性和冲击韧度；具有良好的导热性和抗疲劳性。

常用于制造型腔、型芯的材料有：压铸锌合金时为 3Cr2W8V、5CrMnMo、4CrW2Si；压铸铝、镁、铜合金时为 3Cr2W8V 和 4Cr5MoSiV 热处理要求：压铸锌合金时为 46～50HRC；压铸铝、镁合金时为 48～52HRC；压铸铜合金时为 40～44HRC。

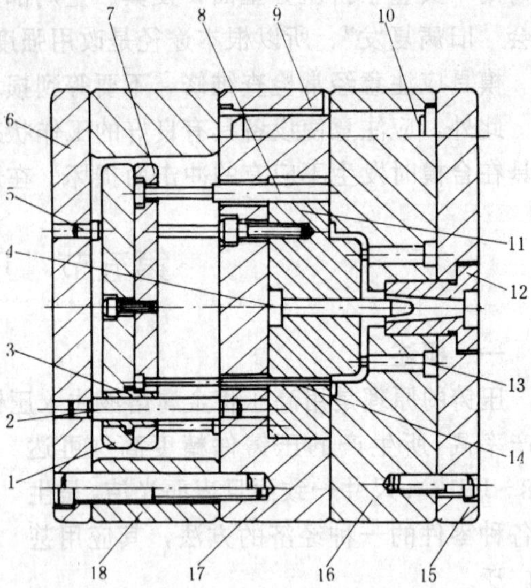

图 4-69 压铸模

1—挡板 2—推板导柱 3—推板导套 4—型芯 5—限位钉 6—动模座板 7—推杆固定板 8—复位杆 9—导套 10—导柱 11—镶块 12—浇口套 13—型芯 14—推杆 15—定模座板 16—定模 17—动模套板 18—垫块

二、压铸模的制造

小型及简单的压铸模，通常是直接在定模或动模板上加工出型腔，即所谓整体式模板，但对于形状复杂的大型模具，为了便于加工，一般都采用镶拼式模板，即把加工好的型腔镶块装入模板的型孔内。

（一）整体式模板的加工

整体式模板（定模或动模板）一般采用锻件作为毛坯，但也有用高强度铸铁的。如采用锻件时，其加工程序为：锻造──→退火──→粗加工──→退火处理消除内应力──→调质处理──→机械加工──→型腔精加工。图 4-69 所示的零件 16 为整体式模板，其加工程序如下：

1）下料：用圆棒料，在锯床上切断。

2）锻造：将圆形棒料锻成方块。

3）退火：消除锻造后的内应力，改善毛坯的切削性能。

4）粗加工：在铣床、牛头刨床、龙门刨床或龙门铣床等机床上粗加工上下两平面，然后以这两个平面为基准，加工四个侧面，留 1mm 左右的精加工余量。

5）退火及调质处理。整体模板加工时切削用量较大，可能由于内部应力不均匀而发生变形，所以在精加工前要退火处理，以消除内应力所引起的变形。调质处理一般要求硬度为 35～40HRC。

6）平面磨削：在平面磨床上磨上下两平面及互相垂直的两侧面。

7）划线：以两侧面为基准，划出型腔中心位置及其轮廓、型芯位置等。

8）镗孔：用坐标镗床加工导柱孔、型芯孔和浇口套的安装孔。

9）型腔的加工：若型腔为方形时，需在立式铣床上加工。

10）型腔的抛光。

（二）镶拼式模板的加工

镶拼式结构给型腔的加工带来许多方便，但在采用这种结构时必须注意：①结构设计要合理，否则将影响模具质量。例如，图 4-69 中镶块 11 的设计是合理的。若将它安排在动模上面（图 4-70），则在镶块与动模的接缝 A 处由于接合不紧密或螺钉的松弛等原因，有可能产生横向毛刺。此时，必须将整套模具拆下才能清除。因此，这种设计是不合理的。②制造时必须保证镶块与模板的配合精度，否则可能出现漏料的情况。③加工镶块时尽量不要直接使用圆棒料，坯料必须进行六面锻造，以消除材料组织的方向性。

不论是整体式还是镶拼式模板，型腔加工方法是多种多样的，选择加工方法时应根据型腔尺寸大小、复杂程度、精度要求以及现有的生产条件等而定。型腔加工中，常用切削加工方法，如车床、立式铣床、镗床、仿形铣床和雕刻加工等。型腔的调质处理硬度以能够进行切削加工为准，一般为35～40HRC。对于硬度要求高的型腔则需进行淬火处理，淬硬后靠手工修磨纠正热处理变形，或采用电火花加工或超声波加工进行精加工。此外，型腔的加工还可采用冷挤压方法、热反印法以及精密铸造等。所谓热反印法是一种锻造的方法，它把模板当作锻件，将模板加热至锻造温度后，用预先准备好的模芯压入模板而挤出型腔。这种方法适于加工复杂的深腔，可节省大量的机加工工时。

（三）压铸模的装配

零件加工全部结束后，下一步是进行成形件的抛光及组装工作。

1）镶件装入模板内。镶件与模板一般采用H7/h6配合，装配时要保证零件间紧密配合，装配后要检查分型面等。

2）装配导柱、导套，保证其垂直度。

3）手工抛光成形件表面。为了保证压铸件表面光洁，型腔和型芯表面及浇道等表面的粗糙度应达 $R_a0.2～0.1\mu m$，因此，手工抛光特别重要。需要抛光的表面有动模、定模镶件的成形表面、型芯的表面、浇道、进料口、排气槽和溢料槽表面等。

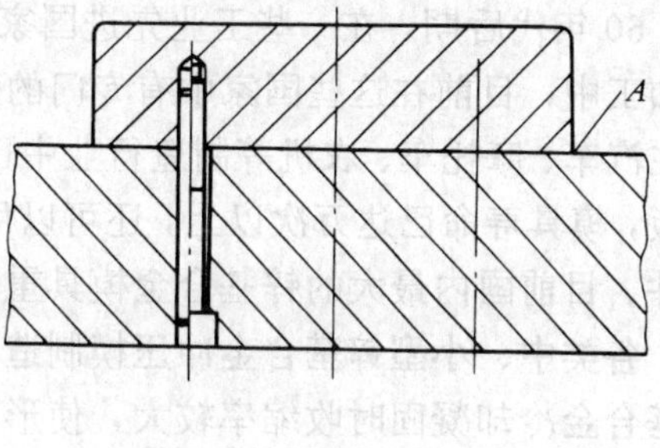

图 4-70　镶块的设计

4）总装配。

5）检查：最简单的方法是用硫磺、塑料或石蜡进行浇注，浇注后，可根据铸件推断出型腔的精度。

6）试模。经总装成套的模具，必须在生产条件下进行试模，并根据试模情况进行修模，直至试出合格产品为止。

第六节　简易模具制造工艺

模具的造价高，通常用于大批量生产。为了提高产品质量，研制高精度、高效率、高寿命的模具是十分必要的。但从另一方面来看，在小批量生产和新产品试制的情况下，并不要求高精度、高效率和高寿命，而是要求在短时间内，用简易的方法以低成本制出模具。这种情况在模具制造中占有一定的份量。因此，开发各种简易制模新技术是生产发展的需要，也是模具技术中的一个重要研究课题。

目前，简易制模方法繁多，主要有锌基合金、低熔点合金铸造和利用金属超塑性制模等。下面仅介绍锌基合金和低熔点合金铸造模具的方法。

一、锌基合金模具

（一）锌基合金模具的特点

锌基合金模具是用以锌为基体的合金材料铸造而成，其特点如下：

(1) 经济性　用锌基合金制模的工艺简单、周期短、成本低。据统计，锌基合金模具的成本仅为钢模具成本的 1/7～1/10。

(2) 应用广泛　锌基合金的熔点为 380℃，具有良好的物理、力学性能和超塑性，且具有一定的硬度，是一种理想的制模材料。其应用范围广，除了用于制造金属板料的冲裁模、弯曲模、拉深模外，还可用于制造橡胶模、塑料成型模和陶瓷模等。

(3) 独特的工艺性　锌基合金冲裁模具有补偿磨损的性能；用合金制成的拉深模具有独特的自润滑性和抗粘结性，有利于提高拉深件质量；可利用合金的超塑性在模具表面压制出复杂的花纹、图案等。

(4) 凝固收缩性　合金凝固后的收缩率约为 1%，影响了模具精度；合金软化温度低，抗压强度不高，因而限制了它在热塑模具、厚板冲压模具方面的应用。

60 年代后期，在一些工业先进国家中，锌基合金模具已普遍用于飞机、汽车、金属制品的加工中，目前在这些国家中有专门的公司经营这些模具，达到了商品化程度。近年来，我国在汽车、摩托车、农机等制造行业中已有不少应用。锌基合金冲裁模加工厚 2mm 以下低碳钢板，模具寿命已达万次以上，还可以用厚 4mm 以下的钢板压制汽车横梁、罩壳及弯曲各种零件。目前国内最大的锌基合金模具重量达 4～5t。

各类中、小型锌基合金冲压模制造工艺已较成熟，使用性能良好，经济效益显著。由于锌基合金冷却凝固时收缩率较大，使形状复杂的大型模具型腔尺寸变化问题较为突出，尺寸精度达不到要求，因此，大型锌基合金模具的制模工艺还有待进一步试验研究。

(二) 锌基合金的成分与性能

模具制造用的锌基合金是以锌为基体的锌、铝、铜等三种组元的合金，并加入微量的镁所组成。其标准成分如表 4-19 所示。国内外各种牌号的锌基合金成分均属此列，例如日本的 ZAS、MAK、MSC-D3；美国的 Kirksite 和 Gmoo-die；英国的 Kayem 和 Kayem-2；德国的 Z-430；我国统称锌基合金。

表 4-19　锌基合金的成分

Zn	Cu	Al	Mg
其 余	2.85%～3.55%	3.90%～4.30%	0.03%～0.08%

现将我国某厂熔炼的锌基合金与国外锌基合金性能对比于表 4-20。

表 4-20　锌基合金性能对比

性能 / 类别	熔点 (℃)	密度 (g/cm^3)	布氏硬度 HBS	抗拉强度 (GPa)	抗压强度 (GPa)	凝固收缩率 (%)
我国某厂	380	6.7	120～130	0.22～0.26	0.50～0.55	1～1.2
日本 ZAS	380	6.7	100～115	0.24～0.29	0.55～0.60	1.1～1.2
美国 Kirksite	380	6.7	100	0.266	0.42～0.53	0.2～1.2
英国 Kayem	380	6.7	109	0.236	0.793	1.1
德国 Z-430	390	6.7		0.22～0.24	0.60～0.70	1.1

锌基合金是以高纯度（99.99%以上）的锌为主要成分，其性能与低碳钢近似，但熔点较低，为380℃，抗拉强度达0.24GPa，硬度为120HBS左右，有良好的耐磨性和流动性，因此可用铸造的方法制成各种形状复杂的模具。在合金成分中，铜可以提高合金的硬度和冲击韧度，铝和镁影响合金的流动性并起到细化晶粒的作用，合金在熔炼过程中，应避免铝、镁的烧损和铁、铅、锡等杂质的混入，杂质含量的增加将对合金性能产生很坏的影响。

常温下合金经冲裁或压延后，由于其再结晶温度低于常温，所以不会产生加工硬化现象，这对提高模具的寿命甚为有利。随着温度的升高，合金塑性明显增加，硬度略有下降，因此，在用作塑料或橡胶模时，需在150～170℃工作，模具必须采用水冷。锌基合金的切削性能比钢好，与黄铜相似，如经铣削及磨削加工后，用砂纸抛光，可获得较为光亮的表面，一般铸成后的模具型腔，只要进行简单的修饰加工便可使用。

（三）锌基合金的铸造工艺

锌基合金模具的铸造方法有砂型铸造、金属型铸造、石膏型铸造等多种方法。应用时，可根据模具大小、使用目的、设备及技术条件等诸因素来选择合理经济的方法。下面仅介绍砂型铸造法。

图4-71所示为用砂型铸造法制造一副拉深模的过程示意图。

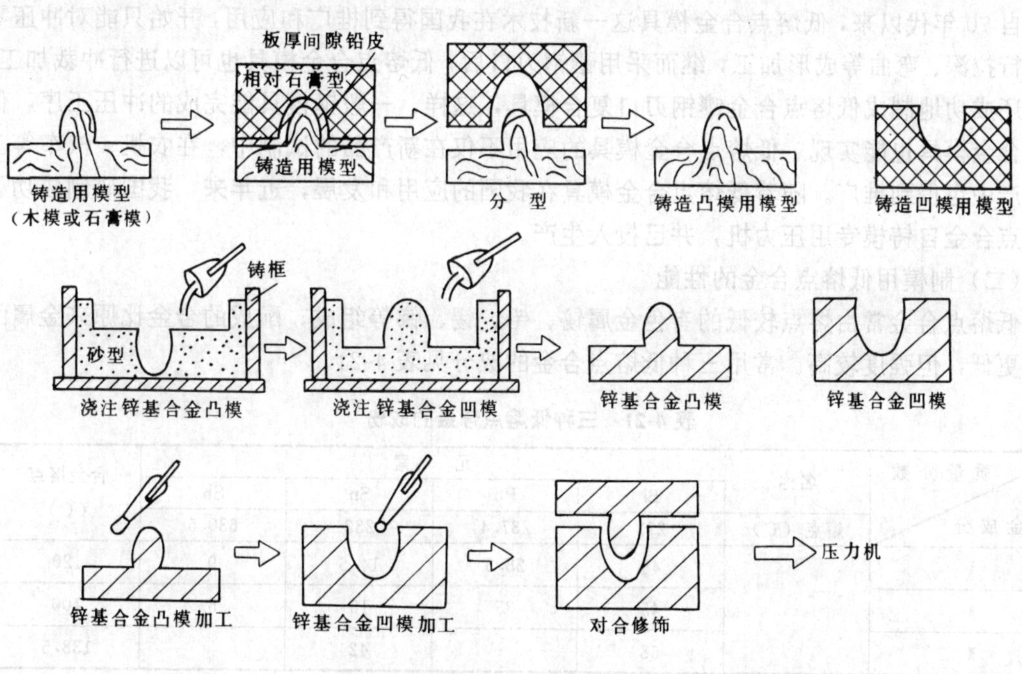

图4-71　锌基合金模具制造过程示意图

二、低熔点合金模具

（一）概述

低熔点合金模具是采用熔点较低的有色金属合金为制模材料，以样件为基准，在熔箱内铸造成型的一种模具。低熔点合金可以用来制作成形、弯曲、翻边等模具。若以低熔点合金作基体，采取镶拼钢刃口的办法，还可制成冲孔、落料、切边等模具。此外，还可制成塑料模具，生产儿童玩具、日用品及其他塑料产品。

低熔点合金模具与钢模具相比，制模工艺较为简单，省去了大量的机械加工工作量；制模周期短，凸、凹模可以同时铸成，凸、凹模之间的间隙均匀，省去了研配，调整型腔间隙等工作，铸后即可使用，制模周期一般比钢模缩短60%～80%；制模成本低廉，低熔点合金模具除冲孔、切边等模具刃口部分需用少量工具钢外，其他的模具只用少量普通钢材，模具失效后，低熔点合金可以重熔再铸新模，反复使用，因此，制模成本与钢模相比，可降低70%左右；此外，低熔点合金模具尺寸精度较高，间隙均匀，合金硬度较低，用低熔点合金模具加工出来的零件表面不易出现拉伤、划痕等缺陷，表面平整光洁，质量较好。但低熔点合金模具寿命比钢模低。

早在1948年，美国的福特公司就采用了低熔点合金制作冷冲压模具，60年代，英国出现了用低熔点合金在压力机上自铸模的专用压力机，主要用于摩托车散热器等零件的冲压加工，70年代，这种低熔点合金自铸模专用压力机在英国成了专利，制模工艺及材料已趋完善，应用到飞机、汽车及中、小批量冲压件的试制和生产中。冲压件的材料有铝、铝镁合金、碳钢、不锈钢等。冲压钢板厚度为1～3.5mm，冲压1mm的薄钢板时，模具使用寿命可达3000～5000件。英国专利的杜尔方（Dualform）低熔点合金自铸模双动压力机，现在已有美国、日本等五十多个国家和地区引用。

自70年代以来，低熔点合金模具这一新技术在我国得到推广和应用，开始只能对冲压零件进行拉深、弯曲等成形加工，继而采用镶钢刃口后，低熔点合金模具也可以进行冲裁加工，之后还成功地制成低熔点合金镶钢刃口复合模具，这样，一般钢模具能完成的冲压工序，低熔点合金模具也能实现。低熔点合金模具的应用不仅在新产品的试制中，在农机、汽车等工业生产中也得到推广。随着低熔点合金模具在我国的应用和发展，近年来，我国研制成功了低熔点合金自铸模专用压力机，并已投入生产。

（二）制模用低熔点合金的性能

低熔点合金常由熔点较低的有色金属铋、铅、锡、锑等组成，配成的合金比原来金属的熔点更低，但强度较高。常用三种低熔点合金的成分见表4-21。

表4-21　三种低熔点合金的成份

质量分数 / 合金成分	名称	元素				合金熔点（℃）
		Bi	Pb	Sn	Sb	
	熔点（℃）	271	237.4	232	630.5	
Ⅰ		48	28.5	14.5	9	120
Ⅱ		45	35	15	5	100
Ⅲ		58		42		138.5

表中合金Ⅰ的性能最佳，不仅浇注性能好，而且有足够的强度。其浇注温度为150～200℃，抗拉强度为91.2MPa，抗压强度为111.2MPa，冷胀率为0.002，密度为9.04g/cm^3，HBS为19，伸长率$\delta<1\%$。

（三）低熔点合金模具的铸模工艺

低熔点合金模具的铸模工艺可分为自铸模工艺与浇铸模工艺两大类。分别简介如下：

1. 自铸模工艺

这是指熔箱本身带有熔化合金的加热装置，熔化后的合金在熔箱内，以样件为基准，通过样件使液态合金分隔，冷却凝固后，同时铸出凸模，凹模和压边圈等零件，铸模工作可以在专用压力机或通用压力机上进行，也可以在压力机下专用的铸模装置上进行，该装置具备同压力机上铸模一样的功能和动作，把模具铸好后，再安装到压力机上使用。

低熔点合金模具都是依靠样件铸造的。所谓样件，是用与零件厚度相同的金属板材或塑料、玻璃钢等非金属材料制成的铸模工艺零件。样件的形状及尺寸决定着模具型腔的形状及精度，必须满足模具结构及成形工艺的要求。

图 4-72 为一专用压力机上自铸模工艺过程示意图，主要的过程有：

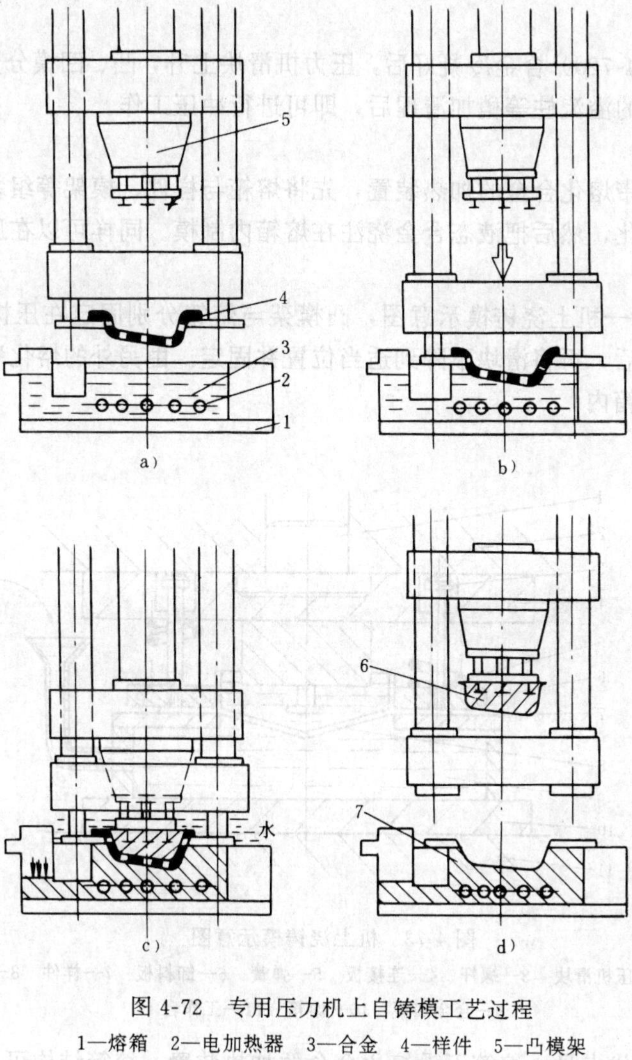

图 4-72 专用压力机上自铸模工艺过程

1—熔箱 2—电加热器 3—合金 4—样件 5—凸模架
6—合金凸模 7—合金凹模

（1）熔化合金 （图 4-72a）压力机上设置带有电加热器的熔箱，它是一个熔化合金进行铸模的熔器，同时又是模具的组成部分，熔箱由主熔箱与副熔箱组成，并有加热、冷却、加压、测量和排放合金等装置。主熔箱是熔化合金进行铸模的一个箱体。副熔箱与主熔箱连通，相当一个合金的贮藏器，在铸模过程中，可通过副熔箱调整主熔箱内的合金液面高度。加热装置供给熔化合金的热量。水冷或风冷装置用以加快铸模后合金的凝固过程。加压装置是与副熔箱联接在一起的，通过压缩空气对合金液面施加压力，使合金从副熔箱流入主熔箱，以调整主熔箱内合金液面的高度。在铸模过程中，可通过测温装置测量温度。熔箱最低位置处设有合金排放管，供熔化的合金从熔箱中流出。铸模时，首先通电加热使合金熔化。

(2) 浸放样件　(图 4-72b) 在熔箱上安装有凹模板，压力机的主滑块上安装凸模架和样件，当合金达到铸模温度后，将滑块下降，使样件和凸模架浸入合金溶液中。

(3) 通气加压和冷却　(图 4-72c) 在副熔箱内通入压缩空气加压，调整主熔箱内合金液面高度，使合金充满至凸模板，达到铸模要求后，通水冷却，加速合金凝固，并继续通气加压。

(4) 分模　(图 4-72d) 合金冷凝好后，压力机滑块上升，凸、凹模分开，取出样件，铸模即完成。将模具上的溢流柱等稍加清理后，即可进行冲压工作。

2. 浇铸模工艺

是指熔箱本身不带熔化合金的加热装置，先将熔箱与样件、模架等组装好后，通过另外的加热装置将合金熔化，然后把液态合金浇注在熔箱内制模。同样可以在压力机上或压力机下进行。

如图 4-73 所示为一机上浇铸模示意图，凸模架与熔箱分别固定在压机的滑块和工作台上，将样件放入熔箱后，再将滑块下降到适当位置并固定。由另外的熔化装置熔化好合金溶液后，便可浇注到熔箱内。

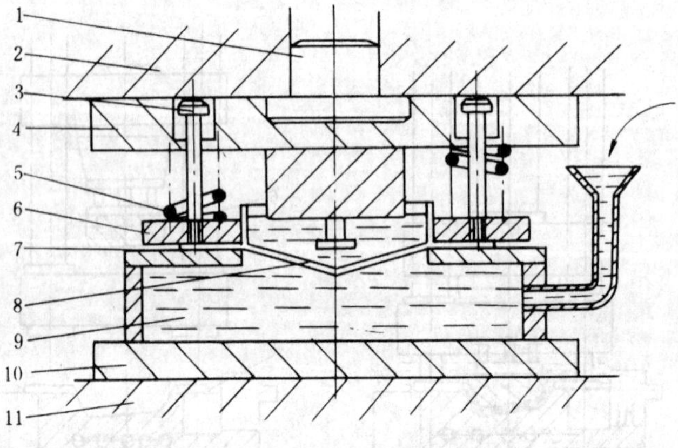

图 4-73　机上浇铸模示意图

1—模柄　2—压机滑块　3—螺杆　4—连接板　5—弹簧　6—卸料板　7—样件　8—合金凸模　9—合金凹模　10—熔箱　11—工作台

这种铸模方法的优点是：熔箱不设熔化合金的加热装置，熔箱结构可更加紧凑；模具各部件相对位置容易得到保证；铸模时操作方便；占用压力机的时间较少，有利于提高压机的利用率和维护；不足之处是：铸模后重熔合金比较困难。

除此之外，尚可采用一般砂型或石膏型等铸造低熔点合金模具，这些均属于浇铸制模工艺范畴。

附录A　模具材料与热处理

由于难加工成形材料的不断出现以及产品零件形状的日益复杂化和锻压生产的高速化，对模具耐磨性、耐热性、强度与韧性等使用性能的要求也随之提高。因此，应力求按照模具的服役条件、性能要求与生产过程，正确选用模具材料，并施以适当的热处理，以充分发挥其最大潜力。

一、常用模具材料

目前，可用于制造模具的材料种类繁多，包括各种碳素工具钢、合金钢、硬质合金、铸铁、有色金属及合金、非金属材料等。

1. 碳素工具钢

碳素工具钢含碳量范围为0.7%～1.4%，主要牌号有T7、T7A、T8、T8A、T10、T10A、T12、T12A等。这类钢价格低廉，供应方便，切削性能好，淬火后有较高的硬度和耐磨性，故应用很广。但其淬透性较低，淬火时必须急冷，变形开裂倾向大，回火稳定性差，红硬性低，一般只能用于250℃以下温度，故常用来制造尺寸较小、形状简单、负荷较小的冷作模具。此类模具钢通常于淬火和低温回火后使用。随牌号数字的增加，含碳量增加，热处理后强度、硬度增加，塑性、韧性下降。

T8、T8A钢含碳量偏低，淬火后硬度、耐磨性较低，对过热敏感，但韧性好。

T10、T10A钢含碳量较高，淬火后硬度、耐磨性较好，强度也较高，略有些韧性，过热敏感性较小，是该类钢中应用最多的一种。

T12、T12A钢含碳量为1.2%左右，淬火后具有高的硬度和良好的耐磨性，但韧性极差，当碳化物成网状或粗大颗粒时，钢的力学性能降低。

2. 合金工具钢

(1) 低合金工具钢　这类钢含有一定的合金元素（总量在1%～3%之间），与碳素工具钢相比，其淬透性、淬硬性较好，耐磨性、红硬性较高，而且热处理变形小，回火稳定性好。模具中经常使用的有：CrWMn、9Mn2V、9SiCr、GCr15、5CrMnMo、5CrNiMo等。

1) CrWMn钢：CrWMn钢具有较好的淬透性，淬火后保留较多的残余奥氏体，因而淬火变形很小。钨形成的碳化物硬度很高，耐磨性好，钨还能细化晶粒，提高韧性。此钢适于制作要求变形小、形状复杂的各种中、小型冷作模具。

2) 9Mn2V钢：9Mn2V钢的淬透性大于碳素工具钢，碳化物不均匀性与淬火开裂倾向小于CrWMn钢，淬火变形也比较小，有较高的硬度和耐磨性。锰的加入可以提高钢的淬透性，但增大了过热敏感性和形成淬火裂纹的倾向，一般锰含量控制在2%以下。钒的加入能显著细化晶粒和提高韧性，克服了锰易引起过热的缺点。此钢适于制作冲裁模、弯曲模等。

3) 9SiCr钢：9SiCr钢的淬透性优于9Mn2V钢，具有较高的淬硬性和较好的回火稳定性，但脱碳敏感性较大，且250℃回火时有回火脆性，加热时应注意保护。此钢适于制作在冷态下服役的剪切刀、搓丝板、滚丝模等。

4) GCr15钢：GCr15钢是一种常用的轴承钢，有较高的淬透性（淬透性优于9Mn2V

钢）和耐磨性，故也常用作模具材料。钢中加入铬，提高了钢的淬透性，并使碳化物细化、分布均匀，因而有较好的性能，主要用来制造冷镦模、冲裁模、胶木模等。

5）5CrMnMo、5CrNiMo 钢：5CrMnMo、5CrNiMo 钢为中碳低合金钢，是典型的热作模具钢。这类钢的主要特点是强度、韧性高，淬透性好，并具有良好的抗回火性、导热性、耐热疲劳性和耐磨性。5CrNiMo 钢热疲劳性能优于 5CrMnMo。这类钢主要用于制造热锻模及热态下工作的弯曲模、切边模。

(2) 高合金工具钢　这类钢由于合金元素的大量增加（总量在 10%以上），其淬透性、耐磨性显著增加，热处理变形极小，广泛用于承载大、冲次多、工件形状复杂的模具。经常采用的冷作模具钢有 Cr12、Cr12MoV，热作模具钢有 3Cr2W8、3Cr2W8V 等。

1）Cr12 型钢：Cr12 型钢通常包括 Cr12 和 Cr12MoV 钢，是高碳高合金工具钢，属于莱氏体钢。由于含有大量碳化物形成元素，钢的淬火硬度极高，具有高耐磨性，热处理变形小，淬透性高，也称低变形钢，常用来制造截面较大、形状复杂、经受较大冲击负荷的、在冷态下服役的冲裁模、冷挤模、拉丝模、滚丝模等。这类钢锻造工艺要求较高。

Cr12 钢的碳含量较 Cr12MoV 钢高，碳化物数量多，分布不均匀性较严重，强度和韧性较 Cr12MoV 钢低，耐磨性则较高。

2）3Cr2W8 型钢：3Cr2W8 型钢包括 3Cr2W8、3Cr2W8V 钢，属钨系低碳高合金钢，在我国热塑性加工模具中应用很广。这种钢具有较小的热膨胀系数，较好的耐蚀性和红硬性，良好的导热性，热处理变形也比较小，但高温韧性较差。近来的研究表明，提高 3Cr2W8V 钢的淬火温度和回火温度，可增加断裂韧度和高温热疲劳性。3Cr2W8 型钢适于制造表面需要高硬度、高耐磨性的有色金属压铸模、精锻模、热挤模等，其使用温度一般低于 600℃。

另外，近几年我国引进吸收和新研制了一些新钢种，主要有：

65Cr4W3Mo2VNb 钢（代号 65Nb）属于基体钢。所谓基体钢是在高速钢的基本成分上添加少量的其他元素，适当增减含碳量，以改善钢的性能。65Nb 钢适合于冷挤、冷镦、冷冲等模具，寿命比 Cr12MoV 钢高 3～5 倍，用于冷挤压凸模，寿命比高速钢高。

5Cr4Mo3SiMnVAl 钢（代号 012Al）　是冷热兼用性能较好的新型模具钢，适用于冷镦、切边、热锻等模具，用于热锻模，寿命比 3Cr2W8 钢高 1～3 倍。

6Cr4Mo3Ni2WV 钢（代号 CG2）也是冷热兼用的新型模具钢，应用于热挤、热锻、冷挤、冷锻等模具，效果都比较好。

4Cr5MoVSi 和 4Cr5MoV1Si 钢是引进美国的 H11 和 H13 钢，具有良好的综合力学性能。H13 钢除强度略低于 3Cr2W8V 钢外，其他力学性能均优于该钢，是其替代钢种。这类钢适用于热锻模、压铸模等热作模具。用 4Cr5MoV1Si 钢代替 3Cr2W8V 钢制作齿轮精锻模，寿命可由每模 2000～2500 件提高到 5000～6000 件；制作铝合金压铸模，可由每模 5～10 万件提高到 20～50 万件。

3Cr3Mo3W2V 钢（代号 HM1）适合于在急冷急热条件下工作，如辊锻模（连杆辊锻模不经修磨一次寿命 1～1.7 万件）、热挤模、重要的热锻模等。

5Cr4W5Mo2V 钢（代号 RM2）适用于精锻模、平锻模、压印模，寿命比 3Cr2W8 钢高 2～5 倍。

4Cr3Mo3W4VNb（代号 GR）是高温性能良好的热作模具钢，适用于热锻、精锻、热挤等模具。

8Cr2MnWMoVS 钢属于空冷微变形易切削精密模具钢，适用于精密塑料模、胶木模、陶瓷模及冷冲模。调质状态硬度为 40～50HRC，经切削加工后即可直接使用，解决了淬火、回火变形等问题；通过热处理，也可达到高硬度。

7CrSiMnMoV 钢　是火焰加热空冷淬硬冷作模具钢，具有高的强度和韧性。此钢还具有良好的焊接性能，利于复杂模具的制造和修复。

3. 高速钢

目前常用的有钨系高速钢（W18Cr4V 钢）和钼系高速钢（W6Mo5Cr4V2 钢）。钢中含碳量为 0.7%～0.9%，合金元素超过 15%，属于莱氏体钢。高速钢有很高的淬透性，空冷即可淬硬，在高温下（600℃左右）仍保持高硬度、高强度、高韧性和耐磨性。高速钢含有大量粗大碳化物，且分布不均，不能用热处理的方法消除，必须反复十字镦拔，用锻造方法打碎，促其均匀分布。高速钢淬火后有大量残余奥氏体，需经多次回火，使其大部分转变为马氏体，并使淬火马氏体析出弥散碳化物，提高硬度，减少变形。回火时应注意避开 300℃左右的回火脆性区。

高速钢适于制造冷挤模、热挤模、锻模中重要的镶块及大批量生产的重要模具零件，其耐用性比碳工钢和合工钢成倍增加。高速钢的材料费、锻造费、热处理费综合比价约为碳工钢的 4～6 倍，选用时应注意其经济性。

合金元素对钢性能的影响见表 A-1。

表 A-1　合金元素对钢性能的影响

合金元素	力学性能							高温稳定性	耐磨性	锻造性	切削加工性	抗氧化性	氮化性	耐蚀性
	硬度	抗拉强度	屈服强度	伸长率	断面收缩率	冲击韧度	弹性							
Si	↑	↑	↑↑	↓	～	↓	↑↑↑	↑	↓↓↓	↓	↓	↑	↓	—
Mn	↑	↑	↑	～	～	～	↑	～	↓↓	↑	↓	～	～	—
Cr	↑↑	↑↑	↑↑	↓	↓	↓		↑	↑	↓	—	↑↑↑	↑↑	↑↑↑
Ni	↑	↑	↑	～	～	～	—	↑	↓↓	↓	↓	↑	—	—
Mo	↑	↑	↑	↓	↓	↑	—	↑↑	↑↑	↓	↓	↓↓	↑↑	—
W	↑	↑	↑	↓	↓	～	—	↑↑↑	↑↑↑	↓↓	↓↓	↑↑	↑	—
V	↑	↑	↑	～	～	↑	↑	↑↑	↑↑	↑	—	↑	↑	↑
Al	—	—	—	—	↓	↓	—	—	—	↓↓	—	↑↑	↑↑↑	—
Co	↑	↑	↑	↓	↓	↓	—	↑↑	↑↑↑	↓	～	↑	—	—
Cu	↑	↑	↑↑	～	～	～	—	↑	—	↓↓↓	～	～	—	↑
S	—	—	—	↓	↓	↓	—	—	—	↓↓↓	↑↑↑	—	—	↓
P	↑	↑	↑	↓	↓	↓↓↓	—	—	—	↓	↑↑	—	—	—

注：1. ↑表示增加或提高；↓表示减少或降低；～表示有一定影响；—表示无影响或不清楚。

2. 箭头数目愈多，表示影响愈大。

4. 铸铁

铸铁的主要特点是铸造性好，容易成型，工艺、设备简单，成本低廉，并具有优良的减震性、耐磨性和切削加工性。除灰铸铁可用于制造冲压模具的上、下模座，大型镶口模具的基座外，具有某些特殊性能的铸铁还可用来代替模具钢制造模具主要工作部分的受力零件。

（1）球墨铸铁　球墨铸铁组织中的碳几乎全部或绝大部分以球状石墨存在，其割裂金属基体、引起应力集中等危害作用远比片状石墨小，能较充分地发挥基体的作用，通过热处理和表面强化，可有效地提高基体强度和表面硬度。因此，这种铸铁也具有较优良的力学性能，可用来制造各种拉深模等。一般要求耐磨的模具可选用 QT900-2、QT800-2、QT700-2、QT600-3，要求一定耐蚀性、抗氧化性的模具可选用 QT400-18、QT400-15、QT400-10 牌号的球墨铸铁。

（2）蠕墨铸铁　这是一种介于球墨铸铁与灰铸铁之间的新型铸铁，由于其石墨形状处于球状至片状的过渡形态，呈蠕虫状，故称蠕墨铸铁。它既具有接近球墨铸铁的较高强度、刚度、耐磨性和一定韧性，又具有灰铸铁的良好铸造性能和导热性。这种铸铁用于制造玻璃模具、拉深模具等已取得良好效果。一般经常使用的有 RuT420、RuT380、RuT340 等牌号。

（3）合金铸铁　合金铸铁是为提高铸铁的特殊性能而生产的。根据使用要求不同，合金铸铁可分为耐磨铸铁、耐热铸铁和耐蚀铸铁。其使用性能与相应的合金钢相似，而且熔铸方便，成本低廉，只是力学性能略低于铸钢，脆性较大，容易破裂。模具用合金铸铁的性能要求以耐热性为主，也常要求较高的耐蚀性和耐磨性。所用合金成分以铬、硅、铝为主，有的也加入适量的钼、镍、铜等。这种材料常用来制造受冲击较小的热作模具，如玻璃模、塑料模、热压模等。各种模具可根据工况选择不同的合金铸铁，如玻璃模可选用低铝灰铸铁（Al3.0%～3.5%）。

5. 硬质合金和钢结硬质合金

（1）硬质合金　硬质合金是以难熔金属碳化物（WC、TiC 等）作硬质相，以铁族金属（主要为 Co 或 Ni）作粘结相，用粉末冶金方法生产的一种多相组合材料。常用硬质合金有钨钴（YG）、钨钴钛（YT）和万能硬质合金（YW）三类。第一类强度韧性较高，第二类则具有较高的红硬性和抗氧化性。制造模具主要采用钨钴（YG）类硬质合金。随着含钴量的增加，硬质合金承受冲击载荷的能力提高，但硬度和耐磨性下降。因此，应根据模具的服役条件合理选用。常用硬质合金牌号、化学成分及性能见表 A-2。

表 A-2　常用硬质合金的牌号、化学成分及性能

牌号	化学成分（%）				力学性能≥		密度（g/cm^3）
	WC	TiC	TaC	Co	硬度 HRA	抗弯强度（MPa）	
YG3	97			3	91	1100	14.9～15.3
YG6	94			6	89.5	1400	14.6～15.0
YG8	92			8	89	1500	14.4～14.8
YG15	85			15	87	1900	13.9～14.1
YG20	80			20	85	2600	13.4～13.5
YT30	66	30		4	92.5	900	9.4～9.8
YT15	79	15		6	91	1150	11.0～11.7
YT14	78	14		8	90.5	1200	11.2～11.7
YW1	84	6	4	6	92	1250	12.6～13.0
YW2	82	6	4	8	91	1500	12.4～12.9

硬质合金用作模具材料具有很大的优越性：其硬度远高于各种模具钢，有很高的耐磨性；耐高温，热稳定性强；抗氧化性和耐蚀性都优于钢；强度高，其抗拉强度约为钢的5～10倍；刚性大，弹性模量为工具钢的2～3倍；热膨胀系数小，电导率、热导率都比较大，与铁及铁合金相近；不需进行热处理，故不会产生淬火和时效变形；不经轧制或锻造成形，组织性能一般不存在方向性。

硬质合金的缺点是韧性差，加工困难，模具成本高，但其使用寿命长，故特别适于大批量生产和自动线生产。硬质合金可用于制造高速冲模、多工位级进模、冷挤模、热挤模、冷镦模等。

(2) 钢结硬质合金　钢结硬质合金是以合金钢为基体，金属碳化物（TiC、WC）作硬质相，用粉末冶金工艺生产的一种新型工模具材料。它是在具有一定强度与硬度的合金钢基体上，弥散分布许多细小硬质颗粒，不仅具有钢的可锻造、可机械加工、可热处理（退火、淬火、回火）等性能，而且热处理变形极小，淬火后又具有硬质合金的硬度及良好的耐磨性和刚性，近年来在工业上得到越来越广泛的应用。目前，已成功地用钢结硬质合金制造冷镦模、冷挤模、拉深模、拉丝模、热镦模、热挤模、粉末冶金模、陶瓷模等。

钢结硬质合金有两大类：一类是用碳化钛（TiC）作硬质相，另一类是用碳化钨（WC）作硬质相。每一类因基体（粘结剂）种类不同（铬钼钢、不锈钢、高速钢等），具有不同的性能，因而用途也不同。常用的有供制作模具、耐磨件、刀具、耐热件和不锈件等类型的钢结硬质合金。

烧结状态的钢结硬质合金坯料，使用前一般需要经过退火、切削加工、淬火和回火，有时还须锻打。

用于模具的钢结硬质合金的化学成分及物理力学性能见表A-3、表A-4。

表A-3　合金工具钢钢结硬质合金的化学成分

牌号	钢基体类型	化学成分（%）						
		TiC	WC	C	Cr	Mo	V	Fe
GT35	铬钼合金钢	35		0.5	2.0	2.0		其余
R5	高碳高铬合金钢	30～40		0.6～0.8	6.0～13	0.5～8.0	0.1～0.5	其余
TLMW50	高碳铬钼合金钢		50	0.5	1.25	1.25		其余
GW50	高碳低铬钼合金钢		50	<0.6	0.55	0.15		其余
GJW50	中碳低铬钼合金钢		50	0.25	0.50	0.25		其余

表A-4　合金工具钢钢结硬质合金的物理力学性能

牌号	密度（g/cm³）	弹性模量（MPa）	热膨胀系数（$10^{-3}K^{-1}$）	硬度 HRC	抗弯强度（MPa）	冲击韧度（J/cm²）
GT35	6.40～6.60	298000	6.09	68～72	1400～1800	6
R5	6.35～6.45	313000	8.34	70～73	1200～1400	3
TLMW50	10.21～10.37		6.72	66～68	2000	8
GW50	10.20～10.40		8.90	69～70	1700～2300	12
GJW50	10.20～10.30			65～66	1520～2200	7.1

二、模具材料的选用

模具的选材，是模具设计过程中极其重要的一步，也是保证模具质量、提高模具寿命的关键。一副好的模具必须具有高的机械强度、高温硬度、足够的韧性、良好的耐磨性和抗粘着能力，这样才能保证模具的高精度和高寿命。选用模具材料要综合考虑模具的工作条件、性能要求、尺寸形状和结构特点。根据材料的性能特点进行选择，有时会遇到对材料性能要求存在矛盾的情况。例如既要求有较高的硬度以提高耐磨性，又要求较高的韧性以保证较大的抗冲击能力，这时要从具体情况出发反复对比，适当取舍，协调平衡，寻找好的解决办法。

1. 模具材料的一般性能要求

模具材料的性能要求包括；力学性能、高温性能、表面性能、工艺性能及经济性等（表A-5）。

表 A-5　模具材料要求的一般性能

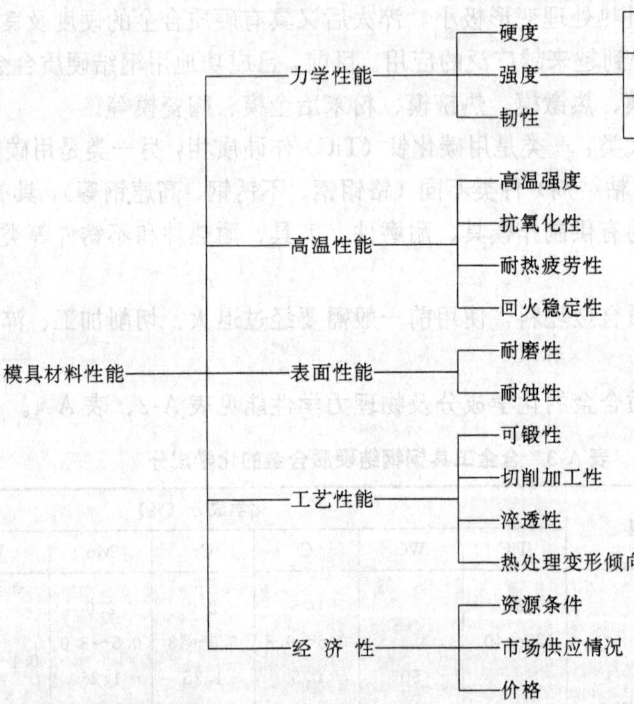

各种模具的工作条件不同，对材料性能的要求也各有差异。

冷作模具要求具有高的硬度、高的耐磨性和高的强度。而其中冷挤模根据工作状况，还要求具有高的抗压强度、断裂强度、疲劳强度和韧性。

热锻模具除要求具有常温性能所对应的强度、硬度指标外，还要求有良好的耐蚀性、高的回火稳定性、抗高温氧化性和耐热疲劳性，同时还要求较小的热膨胀系数和较高的导热性。

与一般热作模具相比，压铸模工作条件更为恶劣，因此一般要求较高的耐磨、耐热、耐蚀、抗压缩、抗氧化能力。

塑料模、橡胶模、粉末冶金模、玻璃模等型腔模具用于常温、微热或较高温度状态下，一般要求具有耐热性、一定的机械强度、耐磨性、耐蚀性、镜面加工性（可抛光性）等。塑料模对强韧性方面的要求不高，但要求较高的耐蚀性；陶瓷模承受强烈磨损，所以特别要求高的硬度和耐磨性；橡胶模型腔受气体腐蚀作用，要求一定的耐蚀性；玻璃模在工作过程中一直处于高温、摩擦、氧化、腐蚀等条件作用下，因此，要求较高的耐热性、耐蚀性、耐磨性和导热性。

2. 模具材料选用的一般原则

选用模具材料的一般原则是：

1）应满足模具的使用性能要求。主要从工作条件、模具结构、产品形状、尺寸、生产批量等方面加以综合考虑，确定材料应具有的性能。凡形状复杂、尺寸精度要求高的模具，应选用低变形材料；承受负荷大的模具，应选用高强度材料；承受强烈摩擦和磨损的模具，应选用硬度高、耐磨性好的材料；承受冲击负荷大的模具，应选用韧性高的材料。

2）应具有良好的工艺性能。一般应具有良好的锻造性、切削加工性与热处理特性。对尺寸较大、精度较高的重要模具，还要求有较大的淬透性、较小的过热敏感性以及氧化脱碳和淬火变形倾向。碳素工具钢由于热处理淬火后内应力大，变形开裂倾向大，因此一般不适于用电火花线切割方法加工的模具。

3）适当考虑经济性。在满足前两项要求的情况下，选用材料应尽可能考虑到价格低廉、资源丰富、供应方便等。

（1）冷冲模材料选用的一般原则

1）模具承受冲击负荷大时，应以韧性为主。

2）模具迫使金属沿型腔塑性流动的作用力大（即坯料变形抗力大）时，应以硬度和耐磨性为主。

3）模具迫使金属沿型腔塑性流动的作用力较小时，应以强度为主，并适当考虑韧性和耐磨性。

4）模具型腔复杂时，应以韧性和尺寸精度为主。

5）模具尺寸大时，应以整体强度、刚度和尺寸精度为主。

6）模具加工生产批量大时，应以硬度和耐磨性为主。

冷冲模经常选用 T8、T10、9Mn2V、9SiCr、CrWMn、Cr12、Cr12MoV 钢及硬质合金等。

（2）热锻模材料选用的一般原则　热锻模具材料选用的一般原则与冷冲模具材料大体相同。

1）随锻造设备能力的加大、加工件形状的复杂化和尺寸精度的提高以及材料加工难度的增大（如加工钛合金、合金钢、高合金钢、不锈钢和耐热钢等），模具趋向大型化、高精度、高性能，模具材料趋向多元合金化且合金总含量增大，大量采用铬、钨、钼、镍、钒、硅等合金元素，以提高钢的淬透性、热稳定性、抗氧化性和耐热疲劳性。

2）为满足高韧性和导热性的要求和合金含量的增大，这类模具钢的含碳量皆偏低，一般在 0.3%～0.6%范围内。

热锻模经常选用 5CrMnMo、5CrNiMo、3Cr2W8V、4Cr5MoV1Si 钢等。

（3）压铸模材料选用的一般原则

1）压铸模具用钢的碳含量常控制在 0.3%～0.5%，以保证其淬硬性，并使钢中的合金元素能形成碳化物，充分发挥其提高性能的作用。

2）压铸模具材料一般以钨、铬、钼及其他碳化物形成元素进行合金化，以提高其高温性能。但是，这类元素的碳化物以游离状态存在时，还不足以阻止钢在加热时的软化倾向，必须在热处理加热过程中使碳化物能充分溶入固溶体，并且淬火后仍保留在其中，才可提高钢的热稳定性。

压铸模经常选用 45、40Cr（用于锌合金压铸模）和 3Cr2W8V、4Cr5MoV1Si 钢（用于铝、铜合金压铸模）。

（4）常用型腔模具的材料选用　对于不同的型腔模，如塑料模、陶瓷模、粉末冶金模和玻璃模等，应根据不同的工况分别选用合适的模具钢。

1）塑料模：我国塑料模具用钢目前还缺乏专用钢种，生产部门通常采用一般工具钢，如 T10A、CrWMn、Cr12MoV 钢等。这些钢由于切削加工性一般较差，难以制造成复杂型腔的模具，而且一旦热处理变形超差即难以修复使用。因此，近年来模具制造业常采用退火或正火状态的 45 钢及预硬钢作塑料模具用钢。但是此钢远不能满足塑料模具日益发展的需要，因此常参考国外塑料模具用钢并结合我国的具体条件进行选用。总之，形状简单的塑料模可选用 45、40Cr、T10A 钢和低熔点合金、锌基合金等；形状复杂的塑料模可选用 9Mn2V、GCr15、CrWMn、Cr12MoV、4Cr5MoVSi、锌基合金、铜铍合金、铜钴铍合金等；对于尺寸精度、表面粗糙度、模具寿命有特殊要求的高精度模具，可选用进口塑料模具钢，如美国的 P6、P20、PPT，日本的 HPM1、YAG，瑞典的 S136、S136H 等。

2）陶瓷模：形状简单的小型陶瓷模可选用 T10A、T12A 钢等，形状复杂的小型陶瓷模宜选用 CrWMn、Cr12、Cr12MoV 钢等；形状简单的大中型陶瓷模可选用 CrWMn、9Mn2V、GCr15 钢等。

3）橡胶模：形状简单的中、小型橡胶模可选用 45 钢；形状复杂的可选用铝合金、40Cr 钢。

4）粉末冶金模：形状简单的小型粉末冶金模可选用 T10A、T12A 钢或钢结硬质合金，形状简单的大中型粉末冶金模可选用 CrWMn、9Mn2V 钢等；形状复杂的粉末冶金模宜选用 CrWMn、Cr12、Cr12MoV 钢等。

5）玻璃模：玻璃模常选用灰铸铁、球墨铸铁、稀土蠕墨铸铁及合金耐热铸铁等制造。

表 A-6 列出了常用模具钢的性能特点及用途。

表 A-6　常用模具钢的性能特点及用途

钢材	性能特点	用途
10、20	易挤压成形、渗碳及淬火后耐磨性稍高、热处理变形大、淬透性低	工作载荷不大、形状简单的冷挤模、陶瓷模
45	耐磨性差、韧性高、热处理过热倾向小、淬透性低、耐高温性能差	工作载荷不大、形状简单的型腔模、冲孔模、橡胶模及锌合金压铸模等
T10A、T12A	耐磨性差、热处理变形大、淬透性低	工作载荷不大、形状简单的冷冲模、成形模
T7A、T8A	耐磨性稍好、热处理变形大、淬透性低	
40Cr	耐磨性差、韧性高、热处理变形稍小、淬透性稍高、耐高温性能差	用于锌合金压铸模
9Mn2V、GCr15	耐磨性较好、热处理变形小、淬透性稍高	工作载荷稍大、形状简单的冷冲模、胶木模
CrWMn	耐磨性好、热处理变形小、淬透性较高	工作载荷较大、形状较复杂的冷冲模、成形模
9CrSi		用于冲头、滚丝模
60Si2A	韧性好、热处理变较小、淬透性高	用于标准件上的冷镦模
Cr12	耐磨性好、韧性差、热处理变形小、淬透性高、碳化物偏析严重	工作载荷大、形状复杂的高精度冷冲模

（续）

钢材	性能特点	用途
Cr12MoV	耐磨性好、热处理变形小、淬透性高、碳化物偏析比 Cr12 小	工作载荷大、形状复杂的高精度冷冲模、冷挤模以及冷镦模
5CrMnMo、5CrNiMo	韧性较高、热处理变形较小、淬透性较好、回火稳定性较高	热态下工作的热锻模、热切边模
3Cr2W8V	红硬性高、热处理变形小、淬透性好	热态下工作的热挤模、热冲模、压铸模
W18Cr4V、W6Mo5Cr4 V2		工作载荷大的冲头、冷挤模及热态下工作的热冲模

三、模具热处理

热处理在模具制造中起着重要作用。尽管不同类型及不同结构的模具，使用各种不同的钢材或采用不同的加工方法成形，但它们都需用热处理使其获得较高的硬度和耐磨性以及其他所要求的力学性能。一般来说，模具的使用寿命及其制品质量，在很大程度上取决于热处理的质量。因此，在模具制造中，选用合理的热处理工艺和不断提高热处理的技术水平尤为重要。

1. 模具热处理的一般概念

热处理的目的是利用加热和冷却的方法，有规律地改变合金内部组织，从而提高其硬度、韧性和其他所需要的力学性能。

热处理操作由以下三个阶段组成：

（1）加热　把需要热处理的工件置入加热炉中，并以一定的加热速度，加热到一定温度；

（2）保温　在上述温度下，保持一定时间，使工件内外温度趋向均匀；

（3）冷却　把加热好的工件，置于适当的冷却剂中（如油、水、盐液或空气），并以一定的速度冷却到一定温度，从而得到所需要的组织和性能。

2. 模具热处理的主要工艺方法

时间、温度及冷却方式的不同，可构成不同的热处理工艺。常用的工艺方法有退火、正火、淬火和回火。

（1）退火　在模具制造过程中，模具零件一般都要锻造成一定几何形状的毛坯，为了进一步对毛坯进行机械加工，必须要经过退火处理，以消除其锻造应力和加工硬化现象，并为最终热处理做好组织准备。

退火的工艺方法是首先将工件加热到临界点以上某一温度，在此温度下，保温一段时间，然后使工件随炉一起极缓慢冷却，以保证能得到稳定的结构。

根据模具材料、退火后的组织性能要求，退火工艺可分为：完全退火、不完全退火、等温退火等。在实际应用中，退火常按其目的来分类，如球化退火、扩散退火、消除应力退火和再结晶退火等。

1）完全退火：又称再结晶退火。主要用于亚共析成分的碳钢和合金钢，目的是细化晶粒，消除内应力和过热组织，降低硬度，便于切削加工，并为淬火作好组织准备。其工艺为将钢加热到 Ac_3 以上保温，使钢中组织完全转变成奥氏体，然后缓冷。其工艺规范见表 A-7。

对于珠光体转变比较稳定的合金钢，为了加速退火冷却过程，应采用等温退火。其工艺为将钢加热到 Ac_3 或 Ac_1 以上 30～50℃，在 Ar_1 以下某一温度等温。

2）去应力退火：亦称低温低火。主要用来消除锻件、铸件和焊接件等加工中所造成的内应力。其工艺为将钢件随炉缓慢加热至 Ac_1 以下 15～30℃，保温，缓冷。钢在去应力退火过程中并无组织变化。其工艺规范见表 A-8。

表 A-7　完全退火工艺规范

牌号	加热温度（℃）	保温时间（h）	冷却速度（℃/h）	冷却方式	退火硬度 HBS
20	880～900		≤100		
20Cr	860～890	2～4	≤80		≤179
45	820～840		≤100	500℃出炉空冷	179～229
12CrNi3	870～900	3～4	≤50		
3Cr2W8	830～850		≤40		207～255

表 A-8　去应力退火工艺规范

牌号	加热温度（℃）	时间（h）	冷却方式	工艺示意图
T7、T8、T7A、T8A T10、T10A	600～650	2～3	空冷或炉冷	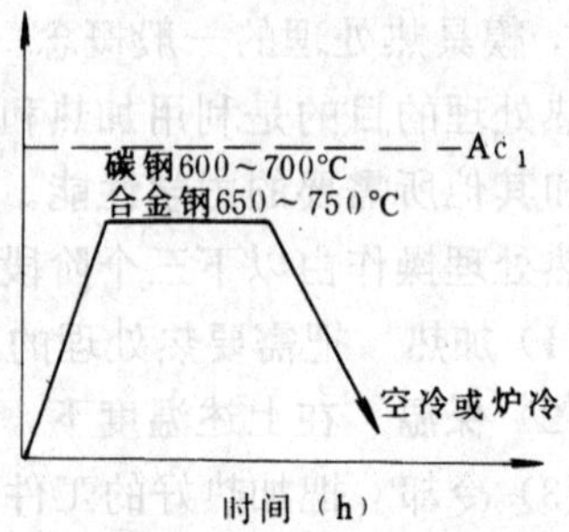
9Mn2V				
CrWMn	650～680	2～4	空冷或炉冷	
9CrWMn				
GCr15	650～700			
20	680～720			
20Cr	700～720	1～2	空冷或炉冷	
45	680～720			
12CrNi13	650～680	2～3	空冷	
Cr12				
Cr12MoV				
W18Cr4V	650～750	3～4	空冷或炉冷	
W6Mo5Cr4V2				
3Cr2W8				
TLMW50	500～600			

注：去应力退火规范可用低温退火或高温回火工艺规范来代替。采用高温回火工艺规范还能起到改善显微组织的作用。

3）球化退火：对于过共析的碳钢及合金工具钢制件，要进行球化退火，即要求钢中碳化物呈粒状或球状均匀分布。这种组织不仅硬度低，切削加工性能较好，而且在随后的淬火时，过热倾向小并且变形小，开裂倾向也小。T8、T10 等碳素工具钢锻造后一定要进行充分的球化退火，否则淬火后极易引起内应力过大和硬度不均，截面稍大的工件还会产生开裂。球化退火工艺是将钢加热到 Ac_1 以上 20～30℃，保温一定时间后在 Ar_1 以下 10～30℃等温，缓冷。其工艺规范见表 A-9。

（2）正火　正火的目的是为了消除冷作、锻造或急冷时产生的内应力，细化高温过热时生成的粗大组织，改善力学性能。对于强度要求不高的零件，正火可以作为最终热处理；含碳量低于 0.45％的碳钢，可用正火代替退火；正火对模具制造来讲，主要用于球化退火前的预先热处理。其工艺为将钢加热至 Ac_3 或 Ac_{cm}以上 30～50℃，在空气中冷却。其工艺规范见表 A-10。

退火、正火工序的温度区域见图 A-1。

（3）淬火　淬火的目的是为了提高工件的硬度、耐磨性和其他力学性能。淬火是模具制造中一项必不可少的热处理工序。如凸模与凹模都要经过淬火处理，使其硬度提高，以增加模具的使用寿命和耐用度。淬火的方法是把工件加热到淬火温度以上某一温度，经保温后，置入冷

表 A-9　球化退火工艺规范

牌号	加热工艺 温度（℃）	加热工艺 时间（h）	冷速（℃/h）	等温工艺 温度（℃）	等温工艺 时间（h）	退火后硬度 HBS
T7、T8	740～750		≤50	600～650		≤187
T10	750～770			660～680		≤197
9Mn2V	760～780	2～4		680～700	4～6	≤229
9CrWMn	770～790			690～720		209～255
CrWMn				680～700		217～255
GCr15	790～810			700～720		207～229
Cr12MoV	850～870	3～4		720～750		207～255
Cr4W2MoV			≤30	750～770		≤269
Cr2Mn2SiWMoV	780～800	2～4		700～720	6～8	≤269
6W6Mo5Cr4V	820～840					
W18Cr4V	830～850	3～4		730～750		207～255
W6Mo5Cr4V2	820～840					
TLMW50	860～880				3～4	35～40HRC
GT35	820～850	2～4	≤20	720～740	4～5	39～46HRC
3Cr2W8	840～860		—		3～4	—

工艺示意图

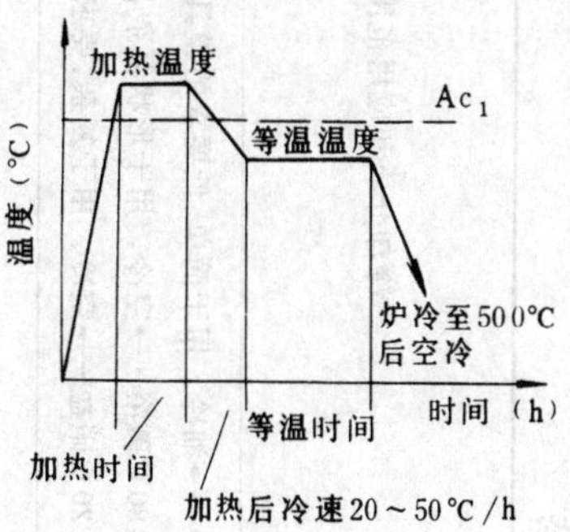

表 A-10　正火工艺规范

牌　号	加热温度（℃）	加热时间	冷却方法	硬度 HBS
T8、T8A	760～780			241～302
T10、T10A	810～850			255～321
9Mn2V	870～880			≤269
CrWMn	970～990			388～514
GCr15	900～950			229～375
20	890～920	透　烧	空　冷	<156
20Cr	870～900			≤270
45	850～870			170～217
40Cr	850～870			179～217
12CrNi3	920～940			≤229

工艺示意图

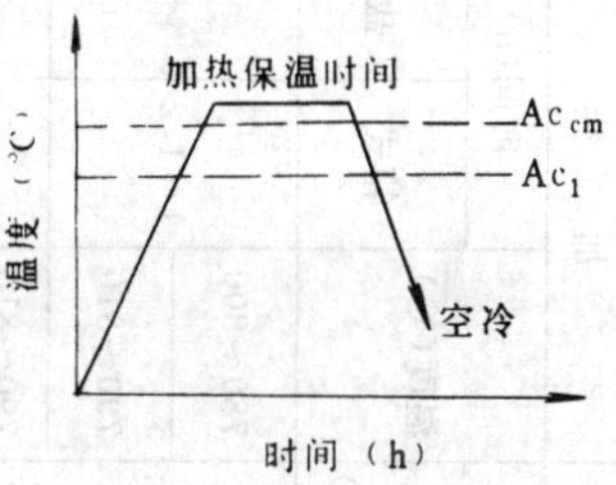

却介质（水、油或盐液）中，以极快的速度（即大于临界冷却速度）进行冷却，而获得马氏体组织。

淬火的加热温度，对于亚共析钢采用完全淬火，其加热温度为 Ac_3 以上 30～50℃；过共析钢的淬火温度在 Ac_1～Ac_{cm}之间。

淬火工艺是一项比较复杂的热处理技术，在加热或冷却时由于组织转变和热胀冷缩的缘故，常在淬火的金属内呈现出有害的组织应力和热应力，使淬火零件的体积增大，且在各方向上不均匀，容易使工件淬裂或变形，而且还呈现出过分的脆性，使经过很多工序加工成形的工件报废，给生产带来损失和浪费。因此，在淬火时，一定要严格遵守淬火操作规程，尽量少出或不出废品。表 A-11 是常用模具钢加热、淬火和冷却工艺规范。

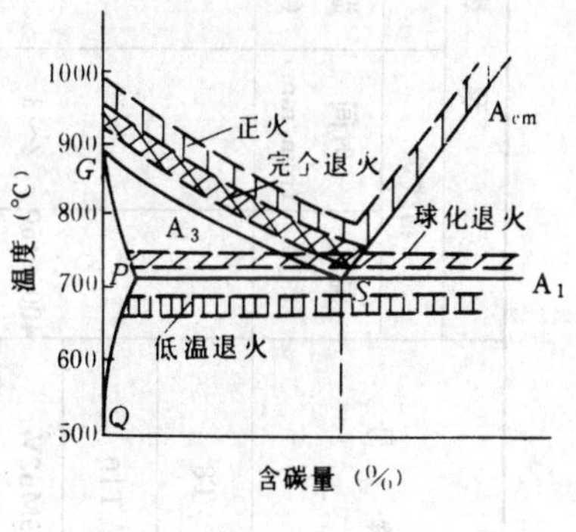

图 A-1　退火、正火工序的温度区域

表 A-11 常用模具钢加热、淬火和冷却工艺规范

牌号	预热 箱式炉 温度（℃）	预热 箱式炉 时间（min/mm）	预热 盐浴炉 温度（℃）	预热 盐浴炉 时间（min/mm）	加热 温度（℃）	加热 时间（h） 箱式	加热 时间（h） 盐浴	淬火硬度 HRC	冷却介质和应用范围
T8	400～450	2～3			780～800	1～1.2	0.4～0.5	62～64	1. 盐水冷──→油冷。用于简单、低要求的模具零件 2. 160～180℃碱浴──→空冷。用于形状复杂、要求较高的模具零件。 3. 180～220℃硝盐──→空冷。用于复杂、要求高的模具零件
T10					790～810			62～65	
9Mn2V					790～810	1.2～1.5	0.5～0.6	62～63	1. 冷油冷却。用于一般模具和内形胀大后的返修工艺 2. 热油冷却。用于较复杂、大尺寸的模具 3. 160～180℃硝盐──→空冷。用于厚度<30mm 的复杂精密模具
CrWMn					820～840			63～65	
9CrWMn					820～840			62～64	
GCr15					830～850			61～63	
Cr12	750～800	1.5～2	800～850	0.5～1	960～980（1080～1100）	0.5～0.7	0.3～0.4	62～64（40～50）	1. 普通冷却工艺 冷油冷却用于一般简单模具，空冷或风冷用于复杂、高要求模具 2. 分级冷却工艺 60～100℃热油或 160～180℃硝盐浴──→空冷，用于要求减小变形的零件。350～400℃硝盐浴──→160～180℃硝盐浴──→空冷，或者 560～620℃低温盐浴──→空冷，用于复杂精密冲模 3. 贝氏体等温冷却工艺 260～280℃硝盐浴──→空冷 560～620℃盐浴──→360～380℃硝盐浴──→260～280℃硝盐浴──→空冷，用于形状复杂、要求韧性的零件
Cr12MoV					1020～1040（1100～1120）			62～63（40～50）	
6W6Mo5Cr4V	750～800		800～850	0.4～0.5	1180～1200	0.3～0.5	0.15～0.3		
W18Cr4V					1220～1250			61～63	
W6Mo5Cr4V2					1180～1200				
45	400～450	2～3			820～850	0.5～0.7	0.3～0.4	55	
TLMW50	750～800	2	800～820	0.3	1040～1060	2	0.3	66～68	1. 30～80℃油冷，用于一般形状的零件 2. 160～180℃硝盐浴──→空冷，用于复杂形状和易开裂零件
GT35					960～980	1～2	0.3～0.6	67～69	

注：括号内数据是指二次硬化法所采用的淬火温度及硬度。

(4) 回火　淬火钢件加热到低于 A_1 点以下某一温度保温一段时间，然后进行冷却的工艺称回火。回火有两种目的：一是改变淬火组织，得到一定的强度、韧性的配合；二是为了消除淬火应力和回火中的组织转变应力。

模具淬火后，应马上进行回火，以提高钢的韧性和增加耐用度。冷、热作模具重要零件根据工况的需要常进行低温或中温回火。中碳钢或中碳合金结构钢淬火后再进行高温回火的工艺称调质处理，调质主要用于结构零件的最终热处理和重要零件、模具的预备热处理。

常用模具钢的回火温度和工艺规范见表 A-12～表 A-16。

表 A-12　常用碳素工具钢和低合金工具钢的回火温度

牌　　号	回火温度（℃）			
	58～62HRC	54～58HRC	50～54HRC	45～50HRC
T8	160～190	240～260	300～320	360～380
T10	160～190	250～270	300～320	360～380
9Mn2V	160～190	260～280	320～340	380～400
CrWMn	160～190		320～340	380～400
9CrWMn	160～190	220～280	350～380	380～430
GCr15	160～190	260～280	320～340	380～400

注：在硝盐中进行回火 1～3h。若用箱式炉回火，时间应增加一倍。

表 A-13　常用高合金工具钢、高速钢的回火温度

牌　　号	回火温度（℃）			
	58～62HRC	56～58HRC	54～56HRC	50～54HRC
Cr12	160～190	260～280	360～380	480～520
Cr12MoV	160～190	260～280	360～380	480～520
6W6Mo5Cr4V	2～3 次回火，回火温度 560～580℃，每次 1.5h，硬度可达 63HRC			
W18Cr4V	2～3 次回火，回火温度 550～570℃，每次 1～1.5h，硬度可达 64HRC			
W6Mo5Cr4V2	2～3 次回火，回火温度 560～570℃，每次 1～1.5h，硬度可达 65HRC			

表 A-14　3Cr2W8 钢回火工艺规范

淬火温度（℃）	回火硬度 HRC	回火温度（℃）	回火次数	冷却方法	回火保温时间
1050～1080	44～48	560～580	2	空　冷	盐浴炉 2h 箱式电炉 3～4h
	40～44	580～620			
	28～32	700～720			
1100～1150	44～48	600～620			
	40～44	620～660			
	28～32	720～740			

表 A-15 塑料模常用钢回火温度

牌　号	回 火 温 度（℃）		
	50～55HRC	45～50HRC	40～45HRC
T10	300～320	360～380	400～420
9Mn2V	320～340	380～400	420～440
CrWMn	320～340	380～400	420～440
GCr15	300～340	380～400	420～440

注：在硝盐浴中回火，厚度≤30mm 时回火保温时间取 120～180min，厚度＞30mm 时回火保温时间取＞180min。

表 A-16 常用钢结硬质合金回火温度

牌　号	回 火 温 度（℃）				
	200	300	400	500	600
TLMW50	66～68HRC	66～67HRC	65HRC	62HRC	58～59HRC
GT35	67～69HRC	67～68HRC	65～66HRC	62HRC	58～59HRC

附录B 模具表面强化处理

采用不同的表面强化处理工艺，只改变模具表层的成分、组织、性能，与适宜的心部性能相配合，就可使零件具有高硬度、耐磨、耐蚀、耐热、抗咬合、低摩擦系数等特殊性能，数倍、几十倍地提高其使用寿命。这对于提高模具质量，充分发挥模具材料的潜力，大幅度降低成本，都具有重要意义。

一、模具表面强化方法及种类

常用的表面强化处理方法不下几十种，主要可以归纳为物理表面处理法、化学表面处理法和表面覆层处理法。各种表面强化处理方法分类如表 B-1 所示。

表 B-1 各种表面强化处理法分类

Ⅰ 物理表面处理法	
高频淬火	
火焰淬火	
激光热处理	CO_2 激光束
加工硬化	喷丸硬化
Ⅱ 化学表面处理法	
渗碳、渗氮	盐浴、气体、离子渗氮
低温氮碳共渗	盐浴、气体、离子低温氮碳参渗
渗硫	低温盐浴渗硫、电解渗硫
渗金属	渗铬、渗硼等
碳化物盐浴涂覆	TD 处理（VC、TiC、Cr_7C_3 等）
Ⅲ 表面覆层处理法	
电镀	铬、锌、镍、硬铬
化学气相沉积	CVD 法（TiC 等）
真空镀膜 离子喷镀 喷镀	PVD 法，反应性离子喷镀，反应性喷镀
热喷涂	火焰喷涂，等离子喷涂，电弧喷涂
表面合金化	电火花强化

物理表面处理法是不改变金属表面化学成分的硬化处理方法，主要包括表面淬火（高频、火焰淬火）、激光热处理、加工硬化等；化学表面处理的主要特征是通过加热使某些元素渗入模具表面，以改变模具表层的化学成分和组织性能，主要包括渗氮、渗硼、渗硫、渗金属、盐浴涂覆等；表面覆层处理法则是通过各种物理、化学沉积等方式，在模具表面覆盖一层与基体不同的金属或化合物，以提高表面的力学和物化性能，主要包托镀铬、化学气相沉积（CVD）、物理气相沉积（PVD）及电火花强化等。本节仅介绍几种在模具表面处理中经常采用的工艺方法。

二、模具表面强化处理工艺特点及应用

（一）模具渗氮

1．渗氮处理的特点

（1）模具渗氮后的性能特点

1）表面硬度高。例如 38CrMoAlA 钢，经渗氮处理后，表面硬度可达 950～1200HV（相当于 67HRC 以上），而通常的渗碳淬火件表面硬度仅为 58～62HRC。因此，渗氮模具具有很高的耐磨性，可有效延长使用寿命。

2）具有很高的红硬性。模具渗氮后，当表面工作温度达 500～600℃时，其硬度和耐磨性不发生显著变化。

3）显著提高疲劳强度。钢件渗氮后，表层可形成较大的残余压应力，适用于受交变载荷的模具。

4）提高模具耐蚀性。钢件渗氮后，表面可形成一层化学稳定性较高的 ε 相，在水、过热蒸汽、大气、碱性溶液中具有较高的抗腐蚀性能。

5）渗氮处理温度低，模具氮化后变形极小。

6）降低了模具表面粗糙度，提高了抗咬合能力。

（2）渗氮用钢及加工工艺路线　渗氮工艺只提高模具表面性能，因而要求心部具有良好的综合力学性能；渗氮层薄而脆，也要求强韧的心部来支持。模具心部硬度和组织由渗氮前的调质加以控制。一般渗氮用钢采用调质状态的中碳合金钢，如 38CrMoAlA 等。应用于模具上，使用较广的钢为 3Cr2W8V 和 40Cr 钢，前者硬度和热稳定性高，使用寿命长；后者冷、热加工工艺性能好，氮化后脆性低，可获得较高硬度和一定渗层深度，材料价格低廉，在塑料模上应用较为普遍。

模具渗氮前都应加工到要求尺寸、精度和表面粗糙度，最好经过试模确认完全合格后再进行渗氮处理。

为了满足模具变形小、性能好、质量高的要求，通常根据模具的技术要求，分别采用以下两种工艺路线：

精密模具：下料—→锻造—→退火或正火—→粗加工—→调质—→半精加工—→稳定化处理—→精加工—→装配—→试模—→渗氮—→研磨、抛光—→装配

普通模具：下料—→粗加工—→调质—→精加工—→渗氮—→研磨—→装配

（3）对渗氮层的性能要求　模具工作条件较为复杂，其性能要求比较高，如压铸模，不但要求一定的硬度和耐磨性，而且要有一定的热疲劳强度和足够的抗压、抗弯强度。通常，对渗氮层的深度、脆性、硬度和变形量有如下要求：

1）模具渗氮层与基体之间应有良好的结合，不应有明显的界限，以免渗层剥落。

2）渗氮层深度一般以 0.15～0.4mm 为好。增大渗氮层的厚度，不但需延长渗氮时间，增大变形，而且还增大渗氮层组织应力，降低韧性，使用过程中容易崩落。

3）渗氮层应具有足够的硬度，以保证模具的高耐磨性。

4）模具渗氮后，表面脆性不应过高。因此，在保证足够硬度的条件下，应尽量减低表面脆性。

5）模具渗氮后，其外径常稍胀，内孔稍缩。在一般情况下，尺寸变化量在 0.01～0.03mm 范围内，可用研磨或预置变形量的方法加以修正。

模具的渗氮方法有气体渗氮、气体低温氮碳共渗和离子渗氮三种，下面分别予以介绍。

2. 气体渗氮

（1）气体渗氮的基本原理　气体渗氮与渗碳相似，由三个基本过程组成：活性原子的产生，零件表面对活性原子的吸收，活性原子自模具表面向内部扩散。

气体渗氮时，氨在渗氮温度分解后产生活性氮原子（$2NH_3=3H_2+2[N]$），为金属表面吸收，渗入钢中，并且不断自表面向内扩散，形成渗氮层。

(2) 气体渗氮工艺　渗氮的主要工艺参数是渗氮温度、渗氮时间和氨分解率。

渗氮温度一般控制在500～560℃范围内，当渗氮时间相同时随温度升高渗氮层增厚，渗氮物弥散度小，硬度下降；渗氮温度降低，氮原子扩散速度减慢，渗层浅，表面硬度高，脆性较大。

渗氮保温时间取决于渗氮温度及渗氮层深度的要求，通常在20～70h范围内。例如38CrMoAlA钢在500～520℃渗氮，渗氮层深度小于0.4mm时，渗氮时间可按每小时8～12μm估算。

氨分解率根据渗氮温度不同，一般控制在20%～60%范围内。分解率大于60%，会降低渗氮层的硬度和耐磨性；大于70%，渗氮层深度急剧下降。

渗氮炉内的压力通常控制在6000～12000Pa。

气体渗氮常用于受冲击作用较小的压铸模、热挤模、冷挤模等。一般气体渗氮存在的主要缺点是渗层脆性大，渗氮时间太长和钢种受到限制。

3. 气体低温氮碳共渗

气体低温氮碳共渗是在井式炉中使用尿素、甲酰胺、三乙醇酸等有机化合物作为渗剂，或通入氨加渗碳性气体等添加物，在低于Fe-C-N三元共析温度下进行的以渗氮为主的低温碳氮共渗过程。

(1) 常用气体低温氮碳共渗方法

1) 尿素气体低温氮碳共渗：该法是利用尿素能在500℃以上温度完全分解形成CO、H_2及活性氮、碳原子的特点，并在一定的工艺条件下渗入钢中的处理方法。其反应式如下

$$CO(NH_2)_2=CO+2H_2+2[N]$$

$$2CO=CO_2+[C]$$

2) 有机液体滴注式气体低温氮碳共渗：该法采用分解温度较低的有机液体进行氮碳共渗。在各种有机液体介质中，以甲酰胺和三乙醇酸较为理想。甲酰胺（$HCONH_2$）在400～700℃时发生热分解反应：

$$HCONH_2=NH_3+CO$$

$$HCONH_2=HCN+H_2O$$

其中　NH_3、CO及HCN分解产生活性氮、碳原子，渗入钢中：

$$2NH_3=3H_2+2[N]$$

$$2CO=CO_2+[C]$$

$$2HCN=H_2+2[C]+2[N]$$

滴注式气体低温氮碳共渗法设备简单，工艺操作简便，经济实用，尤其适于模具的氮碳共渗处理。

3) 氨加吸热式气体低温氮碳共渗　该法的特点是在原渗氮炉的基础上添加一个吸热式气氛发生炉（裂化炉），其工作温度一般控制在900～950℃，将渗碳剂经过吸热式气氛发生炉进行热分解而与氨气一起送入氮化箱内进行低温（500～580℃）氮碳共渗处理。通常以甲醇或乙醇的水溶液热解后和氨气一起送入氮化箱中进行气体低温氮碳共渗。

(2) 气体低温氮碳共渗工艺　在氮碳共渗前应对模具进行脱脂、除锈、清洗、防渗表面

的保护等预处理工作。氮碳共渗过程为：升温──→排气──→装炉──→强制排气──→低温氮碳共渗（保温）──→出炉油冷、水冷或随炉冷却到 450℃以下，然后出炉空冷。

气体低温氮碳共渗温度一般为 570℃左右，时间 2～5h。渗剂供给量与温度、材料、炉罐尺寸及装料量等有关。在保温过程中，炉压常保持在 196～980Pa 范围内。为减少氧化，提高渗层韧性和疲劳强度，防止某些钢种的回火脆性，可在水中或油中冷却。对某些高合金模具钢通常用含氮量较低的甲酰酸或三乙醇胺，低温氮碳共渗后还应在 300℃回火 1h 左右。图 B-1 为 3Cr2W8V 钢和 Cr12MoV 钢模具进行尿素气体低温氮碳共渗的工艺曲线。

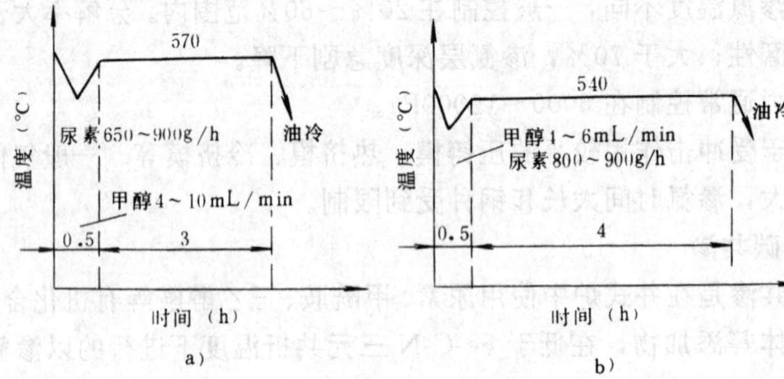

图 B-1　尿素气体低温氮碳共渗工艺曲线
a）3Cr2W8V　b）Cr12MoV

气体低温氮碳共渗方法获得的表层硬度，当被处理的材料是低碳钢和中碳钢时为 570～680HV，比气体渗氮法低，但耐磨性及韧性大致相同。

（3）气体低温氮碳共渗的应用　经气体低温氮碳共渗后形成的渗氮层主要由 Fe_3（N，C）组成，其脆性小于 Fe_2N 故渗氮层的韧性显著增大。此外，低温氮碳共渗的速度也大为增加，且适用于各种成分的钢件，但渗层较薄，常用于负荷较小的零件。在模具生产上，气体低温氮碳共渗主要应用于在热态下工作的压铸模、塑料模、热挤模、锤锻模等，但也常用于某些冷作模具，都取得明显效果。例如 3Cr2W8V 钢液压泵芯锤锻模，经气体低温氮碳共渗后，使用寿命可提高两倍，Cr12MoV 钢冷镦模和 45 钢塑料模使用寿命都可提高一倍；用于压铸模，可以将使用寿命提高五倍。我国大约有 80％的工厂对压铸模进行低温氮碳共渗处理。

4. 离子渗氮

（1）离子渗氮的基本原理　离子渗氮是在真空室内，在高压直流电场作用下进行的一种表面处理方法。渗氮时将工件接高压直流电源的负极，真空容器罩接正极，当真空度抽到 66.7Pa 以上时，通入稀薄的含氮气体（如氨或氮、氢的混合气体），并调节进入的氨气量，使真空室内的压强根据要求保持在 133.3～1333.2Pa（常用 266.6～800.0Pa）之间。在正负极之间加上 400～1100V 的直流电压，即可产生辉光放电，容器里的气体被电离，在空间产生大量的电子与离子。这时，作为负极的工作表面上覆盖着一层紫色的辉光，它是受激后返回基态时的氮原子和氢原子产生的光辐射。氮和氢的正离子在高压电场作用下冲向负极，以很高的速度轰击模具表面，使之均匀地加热到所需温度。高能正离子向模具表面轰击时，某些铁原子从基体上飞溅出来，产生阴极溅射，可将模具表面一层有碍渗氮的氧化膜、污斑等去掉，使之活性增大。氮的正离子冲入工件表面夺取电子，还原成氮原子，被模具表面吸收，并向内部扩散，形成坚硬的渗氮层。

(2)离子渗氮工艺　离子渗氮工艺应根据被渗氮工件的性能要求、模具的形状及尺寸等来确定。一般来说，真空容器的工作压力为50～1000Pa，工作电压为400～1100V，使不同材料达到渗氮温度的电流密度为0.5～20mA/cm^2，加热功率密度为0.2～5W/cm^2，渗氮温度为480～570℃；渗氮时间通常取2～10h。常用钢材的离子渗氮工艺及技术要求和使用效果见表B-2。

表B-2　常用钢材离子渗氮工艺及技术要求

钢　号	预先热处理	工艺规范		技术要求		备　注
		温度（℃）	时间（h）	硬度HV	层深（mm）	
40Cr	正火或调质	510±10	8～10	500～650	0.30	
38CrMoAlA	调质	520～560	12.6	950～1100	0.40～0.45	二段氮化
W18Cr4V	淬火＋回火	490±10	1.5～2.0	1100～1200	0.05～0.06无化合物层	层深用金相法测定
W18Cr4V	淬火＋回火	530±10	10～20	950～1100	0.02～0.05无化合物层	层深用金相法测定
Cr12	调质	540	8	900～960		
3Cr2W8V	调质	520	6	850～1000	0.25～0.30	1100℃淬火，600℃回火二次
3Cr2W8V	淬火＋回火	520	6	＞1050	0.20～0.30	

(3) 离子渗氮的特点及应用　离子渗氮渗速大，耗电、耗氨量少，渗氮层脆性低，氮浓度和组织可以控制，工件耐磨性、抗蚀性、耐疲劳性和抗咬合能力都比较好，应用于多种冷作模具和热作模具均取得很好的效果。例如W6Mo5Cr4V2钢制冷挤凸模经离子渗氮后，使用寿命可提高2～3倍；5CrMnMo钢热锻模离子渗氮后，磨损量减到原来的1/4。

离子渗氮法的主要缺点是：设备复杂，操作麻烦；炉内压力低、密封不好时易出现氧化现象；测温和控制可靠性差，因此质量不太稳定，而且各种模具需要配备专用夹具等。

目前，离子渗氮主要用来渗氮IT6～IT7级精度以上的单件或小批量的精密模具，如铝合金型材挤压模等。

(二) 模具渗硼、渗铬

1. 渗硼

渗硼能显著提高工件表面硬度（1200～2000HV）和耐磨性，渗硼层还有良好的耐蚀性，可广泛用于模具表面强化，尤其适合在磨粒磨损条件下使用的模具，寿命可提高几倍到几十倍。

渗硼方法有固体渗硼、气体渗硼、盐浴渗硼等。国内应用较多的是盐浴渗硼和固体渗硼。

(1) 盐浴渗硼　这种方法是把模具放在熔盐中扩散渗硼。盐浴由无水硼砂加硼铁、硅钙合金、碳化硅或铝粉组成。在熔融硼砂中，加入氯化钠、氯化钡或碳酸盐等助熔盐类，可以提高盐浴流动性和降低渗硼温度。

1) 盐浴渗硼原理：硼砂在熔融状态发生分解

$$Na_2B_4O_7 = Na_2O + 2B_2O_3$$

形成的B_2O_3继续分解，产生活性硼原子；或者加入一些比硼更活泼的元素（如Si、Ca等），从B_2O_3中将硼置换出来，渗入钢中。

用 SiC 作助渗剂时，其反应如下

$$Na_2B_4O_7+2SiC=Na_2O\cdot 2SiO_2+4\ [B]\ +2CO$$

$$Na_2B_4O_7+2SiC=Na_2O\cdot SiO_2+4\ [B]\ +CO_2+O_2$$

2）盐浴渗硼工艺：盐浴渗硼温度一般为 900～980℃，渗硼时间为 3～8h，渗层厚度约为 0.1～0.2mm。

盐浴渗硼可用以处理各种形状的零件，具有设备简单、渗剂货源充足、渗层结构较易控制等优点，但存在盐浴流动性差，工件粘盐，操作温度高，盐浴腐蚀坩埚挂具，处理后清洗、研磨加工困难等缺点，故近来应用逐渐减少。

对于盐浴渗硼模具，要十分注意清除表面残留的渗硼剂，尤其对螺孔和内壁粗糙的小孔，更需认真清理。通常可在 $Na_2CO_3$10%水溶液中煮沸清洗。

（2）固体（粉末）渗硼　固体渗硼是将工件埋在粉末渗硼剂中进行，渗剂中含有催化剂，可使渗硼速度加快，处理温度降低，有利于减小变形。粉末渗硼操作容易，工件不粘渗剂，渗硼后不需清洗，便于在生产中推广应用。模具常采用固体渗硼。

1）粉末渗硼原理：渗硼剂由供硼剂、催化剂和填充剂组成。粉末渗硼剂配方差别很大，常用成分范围供硼剂硼铁为 10%～20%，催化剂 KBF 为 5%～10%，其余为填充剂 Al_2O_3 或 SiC 等。

2）粉末渗硼工艺：粉末渗硼是把渗硼剂按比例混合均匀后，将模具装入低碳钢或不锈钢的罐内，填满渗剂，密封罐口，然后装炉加热。粉末渗硼温度一般为 800～950℃，保温时间为 2～6h，渗层为 0.1～0.3mm。根据不同的要求，可选择不同的处理规范。

（3）渗硼前后的热处理　模具渗硼前应进行精加工和消除应力处理，以避免渗层不均和渗后变形，并要对模具表面进行清洗。

对于模具心部要求不高的，渗硼后空冷即可，对要求内部有足够强度的，渗硼后要进行淬火、回火处理。淬火后模具基体硬度以 45～53HRC 为宜，即淬火后经 250℃～350℃回火。如果模具失效形式是脆断，回火温度应适当提高；如果失效形式是剥落，回火温度应适当降低。

（4）渗硼模具的应用　渗硼可在工件表面形成 FeB、Fe_2B 化合物层，有极高的硬度和耐磨性，同时还有良好的耐蚀性和抗高温氧化性。渗硼要有较高硬度的基体材料，较软时，易引起压塌和剥落。含 Si、Al 大于 0.5%的材料，在过渡区易出现铁素体，产生软带，不宜作渗硼材料。碳钢的渗硼性能优于合金钢，中碳钢则又优于高碳钢。渗硼常用于多种冷、热作模具，如冷挤模、拉丝模、冲裁模、冷镦模、热挤模、粉末冶金模等，效果都非常显著。例如 Cr12MoV 钢制六方螺母冷镦模经渗硼后，使用寿命可提高 5～10 倍；3Cr3Mo3W2V 钢制连杆热锻模经渗硼后，寿命可提高 2 倍；用 45 钢制造不锈钢拉深模经渗硼后（为防止变形量过大可不淬火直接使用），寿命比 Cr12MoV 钢制模具提高 2～3 倍。渗硼的缺点是处理温度较高，工件变形量大，研磨及修复困难，不适用于精度要求很高的模具。随着低温渗硼（小于 600℃）新工艺的研制成功，这一问题有望得到改进。

为了降低渗硼层的脆性，可将硼与另一种或多种元素同时扩散到钢的表面，如硼铬、硼铝、硼氮等共渗和复合渗，还可进一步提高模具寿命。

2. 渗铬

模具渗铬可提高表面硬度（1300HV 以上）、耐磨性、耐蚀性、疲劳强度和抗高温氧化性。

对承受强烈磨损的模具，可显著提高使用寿命。模具渗铬时，加热到950～1100℃，保温5～10h，即可形成一层结合牢固的含铬量为50%～60%的由坚硬碳化物组成的渗铬层。渗铬层厚度一般较小，高碳钢模具常为0.02～0.04mm。由于渗铬温度较高，渗铬后淬火易引起较大变形，又不能再机械加工，故仅适用于形状简单、变形要求不严的模具。

渗铬的方法很多，分为固体、液体和气体渗铬，常用的有粉末渗铬和真空密封渗铬。

（1）粉末渗铬　粉末渗铬使用的材料是金属铬粉、氧化铝和氯化铵。在渗铬过程中，发生如下反应

$$NH_4Cl = NH_3 + HCl$$

$$2HCl + Cr = CrCl_2 + H_2$$

$$3CrCl_2 + 2Fe = 2FeCl_3 + 3\ [Cr]$$

$$CrCl_2 + Fe = FeCl_2 + \ [Cr]$$

$$CrCl_2 = \ [Cr]\ + Cl_2$$

产生的活性铬原子，被工件表面吸收，并向内部扩散。

常用渗铬剂由铬铁粉50%（含铬65%～70%）或铬粉（含铬>98%）、氯化铵（NH_4Cl）2%和氧化铝48%（Al_2O_3）组成。铬铁粉用于提供活性铬原子；氯化铵为催渗剂，高温分解成氨和氯化氢气体，若用碘化铵效果更好；氧化铝为填充剂，防止铬铁粉与工件粘结，也可用高岭土等代替。

模具装箱后，应先在300℃保温30～40min，使氯化铵部分分解，把箱内空气排出，然后用水玻璃调的耐火泥将渗铬箱盖密封好，再装入400℃左右炉中缓慢升温到950～1100℃保温。保温完毕后，随炉冷至600～700℃，再置于空气中。模具渗铬后，表面光洁，呈银灰色。

通常在高温电炉中进行加热，渗铬箱用耐热钢或不锈钢制造。粉末渗铬设备简单，但渗铬箱不易密封好，铬铁粉氧化比较严重，渗铬质量不易控制。

（2）真空密封渗铬　该法所用渗剂与粉末渗铬相同，只是把模具装入渗铬箱后，再将渗铬箱放入井式加热炉中，扣严炉盖。为防止铬铁粉氧化，整个渗铬过程中要用机械泵抽真空，使炉内保持13.3～133.3Pa低压。保温阶段可间断抽真空。保温完毕，随炉冷却或将渗铬箱取出炉外冷却。当冷却到150℃以下时，即可取出工件。采用铬粉60%+高岭土38%+氯化铵2%，950℃保温5h的真空密封渗铬工艺，与粉末渗铬比较，速度快，渗层厚，表面粗糙度低，铬粉损耗少。

（3）模具渗铬的应用　渗铬对在热态工作或承受强烈磨损的模具有显著效果，适用于锤锻模、压铸模、塑料模、拉深模等冷热作模具。模具渗铬后的使用寿命见表B-3。

表B-3　几种模具渗铬后的使用寿命

模具名称	材　料	加工零件（个）		使用寿命提高倍数
		处理前	处理后	
拉深模	T8A	1500	10500	6
拉深模	Cr12			数十倍
压铸模	3Cr2W8V			数倍

（三）盐浴涂覆

这种方法通常称 TD 法，利用盐浴涂覆各种碳化物、硼化物或铬固溶体等。其操作过程是将模具置于含有碳化物（或其他化合物）的盐浴中，加热至 800～1000℃，保温一定时间（1～8h）后可获得 0.05～0.20mm 厚的无孔、致密、存在有扩散层的与基体结合强度高、不易剥落的涂覆层。此种涂覆层硬度高，耐磨性好，摩擦因数小，抗粘附能力强，并有良好的耐热疲劳性和耐蚀性。各种盐浴涂覆层的性能比较见表 B-4。

表 B-4　各种盐浴涂履层的性能比较

涂覆层 \ 性能	涂覆层厚度（μm）	耐磨性	抗粘附性	耐蚀性	抗氧化性
VC	5～15	高	强	高	差
NbC	5～15	高	强	高	中
铬碳化物	5～15	中	强	高	好
硼化物	50～100	中	中	低	中
铬固溶体	50～100	低	弱	高	好

TD 法适用于冲模、锤锻模、压铸模、粉末冶金模等，可以显著地提高模具的综合性能和寿命。W6Mo5Cr4V2 钢制冷挤模经 TD 法处理后，使用寿命可提高 18 倍。

（四）模具表面覆层处理

1. 气相沉积碳化钛

根据化学沉积原理进行表面覆层的方法，称为化学气相沉积法，简称 CVD。化学气相沉积是最近十几年来才获得应用的表面处理新工艺。目前已有数十种金属、合金、碳化物、氮化物、硼化物和氧化物可以用这种工艺涂覆在模具表面，以提高表面硬度。CVD 工艺主要沉积四种不同的覆盖材料：碳化钛、氮化钛、碳化铬和氧化铝，其中，以碳化钛硬度最高，可达 2000～4000HV。

覆盖的碳化钛与基体之间结合牢固、摩擦系数低（$\mu=0.1\sim0.14$）、抗粘着能力高、耐蚀性良好，且在 400℃以下有很高的抗氧化性能，可涂覆在多种基体材料上。在模具制造中，可用于含碳量大于 0.8%的工具钢、高速钢及硬质合金等。

该工艺是将模具置于抽成真空并通有氢气和氩气的密封炉腔中，同时向炉内输入 CH_4 和 $TiCl_4$，将炉温升到 900～1200℃，即发生化学反应，约 2～3h，在模具表面沉积一层厚度为 5～10μm 的 TiC 涂层。该过程的化学反应如下

$$TiCl_4+CH_4+H_2=TiC+4HCl+H_2$$

$$CH_4=C+2H_2$$

$$TiCl_4+2Fe+C=TiC+2FeCl_2$$

$$TiCl_4+C\text{（钢中）}+2H_2=TiC+4HCl$$

模具沉积 TiC 后，即进行热处理。由于必须通氢气使反应炉冷却，一般情况下，被处理的零件很难直接淬火，须经 CVD 处理后再在真空炉或气体保护炉中进行淬火处理，因此要特别注意模具零件的变形。对于截面不大的高淬透性钢，可将模具加热到 1040℃左右，在氢气中淬火，基体硬度为 60～64HRC。

该工艺适用于各种拉深模、冷挤模、冲裁模的冲头和凹模，以及粉末冶金模和陶瓷模等。Cr12 钢制拉深模经气相沉积 TiC 后，使用寿命可提高 8～30 倍。

2. 模具镀铬

镀铬分两种：一种为装饰性镀铬，镀层厚仅 0.25～1μm，主要目的是保护镍底层，进一步提高耐蚀性，常称为镀软铬；另一种为工业镀铬，镀层厚 0.03～0.30mm，镀于钢基体上，主要目的是提高耐磨性，常称为镀硬铬。

镀硬铬具有镀层摩擦系数小，耐蚀、耐磨，硬度高（900～1200HV），应用简便并可反复处理的优点。此外，处理温度低（60℃左右），不引起工件变形，对形状复杂的模具十分有利。但需注意，如果镀层厚度选择不合理，就会造成模具的过早损坏，在模具承受强压或冲击时镀层易剥落，效果反而不好。冷镦模和冲裁模不易使用，只适合于加工应力较小的拉深模、塑料模、胶木模等。

模具镀铬主要是在水溶液中进行的电解镀铬，可采用以下工艺：铬酐 150g/L，硫酸 1.5g/L，溶液温度为 60℃，电流密度为 40A/dm²。对胶木模进行这样的镀铬处理后，其寿命由原 2000 件提高到 8000 件。

（五）复合热处理

该法是将传统的热处理方法加以合理组合，发挥各自特点，以获得优于单一热处理效果的一种极有发展前途的工艺方法，它为热处理，特别是化学热处理开拓了广阔的前景。

复合热处理的效果，主要取决于各种热处理的特点及其合理组合方式。一般组合的原则如下：

1）先行处理的一般是先给予工件一定性能，或为一定性能打下基础；后继处理的则常对先行处理效果给以补充和提高，或者是给予新的性能。

2）后继处理的温度不应使先行处理所得到的组织与性能发生变化，至少不改变心部组织及性能。

3）后继处理不应引起过量变形和开裂，不应使渗层表面质量降低。

复合热处理用于冷冲及热锻模具，主要是进一步强化渗层 。因为化学热处理普遍存在渗层薄，硬度在截面的变化过剧，特别是渗氮、低温氮碳共渗、渗硼、渗铬等更加突出，这些方法形成的渗层与基体之间，没有形成足够厚的过渡层，使其在使用中受到很大的限制。采用渗后淬火的复合热处理，可以得到改善。在模具中最常用的复合热处理方法有渗氮或低温氮碳共渗后进行淬火、回火的工艺，如图 B-2 所示。

柴油机摇臂锻模采用低温氮碳共渗加淬火、回火复合热处理工艺后，模具寿命由 1000 件提高到 1600 件以上；CrWMn 钢冲头经渗氮加油淬、回火复合处理后，硬度仍为 62HRC，冲件由 3 万件提高到 15 万件。

现将各种表面强化处理的操作条件、渗层组织结构及其性能特点列于表 B-5 和表 B-6 中，以资比较。

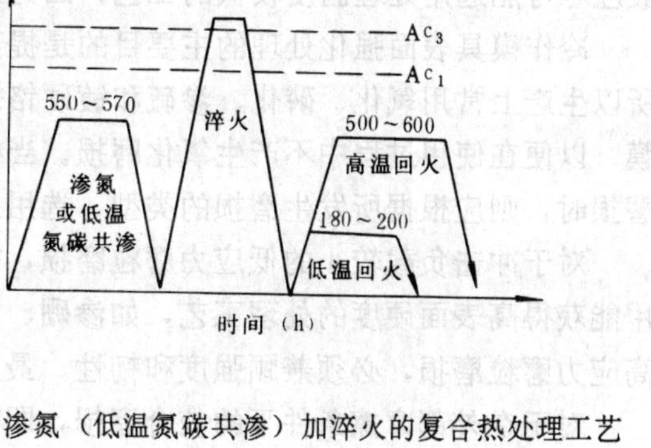

图 B-2　渗氮（低温氮碳共渗）加淬火的复合热处理工艺

除上述表面强化处理方法外，还有渗硫、硫氮共渗、渗铌、渗钽、真空溅射氮化钛等表面强化工艺，它们均能有效地提高模具寿命，只是应用还不甚广。

表 B-5　各种表面处理的条件与渗层组织性能

条件与渗层	方法	①气体渗氮 ②离子渗氮 ③低温氮碳共渗	渗硼	渗铬	镀铬	气相沉积 TiC	盐浴涂覆碳化物	放电硬化	渗硫
条	温度（℃）	480～570	800～950	900～1050	室温	900～1000	800～1000	室温	150～200
	时间（h）	0.2～4	1～3	1～3	0.5～5	1～10	1～10	0.1～1	0.5～4
件	渗剂	①②NH_3 ③NH_3＋渗碳气	B_4C＋KBF_4＋AL_2O_3	铬粉＋NH_4CL＋AL_2O_3		$TiCL_4$＋H_2	Na_2B_4C＋铁合金	硬质合金	KSCN＋NaSCN
渗	结构	Fe_4N＋Fe3N	FeB＋Fe_2B	α＋Cr_7C_3	Cr	TiC	VC；NbC；TiC Cr_7C_3	Fe3W3C＋Fe_3N 等	FeS
	厚度（μm）	5～15；30～300	50～200	2～6	5～50	5～20	5～20	5～30	50～300
层	硬度（HV）	1000～1300	1200～1800	1000～1200	900～1200	2000～4000	2000～4000	1100～1500	<100

表 B-6　模具经各种表面处理后的性能特点

性能 \ 方法	气体渗氮 离子渗氮 低温氮碳共渗	渗硼	渗铬	镀铬	气相沉积 TiC	盐浴涂覆碳化物	放电硬化	渗硫
抗粘附性	强	强	强	强	强	强	强	强
耐磨性	高	高	高	中	高	高	中	高
耐蚀性	高	高	高	高	高	高	高	中
抗氧化性	差	一般	好	一般	好	好	一般	差
渗层均匀性	均匀	均匀	均匀	均匀	均匀	均匀	不均匀	均匀
对基体性能的影响	一般	有	有	无	有	有	无	无

三、模具表面强化处理工艺的选择与后加工

1、模具表面强化处理工艺的选择

模具性能要求是选用表面强化处理工艺的主要考虑因素，在满足性能要求的条件下，一般应尽可能选用处理温度较低的工艺，因为这样可以减少氧化脱碳、变形和能耗。

冷作模具表面强化处理的主要目的是提高耐磨性。因氧化磨损与其他磨损相比速度最小，所以生产上常用氧化、磷化、渗硫和镀硬铬等表面化学处理，在模具表面形成一层牢固的薄膜，以便在使用过程中不产生氧化磨损。当模具在使用过程中无法避免出现氧化磨损以外的磨损时，则应根据所发生磨损的类型，选用适当的表面强化处理，以求减小磨损速度。

对于冲击负载较小的低应力磨粒磨损，模具表面硬度越高，则耐磨性越好。因此，应选用能获得高表面硬度的处理工艺，如渗硼、渗铬、渗钒等。对于疲劳磨损和冲击负载较大的高应力磨粒磨损，必须兼顾强度和韧性，最好选用渗碳或碳氮共渗等工艺。

对于在外部摩擦条件下的咬合磨损，即轻微咬合磨损，只要减小摩擦副金属之间的咬合力即可减小磨损。因此可选用经济有效的磷化和渗硫等表面化学处理或离子渗氮、气体氮碳

共渗工艺等。

当发生内部摩擦，即严重的咬合磨损时，为了提高抗粘附性，在减小摩擦副金属之间咬合力的同时，还必须提高渗层硬度。因此，最好选用氮碳共渗、TD法等工艺，也可采用先碳氮共渗，然后氮碳共渗、渗硫等复合处理。

目前在热锻模方面，镀硬铬、碳氮共渗、气体氮碳共渗及TD法应用较多。其中气体碳氮共渗渗层较厚，且在一定程度上提高了高温性能，有其独到之处。与渗硼相比，硼锆共渗由于加入了锆，减小了渗层脆性，在热锻模中应用取得了良好的效果。

在压铸模方面，表面强化处理一般有碳氮共渗、离子渗氮低温氮化、氮碳共渗、渗硫、渗铬、渗铝、渗硼、磷化和氧化等。

在塑料模方面，为了保持模具精度，减小变形，宜选用低温处理或亚低温处理，如离子氮化、镍硼和镍磷化学镀等。

喷丸处理可以强化表面层，产生残余压应力，提高疲劳强度和耐热疲劳性，在冷挤模和热锻模上应用效果显著。

2、模具表面强化处理后加工

模具表面强化处理后，一般不再需要进行加工，但某些零件的某些部位还需要进行精细加工（如精磨、研磨等），以便达到最终尺寸和表面粗糙度要求。

当采用渗氮、氮碳共渗、镀铬等处理时，由于硬度不太高，后加工不成问题。但当采用渗硼、渗铬、渗钒、渗铌、TD法和高硬度热喷涂时，由于强化层硬度很高（通常在1500HV以上），故不宜用氧化铝砂轮磨削或用普通刀具车削，而只能用碳化硅砂轮磨削或金刚砂研磨膏研磨以及用特殊陶瓷车刀车削。除了铬的碳化物外，其余碳化物的抗氧化性较差。利用这一点，在修复模具时，可将模块在600℃以上大气中加热1～2h，使强化层氧化，则用氧化铝砂轮即可磨削。

为了避免后加工困难，应合理安排模具制造工艺，可将模具先加工到最终尺寸（即不留磨削余量），表面强化处理时采取防氧化脱碳措施，处理后不再加工。

模具表面强化处理时还要注意变形问题。变形包括两部分：一是热处理变形；二是表面强化处理时引起的尺寸变化。在决定模具表面强化处理前的加工尺寸时，必须把这两部分的变形考虑在内。若模具热处理变形不规则，则不能采取预先加工到最后尺寸的方法。

附录C　模 具 测 量

模具测量技术主要是研究模具零部件几何量的测量和检验，其基本要求是使测量误差控制在允许限度内，保证所需的测量精度；正确选择测量方法和测量仪器，保证高效率、低成本。

一、测量技术基础

1. 测量过程

一个完整的测量过程均包含四部分：

（1）测量对象　在几何量检测中，测量对象主要是长度、角度、表面粗糙度、形状和位置误差以及螺纹、齿轮等的几何参数。

（2）测量单位　几何测量中常用的长度单位有米（m）、毫米（mm）、微米（μm），角度单位多采用度（°）、分（′）、秒（″）。

（3）测量方法　测量时所采用的测量原理、测量器具和测量条件的总和。

（4）测量精度　测量结果与被测量的真值之差。由于在测量过程中不可避免地总会存在或大或小的测量误差，使测量结果的可靠程度受到一定的影响。每个测量者必须了解和分析产生误差的原因，估算其大小，掌握在测量过程中减少或消除误差的方法。

2. 测量方法

模具测量的基本方法有：

（1）直接测量和间接测量

直接测量　直接由量具或量仪的标尺上获得所测尺寸的整个数值或被测尺寸相对标准尺寸的偏差。例如用千分尺或比较仪直接测量零件等。

间接测量　测量与被测尺寸有关的几何参数，经过计算获得被测尺寸。例如，图C-1所示的弯曲凸模，可用弦高法测量。非整圆半径尺寸的获得，可通过间接测量弦高h和弦长l，由几何关系式求得

$$R=\frac{1}{2}\left(\frac{l^2}{4h}+h\right)$$

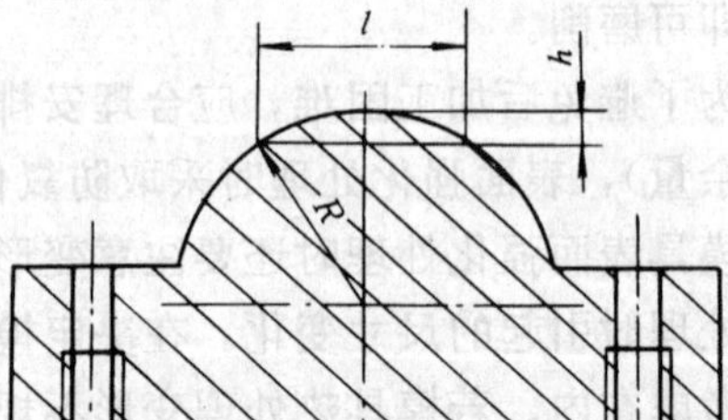

图C-1　弯曲凸模

（2）绝对测量和相对测量

绝对测量　被测量直接从量具或量仪上显示出全值。例如，用千分尺、测长仪等测量导柱的直径。

相对测量　测量时，量具或量仪上指示的数值只是被测量相对于标准量的偏差值。例如，用量块调整立式光学计测量圆形凸模的直径。

此外，按测量器具与被测零件表面是否有机械接触，可分为接触测量与非接触测量；根据零件被测量的多少，可分为综合测量和单项测量；根据测量对模具制造工艺过程所起的作用，可以分为主动测量（也叫在线测量）和被动测量；根据在测量和取读数时，工件是在运

动还是静止不动，分为动态测量和静态测量等。

对一个具体的测量过程，可能兼有几种测量方法的特征。例如，在镗床上加工模架导柱孔时，用内径百分表测量孔的直径，则兼有直接测量、相对测量、接触测量和单项测量等特征。

对测量方法的选择，应根据所测模具零件的结构特点、精度要求、生产批量和工厂实际条件等方面综合考虑。

3. 测量器具的分类

测量器具按其用途的不同，可分为：

（1）基准量具及量仪

1）量具：量块、多面棱体、基准刻线尺等。

2）量仪：激光测长仪（比长仪）、光波干涉比长仪等。

（2）通用量具及量仪　通用量具及量仪按结构特征的分类及其举例见表 C-1。

表 C-1　通用量具及量仪按结构特征的分类及其举例

量具及量仪	结构特征	举例
量具	无刻线量具	塞规、卡规（环规）、塞尺、各类量规及样板等
	刻线量具	钢直尺、钢卷尺等
	游标量具	游标卡尺、游标高度尺、游标深度尺、游标量角器等
	螺旋测微量具	千分尺、内径千分尺、深度千分尺、杠杆千分尺、螺纹千分尺、公法线千分尺等
	指示表类量具	百分表、千分表、杠杆百分表、杠杆千分表等
量仪	机械量仪	杠杆齿轮式比较仪、扭簧比较仪等
	光学量仪	光学自准直仪、光学比较仪、测长仪、干涉显微镜、工具显微镜、光学分度头、投影仪等
	气动量仪	水柱式、浮标式和膜片式气动量仪等
	电动量仪	电接触式、电感式、电容式和压电晶体式电动量仪等
	其他量仪	光栅式测长仪、光栅式分度头、光栅式三坐标测量仪、光栅式齿轮单面啮合测量仪等

此外尚可按使用类别分类，如：测量角度、形状和位置误差、表面粗糙度、螺纹、齿轮等的量具和量仪，以及专用检验夹具、自动测量装置等等。

选择测量仪器时，并不是测量精度越高越好，而在于测量仪器的检测范围应与目的相符，而且必须满足操作迅速、价格便宜的要求。

4. 模具测量技术中的基准统一原则

为使模具测量结果的准确度和可靠性得到保证，必须严格遵守基准统一的原则。

基准是零件几何形状的点、线、面，用来作为确定其他几何要素的方向、位置的依据。基准有设计基准、装配基准、工艺基准和测量基准。

（1）设计基准　设计图样上所采用的基准。如图 C-2 所示的两轴颈公共轴心线 2。

（2）装配基准　装配时用来确定零件或部件在产品中的相对位置所采用的基准。如图 C-2 中的两轴颈表面 1。

(3) 工艺基准　在工艺过程中所采用的基准。如图 C-2 中两轴颈表面 1 或者两顶尖孔的圆锥面 3，由具体的加工机床或夹具的定位结构而定。

(4) 测量基准　测量时所采用的基准。如图 C-2 中的两轴颈表面 1 或者两顶尖孔的圆锥面 3 或者齿顶圆 4，要根据具体的检测项目要求而定。

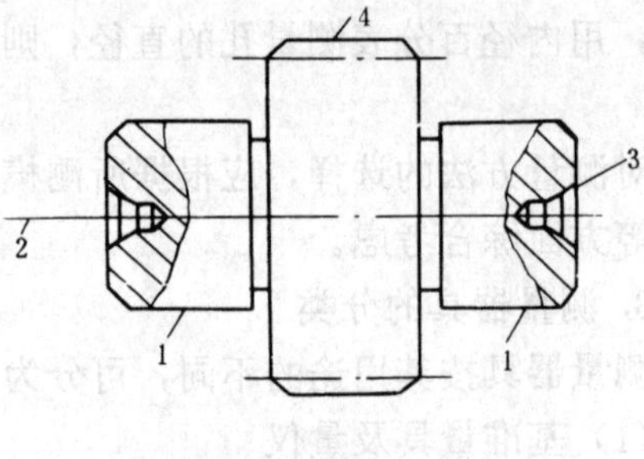

图 C-2　基准示例
1—轴颈表面　2—两轴颈公共轴心线
3—顶尖孔圆锥面　4—齿顶圆

基准统一原则主要是指上述各种基准应一致。设计时应以装配基准为设计基准；在零件加工时，应以设计基准为依据来确定加工工艺基准；在检测零件时，则应根据检测项目的具体要求来选择测量基准，对最终检测应选择装配基准为测量基准。可以说装配基准是基础，其他基准均应围绕装配基准的要求来考虑，以便最终满足使用性能要求。

当加工和检测时的基准与设计（装配）基准不一致时，一定要按工艺尺寸链的分析计算方法，分析测量极限误差，以保证设计图样中的各项要求和模具的使用性能，否则应重新考虑和选择工艺基准及测量基准。

当按指定基准检测有困难时，可在保证精度的前提下，选择其他的辅助测量基准。总之，在任何检测中，应正确地选择测量基准和辅助基准，避免测量基准的变换，使测量误差减少到最小。

二、模具零件几何量的测量

模具零件的测量内容包括：

1）长度：包括长度、厚度、宽度、直径、从基准面到测量部位的距离及孔的间距等。

2）角度及锥度：如斜楔、镶拼凹模的角度，旋压芯模、装配式导柱的锥度等。

3）平面轮廓形状：如冲裁模的凸模和凹模刃口形状等。

4）立体形状：如拉深模、锻模、塑料模、压铸模的型腔形状等。

5）形状误差及位置误差。

6）表面粗糙度。

7）硬度。

形位公差和表面粗糙度的检测在“公差与技术测量”课程中已经介绍过，本节仅介绍模具零件几何量的测量。

1. 长度的测量

(1) 游标量具及其测量　游标量具的读数部分主要由尺身和游标组成，利用尺身刻线间距与游标刻线间距之差表示小数读数。游标量具的读数值一般为 0.02、0.05 和 0.10mm 三种。按其用途可分为游标卡尺、游标深度尺和游标高度尺三类。

游标卡尺种类很多，常见的有三用卡尺（可用于外径、内径和深度的测量）、两用卡尺、带表卡尺和电子数显卡尺等，量程有 0～125、150、200、…、500mm 等，最大量程为 2000mm。游标卡尺可用于直接测量和间接测量。如图 C-3 所示，测量两孔的中心距 L 时，可先用卡尺的内卡爪测出尺寸 A，再用外卡爪测出尺寸 B，然后按公式 $L=(A+B)/2$ 计算出中心距 L。这种测量属于间接测量。

游标深度尺用尺框的测量面和尺身的测量面代替游标卡尺的量爪，当尺框和尺身两测量面处于同一平面时，读数为零。深度尺可用来测量阶梯形、盲孔、凹槽等的深度，既可用于绝对测量，又可用于比较测量。

游标高度尺通过尺框上的划线爪沿着尺身相对于底座的位移，来测量工件的高度尺寸、相对位置和精密划线。

(2) 测微量具及其测量　测微量具应用螺旋副传动原理，借助测微螺杆与螺纹轴套作为一对精密螺纹偶合件，将回转运动变为直线运动后，从固定套管和微分筒所组成的读数机构读得尺寸。按其用途可分为外径千分尺、内径千分尺、深度千分尺、内侧千分尺和杠杆千分尺等。

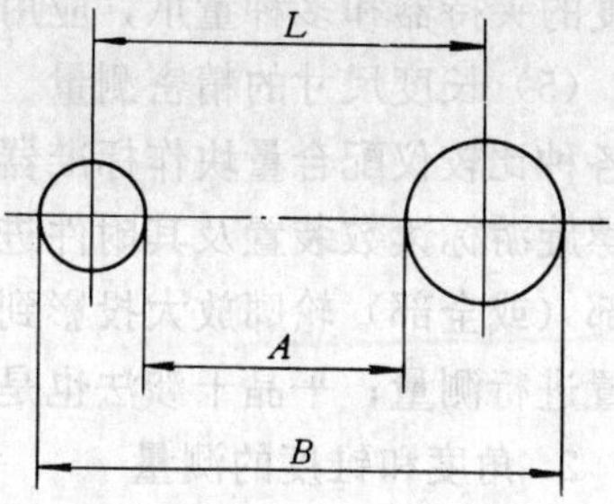

图 C-3　用游标卡尺测量孔中心距

外径千分尺类型很多，有游标读数外径千分尺、翻字式读数外径千分尺、数字显示式外径千分尺、壁厚千分尺以及小头、尖头、大平面测头千分尺等，其分度值一般为 0.01mm。测量小尺寸，可选用小头或尖头的千分尺；测量弹性材料或软金属制件，可以选用大平面测头千分尺。

内径千分尺有单杆型、管接式和换杆型数种，分度值为 0.01mm，可用来测量大于 50mm 的内径或两个内表面之间的距离。深度千分尺用于测量台阶高度、槽深、盲孔或阶梯孔的深度。内侧千分尺的分度值亦为 0.01mm，主要用于直接测量工件的大于 5mm 的沟槽宽度、浅孔直径、浅槽等。

(3) 指示式量具及其测量　指示式量具是借助杠杆、齿轮、齿条或扭簧的传动，将测量杆的微小直线位移转变为指针的角位移，从而指出相应的示值。这种量具有分度值为 0.01mm 的百分表和分度值为 0.001mm 的千分表，主要用于对工件的长度尺寸的直接测量或比较测量。图 C-4 所示是用百分表以比较测量法测量轴的直径。测量时先根据轴的基本尺寸用量块将表调零，然后换上被测轴进行比较，从表上读出偏差值（轴的尺寸等于量块尺寸与偏差值的代数和）。

杠杆百分表和杠杆千分表的测杆可以转动，而且可按测量位置调整测头的方向，因此适用于钟表式百分表难以测量的小孔、凹槽、孔距和坐标尺寸等的测量。内径百分表是借助于百分表为读数机构，配备杠杆传动系统或楔形传动系统的杆部组合而成的，可用于比较测量法测量孔径或槽宽。

(4) 量块及其测量　量块通常叫作块规，它是具有两个平行测量面的长方体，主要用于鉴定和校准各种长度计量器具和在长度测量中作为比较测量的标准，还可用于模具制造中的精密划线和定位。由于量块具有很高的精度，因而能很方便地按照测量的需要组合成不同的尺寸。量块组合时，应从所需尺寸的最小数开始，在量块组中依次挑选，并尽量使所选用的量块数最少。例如，需要组成的尺寸为 58.525mm，挑选量块的尺寸依次为 1.005、1.02、6.5 和 50mm。量块的组合方法一是用研合法，二是借助量块附件。研合法是将量块沿其测量面长边方向，先将其端缘部分接触并研合，然后将一块量块沿

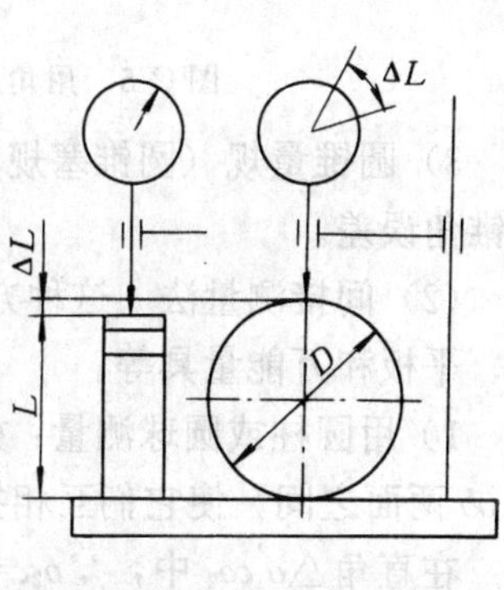

图 C-4　比较测量法测轴径

着另一块量块测量面平行方向滑进，并使两测量面全部研合在一起。量块附件包括各种不同长度的夹持器和多种量爪，应用这些附件可以组合不同尺寸。

(5) 长度尺寸的精密测量　对于模具导柱外径和导套孔径之类精密零件的被测表面，可用各种比较仪配合量块作标准器校准来进行比较测量；也可用测长仪上的高精度刻线标尺、平面螺旋游标读数装置及其附件进行直接测量；还可在光学量仪上利用光学投影将被测零件的局部（或全部）轮廓放大投影到量仪的屏幕上，根据零件的投影轮廓影象用特别的标准读数装置进行测量；平晶干涉法也是精密测量外尺寸的有效方法

2．角度和锥度的测量

(1) 比较测量法　比较测量法检测角度是指用角度量块、角度样板、角尺、圆锥量规等定角度量具与被测角度比较，用光隙法或涂色法估计被测角度的误差。

1) 角度量块：它是角度测量中的标准量具，用来调整测角仪器和量具，校正角度样板，也可直接检验精度较高工件的角度。角度量块有三角形和四边形两种，三角形的量块只有一个工作角（α），四边形的量块有四个工作角（α、β、γ、δ）。成套的角度量块一般有19块、36块和94块三种，它可以单独使用，也可利用角度量块附件组合使用，测量范围为10°～350°。与被测工件比较时，借光隙法估计工件的角度误差。

2) 角度样板：它是根据被测角度的两个极限尺寸制成的，因此有通端和止端之分。检验工件的角度时，若用通端样板，光隙从角顶到角底逐渐增大；用止端样板，光隙从角底到角顶逐渐增大，这就表明角度在规定的两极限尺寸之内，被测角度合格。如图C-5所示。

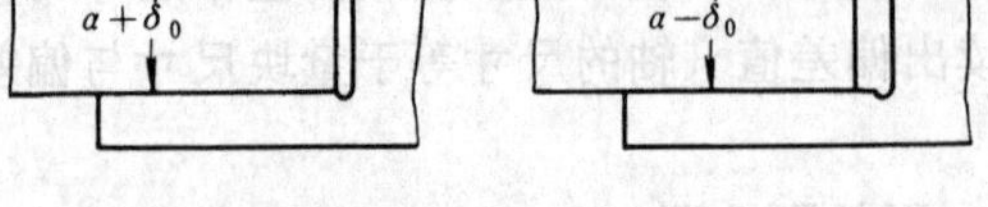

图C-5　用角度样板检测

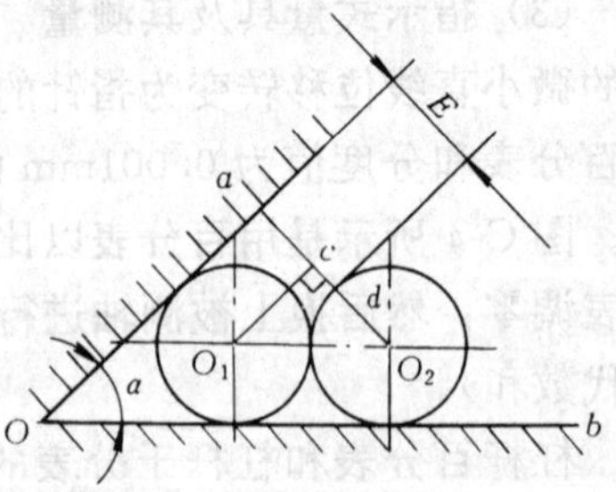

图C-6　内角的测量

3) 圆锥量规（圆锥塞规和圆锥环规）：可用来分别检验工件的内、外圆锥的基面距误差和锥角误差。

(2) 间接测量法　这种方法简单、实用，适用于单件小批生产。采用的工具有圆柱、圆球、平板和万能量具等。

1) 用圆柱或圆球测量：如图C-6所示，为了测量内角α，将两个半径为R的圆柱放在oa与ob两面之间，使它们互相接触，用量块测得尺寸E。

在直角$\triangle o_1co_2$中，$\because o_2c=ad=E$，$o_1o_2=2R$

$$\therefore \sin\alpha=\frac{o_2c}{o_1o_2}=\frac{E}{2R}$$

图C-7所示为在平板上用高精度的圆柱及量块测量外圆锥的锥角示意图。先使两个圆柱在锥体小端处与锥体接触，测出尺寸N，然后用两个等高的量块把圆柱垫起一个高度H，测

出尺寸 M，则被测锥体角度为

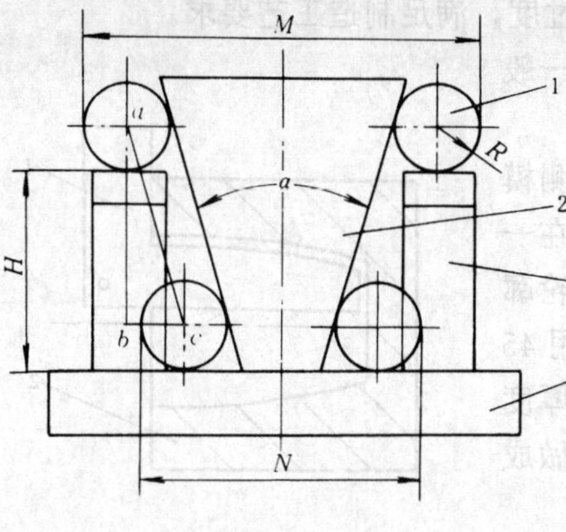

图 C-7　外圆锥测量

1—圆柱　2—工件　3—量块　4—平板

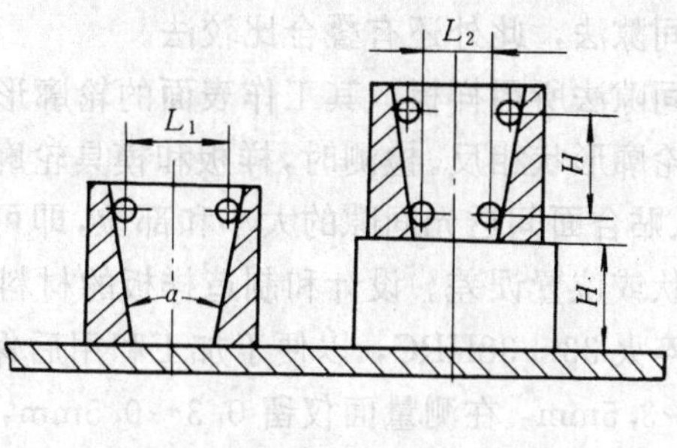

图 C-8　在万能工具显微镜上用间接测量法测内锥体锥角

$$\operatorname{tg}\frac{\alpha}{2}=\frac{bc}{ab}=\frac{M-N}{2H}$$

2）用万能工具显微镜测量：一般可用该仪器所带的分度台、分度头、测量目镜等直接测量角度，但精度不高，如用间接测量法可得到较高的精度

图 C-8 所示为测量内锥体锥角的方法。工件安置在仪器的工作台上，用光学接触器先在接近内锥体大端处测量，得到读数 L_1，然后在内锥体下面垫上尺寸为 H 的量块组，在接近小端处测量，得到读数 L_2，则工件的圆锥角为

$$\operatorname{tg}\frac{\alpha}{2}=\frac{L_1-L_2}{2H}$$

(3) 绝对测量法　绝对测量法是用测量角度的量具量仪直接测量角度。常用的量具量仪有万能角度尺和光学分度头等。

正弦台是常用的测量模具倾角的量具之一，其使用方法可参看成形磨削一节。

(4) 角度和锥度的精密测量仪器　角度和锥度精密测量的量仪有光学测角仪、分度台（光学式、机械式）、光学分度头、工具显微镜、投影仪以及光学合象水平仪、光学准直仪等。其中光学测角仪（或称光学分光仪）主要用于检验角度量块。

3. 模具型面、型腔的检测

(1) 用检验样板检测　检验样板的主要功能是检验模具型面或型腔特定部位截面的形状和尺寸。使用截面样板进行检测，在精度要求不太高（公差值大于±0.05mm）时，是一种有效方便的测量方法，但制造样板的劳动量较大，一般适于批量模具的检测。

1）模具检验样板的种类：检验样板可分为标准样板和专用样板。

标准样板只适用于检测模具零件上与标准规格相同的形状部分。半径样板（又称半径规）由凹形样板和凸形样板组成，其半径一般为 1～25mm，可检测零件的凸凹表面圆弧半径，也可以作极限量规使用。螺纹样板（又称螺距规）由许多带有齿形的钢片组成，其螺距有 0.5、0.6、0.75、…、6mm 多种，主要用于低精度螺纹的螺距和牙型角的检验。

专用样板是根据不同的模具型面或型腔的形状要求而设计制作的专门样板，一块样板只能检测特定的模具、特定的截面部位，不能通用，如图 C-9 所示。用截面样板检验模具时，应根据模具型面或型腔的尺寸大小、形状复杂程度，合理布置检验样板的截面坐标位置，确定适当数量的样板，使模具的型面或型腔的形状能圆滑过度，满足制造工艺要求。

2）使用样板检测模具的方法：用样板检测模具，一般使用间隙法，此外还有叠合比较法。

间隙法所用样板，其工作表面的轮廓形状与被检测模具的轮廓形状相反。检测时，样板和模具轮廓表面贴合在一起，从贴合面间透光间隙的大小和部位，即可知道模具轮廓的形状或位置误差。设计和制造样板的材料，一般选用 45 钢，淬火 33～38HRC，以便于加工和用后保存。样板厚度选 2～3.5mm，在测量面仅留 0.3～0.5mm，其余部分做成倒角。光隙的大小可用标准光隙法或用塞尺测得。

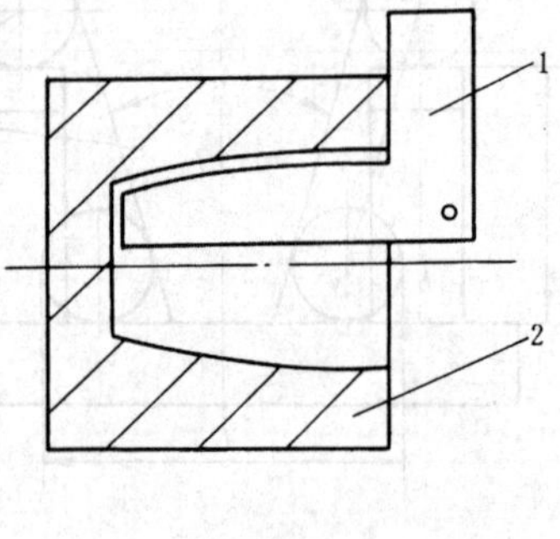

图 C-9　型腔与型腔样板

1—型腔样板　2—型腔

叠合比较法所用的样板，其工作表面的轮廓与被测量模具（如凸模）的轮廓形状相同。图 C-10 所示为该类检测法的示例。检测时，使样板 2 与被测模具 3 重叠在一起，然后用专用检具（6、7、8）测量，从百分表 6 指针的摆动量求出被检测模具各部位的形状和尺寸相对于样板的误差值。

在大型覆盖件拉深模的制作和检测中，还使用立体型面样板，即研修模型（俗称样架）。工艺主模型（根据工件主模型加上工艺补充部分）是制造汽车覆盖件等拉深模具的主要依据。研修模型（工艺主模型的反型）是检查控制凸模型面与工艺主模型的一致性，即检查拉深模具整体型状的一种综合量具。

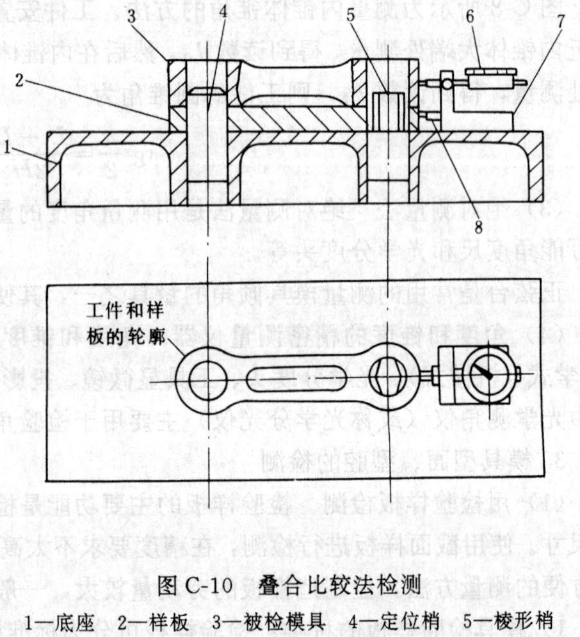

图 C-10　叠合比较法检测

1—底座　2—样板　3—被检模具　4—定位梢　5—棱形梢

6—百分表（千分表）　7—专用检具座　8—测头

用研修模型检验拉深模型面质量是在专用研配压力机上使研修模型的型面直接与拉深模的型面相研合（用涂色法），根据接触亮点的分布情况，手工精修抛光拉深模型面，其精修精度可达到 0.05～0.10mm。

（2）用坐标法检测　复杂型面、型腔及其截面样板一般都是由不同形状的曲线（或圆弧）、直线与斜线所组成的。因此在检测时需要确定各线段接点（交点或切点）位置的坐标尺寸。如图 C-11 所示的连杆锻模的横向截面样板，是由直线段和三个圆弧段组成的对称轮廓，A、B、C、D 各线段的接点位置的坐标尺寸有 L、L_1、L_2 和 h、h_1、h_2、h_3。因此在对该类零件的坐标检测技术中首先是确定接点的位置。

典型的接点位置形式主要有直线与直线相连接的接点位置、直线与圆弧相连接的接点位置和圆弧与圆弧相连接的接点位置。

确定该类零件各线段的接点位置的坐标尺寸，主要采用平台检测技术和使用仪器直接测量。

1）平台检测法：平台检测技术是利用简单工具、辅具和通用量具等与被检测零件在检验平板（平台）上进行各式组合，对形状复杂的检验样板和模具进行检测。

2）坐标尺寸的仪器测量：模具检验样板的轮廓形状及模具上的平面坐标尺寸可在大型工具显微镜或万能工具显微镜上用直角坐标法和极坐标法进行测量，也可在光学分度头上用极坐标法对模具平面轮廓进行相对测量。对于空间型面或型腔，则可使用三坐标测量机测出 X、Y、Z 三维空间的被测点。

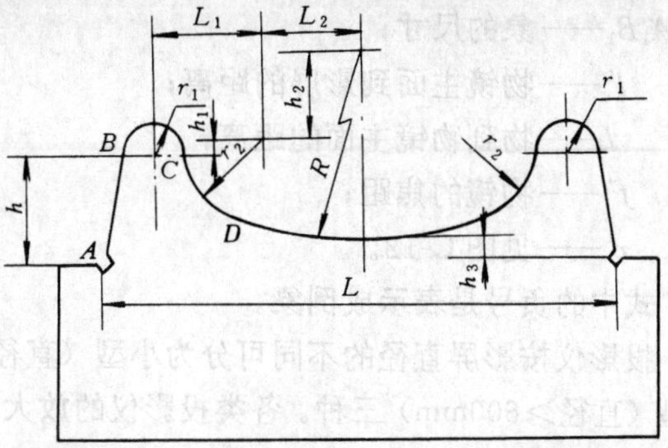

图 C-11　连杆锻模横向截面样板接点位置

(3) 用量棒或钢球检测　对模具型腔的检验，有时也可以使用量棒或钢球。量棒用于检验圆柱、圆锥等形状；钢球用于检验各种球面或圆弧面。量棒和钢球本身都应经过淬火和研磨，为便于使用，可装上手柄。检测时，在量棒或钢球表面涂上显示剂（如红丹粉），放入型腔，用手轻轻摇动手柄，然后取出量棒或钢球，根据型腔表面留下的色迹，来分析判断型腔的形状、尺寸，决定修整的位置。

(4) 用浇铅等方法检测　一般在上、下模体的型腔修整结束后，还应通过浇铅或石膏进行上下模的校对试验。对精度要求特别高的锤锻模，应在压力机上压制铅件来检查。由于铅的再结晶温度低于室温，在常温下没有收缩，因此可以准确地得到型腔的实际尺寸和形状。对于注射模和压铸模等，则可用测量制件的方法来检验模具相应部位的尺寸和形状。

三、模具检测常用精密量仪简介

在模具制造中，经常使用高精度的量仪对精密模具的重要零件进行检测。常用高精度测量的精密量仪主要是由不同传动原理的测量装置、专用支架和工作台等部件构成。测量装置的作用是将测量感受元件的微小位移经传递放大后观察读数，或用数字显示，或由计算机处理得到测量结果。

1. 光学投影仪

光学投影仪是利用光学系统将被测零件轮廓外形（或型孔）放大后，投影到仪器影屏上进行测量的光学仪器。所谓投影光学系统就是将零件用强光照明后，经过透镜放大成象于影屏上的光学系统，如图 C-12 所示。

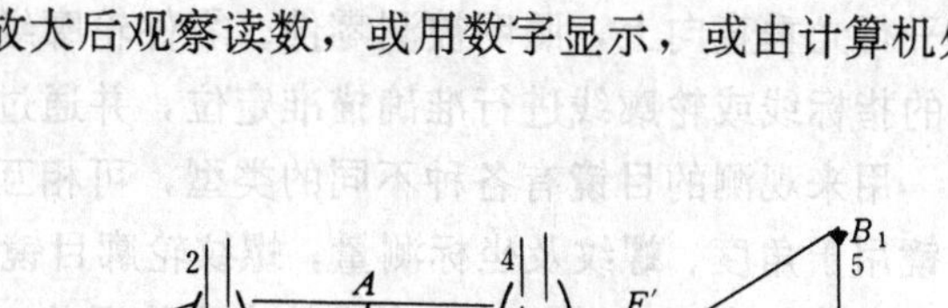

图 C-12　投影光学系统
1—照明光源　2—聚光镜　3—被测零件　4—物镜　5—影屏

投影光学系统的放大倍数用物和象大小的比例来表示，也就是用横向放大率来表示

$$\beta=\frac{A_1B_1}{AB}=\frac{l'}{l}=-\frac{x'}{f'}$$

式中 β——放大倍数；

A_1B_1——象的尺寸；

l'——物镜主面到影屏的距离；

l——物到物镜主面的距离；

f'——物镜的焦距；

x'——见图 C-12。

式中的负号是表示成倒象。

投影仪按影屏直径的不同可分为小型（直径≤350mm）、中型（直径＞350～600mm）和大型（直径＞600mm）三种。各类投影仪的放大倍数通常为10倍、20倍、50倍和100倍，转动最小分度值为1′。

投影仪是非接触测量，其测量方法有：

（1）绝对测量法 首先确定放大倍数，把零件安装好，即进行调焦，直到看到清晰的影象。然后微动工作台，用投影屏上的十字（或米字）刻线对零件被测部分的轮廓边缘分别进行对准。通过工作台纵横向的移动（测长度），工作台或投影屏的转动（测角度），在相应的读数机构上进行读数，测得零件的尺寸，也可在带有纵横向方格刻线或极坐标圆刻线的投影屏上直接读数。

（2）相对测量法 这种方法是把放大了的影象和按预定放大比例绘制的标准图形相比较，一次可实现对零件多个尺寸的测量。

光学投影仪经常用于形状复杂的精密零件的测量，如凸模、凹模等工作零件及截面样板和量规等平面轮廓和表面形状的测量。各种凹模的型孔和不带凸缘的外形型面可用透射光检测，带凸缘的凸模或顶件块须用反射光检测，对于圆柱形并置于顶尖架上或放在V形架上检测的工件应用侧面透射光检测。

2. 工具显微镜

大型工具显微镜和万能工具显微镜是模具制造行业广泛使用的一种多性能计量仪器，其光学系统如图 C-13 所示。照明光源发出的光线通过滤色片、可变光栏，经反射镜和聚光镜，以平行光垂直向上，照明被测零件。零件轮廓经过物镜放大后，成象在分划板上，用分划板上的指标线或轮廓线进行准确描准定位，并通过目镜再一次放大，以供观测。

用来观测的目镜有各种不同的类型，可相互替换，以便适合各种测量工作的需要。测角目镜用于角度、螺纹及坐标测量；螺纹轮廓目镜用于测量米制、英制、梯形螺纹，测定螺距，测量零件长度尺寸，测量角度及轮廓形状误差；圆弧轮廓目镜是用影象比较法来测定被测零件的半径，其测量范围为 $R0.1$～100mm；双象目镜用于测孔间距或具有对称图形的间距。

工具显微镜的基本测量方法有：

（1）影象测量法 它是用主显微镜的米字线对被测零件的影象进行描准定位，并从纵横两读数显微镜中读数。图 C-14 所示就是以影象法测长度。利用米字分划板，先描准第一被测边读出数值；移动滑板，瞄准第二被测边，读出数值。二次读数之差就是被测长度。

（2）轴切测量法 它是用主显微镜的米字线，对与被测零件在水平轴截面内接触的测量刀上的刻线进行瞄准，并由纵或横向读数显微镜读数的方法。图 C-15 所示就是用轴切法测量

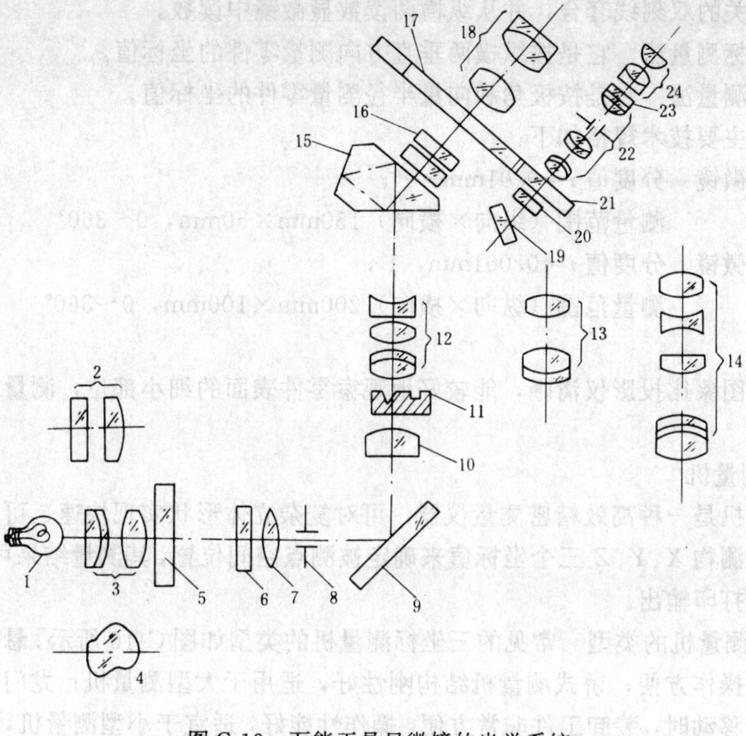

图 C-13　万能工具显微镜的光学系统

1—光源　2——般测量用聚光镜（带滤色片）　3—投影用聚光镜（1～1.5 倍）
4—投影用聚光镜（3～5 倍）　5、6、16—保护玻璃　7—透镜　8—可变光栏　9—反射镜
10—聚光镜　11—被测件　12、13、14—1 倍、3 倍、5 倍物镜组　15—正象棱镜
17—米字线分划板　18—目镜组　19—反射镜　20—保护玻璃　21—度盘（刻有 360°）
22—测角读数显微镜的物镜组　23—固定分划板（刻有 60′）　24—测角读数

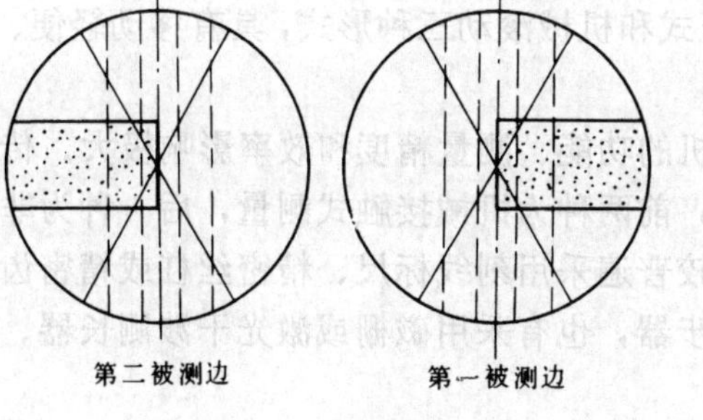

图 C-14　影象测量法

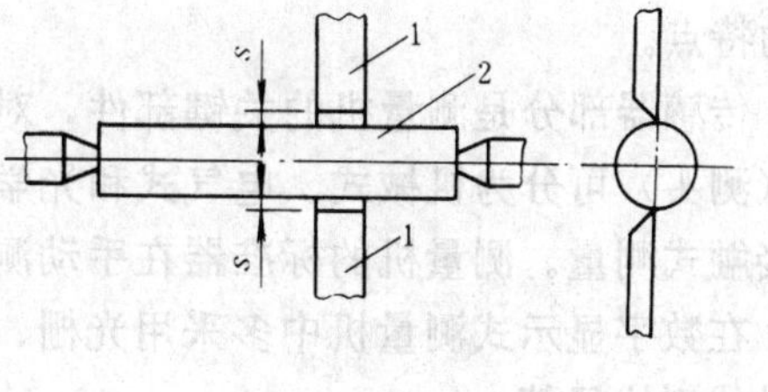

图 C-15　用轴切法测量圆柱直径

1—测量刀　2—被测件

圆柱直径，两把测量刀安装在通过圆柱体的中心轴处，让测刀的刃口和圆柱体的母线紧密接触。测量刀表面有一条刻线，刻线至刃口尺寸为特定值 0.3mm 或 0.9mm，因此，只要测定两刃之间的距离，就可测得圆柱体直径的大小。

(3) 光学接触法　它是用光学接触器的球形触头与被测零件相接触，用主显微镜的米字线与触头位置有关的双刻线套合，并从纵横两读数显微镜中读数。

(4) 直角坐标测量法　它是按纵横两垂直方向测量零件的坐标值。

(5) 极坐标测量法　它是按极角和向量半径测量零件的坐标值。

工具显微镜主要技术规格如下：

大型工具显微镜　分度值 $i=0.01$mm，1′；

测量范围（纵向×横向）150mm×50mm，0～360°

万能工具显微镜　分度值 $i=0.001$mm，1′；

测量范围（纵向×横向）200mm×100mm，0～360°

工具显微镜图象比投影仪清晰，能较好地观察零件表面的细小部位，测量凹凸形状也比较容易。

3. 三坐标测量机

三坐标测量机是一种高效精密测量仪器，可对复杂立体形状实现快速、可靠地测量。它是由测头测得被测物 X、Y、Z 三个坐标值来确定被测点空间位置，其测量结果可用数字显示，也可绘制图形或打印输出。

(1) 三坐标测量机的类型　常见的三坐标测量机的类型如图 C-16 所示。悬臂式测量机有利于装卸工件，操作方便；桥式测量机结构刚性好，适用于大型测量机；龙门式测量机当龙门移动或工作台移动时，装卸工件非常方便，操作性能好，适宜于小型测量机，精度较高；镗床式测量机精度高，但结构复杂。

(2) 三坐标测量机的组成及基本结构　三坐标测量机综合应用了电子技术、计算机技术和激光干涉等先进技术。它包括测量系统、控制系统、坐标值指示系统和打印绘图系统，各系统之间的相互联系如图 C-17 的框图所示。

三坐标测量机的基本结构主要由机床部分（包括工作台、底座及支柱或支架等）、传感器部分和测量数据处理系统三大部分组成。

机床部分的底座要保证具有良好的刚性和稳定的几何精度，目前多采用花岗岩石作测量机的工作台和床身。测量机的导轨有气浮式、静压式和机械滚动三种形式，具有移动轻便、灵活的特点。

传感器部分是测量机的关键部件，对于测量机的功能、测量精度和效率影响极大。传感器（测头）可分为机械式、电气式和光学式三种，前两种为机械接触式测量，后一种为非机械接触式测量。测量机的标准器在手动测量机中较普遍采用刻线标尺、精密丝杠或精密齿条等；在数字显示式测量机中多采用光栅、感应同步器，也有采用磁栅或激光干涉测长器、光屏对线刻线尺等。

被测工件经过测头的触测（接触或不接触），由测量机的三个坐标的标准器表现为三个坐标数值。这些测量数据用数显装置显示出来，由人工记录并计算测量结果。这种方法既慢又易出错，而且对复杂的轮廓测量甚至难以处理。近年来，三坐标机大都与计算机联用，由计算机采集数据，通过运算，并与预先存储的理论数据相比较，然后输出测量结果。数据处理系统可以将被测量的几何元素任意组合，完成对被测工件的几何要素、几何关系、形状、位置公差等测量数据的自行处理。

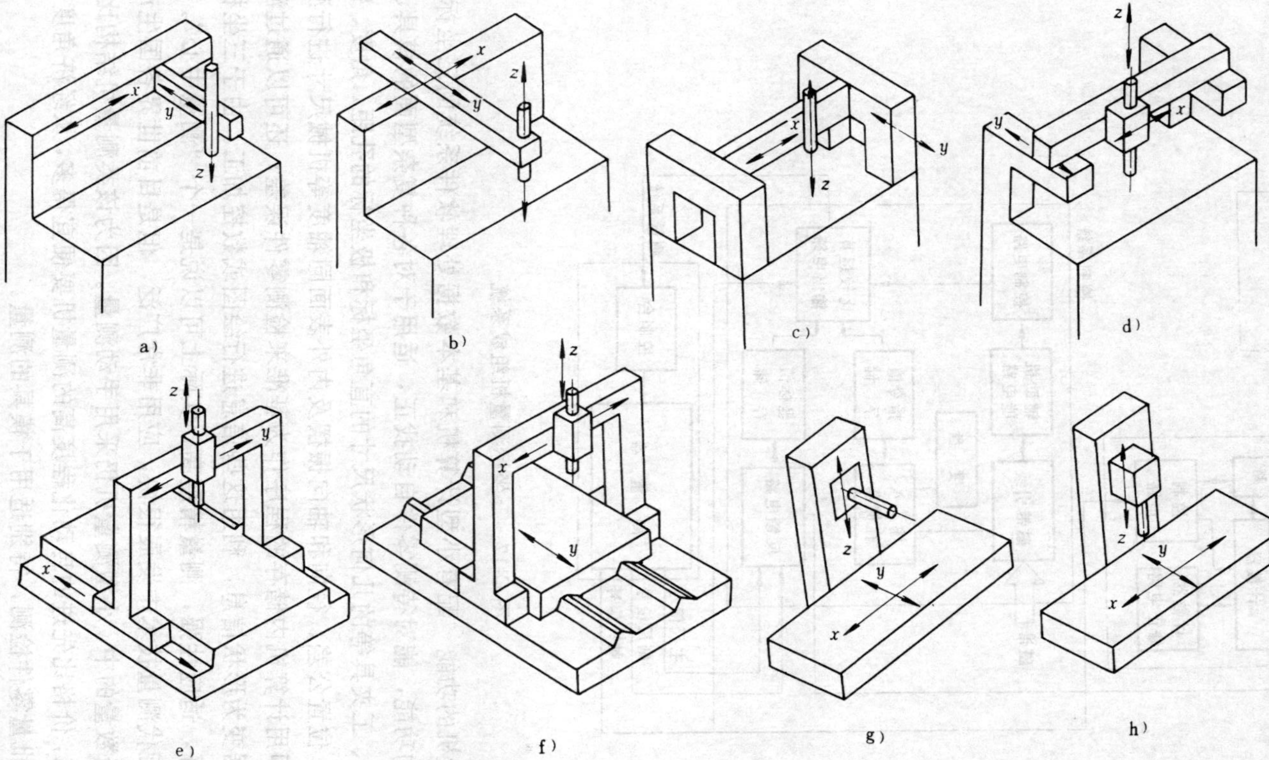

图 C-16 三坐标测量机的结构类型

a）、b）悬臂式 c）、d）桥式 e）、f）龙门式 g）卧式镗床式 h）坐标镗床式

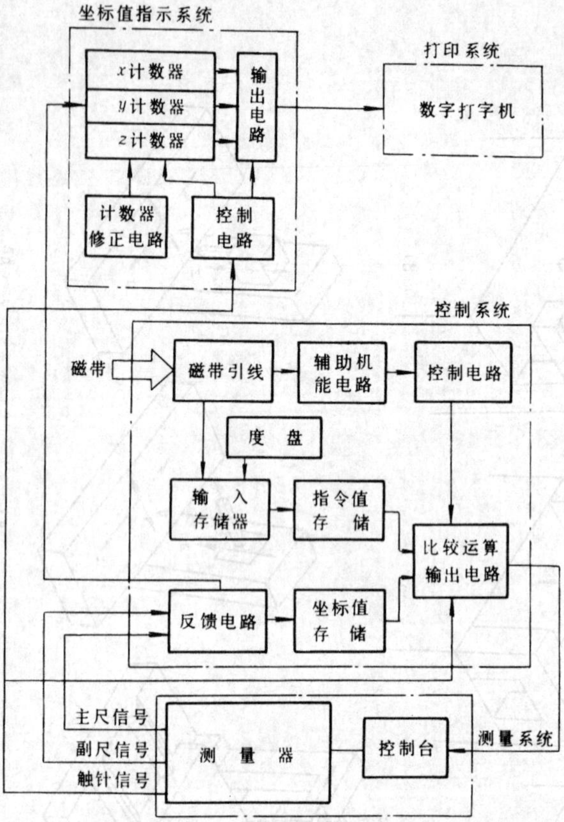

图 C-17 三坐标测量机组成系统

(3) 三坐标测量机的功能 配有小型计算机和基本数据处理软件系统的三坐标测量机，具有快速综合检测的功能，能对待测零件自动找正，适用于对各种复杂型面的模具、精密机械零件、箱体、曲面、工夹具等的几何形状尺寸的直角坐标和极坐标的孔距、角度、锥度、直线尺寸、形状公差、位置公差、径向和轴向振摆及内外表面同轴度等机械尺寸进行测量；并可用于形状检验，即用计算机内储存的程序作为基准来检测零件误差；还可以通过测量实物或模型，将测量数据变为形状信息，利用这些信息进行绘图或数控加工。由于三坐标测量机附件齐全，万能性好，适应性强，测量精度高，实际上可以说是一个“测量中心”。

尽管测量机在近代测量技术中发展很快，应用非常广泛，但是目前世界各国生产的三坐标测量机中，有相当数量的中、小型测量机仍采用手动测量。因为该类测量机结构比较简单，维护方便，使用可靠，价格比先进的自动化程度高的测量机要便宜得多，从经济角度出发，更适宜 用于单件和小批量零件检测，特别适用于模具的测量。

图 C-18 所示为精密型 10TA 系列桥式三坐标测量机，有手动、机动和全自动三种类型 12 种型号。手动行程 $x \times y \times z$ (mm) 由 665×665×465 至 2650×1025×1025，机动行程由 555×610×410 至 2540×970×970，分辨率为 1μm。该类测量机采用三维电测头传感原理在被测模具表面进行连续扫描测量，通过控制和数据处理系统，自动记录测量结果，能节省找正模具的时间，可大大加速其检测过程。

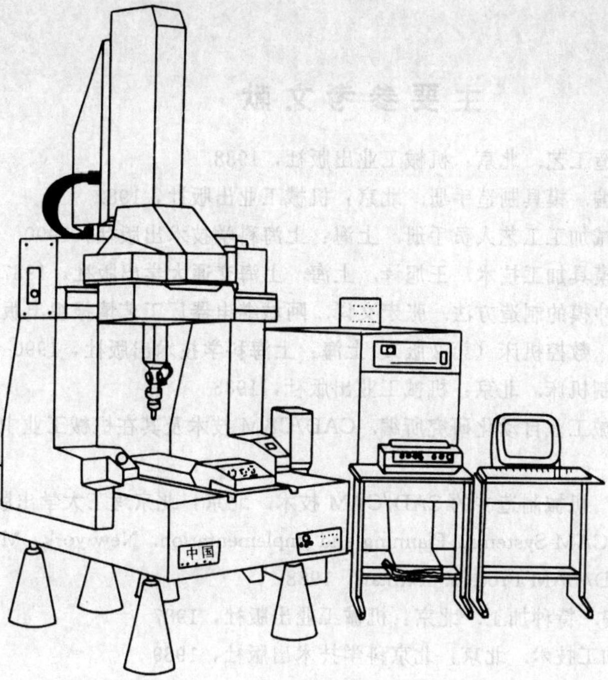

图 C-18　10TA 型三坐标测量机

主要参考文献

1 黄毅宏主编．模具制造工艺．北京：机械工业出版社，1988

2 模具制造手册编写组编．模具制造手册．北京：机械工业出版社，1982

3 赵如福主编．金属机械加工工艺人员手册．上海：上海科学技术出版社，1990

4 （日）吉田弘美著．模具加工技术．王旭译．上海．上海交通大学出版社，1987

5 （日）吉田弘美著．冲模的制造方法．张宏文译．阿城继电器厂工艺情报组出版，1983

6 吴祖育，秦鹏飞主编．数控机床（第2版）．上海：上海科学技术出版社，1990

7 刘又午主编．数字控制机床．北京：机械工业出版社，1983

8 机械电子工业部，机械工业自动化研究所编．CAD/CAM 技术及其在机械工业中的应用．北京：兵器工业出版社，1989

9 宁汝新，徐弘山编著．机械制造中的 CAD/CAM 技术．北京：北京理工大学出版社，1991

10 Konx. C. S. CAD/CAM Systems. Planning and Implementation. New york：Marcel Dekker，1983

11 Hawkes B. The CAD/CAM Process. Pitman，1988

12 刘晋春，陆纪培主编．特种加工．北京：机械工业出版社，1987

13 陈传梁编著．特种加工技术．北京：北京科学技术出版社，1989

14 李明辉编著．电火花加工理论基础．北京：国防工业出版社，1989

15 北京市金属切削理论与实践编委会．电火花加工．北京：北京出版社，1980

16 王至尧著．电火花线切割工艺．北京：原子能出版社，1987

17 （日）高木六弥著．模具制造技术．北京模具技术协会，1984

18 杜赓林等编译．模具加工规范（上）．江苏机械编辑部，1985

19 〔日〕村上宗雄等编．最新塑料模具手册．王旭，黄伟民译，上海：上海科学技术文献出版社，1985

20 冯炳尧，韩泰荣，殷振海，蒋文森编．模具设计与制造简明手册．上海：上海科学技术出版社，1985

21 孟繁杰，彭其凤编．模具材料．北京：机械工业出版社，1989

22 山东省机械工业厅科技情报站编．模具热处理工艺选择缺陷防止．济南：山东科学技术出版社，1983

23 赵权，虞传宝．模具材料和热处理方法的选择．杭州：浙江科学技术出版社，1989

24 蒋昌生，蒋勇．模具表面强化处理．锻压技术．1993，(4)

25 机械电子工业部编．模具公差与检测．北京：机械工业出版社，1993

26 陈炎嗣，郭景仪主编．冲压模具设计与制造技术．北京：北京出版社，1991

27 陈毅然编．机械加工量具量仪基础．北京：北京科学技术出版社，1986